高校 これでわかる

数学Ⅱ

文英堂編集部 編

文英堂

基礎からわかる！

成績が上がるグラフィック参考書。

1 ワイドな紙面で，わかりやすさバツグン

2 わかりやすい図解と斬新レイアウト

3 イラストも満載，面白さ満杯

4 どの教科書にもしっかり対応
- ▶ 工夫された導入で，数学への興味がわく。
- ▶ 学習内容が細かく分割されているので，どこからでも能率的な学習ができる。
- ▶ わかりにくいところは，会話形式でていねいに説明。
- ▶ 図が大きくてくわしいから，図を見ただけでもよく理解できる。
- ▶ これも知っ得やTea Timeで，学習の幅を広げ，楽しく学べる。

5 章末の定期テスト予想問題で試験対策も万全！

もくじ

1章 式と証明・方程式

1節 式と計算
1 3次式の展開と因数分解 …… 6
2 二項定理 …… 9
3 整式の除法 …… 14
4 分数式 …… 16
5 恒等式 …… 20
6 等式の証明 …… 24
7 不等式の証明 …… 26
TeaTime 相乗平均と調和平均 …… 29

2節 2次方程式
8 複素数 …… 31
9 2次方程式 …… 35
10 解と係数の関係 …… 39

3節 高次方程式
11 因数定理 …… 44
12 高次方程式 …… 48
定期テスト予想問題 …… 52

2章 図形と方程式

1節 点と直線
1 直線上の点 …… 56
2 平面上の点 …… 58
3 直線の方程式 …… 62
4 2直線の関係 …… 64

2節 円
5 円の方程式 …… 71
6 円と直線 …… 74

3節 軌跡と領域
7 軌跡 …… 81
8 不等式と領域 …… 85
定期テスト予想問題 …… 93

3章 三角関数

1節 三角関数

1. 一般角 ………………………… 96
2. 弧度法 ………………………… 98
   - TeaTime 弧度法なんていらない？ …… 99
3. 三角関数 ……………………… 101
4. 三角関数の性質 ……………… 108
5. 三角関数のグラフ …………… 112
6. 三角方程式・不等式 ………… 118

2節 加法定理とその応用

7. 加法定理 ……………………… 124
8. いろいろな公式 ……………… 128
9. 三角関数の合成 ……………… 132
   - 定期テスト予想問題 ………… 135

4章 指数関数・対数関数

1節 指数関数

1. 累乗根 ………………………… 138
2. 指数の拡張 …………………… 140
3. 指数関数とそのグラフ ……… 144
4. 指数方程式・不等式 ………… 150

2節 対数関数

5. 対数とその性質 ……………… 153
6. 対数関数とそのグラフ ……… 157
7. 対数方程式・不等式 ………… 160
8. 常用対数 ……………………… 162
   - TeaTime 対数関数はどんなところに使われている？ ……………………… 164
   - 定期テスト予想問題 ………… 165

5章 微分法・積分法

1節 微分法

1. 瞬間の速さと極限値 ………… 168
2. 平均変化率と微分係数 ……… 171
3. 導関数 ………………………… 174

2節 導関数の応用

4. 接線の方程式 ………………… 178
5. 関数の増減と極大・極小 …… 181
   - TeaTime なめらかな関数 …… 184
6. 方程式・不等式への応用 …… 193

3節 積分法

7. 不定積分 ……………………… 198
   - TeaTime ニュートンとライプニッツ … 199
8. 定積分 ………………………… 202
9. 定積分の計算 ………………… 206
10. 定積分で表された関数 ……… 213
11. 面　積 ………………………… 216
    - 定期テスト予想問題 ………… 221

■ 問題について

基本例題	教科書の基本的なレベルの問題。
応用例題	ややレベルの高い問題。または応用力を必要とする問題。
発展例題	教科書の発展内容。(扱っていない教科書もある。)
類題 類題 類題	例題内容を確認するための演習問題。もとになる例題を検索しやすいように，例題と同じ番号になっている。例題に類題がなければ，その番号は欠番で，類題が複数ある場合は，○○-1，○○-2 となる。
定期テスト予想問題	定期テストに出題されそうな問題。センター試験レベルの問題も含まれているので実力を試してほしい。

1章 式と証明・方程式

1節 式と計算

1 3次式の展開と因数分解

 整式の乗法については，中学校や数学Ⅰでも学んだけど，ここではさらに進めて，3次式の乗法についても効率よく展開する方法について学び，公式として覚えましょう。
公式を導くときは，分配法則を使ってこつこつ展開する方法と縦書きで乗法計算をする方法の2通りを示しておくので，乗法の計算の方法を復習してください。

基本例題 1 　　　　　　　　　　　　　　公式の証明

次の3次の乗法公式が成り立つことを示せ。
(1) $(a+b)^3 = a^3 + 3a^2b + 3ab^2 + b^3$
(2) $(a+b)(a^2-ab+b^2) = a^3 + b^3$

ねらい 多項式×多項式の計算をすること。

解法ルール
- $(a+b)(c+d) = ac+ad+bc+bd$ を基本として各項を順に掛けていく。
- 縦書きにして計算する。

解答例
(1) $(a+b)^3 = (a+b)(a+b)^2$
$= (a+b)(a^2+2ab+b^2)$
$= a^3 + 2a^2b + ab^2 + a^2b + 2ab^2 + b^3$
$= \boldsymbol{a^3 + 3a^2b + 3ab^2 + b^3}$　終

（別解）
$$\begin{array}{r} a^2+2ab+b^2 \\ \times)\ a+b \\ \hline a^3+2a^2b+ab^2\ \ \ \ \ \ \\ a^2b+2ab^2+b^3 \\ \hline a^3+3a^2b+3ab^2+b^3 \end{array}$$

(2) $(a+b)(a^2-ab+b^2)$
$= a^3 - a^2b + ab^2 + a^2b - ab^2 + b^3$
$= \boldsymbol{a^3 + b^3}$　終

（別解）
$$\begin{array}{r} a^2-ab+b^2 \\ \times)\ a+b \\ \hline a^3-a^2b+ab^2\ \ \ \ \ \ \\ a^2b-ab^2+b^3 \\ \hline a^3\ \ \ \ \ \ \ \ \ \ \ \ \ +b^3 \end{array}$$

類題 1 次の3次の乗法公式が成り立つことを示せ。
(1) $(a-b)^3 = a^3 - 3a^2b + 3ab^2 - b^3$
(2) $(a-b)(a^2+ab+b^2) = a^3 - b^3$

ポイント [3次の乗法公式]

Ⅰ　$(a+b)^3 = a^3 + 3a^2b + 3ab^2 + b^3$
　　$(a-b)^3 = a^3 - 3a^2b + 3ab^2 - b^3$

Ⅱ　$(a+b)(a^2 - ab + b^2) = a^3 + b^3$
　　$(a-b)(a^2 + ab + b^2) = a^3 - b^3$

基本例題 2　　　　　　　　　　　　公式による展開

ねらい 乗法公式を使って式の展開をすること。

次の各式を展開せよ。

(1) $(x+2y)^3$
(2) $(2x-3y)^3$
(3) $(x-1)(x^2+x+1)$
(4) $(3x+2y)(9x^2-6xy+4y^2)$

解法ルール　公式が使えるかどうかを見ぬき，正確に適用する。

　公式Ⅰ　$(a \pm b)^3 = a^3 \pm 3a^2b + 3ab^2 \pm b^3$（複号同順）
　公式Ⅱ　$(a \pm b)(a^2 \mp ab + b^2) = a^3 \pm b^3$（複号同順）

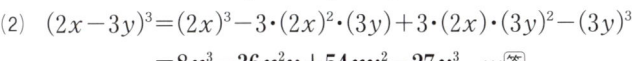
$a=x$, $b=(2y)$ と，( )をつけて公式を使おう。

解答例
(1) $(x+2y)^3 = x^3 + 3 \cdot x^2 \cdot (2y) + 3 \cdot x \cdot (2y)^2 + (2y)^3$
　　　　　　$= x^3 + 6x^2y + 12xy^2 + 8y^3$　…答

← 公式Ⅰを用いる。

(2) $(2x-3y)^3 = (2x)^3 - 3 \cdot (2x)^2 \cdot (3y) + 3 \cdot (2x) \cdot (3y)^2 - (3y)^3$
　　　　　　$= 8x^3 - 36x^2y + 54xy^2 - 27y^3$　…答

← 負の符号は交互に現れる。

(3) $(x-1)(x^2+x+1) = x^3 - 1^3$
　　　　　　$= x^3 - 1$　…答

← 公式Ⅱを用いる。

(4) $(3x+2y)(9x^2-6xy+4y^2)$
　　$= (3x+2y)\{(3x)^2 - (3x)\cdot(2y) + (2y)^2\}$
　　$= (3x)^3 + (2y)^3 = 27x^3 + 8y^3$　…答

← 公式Ⅱが使えることを確かめる。

類題 2　次の各式を展開せよ。

(1) $(3x+y)^3$
(2) $(3x-2y)^3$
(3) $(x+3)(x^2-3x+9)$
(4) $(2x-3y)(4x^2+6xy+9y^2)$

3次の乗法公式を逆に使って因数分解をしてみよう。

ポイント [3次式の因数分解公式]

Ⅰ　$a^3 + 3a^2b + 3ab^2 + b^3 = (a+b)^3$
　　$a^3 - 3a^2b + 3ab^2 - b^3 = (a-b)^3$

Ⅱ　$a^3 + b^3 = (a+b)(a^2 - ab + b^2)$
　　$a^3 - b^3 = (a-b)(a^2 + ab + b^2)$

1　式と計算　**7**

基本例題 3 　　　　　　　公式を使った因数分解

次の式を因数分解せよ。
(1) x^3+3x^2+3x+1 　　(2) $x^3-6x^2y+12xy^2-8y^3$
(3) x^3+8 　　(4) x^3-27y^3

ねらい 公式を使って因数分解をする。

解法ルール 因数分解の公式にあてはまっていることを確認すること。

公式Ⅰ　$a^3 \pm 3a^2b+3ab^2 \pm b^3=(a \pm b)^3$　（複号同順）

公式Ⅱ　$a^3 \pm b^3=(a \pm b)(a^2 \mp ab+b^2)$　（複号同順）

解答例
(1) $x^3+3x^2+3x+1=x^3+3 \cdot x^2 \cdot 1+3 \cdot x \cdot 1^2+1^3$
$\quad\quad\quad\quad\quad\quad\quad =(x+1)^3$ …答　　← 公式Ⅰを用いる。

(2) $x^3-6x^2y+12xy^2-8y^3$
$\quad =x^3-3 \cdot x^2 \cdot (2y)+3 \cdot x \cdot (2y)^2-(2y)^3$
$\quad =(x-2y)^3$ …答　　← 負の項の位置に注意。

(3) $x^3+8=x^3+2^3=(x+2)(x^2-2x+4)$ …答　　← 公式Ⅱを用いる。符号を間違えないよう注意。

(4) $x^3-27y^3=x^3-(3y)^3=(x-3y)(x^2+3xy+9y^2)$ …答

類題 3 次の式を因数分解せよ。
(1) x^3-3x^2+3x-1 　　(2) $8x^3+12x^2y+6xy^2+y^3$
(3) x^3+27 　　(4) x^3-64

基本例題 4 　　　　　　　複雑な因数分解

次の式を因数分解せよ。
(1) $2x^3+54y^3$ 　　(2) x^6-y^6

ねらい 公式を何回か使って因数分解をする。

解法ルール
1 共通因数があればくくり出す。
2 公式にあてはまるかどうかを調べる。

解答例
(1) $2x^3+54y^3=2(x^3+27y^3)=2(x+3y)(x^2-3xy+9y^2)$ …答
(2) $x^6-y^6=(x^3+y^3)(x^3-y^3)$
$\quad\quad\quad =(x+y)(x^2-xy+y^2)(x-y)(x^2+xy+y^2)$
$\quad\quad\quad =(x+y)(x-y)(x^2-xy+y^2)(x^2+xy+y^2)$ …答

類題 4 次の式を因数分解せよ。
(1) x^4y-xy^4 　　(2) x^6-64y^6

2 二項定理

$(a+b)^3$ を展開したらどうなる？

$(a+b)^3 = a^3 + 3a^2b + 3ab^2 + b^3$ となります。

では，a^3，a^2b，ab^2，b^3 の係数とそれぞれの項の b の次数はいくらかな？

係数はそれぞれ 1，3，3，1 で，次数は順に 0，1，2，3 です。あれ…，次数はなんだか順番に大きくなっているな…。

次の黒板を見てごらん。

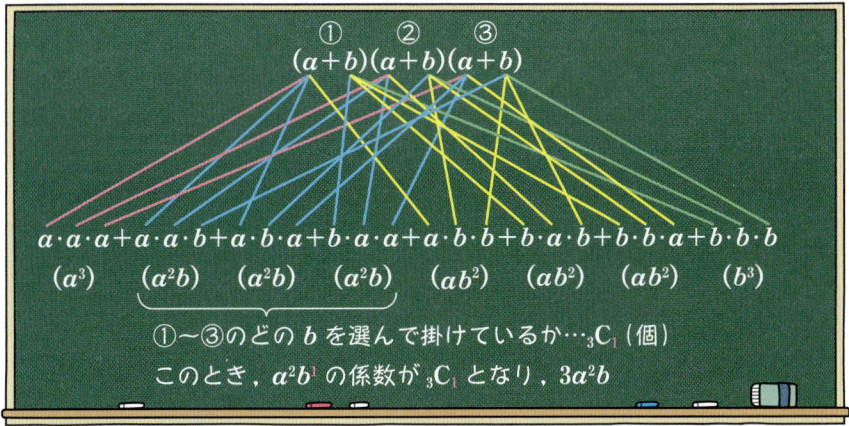

つまり，$(a+b)^3$ の展開とは，①〜③の 1 つ 1 つのかっこから a または b をとってきて 3 つ掛け合わせるということなんだ。この場合

　　b を 0 個，つまり a を 3 個とれば　　a^3 の係数 ${}_3C_0 = 1$
　　b を 1 個，a を 2 個とれば　　a^2b の係数 ${}_3C_1 = 3$
　　b を 2 個，a を 1 個とれば　　ab^2 の係数 ${}_3C_2 = 3$
　　b を 3 個，つまり a を 0 個とれば　　b^3 の係数 ${}_3C_3 = 1$

となるわけだね。
このことをよく理解した上で，次の二項定理のまとめに進もう。

❖ 二項定理

一般に

> **[二項定理]**
> $$(a+b)^n = {}_nC_0 a^n + {}_nC_1 a^{n-1}b + {}_nC_2 a^{n-2}b^2 + \cdots + {}_nC_r a^{n-r}b^r + \cdots + {}_nC_n b^n$$

が成立する。

これを**二項定理**という。

${}_nC_r a^{n-r}b^r$ を $(a+b)^n$ の展開式の**一般項**という。

二項定理の各項の係数 ${}_nC_0, {}_nC_1, \cdots, {}_nC_n$ を**二項係数**という。

この二項係数を下の図のように三角形の形に並べるとき，これを**パスカルの三角形**という。

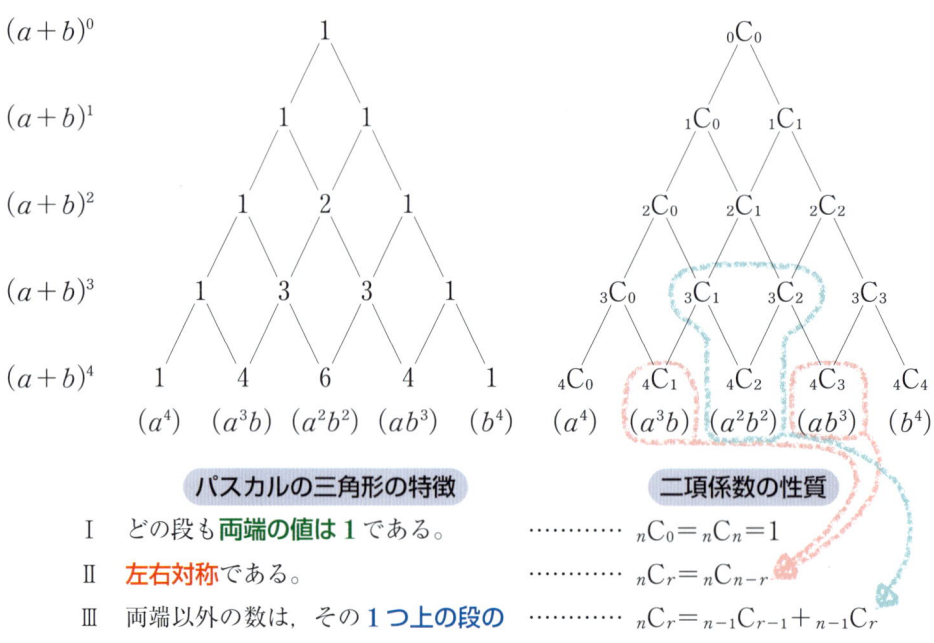

パスカルの三角形の特徴　　　　**二項係数の性質**

Ⅰ　どの段も**両端の値は1**である。　……　${}_nC_0 = {}_nC_n = 1$

Ⅱ　**左右対称**である。　……　${}_nC_r = {}_nC_{n-r}$

Ⅲ　両端以外の数は，その**1つ上の段の斜め上にある2数の和**となっている。　……　${}_nC_r = {}_{n-1}C_{r-1} + {}_{n-1}C_r$

　　パスカルの三角形は，$(a+b)^4$, $(a+b)^5$ くらいの展開式を求めるときには便利だけど，$(a+b)^{12}$ の $a^2 b^{10}$ の係数のように次数が大きくなると，やはり二項定理を利用して，

$$r=10 \text{ のときの項だから} \quad {}_{12}C_{10} = {}_{12}C_2 = \frac{12 \cdot 11}{2 \cdot 1} = 66$$

としないと大変です。

基本例題 5 　展開式の項の係数を求める(1)

次の式を展開したとき，[ ]の中の項の係数を求めよ。
(1) $(x-1)^8$ 　$[x^3]$
(2) $(3x-2y)^5$ 　$[x^2y^3]$

ねらい　二項定理を用いて展開式の項の係数を求めること。

解法ルール　$(\bigcirc+\triangle)^n$ の展開式で，$\bigcirc^{n-r}\triangle^r$ の係数は ${}_nC_r$

解答例
(1) $(x-1)^8=\{x+(-1)\}^8$ で，x^3 の項は
$${}_8C_5\,x^3(-1)^5=(-1)^5\,{}_8C_3\,x^3 \quad \leftarrow {}_8C_5={}_8C_3 \text{ を利用}$$
したがって 　$(-1)^5\,{}_8C_3=-\dfrac{8\cdot 7\cdot 6}{3\cdot 2\cdot 1}=\mathbf{-56}$ 　…答

(2) $(3x-2y)^5=\{(3x)+(-2y)\}^5$ で，x^2y^3 の項は
$${}_5C_3(3x)^2(-2y)^3=3^2(-2)^3\,{}_5C_2\,x^2y^3 \quad \leftarrow {}_5C_3={}_5C_2 \text{ を利用}$$
したがって 　$3^2(-2)^3\,{}_5C_2=9(-8)\dfrac{5\cdot 4}{2\cdot 1}=\mathbf{-720}$ 　…答

※この部分を忘れないこと！

類題 5 　次の式を展開せよ。
(1) $(2a+1)^4$ 　　(2) $(x-1)^6$ 　　(3) $(2x-y)^5$

応用例題 6 　展開式の項の係数を求める(2)

$\left(x^2-\dfrac{2}{x}\right)^6$ の展開式において x^6 の係数を求めよ。

ねらい　二項定理を用いてやや難しい展開式の項の係数を求めること。

解法ルール　まず，$\left\{x^2+\left(-\dfrac{2}{x}\right)\right\}^6$ の展開式で，一般項 ${}_6C_r(x^2)^{6-r}\left(-\dfrac{2}{x}\right)^r$ における x の次数が 6 になるときの r を求める。

解答例
$${}_6C_r(x^2)^{6-r}\left(-\dfrac{2}{x}\right)^r={}_6C_r\,x^{12-2r}\dfrac{(-2)^r}{x^r}={}_6C_r(-2)^r\dfrac{x^{12-2r}}{x^r} \quad \cdots\text{①}$$

$\dfrac{x^{12-2r}}{x^r}=x^6$ となる r を求める。

$x^{12-2r}=x^6\cdot x^r=x^{6+r}$

$12-2r=6+r$ より 　$r=2$

よって，x^6 の項は，$r=2$ を①に代入して 　${}_6C_2(-2)^2x^6$

したがって 　$(-2)^2\,{}_6C_2=\mathbf{60}$ 　…答

類題 6 　$\left(2x^2+\dfrac{1}{3x}\right)^6$ を展開したときの定数項を求めよ。

応用例題 7 多項定理

ねらい: 多項定理について考えること。

次の問いに答えよ。
(1) $(a+b+c)^7$ の展開式において a^3bc^3 の項の係数を求めよ。
(2) $(a+2b-3c)^6$ の展開式において a^3bc^2 の項の係数を求めよ。

解法ルール $(\bigcirc+\triangle+\square)^7$ の展開式では，$\{(\bigcirc+\triangle)+\square\}^7$ というように，$\bigcirc+\triangle$ を１つのグループにして二項定理を用いればよい。

解答例
(1) $(a+b+c)^7 = \{(a+b)+c\}^7$ と考える。
このとき c^3 となる場合は ${}_7C_3(a+b)^4c^3$ である。
次に，$(a+b)^4$ で a^3b の係数は ${}_4C_1$ となる。
したがって，a^3bc^3 の係数は

$${}_7C_3 \times {}_4C_1 = \frac{7\cdot6\cdot5}{3\cdot2\cdot1} \times 4 = \mathbf{140} \quad \cdots \text{答}$$

(2) $(a+2b-3c)^6 = \{(a+2b)+(-3c)\}^6$ と考える。
このとき，c^2 となる場合は ${}_6C_2(a+2b)^4(-3c)^2$
次に，$(a+2b)^4$ で a^3b となる項は ${}_4C_1 a^3(2b)^1$
したがって，a^3bc^2 となる項は
$${}_6C_2\{{}_4C_1 a^3(2b)\}(-3c)^2$$
となり，係数は
$${}_6C_2 \times {}_4C_1 \times 2 \times (-3)^2 = \mathbf{1080} \quad \cdots \text{答}$$

● $\{(a+b)+c\}^n$ の展開式で，$a^pb^qc^r$ ($p+q+r=n$) の項を考えると
$${}_nC_r(a+b)^{n-r}c^r$$
次に，$(a+b)^{n-r}$ の展開式で a^pb^q の項を考えると
$${}_{n-r}C_q a^{n-r-q}b^q$$
$$= {}_{n-r}C_q a^p b^q$$
したがって，$a^pb^qc^r$ の係数は
$${}_nC_r \times {}_{n-r}C_q$$

類題 7-1 次の問いに答えよ。
(1) $(a+b+c)^8$ の展開式における $a^4b^2c^2$ の係数を求めよ。
(2) $(x+3y-2z)^6$ の展開式における x^2y^3z の係数を求めよ。

これも知っ得　多項定理

$(a+b+c)^n$ の展開式における $a^p b^q c^r$（$p+q+r=n$）の項の係数の別の求め方を考え，公式化しておこう。

$$\overset{①}{(a+b+c)}\overset{②}{(a+b+c)}\overset{③}{(a+b+c)}\cdots\overset{ⓝ}{(a+b+c)}$$

$(a+b+c)^n$ の展開は①〜ⓝの 1 つ 1 つのかっこから a または b または c をとってきて n 個掛け合わせることだから，$a^p b^q c^r$ の係数は，①〜ⓝの（　）から a を p 個，b を q 個，r を c 個並べた順列の総数と一致するんです。

先生，わかりました。
数学Ⅰにあった，**同じものを含む順列の総数**と考えられるから

$$\frac{n!}{p!q!r!}\quad(p+q+r=n)$$

ですね。

よくわかりましたね。
では，p.12 応用例題 7 (1) $(a+b+c)^7$ の展開式において $a^3 bc^3$ の項の係数を求めましょう。
例題の解答では $_7C_3 \times {}_4C_1$ となっていますが，これを階乗を使って計算してみると

$$_7C_3 \times {}_4C_1 = \frac{7!}{3!4!} \times \frac{4!}{1!3!} = \frac{7!}{3!1!3!} = \frac{7 \cdot 6 \cdot 5 \cdot 4 \cdot 3 \cdot 2 \cdot 1}{3 \cdot 2 \cdot 1 \cdot 1 \cdot 3 \cdot 2 \cdot 1} = 140$$

同じ結果になりますね。

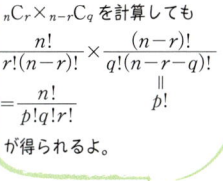
p.12 右欄の $_nC_r \times {}_{n-r}C_q$ を計算しても
$$\frac{n!}{r!(n-r)!} \times \frac{(n-r)!}{q!(n-r-q)!}$$
$$= \frac{n!}{p!q!r!} \quad \| \atop p!$$
が得られるよ。

ポイント

[多項定理]
$(a+b+c)^n$ の展開式における $a^p b^q c^r$（$p+q+r=n$）の項の係数は

$$\frac{n!}{p!q!r!}\quad(p+q+r=n)$$

類題 7-2 多項定理を使って類題 7-1 を解け。

● 二項定理の応用としてよく使われる公式
$$(1+x)^n = {}_nC_0 + {}_nC_1 x + {}_nC_2 x^2 + \cdots + {}_nC_n x^n$$

また，この式に $x=1$ を代入すると　$2^n = {}_nC_0 + {}_nC_1 + {}_nC_2 + \cdots + {}_nC_n$
など様々なところで使える。

1　式と計算

3 整式の除法

数学Ⅰでは，整式の加法・減法・乗法を学習した。数学Ⅱでは，整式の除法つまり割り算について学習する。小学校でやった，整数÷整数で，余りを求める計算を思い出そう。
整式÷整式も，整数÷整数と同じように計算できる。
また，次の関係が成り立つんだ。

●A を B で割る

	A, B は整式	A, B は整数
商を Q，余りを R とすると	$A = BQ + R$	$A = BQ + R$
R と B の関係は	R の次数＜B の次数	$R < B$
割り切れるのは	$R = 0$	$R = 0$

←ここだけ違う

基本例題 8 　整式の除法

次の除法を行い，$A = BQ + R$ の形で表せ。
(1) $(2x^3 + 3x^2 - 1) \div (x + 2)$
(2) $(x^3 + 5x - 4x^2 - 2) \div (x^2 - 1 + 2x)$

ねらい
整式の除法を行うこと。商，余りを求め，$A = BQ + R$ の形に書くこと。

解法ルール
1. 割る式も割られる式も **降べきの順に整理** しておき，**整数÷整数** の筆算と同じように計算する。
2. 商 Q，余り R を求め，$A = BQ + R$ の形に書く。

← $A = BQ + R$ は検算をする式だと覚えよう。

解答例 (1) 欠けた項はあけておく。

$$2x^3 \div x \quad -x^2 \div x \quad 2x \div x$$

```
              2x² − x  + 2          ←商
       ─────────────────
x + 2 ) 2x³ + 3x²     − 1
        2x³ + 4x²                   (x+2)×2x²
        ─────────
              − x²
              − x² − 2x             (x+2)×(−x)
              ─────────
                   2x − 1
                   2x + 4           (x+2)×2
                   ─────
                       −5           ←余り
```

[答] $2x^3 + 3x^2 - 1$
$= (x+2)(2x^2 - x + 2) - 5$

(2) 降べきの順に整理してから計算する。

```
                    x − 6              ←商
            ─────────────
x² + 2x − 1 ) x³ − 4x² + 5x − 2
              x³ + 2x²  −  x
              ─────────────
                  − 6x² + 6x − 2
                  − 6x² − 12x + 6
                  ─────────────
                          18x − 8     ←余り
```

2次式で割るから，余りが1次以下になれば計算が終わる。

[答] $x^3 + 5x - 4x^2 - 2$
$= (x^2 + 2x - 1)(x - 6) + 18x - 8$

類題 8 　次の除法を行い，$A = BQ + R$ の形で表せ。
(1) $(3x^3 - 2x^2 + 1) \div (x + 1)$
(2) $(2 - 3x + 4x^3) \div (2x + 3)$

応用例題 9 複雑な整式の除法

次の式を x についての整式とみなし，除法を行い，商と余りを求めよ。

$$(x^2+2xy+y^2-3x-3y+2)\div(x+y-2)$$

ねらい 2つの文字についての整式の割り算をする。

解法ルール
1. 割る式も割られる式も，1つの同じ文字で整理する。
   - 割られる式…$x^2+(2y-3)x+(y^2-3y+2)$　〔x の 2 次式〕
   - 割る式………$x+(y-2)$　〔x の 1 次式〕
2. 2 次式÷1 次式だから，商は 1 次，余りは 0 か定数。

y について整理してから割り算しても同じ結果になるよ。各自でやってみよう。

解答例

$$\begin{array}{r}x+(y-1)\\x+(y-2)\overline{)x^2+(2y-3)x+(y^2-3y+2)}\\x^2+(y-2)x\\\hline(y-1)x+(y^2-3y+2)\\(y-1)x+(y^2-3y+2)\\\hline 0\end{array}$$

$(y-2)(y-1)=y^2-3y+2$

答 商 $x+y-1$，余り 0

類題 9 次の式を x についての整式とみなし，除法を行い，商と余りを求めよ。
(1) $(3x^2-5xy-2y^2-5x-11y-12)\div(x-2y-3)$
(2) $(4x^2-4xy-3y^2+8x-7y+4)\div(2x-3y+1)$

応用例題 10 割り切れる条件

x^3+2x^2+ax+b が x^2-2x-1 で割り切れるように，定数 a, b の値を定めよ。

ねらい 割り切れる条件 $R=0$ を使って，割られる式の係数を定めること。

解法ルール
1. 割り切れる条件は $R=0$
2. 3 次式÷2 次式だから，余りは x の 1 次式。
   余り $=0$ とは，x の係数 $=0$，定数項 $=0$ となること。

解答例

$$\begin{array}{r}x+4\\x^2-2x-1\overline{)x^3+2x^2+ax+b}\\x^3-2x^2-x\\\hline 4x^2+(a+1)x+b\\4x^2-8x-4\\\hline(a+9)x+(b+4)\end{array}$$

 $R=0$ とは $(a+9)x+(b+4)=0x+0$

割り切れる条件は $\begin{cases}a+9=0\\b+4=0\end{cases}$ よって $\begin{cases}a=-9\\b=-4\end{cases}$ …**答**

類題 10 x^3-3x^2+ax+b が x^2+x-1 で割り切れるように，定数 a, b の値を定めよ。

1 式と計算

4 分数式

$\dfrac{2}{x-1}$, $\dfrac{x^2+1}{x}$, $\dfrac{2x^2-3x+1}{x^2+2x+3}$ のように，

$\dfrac{整式}{定数でない整式}$ の形の式を **分数式** というんだ。

> 分数式は分母に文字が入る

分母と分子に **共通因数** があるときは，その因数で **分母と分子を約分** して，**既約分数式** に直しておくこと。

基本例題 11 　　　　　　　　　　 分数式の約分

次の分数式を約分せよ。

(1) $\dfrac{x^2-3x+2}{x^2-4}$　　　(2) $\dfrac{2x^2-x-3}{x^2+2x+1}$

> **ねらい**
> 分母と分子の共通因数で約分する。

解法ルール　① 分母と分子をそれぞれ **因数分解** する。
　　　　　　② 分母と分子の共通因数をみつけて **約分** する。

解答例 (1) $\dfrac{x^2-3x+2}{x^2-4} = \dfrac{(x-2)(x-1)}{(x+2)(x-2)} = \dfrac{x-1}{x+2}$ …答

> $x-2$ が共通因数

(2) $\dfrac{2x^2-x-3}{x^2+2x+1} = \dfrac{(2x-3)(x+1)}{(x+1)^2} = \dfrac{2x-3}{x+1}$ …答

> $x+1$ が共通因数

（分子の次数）≧（分母の次数）の場合は，分子の次数を分母の次数より低くなるように変形することができます。

基本例題 12 　　　　　（分子の次数）≧（分母の次数）

分数式 $\dfrac{x^2+3x+5}{x+1}$ を，整式と，分子の次数が分母の次数より低い分数式との和の形に変形せよ。

> **ねらい**
> 分子の次数を分母の次数より低次に変形する。

解法ルール　① 分子を分母で割る。
　　　　　　② A を B で割った商が Q，余りが R のとき

$\dfrac{A}{B} = Q + \dfrac{R}{B}$ ←$A = BQ + R$ の両辺を B で割った式

$$\begin{array}{r} x+2 \\ x+1 \overline{\smash{)}\, x^2+3x+5} \\ \underline{x^2+x} \\ 2x+5 \\ \underline{2x+2} \\ 3 \end{array}$$

● 小学校で，仮分数を帯分数に直した方法を思い出そう。

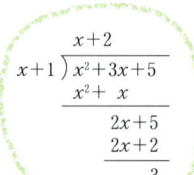

$\dfrac{7}{3} = 2 + \dfrac{1}{3}$

解答例 $\dfrac{x^2+3x+5}{x+1}$

$= x+2+\dfrac{3}{x+1}$ …答

16　1章　式と証明・方程式

● 分数式の乗法と除法

基本例題 13　　　　　　　　　　　　　　　分数式の乗法

次の分数式を計算せよ。

(1) $\dfrac{x^2-1}{x+2} \times \dfrac{x+3}{x-1}$　　(2) $\dfrac{x+1}{x-2} \times \dfrac{x^2-3x+2}{x^3+1}$

ねらい　分数式の掛け算ができる。

解法ルール　$\dfrac{A}{B} \times \dfrac{C}{D} = \dfrac{AC}{BD}$

← 分母と分子を約分して答える。

解答例

(1) $\dfrac{x^2-1}{x+2} \times \dfrac{x+3}{x-1}$

$= \dfrac{(x+1)(x-1)}{x+2} \times \dfrac{x+3}{x-1} = \dfrac{(x+1)(x+3)}{x+2}$　…答

(2) $\dfrac{x+1}{x-2} \times \dfrac{x^2-3x+2}{x^3+1}$

$= \dfrac{x+1}{x-2} \times \dfrac{(x-1)(x-2)}{(x+1)(x^2-x+1)} = \dfrac{x-1}{x^2-x+1}$　…答

因数分解した形で答えていいよ。むしろ，その方が既約分数式であることがわかるから。

類題 13　次の分数式を計算せよ。

(1) $\dfrac{x+2}{x-1} \times \dfrac{x^3-1}{x^2-4}$　　(2) $\dfrac{x^2-2x-3}{x^2+3x+2} \times \dfrac{2x^2+5x+2}{x^3-27}$

基本例題 14　　　　　　　　　　　　　　　分数式の除法

次の分数式を計算せよ。

(1) $\dfrac{x^2-4}{x^2+2x+1} \div \dfrac{x+2}{x+1}$　　(2) $\dfrac{x^2+4xy+4y^2}{x^2-y^2} \div \dfrac{x^2y+2xy^2}{x^2y-xy^2}$

ねらい　分数式の割り算ができる。

解法ルール　$\dfrac{A}{B} \div \dfrac{C}{D} = \dfrac{A}{B} \times \dfrac{D}{C} = \dfrac{AD}{BC}$

← $\dfrac{C}{D}$ の**逆数** $\dfrac{D}{C}$ を掛ける。

解答例

(1) $\dfrac{x^2-4}{x^2+2x+1} \div \dfrac{x+2}{x+1} = \dfrac{(x+2)(x-2)}{(x+1)^2} \times \dfrac{x+1}{x+2} = \dfrac{x-2}{x+1}$　…答

← 分母と分子を約分して答える。

(2) $\dfrac{x^2+4xy+4y^2}{x^2-y^2} \div \dfrac{x^2y+2xy^2}{x^2y-xy^2}$

$= \dfrac{(x+2y)^2}{(x+y)(x-y)} \times \dfrac{xy(x-y)}{xy(x+2y)} = \dfrac{x+2y}{x+y}$　…答

類題 14　次の分数式を計算せよ。

(1) $\dfrac{2x^2+7x-4}{x^3-1} \div \dfrac{2x-1}{x^2+x-2}$　　(2) $\dfrac{x^2-2xy-3y^2}{x^3-y^3} \div \dfrac{x+y}{x^4+x^2y^2+y^4}$

● 分数式の加法と減法

基本例題 15 　　　　　　　　分数式の加法・減法

次の分数式を計算せよ。

(1) $\dfrac{x+4}{x^2+3x+2}+\dfrac{x-4}{x^2+x-2}$ 　　(2) $\dfrac{5}{x^2+x-6}-\dfrac{1}{x^2+5x+6}$

テストに出るぞ！

ねらい
分数式の足し算・引き算ができる。

解法ルール
1. 分母の2式の**最小公倍数で通分**する。
2. 分母がそろえば $\dfrac{A}{C}+\dfrac{B}{C}=\dfrac{A+B}{C}$, $\dfrac{A}{C}-\dfrac{B}{C}=\dfrac{A-B}{C}$
3. 計算した結果は**既約分数式**で答える。

解答例

(1) $\dfrac{x+4}{x^2+3x+2}+\dfrac{x-4}{x^2+x-2}$

$=\dfrac{x+4}{(x+2)(x+1)}+\dfrac{x-4}{(x+2)(x-1)}$

$=\dfrac{(x+4)(x-1)}{(x+2)(x+1)(x-1)}+\dfrac{(x-4)(x+1)}{(x+2)(x-1)(x+1)}$

$=\dfrac{(x^2+3x-4)+(x^2-3x-4)}{(x+2)(x+1)(x-1)}$

$=\dfrac{2x^2-8}{(x+2)(x+1)(x-1)}$

$=\dfrac{2(x+2)(x-2)}{(x+2)(x+1)(x-1)}$

$=\dfrac{\mathbf{2(x-2)}}{\mathbf{(x+1)(x-1)}}$　…答

← $x+2\,\big)\,\dfrac{(x+2)(x+1)}{x+1}\,\dfrac{(x+2)(x-1)}{x-1}$
だから，2式の最小公倍数 $(x+2)(x+1)(x-1)$ で通分する。

分母と分子に $x-1$ を掛ける

分母と分子に $x+1$ を掛ける

分母と分子を約分して既約分数式で答える

(2) $\dfrac{5}{x^2+x-6}-\dfrac{1}{x^2+5x+6}$

$=\dfrac{5}{(x+3)(x-2)}-\dfrac{1}{(x+3)(x+2)}$

$=\dfrac{5(x+2)}{(x+3)(x-2)(x+2)}-\dfrac{x-2}{(x+3)(x+2)(x-2)}$

$=\dfrac{5x+10-(x-2)}{(x+3)(x+2)(x-2)}=\dfrac{4x+12}{(x+3)(x+2)(x-2)}$

$=\dfrac{4(x+3)}{(x+3)(x+2)(x-2)}$

$=\dfrac{\mathbf{4}}{\mathbf{(x+2)(x-2)}}$　…答

分母と分子に $x+2$ を掛ける

分母と分子に $x-2$ を掛ける

これ以上約分できないことがわかるように，因数分解した形で答にしよう。

類題 15 次の分数式を計算せよ。

(1) $\dfrac{x+1}{x^2-4x+3}+\dfrac{3x+1}{x^2+2x-3}$ 　　(2) $\dfrac{2x-1}{x^2-3x+2}-\dfrac{x+4}{x^2-2x}$

18　1章　式と証明・方程式

● 複雑な計算

応用例題 16　　　　　　　　　　　　　　　　　複雑な分数式

次の分数式を計算せよ。

(1) $\dfrac{x+1}{x} - \dfrac{x+2}{x+1} - \dfrac{x+3}{x+2} + \dfrac{x+4}{x+3}$

(2) $\dfrac{\dfrac{1}{x} - \dfrac{1}{x+1}}{\dfrac{1}{x+2} - \dfrac{1}{x+3}}$

ねらい　工夫して計算すること。

解法ルール

(1) ① (分子の次数)≧(分母の次数)の場合は割り算実行。
　　② 2つずつ組み合わせを考えて計算する。

(2) ① 分子と分母を別々に計算する。
　　② $\dfrac{\dfrac{A}{B}}{\dfrac{C}{D}} = \dfrac{A}{B} \div \dfrac{C}{D} = \dfrac{AD}{BC}$

● 割り算をして (分子の次数)＜(分母の次数)に直す。(基本例題12参照)

$$\begin{array}{r} 1 \\ x+3 \overline{)x+4} \\ \underline{x+3} \\ 1 \end{array}$$

だから

$\dfrac{x+4}{x+3} = 1 + \dfrac{1}{x+3}$

解答例

(1) $\dfrac{x+1}{x} = 1 + \dfrac{1}{x}$　　$\dfrac{x+2}{x+1} = 1 + \dfrac{1}{x+1}$

$\dfrac{x+3}{x+2} = 1 + \dfrac{1}{x+2}$　　$\dfrac{x+4}{x+3} = 1 + \dfrac{1}{x+3}$

与式 $= \left(1 + \dfrac{1}{x}\right) - \left(1 + \dfrac{1}{x+1}\right) - \left(1 + \dfrac{1}{x+2}\right) + \left(1 + \dfrac{1}{x+3}\right)$

$= \dfrac{1}{x} - \dfrac{1}{x+1} - \dfrac{1}{x+2} + \dfrac{1}{x+3}$

$= \dfrac{(x+1)-x}{x(x+1)} - \dfrac{(x+3)-(x+2)}{(x+2)(x+3)} = \dfrac{1}{x(x+1)} - \dfrac{1}{(x+2)(x+3)}$

$= \dfrac{(x^2+5x+6)-(x^2+x)}{x(x+1)(x+2)(x+3)}$

$= \dfrac{2(2x+3)}{x(x+1)(x+2)(x+3)}$　…**答**

$\dfrac{1}{x}$ と $\dfrac{1}{x+1}$, $\dfrac{1}{x+2}$ と $\dfrac{1}{x+3}$ を組み合わせると計算が簡単になる。

(2) 分子 $= \dfrac{1}{x} - \dfrac{1}{x+1} = \dfrac{1}{x(x+1)}$

　　分母 $= \dfrac{1}{x+2} - \dfrac{1}{x+3} = \dfrac{1}{(x+2)(x+3)}$

　　与式 $= \dfrac{1}{x(x+1)} \div \dfrac{1}{(x+2)(x+3)} = \dfrac{(x+2)(x+3)}{x(x+1)}$　…**答**

類題 16　次の分数式を計算せよ。

(1) $\dfrac{x-1}{x-2} - \dfrac{2x-1}{x-1} - \dfrac{2x+3}{x+1} + \dfrac{3x+7}{x+2}$

(2) $1 - \dfrac{1}{1 - \dfrac{1}{x}}$

1　式と計算　　19

5 恒等式

等号 "=" で結ばれた式を等式というんだ。等式は，**方程式**と**恒等式**に分類されるんだけど，その違いは次の通り。

等式 $\begin{cases} \text{方程式…文字が特定の値のとき等号が成立する。} \\ \text{恒等式…文字がどんな値のときでも等号が成立する。} \end{cases}$

たとえば，$2x+1=3-2(1-x)$ の両辺に，$x=0, 1, 2, \cdots$ と代入してごらん。x がどんな値のときでも左辺＝右辺になることがわかるね。当然だ。もともと左辺と右辺は同じ式なんだから。これが**恒等式**なんだよ。

逆に言うと，恒等式では両辺が同じ式なんだから，文字がどんな値をとっても，等号は当然成立することがわかるね。

ポイント [恒等式の性質]

$ax^2+bx+c=a'x^2+b'x+c'$
が x についての恒等式 $\iff$ $a=a', \ b=b', \ c=c'$

$ax^2+bx+c=0$
が x についての恒等式 $\iff$ $a=0, \ b=0, \ c=0$

覚え得

基本例題 17 　　　　　　　　　　　　恒等式を選ぶ

次の等式のうち，恒等式はどれか。
(1) $(x-2)(x+3)=x^2-x-6$
(2) $x^2-5x+6=(x-2)(x-3)$
(3) $(a+b)^2=a^2+b^2$
(4) $\dfrac{1}{x(x+1)}=\dfrac{1}{x}-\dfrac{1}{x+1}$

ねらい 恒等式の意味を理解し，等式の中から恒等式をみつけること。

解法ルール 左辺か右辺のどちらかの式を変形して，等式が常に成り立つかどうかを調べる。

解答例 (1) 左辺＝$(x-2)(x+3)=x^2+x-6 \neq x^2-x-6$ （$x=0$ のとき）
(2) 右辺＝$(x-2)(x-3)=x^2-5x+6=$左辺
(3) 左辺＝$(a+b)^2=a^2+2ab+b^2 \neq a^2+b^2$ （$ab \neq 0$ のとき）
(4) 右辺＝$\dfrac{1}{x}-\dfrac{1}{x+1}=\dfrac{x+1-x}{x(x+1)}=\dfrac{1}{x(x+1)}=$左辺

答 恒等式は (2), (4)

20　1章　式と証明・方程式

基本例題 18 恒等式の係数決定(1)

次の等式が，(1)は x についての，(2)は x, y についての恒等式となるように，定数 a, b, c, d の値を定めよ。

(1) $a(x+1)^2+b(x+1)+c=2x^2+5$
(2) $(2x+3y+a)(x+by-2)=2x^2+xy+cy^2+2x-dy-12$

ねらい 等式が恒等式となるように，係数を定めること。

解法ルール 整式の恒等式は，両辺を降べきの順に整理する。

1. $ax^2+bx+c=a'x^2+b'x+c'$ が x についての恒等式
 $\iff a=a'$, $b=b'$, $c=c'$

2. $ax^2+bxy+cy^2+dx+ey+f$
 $=a'x^2+b'xy+c'y^2+d'x+e'y+f'$
 が x, y についての恒等式
 $\iff a=a'$, $b=b'$, $c=c'$, $d=d'$, $e=e'$, $f=f'$

← このようにして，恒等式の係数を決定する方法を**係数比較法**という。

(1)については x 以外の文字についての恒等式とは考えられないので，「x についての」が省略されることがあるよ。

解答例 (1) x についての恒等式であるように a, b, c を定めるのだから，左辺を展開し，x について整理する。
左辺 $=a(x^2+2x+1)+b(x+1)+c$
 $=ax^2+(2a+b)x+(a+b+c)$
$ax^2+(2a+b)x+(a+b+c)=2x^2+5$

（$2x^2+0x+5$ と考える）

が x についての恒等式となるための条件は
 $a=2$, $2a+b=0$, $a+b+c=5$
これを解いて **$a=2$, $b=-4$, $c=7$** …[答]

(2) 左辺を展開して式を整理すると
左辺 $=2x^2+2bxy-4x+3xy+3by^2-6y+ax+aby-2a$
 $=2x^2+(2b+3)xy+3by^2+(a-4)x+(ab-6)y-2a$
右辺と係数を比較して
 $2b+3=1$, $3b=c$, $a-4=2$,
 $ab-6=-d$, $-2a=-12$
これを解いて **$a=6$, $b=-1$, $c=-3$, $d=12$** …[答]

← すべての項を左辺に集め，x について降べきの順に整理すると
$(a-2)x^2+(2a+b)x+(a+b+c-5)=0$
これが恒等式となるための条件は，**各項の係数が 0** と考えてもよい。

類題 18 次の等式が(1), (2)は x についての，(3)は x, y についての恒等式となるように，定数 a, b, c, d の値を定めよ。

(1) $ax(x-1)+b(x-1)(x-2)+cx(x-2)=2x^2-2x-2$
(2) $x^3=a(x-1)^3+b(x-1)^2+c(x-1)+d$
(3) $x^2+2xy+3y^2+x+y=(x+y)(x+y+a)+by^2+cy$

1 式と計算

基本例題 19 　恒等式の係数決定(2)

次の等式が恒等式となるように，定数 a, b, c の値を定めよ。
$$x^2+5x+6=ax(x+1)+b(x+1)(x-1)+cx(x-1)$$

ねらい　等式が恒等式となるように，係数を定めること。

解法ルール
1. 恒等式では，文字がどんな値をとっても等号が成立するから，適当な数値を代入して等式をつくる。
2. 等式を3つつくれば，a, b, c が求められる。
3. 恒等式であることを必ず確かめる。

解答例　x に 0, 1, -1 を代入すると計算が簡単である。
$x=0$ を代入すると　$6=-b$　よって　$b=-6$
$x=1$ を代入すると　$12=2a$　よって　$a=6$
$x=-1$ を代入すると　$2=2c$　よって　$c=1$
このとき　右辺 $=6x(x+1)-6(x+1)(x-1)+x(x-1)$
　　　　　　　 $=x^2+5x+6=$ 左辺
$a=6, \ b=-6, \ c=1$ …答

← このようにして，恒等式の係数を決定する方法を**数値代入法**という。数値代入法では，すべての数について等式が成り立つことまでいえないので，**恒等式になっていることを必ず確かめておく**。

類題 19　次の等式が恒等式となるように，定数 a, b, c, d の値を定めよ。
$$x^3=ax(x-1)(x-2)+b(x-1)(x-2)+c(x-2)+d$$

基本例題 20 　恒等式の係数決定(3)

次の等式が恒等式となるように，定数 a, b の値を定めよ。
$$\frac{2x+1}{(x-1)(x+2)}=\frac{a}{x-1}+\frac{b}{x+2}$$

ねらい　分数式が恒等式となるように，係数を定めること。

解法ルール
1. 分数式の場合は**通分**をする。
2. 恒等式となるよう，**係数比較**をする。
3. a, b に関する方程式を解いて，a, b を決定する。

解答例　右辺を通分して
$$\frac{2x+1}{(x-1)(x+2)}=\frac{a(x+2)+b(x-1)}{(x-1)(x+2)}=\frac{(a+b)x+2a-b}{(x-1)(x+2)}$$
両辺の係数を比較して
$a+b=2$ ……①　　$2a-b=1$ ……②
①，②を解いて　$a=1, \ b=1$　…答

両辺に $(x-1)(x+2)$ を掛けて，恒等式をつくると
$2x+1=a(x+2)+b(x-1)$
数値代入法と係数比較法のどちらで解いてもいいよ。

類題 20　次の等式が恒等式となるように，定数 a, b の値を定めよ。
$$\frac{3x+4}{(x+1)(x+2)}=\frac{a}{x+1}+\frac{b}{x+2}$$

発展例題 21　恒等式の係数決定(4)

次の等式が恒等式となるように，定数 a, b, c の値を定めよ。

$$\frac{1}{(x+1)(x+2)^2} = \frac{a}{x+1} + \frac{b}{x+2} + \frac{c}{(x+2)^2}$$

ねらい　恒等式となるように係数を定めること。

解法ルール
1. 通分をし，恒等式となるよう係数比較をする。
2. a, b, c に関する方程式を解いて，a, b, c を決定する。

解答例　右辺を通分して

$$\frac{1}{(x+1)(x+2)^2} = \frac{a(x+2)^2 + b(x+1)(x+2) + c(x+1)}{(x+1)(x+2)^2}$$

$$= \frac{(a+b)x^2 + (4a+3b+c)x + 4a+2b+c}{(x+1)(x+2)^2}$$

両辺の係数を比較して
$a+b=0$ ……①　$4a+3b+c=0$ ……②　$4a+2b+c=1$ ……③
②－③より　$b=-1$
①より　$a=1$　②に代入して　$c=-1$
ゆえに　$a=1, b=-1, c=-1$　…答

右辺のように変形することを，**部分分数に分ける**といいます。

類題 21　次の等式が恒等式となるように，定数 a, b, c の値を定めよ。

$$\frac{1}{x^3-1} = \frac{a}{x-1} + \frac{bx+c}{x^2+x+1}$$

基本例題 22　k の値の関係なく成立する等式

x, y についての次の等式が，k の値に関係なく成り立つような x, y の値を求めよ。
$$(k-2)x + (k-1)y = 4k-1$$

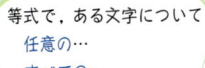

ねらい　k の値に関係なく等式が成立するような x, y の値を求めること。

解法ルール　k の値に関係なく成立
k のどんな値についても成立 $\Longrightarrow$ k についての恒等式

解答例　等式が k の値に関係なく成り立つから，この等式は k についての恒等式である。
　k について整理すると　$(x+y-4)k - (2x+y-1) = 0$
　k についての恒等式である条件　$x+y-4=0, \ 2x+y-1=0$
　これを解くと　$x=-3, \ y=7$　…答

等式で，ある文字について
　任意の…
　すべての…
　値に関係なく…
とあれば，
ある文字についての恒等式の問題ではないかと考えてみる。

類題 22　どのような実数 a に対しても $(1+2a)x + (2-a)y - 5 = 0$ が成立するとき，x, y の値を求めよ。

1　式と計算

6 等式の証明

等式の左辺か右辺を変形して両辺が同じ式になるのが恒等式だったよね。
等式 $A=B$ の証明 というのも，"2つの式 A と B は等しいか？" ということがテーマであって，等しくなることをもっともらしく説明するだけの話なんだ！
次に，証明をするのによく使う手法をあげておこう。

ポイント　[等式 $A=B$ の証明]　　　　　　　　　　　　　　　覚え得
① 一方から他方を導く。
　左辺$=A=$……（変形する）……$=B=$右辺　　よって　$A=B$
② 両方を変形し，等しいことを示す。
　左辺$=A=$……（変形する）……$=P$
　右辺$=B=$……（変形する）……$=P$　　よって　$A=B$
③ 差が 0 となることを示す。
　左辺$-$右辺$=A-B=$……（変形する）……$=0$　　よって　$A=B$

基本例題 23　　　　　　　　　　　　　等式の証明

次の等式を証明せよ。
$$(a^2+b^2)(c^2+d^2)=(ac+bd)^2+(ad-bc)^2$$

テストに出るぞ！

ねらい
等式を証明すること。上の「ポイント」の①〜③のどれで行えばよいか。

解法ルール　上の①〜③のいずれの方法で証明するか，方針を決める。
　一般に，**式を因数分解するよりも展開する方が簡単**だから，
　両辺を展開して等しくなることを示す とよい。

②の方法

解答例　左辺$=(a^2+b^2)(c^2+d^2)=a^2c^2+a^2d^2+b^2c^2+b^2d^2$
　　　　　右辺$=(ac+bd)^2+(ad-bc)^2$
　　　　　　　$=a^2c^2+2abcd+b^2d^2+a^2d^2-2abcd+b^2c^2$
　　　　　　　$=a^2c^2+a^2d^2+b^2c^2+b^2d^2$
よって　$(a^2+b^2)(c^2+d^2)=(ac+bd)^2+(ad-bc)^2$　終

（別解）ポイント③の，差が 0 となることを示す方法では
左辺$-$右辺$=(a^2+b^2)(c^2+d^2)-\{(ac+bd)^2+(ad-bc)^2\}$
　　　　　$=a^2c^2+a^2d^2+b^2c^2+b^2d^2-a^2c^2-2abcd-b^2d^2$
　　　　　　$-a^2d^2+2abcd-b^2c^2=0$
よって　$(a^2+b^2)(c^2+d^2)=(ac+bd)^2+(ad-bc)^2$

[誤答例]
$(x-1)^2$
$=x(x-2)+1$
を証明せよ。
（証明）
「両辺を展開して
x^2-2x+1
$=x^2-2x+1$」
　どこが誤りかわからない？
　それは等式が成立すること，つまり $=$ で結ばれることを示したいのに，その条件をすでに使っているからなのだ！

類題 23　次の等式を証明せよ。
$$(x+y)^3+(x-y)^3=2x\{(x+y)^2+(x-y)^2-(x^2-y^2)\}$$

24　1章　式と証明・方程式

基本例題 24 　条件つきの等式の証明

$a+b+c=0$ のとき，等式 $a^2-bc=b^2-ac$ が成り立つことを証明せよ。

ねらい 条件つきの等式の証明をすること。

解法ルール
1. 条件式を利用して，文字を減らす。
2. 次数の低い文字を代入法で消去するとよい。

解答例 　条件式 $a+b+c=0$ から $c=-a-b$ 　これを代入する。
左辺 $=a^2-bc=a^2-b(-a-b)=a^2+ab+b^2$
右辺 $=b^2-ac=b^2-a(-a-b)=a^2+ab+b^2$
よって　$a^2-bc=b^2-ac$ 　終

(別解) 左辺－右辺に $a+b+c=0$ を代入する。
　左辺－右辺 $=a^2-bc-(b^2-ac)=c(a-b)+(a+b)(a-b)$
　　　　　　 $=(a-b)\underbrace{(a+b+c)}_{=0}=0$
よって　左辺＝右辺

文字の数は少なければ少ないほど楽！

類題 24 　$a+b+c=0$ のとき，
$a^2(b+c)+b^2(c+a)+c^2(a+b)+3abc=0$
が成り立つことを証明せよ。

基本例題 25 　条件式が比例式の等式の証明

$\dfrac{a}{b}=\dfrac{c}{d}$ のとき，$\dfrac{a-3b}{b}=\dfrac{c-3d}{d}$ であることを証明せよ。

ねらい 条件式が比例式の等式を証明すること。

解法ルール
1. 条件式が比例式のときは，比例式＝k とおく。
2. $\dfrac{a}{b}=\dfrac{c}{d}=k$ とおくと　$a=bk,\ c=dk$

比例式 $\dfrac{a}{b}=\dfrac{c}{d}$ は $a:b=c:d$ とも書く

解答例 　条件式を $\dfrac{a}{b}=\dfrac{c}{d}=k$ とおくと　$a=bk,\ c=dk$

これを等式に代入すると

左辺 $=\dfrac{a-3b}{b}=\dfrac{bk-3b}{b}=\dfrac{b(k-3)}{b}=k-3$

右辺 $=\dfrac{c-3d}{d}=\dfrac{dk-3d}{d}=\dfrac{d(k-3)}{d}=k-3$

よって　$\dfrac{a-3b}{b}=\dfrac{c-3d}{d}$ 　終

比例式＝k とおくんですね

類題 25 　$a:b=c:d$ のとき，$\dfrac{a+c}{b+d}=\dfrac{a+2c}{b+2d}$ であることを証明せよ。

1 式と計算

7 不等式の証明

等式の証明のあとは，不等式の証明といこう。
不等式 $A>B$ の証明も，"A は B より大きいか？" ということが問題であるので，A と B との差をとって，$A-B>0$ を示せばよい。

ただ，差をとっても簡単に正・負を判断できない場合もあるので，次に不等式の証明によく使われるテクニックをあげておく。

ポイント [不等式 $A>B$ の証明]　　　　　　　　　　　　　　　　　　　　覚え得
① 左辺－右辺＝$A-B=$……（変形する）……>0　　よって　$A>B$
② $A\geqq 0$，$B\geqq 0$ のとき $A>B \iff A^2>B^2$ の利用（応用例題 29）
　　$A-B$ の符号が簡単に判定できないとき，$A\geqq 0$，$B\geqq 0$ なら
　　（左辺）^{2}－（右辺）$^2=A^2-B^2>0$　　ゆえに　$A^2>B^2$　　よって　$A>B$

[不等式の証明に使われるその他のテクニック]
③ 平方完成して（実数）$^2\geqq 0$ の利用
④ 相加平均≧相乗平均の利用（応用例題 31）
　　$a>0$，$b>0$ のとき　$\dfrac{a+b}{2}\geqq\sqrt{ab}$　（等号は $a=b$ のとき成り立つ）

$\dfrac{a+b}{2}$ を相加平均
$\sqrt{ab}$ を相乗平均
というのよ！

基本例題 26　　　　　基本となる不等式の証明

$a\geqq 0$，$b\geqq 0$ のとき，次の(1)，(2)が成り立つことを証明せよ。
(1) $a>b$ ならば $a^2>b^2$
(2) $a^2>b^2$ ならば $a>b$

ねらい
基本となる不等式を証明すること。

解法ルール (1) 結論の不等式の**左辺－右辺>0** をいう。
(2) **不等式の性質**を用いて仮定から結論を導く。

解答例 (1) 左辺－右辺 $=a^2-b^2=(a+b)(a-b)$　……①
ここで，仮定の $a>b$ から　$a-b>0$
また，$a\geqq 0$，$b\geqq 0$，$a>b$ から　$a+b>0$
よって　$(a+b)(a-b)>0$　←正×正＝正だ！
したがって，①より　$a^2-b^2>0$　　よって　$a^2>b^2$　終

(2) 仮定の $a^2>b^2$ から　$a^2-b^2>0$
ゆえに　$(a+b)(a-b)>0$　……②
ここで，$a^2>b^2$ だから　$a\neq b$
よって，$a\geqq 0$，$b\geqq 0$ より　$a+b>0$　……③
したがって，②，③より　$a-b>0$　　よって　$a>b$　終

$a\neq b$ だから，$a=b=0$ の場合は除かれる。

26　1章　式と証明・方程式

基本例題 27 不等式の証明(1)

$a>1$, $b>1$ のとき，$ab+1>a+b$ を証明せよ。

ねらい
不等式 $A>B$ を証明すること。
$A-B>0$ を示す。

解法ルール
1. 2数の大小は差の符号を調べる。
2. $a>1 \Longrightarrow a-1>0$, $b>1 \Longrightarrow b-1>0$

解答例
$$\begin{aligned}左辺-右辺 &= ab+1-(a+b) \\ &= a(b-1)-(b-1) \\ &= (a-1)(b-1)\end{aligned}$$

仮定より，$a>1$ だから $a-1>0$
　　　　$b>1$ だから $b-1>0$
よって，$(a-1)(b-1)>0$ より $ab+1-(a+b)>0$
よって $ab+1>a+b$ 終

条件式 $a>1$, $b>1$ の使い方をマスターしよう。

類題 27 $|x|<1$, $|y|<1$ のとき，$xy+1>x+y$ を証明せよ。

基本例題 28 不等式の証明(2)

次の不等式を証明せよ。
$$(a^2+b^2)(x^2+y^2) \geqq (ax+by)^2$$

ねらい
不等式 $A \geqq B$ の証明をすること。
(実数)$^2 \geqq 0$ の利用。

解法ルール
1. 左辺－右辺$\geqq 0$ を示せばよい。
2. 2次式$\geqq 0$ を示すには，平方完成して（実数)$^2 \geqq 0$

解答例
$$\begin{aligned}左辺-右辺 &= (a^2+b^2)(x^2+y^2)-(ax+by)^2 \\ &= a^2x^2+a^2y^2+b^2x^2+b^2y^2-(a^2x^2+2abxy+b^2y^2) \\ &= b^2x^2-2abxy+a^2y^2 \\ &= (bx-ay)^2 \geqq 0\end{aligned}$$

よって $(a^2+b^2)(x^2+y^2) \geqq (ax+by)^2$
等号が成り立つのは $bx=ay$ のとき 終

不等式に出てくる数や文字は全部実数。したがって，$bx-ay$ も実数なんだ。

等号が成り立つのはどんな場合かを書いておこう

類題 28 次の不等式を証明せよ。
(1) $x^2+4x+4 \geqq 0$
(2) $a^2+ab+b^2 \geqq 0$
(3) $x^2+y^2 \geqq xy$
(4) $x^2+y^2+z^2 \geqq xy+yz+zx$

応用例題 29　不等式の証明(3)　テストに出るぞ！

$a \geq 0$, $b \geq 0$ とするとき，次の不等式を証明せよ。
$$\sqrt{2(a+b)} \geq \sqrt{a} + \sqrt{b}$$

ねらい
不等式 $A \geq B$ を証明すること。$A \geq B$ を証明するのに $A^2 - B^2 \geq 0$ をいう。

解法ルール
1. 負でない2数の大小は，2乗して比較する。
   $A \geq 0$, $B \geq 0$ のとき，$A > B \iff A^2 > B^2$ を利用。
2. $\sqrt{2(a+b)} \geq 0$, $\sqrt{a} + \sqrt{b} \geq 0$ を確認すること。

解答例
$$(左辺)^2 - (右辺)^2 = \{\sqrt{2(a+b)}\}^2 - (\sqrt{a} + \sqrt{b})^2$$
$$= 2(a+b) - (a + 2\sqrt{a}\sqrt{b} + b)$$
$$= a - 2\sqrt{a}\sqrt{b} + b$$
$$= (\sqrt{a})^2 - 2\sqrt{a}\sqrt{b} + (\sqrt{b})^2$$
$$= (\sqrt{a} - \sqrt{b})^2 \geq 0$$

（実数）$^2 \geq 0$

よって　$\{\sqrt{2(a+b)}\}^2 \geq (\sqrt{a} + \sqrt{b})^2$
ここで，$\sqrt{2(a+b)} \geq 0$, $\sqrt{a} + \sqrt{b} \geq 0$ だから
$$\boldsymbol{\sqrt{2(a+b)} \geq \sqrt{a} + \sqrt{b}}$$

$A^2 \geq B^2$ で，$A \geq 0$, $B \geq 0$ なら $A \geq B$

等号は，$\sqrt{a} - \sqrt{b} = 0$, すなわち　$a = b$ のとき成り立つ。　[終]

等号が成り立つときを示しておくこと

類題 29　$a \geq b \geq 0$ のとき，$\sqrt{a} - \sqrt{b} \leq \sqrt{a-b}$ を証明せよ。

基本例題 30　相加平均 ≧ 相乗平均の証明

$a > 0$, $b > 0$ のとき，次の不等式が成り立つことを証明せよ。
$$\frac{a+b}{2} \geq \sqrt{ab}$$

ねらい
相加平均 ≧ 相乗平均の不等式を証明すること。（実数）$^2 \geq 0$ の利用。

解法ルール
1. 左辺 − 右辺 ≥ 0 を示せばよい。
2. （実数）$^2 \geq 0$ の利用。

解答例
$$左辺 - 右辺 = \frac{a+b}{2} - \sqrt{ab} = \frac{1}{2}(a - 2\sqrt{a}\sqrt{b} + b)$$
$$= \frac{1}{2}\{(\sqrt{a})^2 - 2\sqrt{a}\sqrt{b} + (\sqrt{b})^2\}$$
$$= \frac{1}{2}(\sqrt{a} - \sqrt{b})^2 \geq 0$$

よって　$\dfrac{a+b}{2} \geq \sqrt{ab}$

等号は，$\sqrt{a} - \sqrt{b} = 0$, すなわち　$a = b$ のとき成り立つ。　[終]

（左辺）$^2 -$（右辺）^{2} を計算していっても証明できますね

応用例題 31 相加平均≧相乗平均の利用

$a>0$, $b>0$ のとき，次の不等式を証明せよ。
$$(a+b)\left(\frac{1}{a}+\frac{1}{b}\right)\geqq 4$$

テストに出るぞ！

ねらい
相加平均≧相乗平均を用いて，不等式を証明すること。式の特徴をつかむ。

解法ルール
1. 正の数の ○ + $\frac{1}{○}$ の形の式は，相加平均≧相乗平均
2. $\frac{a+b}{2}\geqq \sqrt{ab}$ より $a+b\geqq 2\sqrt{ab}$

○ + $\frac{1}{○}$ の形なら 相加平均≧相乗平均 ○は正であることを確認すること。

解答例
$(a+b)\left(\frac{1}{a}+\frac{1}{b}\right)-4 = \frac{a}{a}+\frac{a}{b}+\frac{b}{a}+\frac{b}{b}-4 = \frac{a}{b}+\frac{b}{a}-2$

$\frac{a}{b}>0$, $\frac{b}{a}>0$ なので $\frac{\frac{a}{b}+\frac{b}{a}}{2}\geqq \sqrt{\frac{a}{b}\times \frac{b}{a}}=1$ よって $\frac{a}{b}+\frac{b}{a}\geqq 2$

ゆえに，$(a+b)\left(\frac{1}{a}+\frac{1}{b}\right)-4\geqq 0$ より $(a+b)\left(\frac{1}{a}+\frac{1}{b}\right)\geqq 4$

等号は，$\frac{a}{b}=\frac{b}{a}$，すなわち $a=b$ のとき成り立つ。 【終】

類題 31 次の不等式を証明せよ。ただし文字はすべて正の数を表すものとする。

(1) $a+\frac{1}{a}\geqq 2$

(2) $ab+\frac{4}{ab}\geqq 4$

(3) $\left(\frac{b}{a}+\frac{d}{c}\right)\left(\frac{a}{b}+\frac{c}{d}\right)\geqq 4$

(4) $(a+b)(b+c)(c+a)\geqq 8abc$

Tea Time ⬠ 相乗平均と調和平均

● 10000 円の品物が，1 回目は 27000 円に，2 回目は 32400 円に値上げされた。この値上げの倍率の平均は？

1 回目は 10000 円→27000 円で，2.7 倍
2 回目は 27000 円→32400 円で，1.2 倍

倍率の相加平均は $\frac{2.7+1.2}{2}=1.95$（倍）

これでよいかな？ 2 回とも 1.95 倍で計算すると，10000 円→19500 円→38025 円。実際とは 5625 円も違いが出てしまう。
倍率の**相乗平均**は $\sqrt{2.7\times 1.2}=1.8$（倍）
2 回とも 1.8 倍で計算してみると，
10000 円→18000 円→32400 円で，みごと一致する。相乗平均はこんな場合に使われる。

● 12 km の道を往復するのに，行きの速さは 4 km/時，帰りの速さは 6 km/時であった。平均の速さは？

行きに 12÷4=3（時間），帰りに 12÷6=2（時間）かかるから，平均の速さは $\frac{24}{5}$ km/時。

ここで，4 と 6 の逆数の相加平均の逆数は
$$\frac{1}{\frac{\frac{1}{4}+\frac{1}{6}}{2}}=\frac{1}{\frac{\frac{5}{12}}{2}}=\frac{1}{\frac{5}{24}}=\frac{24}{5}\text{（km/時）}$$

これを**調和平均**という。

1 式と計算

応用例題 32 絶対値を含む不等式の証明

次の不等式を証明せよ。
(1) $|a|+|b| \geqq |a+b|$
(2) $|a+b| \geqq |a|-|b|$

ねらい 絶対値を含む不等式を証明すること。絶対値記号は，2乗するとはずれる。

解法ルール ① 絶対値の意味から，次の基本性質が成り立つ。
① $|a|^2 = a^2$
② $|a||b| = |ab|$
③ $\dfrac{|a|}{|b|} = \left|\dfrac{a}{b}\right|$ $(b \neq 0)$
④ $|a| \geqq 0$
⑤ $-|a| \leqq a \leqq |a|$

負でない2数の大小は，2乗して比較する。

② 絶対値記号は，2乗するとはずれる。

解答例
(1) (左辺)² − (右辺)² = $(|a|+|b|)^2 - |a+b|^2$
$= |a|^2 + 2|a||b| + |b|^2 - (a+b)^2$ ←基本性質①
$= a^2 + 2|ab| + b^2 - a^2 - 2ab - b^2$ ←基本性質①，②
$= 2(|ab| - ab) \geqq 0$ ←$|ab| \geqq ab$（基本性質⑤）より

よって $(|a|+|b|)^2 \geqq |a+b|^2$
$|a| \geqq 0, \ |b| \geqq 0$ より $|a|+|b| \geqq 0, \ |a+b| \geqq 0$ だから
$|a|+|b| \geqq |a+b|$

等号は，$ab \geqq 0$ のとき成り立つ。 終

(2) (ⅰ) $|a|-|b| < 0$ のとき $|a+b| \geqq 0$ だから，明らかに
$|a+b| > |a|-|b|$

(ⅱ) $|a|-|b| \geqq 0$ のとき $|a+b| \geqq 0, \ |a|-|b| \geqq 0$
(左辺)² − (右辺)² = $|a+b|^2 - (|a|-|b|)^2$
$= (a+b)^2 - (|a|^2 - 2|a||b| + |b|^2)$
$= a^2 + 2ab + b^2 - a^2 + 2|ab| - b^2$
$= 2(ab + |ab|) \geqq 0$

よって $|a+b|^2 \geqq (|a|-|b|)^2$
$|a+b| \geqq 0, \ |a|-|b| \geqq 0$ だから $|a+b| \geqq |a|-|b|$

(ⅰ), (ⅱ)より $|a+b| \geqq |a|-|b|$

等号は，$|a| \geqq |b|$ かつ $ab \leqq 0$ のとき成り立つ。 終

← 等号が成り立つのは，
$|ab| - ab = 0$ より
$ab = |ab| \geqq 0$
よって $ab \geqq 0$

← 等号が成り立つのは，
$|a|-|b| \geqq 0$ より
$|a| \geqq |b|$
$ab + |ab| = 0$ より
$ab = -|ab| \leqq 0$
よって $|a| \geqq |b|$ かつ $ab \leqq 0$

類題 32 次の問いに答えよ。
(1) $|a+b| \leqq |a|+|b|$ であることを利用して，$|a|-|b| \leqq |a-b|$ であることを証明せよ。
(2) $|x| < 1, \ |y| < 1$ のとき，$|x+y| < |1+xy|$ が成り立つことを証明せよ。

30　1章　式と証明・方程式

2節 2次方程式

8 複素数

2次方程式の解き方は数Ⅰで学習しましたね。習ったものをそっくり復習するだけではおもしろくない。というわけで、ここでは、どんな2次方程式でも解くことができるように、新しい数を紹介しましょう。

まず、方程式 $x^2+4=0$ ……① を解いてみよう。

変形すると $x^2=-4$ **2乗して負になる実数はない**ので、このままでは解けない。そこで、新たに**2乗して負になる数**を考えてみる。

❖ 虚数単位

2乗すれば -1 になる新しい数を考え、それを i で表す。

$i^2=-1$ この i を**虚数単位**という。

$i^2=-1$ がポイントだ！

❖ 負の数の平方根

虚数単位 i を用いると
$$(2i)^2=2^2i^2=4\times(-1)=-4$$
$$(-2i)^2=(-2)^2i^2=4\times(-1)=-4$$

であるから、①の方程式の解は $2i$ と $-2i$ である。

> **ポイント** [負の数の平方根]　$a>0$ のとき
> 負の数 $-a$ の平方根は $\pm\sqrt{-a}$ である。
> $\sqrt{-a}=\sqrt{a}\,i \qquad -\sqrt{-a}=-\sqrt{a}\,i$
> 覚え得

← $\sqrt{-1}=\sqrt{1}\,i=i$
虚数単位 i は $\sqrt{-1}$ を表している。

❖ 複素数

$a+bi$（ただし、a, b は実数、i は虚数単位）の形で表される数を**複素数**といい、a を**実部**、b を**虚部**という。

$b=0$ のとき、すなわち $a+0i=a$ で**実数 a** を表す。

$b\neq 0$ のとき、すなわち**実数でない複素数**を**虚数**という。

$a=0$ であれば、bi を**純虚数**という。

複素数 { 実数 / 虚数 }

複素数は、これまで学習してきたあらゆる数を含む、最も範囲の広い数である。

❖ 共役な複素数

複素数 $a+bi$ と $a-bi$ を互いに**共役な複素数**という。

符号がちがう

1つの複素数を z とすると共役な複素数は $\bar{z}$ と表す。

2　2次方程式　**31**

● 複素数の計算

複素数どうしの加法・減法・乗法・除法も、実数の計算と同じように行う。
- 計算の途中で i^2 が出てくれば **−1 におき換え**る。
- 計算の結果は $a+bi$ の形（1つの複素数の形）で表す。

基本例題 33 　　　　　　　　　複素数の四則計算

次の計算をし、結果を $a+bi$ の形で表せ。
(1) $(2+3i)+(4-5i)$ 　　　(2) $(3-i)-(-5+3i)$
(3) $(1+2i)(3-2i)$ 　　　(4) $\dfrac{1+2i}{3+2i}$

ねらい
複素数の四則計算をすること。

解法ルール
1. i を文字と考えて、ふつうの式の計算を行い、$i^2=-1$ とする。
2. 除法では、共役な複素数の積を用いて分母を実数化。
$$(a+bi)(a-bi)=a^2-b^2i^2=a^2+b^2$$ ←これは実数

解答例
(1) $(2+3i)+(4-5i)=2+3i+4-5i$
　　　　　　$=(2+4)+(3-5)i=\mathbf{6-2i}$ …答

(2) $(3-i)-(-5+3i)=3-i+5-3i$
　　　　　　$=(3+5)-(1+3)i=\mathbf{8-4i}$ …答

(3) $(1+2i)(3-2i)=3-2i+6i-4i^2$
　　　　　　$=3+4i-4\times(-1)=\mathbf{7+4i}$ …答

(4) 分母 $3+2i$ と共役な複素数は $3-2i$
分母と分子に $3-2i$ を掛けて、分母を実数にする。
$$\dfrac{1+2i}{3+2i}=\dfrac{(1+2i)(3-2i)}{(3+2i)(3-2i)}=\dfrac{3+4i-4i^2}{9-4i^2}$$
$$=\dfrac{7+4i}{13}=\mathbf{\dfrac{7}{13}+\dfrac{4}{13}i}$$ …答

i^2 が出てくれば $i^2=-1$ とするんですね

← $(a+bi)(a-bi)$
$=a^2+b^2$
複素数とその共役複素数の積は実数になる。

類題 33-1 次の計算をせよ。
(1) $(-5+3i)+(4-3i)$ 　　　(2) $(2-7i)-(2+5i)$
(3) $(7+5i)(7-5i)$ 　　　(4) $\dfrac{-1+3i}{4-3i}$

類題 33-2 次の計算をせよ。
(1) $(2-\sqrt{3}i)^2+(2+\sqrt{3}i)^2$ 　　　(2) $(3+2i)^3$
(3) $i^4+i^3+i^2+i+1+\dfrac{1}{i}$ 　　　(4) $\dfrac{1+i}{3-2i}+\dfrac{1-i}{3+2i}$

1章　式と証明・方程式

基本例題 34　負の数の平方根の計算

次の計算をせよ。

(1) $\sqrt{5}\times\sqrt{-2}$ 　　(2) $\sqrt{-5}\times\sqrt{-2}$

(3) $\sqrt{3}\div\sqrt{-5}$ 　　(4) $(1+\sqrt{-2})^2$

ねらい　負の数の平方根の計算をすること。$\sqrt{-a}=\sqrt{a}i$ により，複素数の計算をする。

解法ルール

① $a>0$ のとき　$\sqrt{-a}=\sqrt{a}i$

② i を使って表せば，あとは複素数の計算。

> まず，i を使って数を表してから計算を始めること。

解答例

(1) $\sqrt{5}\times\sqrt{-2}=\sqrt{5}\times\sqrt{2}i=\sqrt{10}i$ …㊎

(2) $\sqrt{-5}\times\sqrt{-2}=\sqrt{5}i\times\sqrt{2}i=\sqrt{10}i^2=-\sqrt{10}$ …㊎

(3) $\sqrt{3}\div\sqrt{-5}=\dfrac{\sqrt{3}}{\sqrt{5}i}=\dfrac{\sqrt{3}\times\sqrt{5}i}{\sqrt{5}i\times\sqrt{5}i}$
$=\dfrac{\sqrt{15}i}{5i^2}=-\dfrac{\sqrt{15}}{5}i$ …㊎

(4) $(1+\sqrt{-2})^2=(1+\sqrt{2}i)^2$
$=1+2\sqrt{2}i+(\sqrt{2}i)^2$
$=1+2\sqrt{2}i-2=\boldsymbol{-1+2\sqrt{2}i}$ …㊎

> i を分母と分子に掛けると，分母は実数になる。次に，有理化するには $\sqrt{5}$ を掛ける。実数化と有理化を同時にするために，$\sqrt{5}i$ を掛けるんだ。

公式の好きなキミに！

平方根の計算公式　$\sqrt{a}\sqrt{b}=\sqrt{ab}$，$\dfrac{\sqrt{a}}{\sqrt{b}}=\sqrt{\dfrac{a}{b}}$ をバッチリ覚えた人は，なぜこの公式を使わないかと思うでしょ。ものはためし，やってみましょう。

(1) $\sqrt{5}\times\sqrt{-2}=\sqrt{5\times(-2)}=\sqrt{-10}=\sqrt{10}i$　できるじゃない。では，(2)はどうでしょうか？

(2) $\sqrt{-5}\times\sqrt{-2}=\sqrt{(-5)\times(-2)}=\sqrt{10}$　アレ！　符号がちがう。

初めの公式が成り立つのは，$a>0$，$b>0$ という条件つきであったはず。いくら公式を覚えていても，条件を無視して，使ってはケガをするんです！

> つまり，(1)の結果も単なる偶然。

a，b の一方が負のときは $\sqrt{a}\sqrt{b}=\sqrt{-ab}\,i$，$a$，$b$ とも負のときは $\sqrt{a}\sqrt{b}=-\sqrt{ab}$ などと，条件をあれこれ考えるより，"**負の数の平方根 $\sqrt{-a}=\sqrt{a}i\,(a>0)$**" により，初めに i を使って表してしまえばいいんです！

類題 34-1　次の計算をせよ。

(1) $\sqrt{3}\times\sqrt{-4}$ 　　(2) $\sqrt{-7}\div\sqrt{3}$

(3) $\sqrt{-18}\div\sqrt{-2}$ 　　(4) $\dfrac{1-\sqrt{-2}}{1+\sqrt{-2}}$

類題 34-2　次の等式は成り立つか。

(1) $\sqrt{2}\times\sqrt{-3}=\sqrt{2\times(-3)}$ 　　(2) $\sqrt{-2}\times\sqrt{-3}=\sqrt{(-2)\times(-3)}$

(3) $\dfrac{\sqrt{2}}{\sqrt{-3}}=\sqrt{\dfrac{2}{-3}}$ 　　(4) $\dfrac{\sqrt{-2}}{\sqrt{3}}=\sqrt{\dfrac{-2}{3}}$ 　　(5) $\dfrac{\sqrt{-2}}{\sqrt{-3}}=\sqrt{\dfrac{-2}{-3}}$

2　2次方程式

● 複素数の相等

2つの複素数 $a+bi$, $c+di$ (a, b, c, d は実数) が等しいとは？

ポイント [複素数の相等] a, b, c, d は実数，i は虚数単位のとき
- $a+bi=c+di \iff a=c$ かつ $b=d$
- $a+bi=0$ であるのは，$a=0$, $b=0$ のときに限る。

覚え得

基本例題 35 複素数の相等

次の等式を満たす実数 x, y の値を求めよ。
(1) $x+3i=2-yi$
(2) $(x+y)+(x-y)i=4$
(3) $(1+i)x+(2-i)y=5-i$

ねらい 複素数の相等条件を用いて，未知の実数値を求めること。

解法ルール a, b, c, d が実数，i が虚数単位のとき
$$a+bi=c+di \iff a=c \text{ かつ } b=d$$
を用いる。

解答例
(1) $x+3i=2+(-y)i$ 　　等しい　　 x, y が実数だから
　　$x=2$, $3=-y$　　すなわち　**$x=2$, $y=-3$**　…答

(2) $(x+y)+(x-y)i=4+0i$　　$x+y$, $x-y$ が実数だから
　　　　$x+y=4$, $x-y=0$
　　これを解いて　**$x=2$, $y=2$**　…答

(3) まず，左辺を $a+bi$ の形に変形する。
　$(1+i)x+(2-i)y=x+xi+2y-yi=(x+2y)+(x-y)i$
　したがって　$(x+2y)+(x-y)i=5+(-1)i$
　$x+2y$, $x-y$ が実数だから　$x+2y=5$, $x-y=-1$
　これを解いて　**$x=1$, $y=2$**　…答

← $x+3i=2-yi$ は，移項して整理すると
$(x-2)+(3+y)i=0$
　$a+bi=0$
　$\iff a=0, b=0$
であるから
$x-2=0, 3+y=0$
よって $x=2, y=-3$
とすることもできる。

類題 35

次の等式を満たす実数 x, y の値を求めよ。
(1) $(x+y-1)+(x+2y-1)i=0$
(2) $x(1+i)^2+y(1-i)=2i$
(3) $(1-2i)(x+yi)=1+2i$

9 2次方程式

すべての項を移項して整理したとき，$ax^2+bx+c=0$（a, b, c は実数，$a \neq 0$）となる方程式が **2次方程式** だったね。

また，**方程式を成り立たせる x の値**がその方程式の**解**，**解をすべて求めることを方程式を解く**というんだったね。

ここでは，解が虚数になる場合も含めて2次方程式を解くことや，どんな場合に解が実数，虚数となるのかなどについて学習していこう。

● 2次方程式の解法

❶ 平方根を求める方法

$x^2=3$ のような方程式では，3の平方根を求めて $x=\pm\sqrt{3}$

$x^2=-3$ の場合でも，$\sqrt{-3}=\sqrt{3}i$ であるから $x=\pm\sqrt{-3}=\pm\sqrt{3}i$

一般に，$ax^2+c=0$ の形の方程式では，$x^2=p$ の形にして，p の平方根を考えるとよい。

❷ 解の公式の利用

$ax^2+bx+c=0$ の解の公式

$$x=\frac{-b\pm\sqrt{b^2-4ac}}{2a}$$

を利用する。

根号内が負の数になるときは，負の数の平方根と考えて i を用いて表す（虚数の解になる）。

特に，x の係数が偶数のときは

$ax^2+2b'x+c=0$ の解の公式

$$x=\frac{-b'\pm\sqrt{b'^2-ac}}{a}$$

を用いると簡単である。

❸ 因数分解による方法

α, β が複素数のときも

$\alpha\beta=0$ ならば $\alpha=0$ または $\beta=0$

が成り立つので，解が虚数になる場合にも因数分解による方法で解を求めることができる。

（例）$x^2+3=0 \quad x^2-(-3)=0$
$x^2-(\sqrt{3}i)^2=0 \quad (x+\sqrt{3}i)(x-\sqrt{3}i)=0$
ゆえに $x+\sqrt{3}i=0$ または $x-\sqrt{3}i=0$
よって $x=-\sqrt{3}i$, $x=\sqrt{3}i$ まとめると $x=\pm\sqrt{3}i$

← 解の公式の作り方

$x^2+px+\left(\dfrac{p}{2}\right)^2=\left(x+\dfrac{p}{2}\right)^2$ を利用する。

$ax^2+bx+c=0$ の両辺を a で割り

$$x^2+\frac{b}{a}x+\frac{c}{a}=0$$

$x^2+\dfrac{b}{a}x=-\dfrac{c}{a}$ の両辺に $\left(\dfrac{b}{2a}\right)^2$ を加え

$$x^2+\frac{b}{a}x+\left(\frac{b}{2a}\right)^2=\left(\frac{b}{2a}\right)^2-\frac{c}{a}$$

$$\left(x+\frac{b}{2a}\right)^2=\frac{b^2-4ac}{4a^2}$$

平方根を求める方法で

$$x+\frac{b}{2a}=\pm\sqrt{\frac{b^2-4ac}{4a^2}}$$

$$x=\frac{-b}{2a}\pm\frac{\sqrt{b^2-4ac}}{2a}$$

$$=\frac{-b\pm\sqrt{b^2-4ac}}{2a}$$

基本例題 36 2次方程式の解法

次の2次方程式を解け。
(1) $2x^2-5x-18=0$
(2) $2x^2-7x-1=0$
(3) $3x^2+2x+2=0$
(4) $2x^2-12x+18=0$
(5) $x^2+9=0$
(6) $(x-1)^2+5=0$

ねらい
2次方程式を解くこと。方程式の形から
1 平方根を求める方法
2 解の公式の利用
3 因数分解による方法
のどれが適切か判断して解くこと。

解法ルール 前頁の
1 平方根を求める方法 ← $x^2=p$ のとき
2 解の公式の利用 ← 必ず解ける
3 因数分解による方法 ← 因数分解できれば早く解ける

のどれで解くかを考える。

解答例
(1) 因数分解できる。
$$(2x-9)(x+2)=0 \quad 2x-9=0 \text{ または } x+2=0 \text{ より}$$
$$x=\frac{9}{2}, \ -2 \ \cdots \text{答}$$

(2) 解の公式を利用。
$a=2, \ b=-7, \ c=-1$ だから
$$x=\frac{-(-7)\pm\sqrt{(-7)^2-4\times2\times(-1)}}{2\times2}=\frac{7\pm\sqrt{57}}{4} \ \cdots \text{答}$$

(3) 解の公式を利用。
$a=3, \ b=2b'=2$ より $b'=1, \ c=2$ だから
$$x=\frac{-1\pm\sqrt{1^2-3\times2}}{3}$$
$$=\frac{-1\pm\sqrt{-5}}{3}=\frac{-1\pm\sqrt{5}i}{3} \ \cdots \text{答}$$

$\sqrt{-5}=\sqrt{5}i$

(4) 各項の共通因数2で両辺を割り簡単にする。
$$x^2-6x+9=0 \quad (x-3)^2=0$$
$$x-3=0 \quad x=3 \ \cdots \text{答}$$

(5) $x^2=-9$ だから，-9 の平方根を考えて
$$x=\pm\sqrt{-9}=\pm\sqrt{9}i=\pm3i \ \cdots \text{答}$$

(6) $(x-1)^2=-5$ だから，-5 の平方根を考えて
$$x-1=\pm\sqrt{-5}$$
$$x=1\pm\sqrt{5}i \ \cdots \text{答}$$

← **解の公式**
$ax^2+bx+c=0$
$x=\dfrac{-b\pm\sqrt{b^2-4ac}}{2a}$
$ax^2+2b'x+c=0$
$x=\dfrac{-b'\pm\sqrt{b'^2-ac}}{a}$

← **等式の性質**
$A=B$ ならば
$AC=BC$
$\dfrac{A}{C}=\dfrac{B}{C} \ (C\neq0)$
により，等式を簡単にする。小数係数や分数係数の方程式は，この性質により**整数係数**にしてから解く。

類題 36 次の2次方程式を解け。

(1) $2x^2-x-1=0$
(2) $4x^2-3x=0$
(3) $0.1x^2+0.2x-0.4=0$
(4) $x^2-\dfrac{8}{3}x+\dfrac{5}{3}=0$
(5) $\dfrac{x^2+1}{2}=\dfrac{x-1}{3}$
(6) $x^2+8=0$
(7) $x(2x-3)=-2$
(8) $(x+1)(x+2)+(x+3)(x+4)=0$

● 2次方程式の解の判別―解かないで解の種類がわかるかな？

みんな，どんな2次方程式も解けるようになったね。
さて，係数が実数の2次方程式を解くと，解がどんな種類の数になるのか，解の個数は何個かを調べることにしましょう。
次の方程式を解の公式を使って解いてごらん。

(1) $x^2+3x+1=0$　　(2) $4x^2-12x+9=0$　　(3) $x^2-x+1=0$

はい！　(1)は $x=\dfrac{-3\pm\sqrt{9-4}}{2}=\dfrac{-3\pm\sqrt{5}}{2}$

(2)は $x=\dfrac{6\pm\sqrt{36-36}}{4}=\dfrac{6\pm\sqrt{0}}{4}=\dfrac{3}{2}$

(3)は $x=\dfrac{1\pm\sqrt{1-4}}{2}=\dfrac{1\pm\sqrt{-3}}{2}=\dfrac{1\pm\sqrt{3}i}{2}$ です。

よろしい。じゃ，解の種類，解の個数は言えるかな？

はい！　(1)の解の種類は，$\sqrt{5}$ が無理数なので，解は**無理数**。
　　　　解の個数は2個です。

(2)の解の種類は，$\dfrac{3}{2}$ が有理数なので，解は**有理数**。　　　解は実数

　　　　解の個数は1個です。

(3)の解の種類は，i を含んでいるので，解は**虚数**。
　　　　解の個数は2個です。

それでいいかな？
実は，(2)の解の個数が1個というのには問題があるの。
(2)の解は，$\dfrac{6+\sqrt{0}}{4}$ と $\dfrac{6-\sqrt{0}}{4}$ の2個なんです。簡単にすると，$\dfrac{3}{2}$ と $\dfrac{3}{2}$ で，1個に見えるけど，これは**2個が重なってしまった**と考えるの。このような解を**重解**，または**重複解**といいます。**実数係数の2次方程式には解が2個あります**。
また，解の公式の根号内にある b^2-4ac の値に着目すると，解の虚実が判別できるんです。そこで，b^2-4ac を2次方程式の**判別式**といい，ふつう D で表します。

ポイント　[2次方程式の解の判別] $ax^2+bx+c=0$（a, b, c は実数，$a\neq 0$）の解は，
判別式を D とすると

$D=b^2-4ac>0 \iff$ 異なる2つの実数解　⎫
$D=b^2-4ac=0 \iff$ 重解（実数解）　　　⎬実数解
$D=b^2-4ac<0 \iff$ 異なる2つの虚数解　⎭

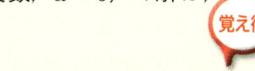

覚え得

基本例題 37 　　　　　　　　　　　2次方程式の解の判別

次の2次方程式の解を，判別式 D を用いて判別せよ。
(1) $2x^2-3x-1=0$ 　　(2) $5x^2-\sqrt{2}x+1=0$
(3) $8x^2+4x+\dfrac{1}{2}=0$ 　　(4) $x^2-3ax-a^2=0$ （a は実数）

ねらい 判別式を用いて，2次方程式の解を判別すること。

解法ルール
$D=b^2-4ac>0 \iff$ 異なる2つの実数解
$D=b^2-4ac=0 \iff$ 重解（実数解）
$D=b^2-4ac<0 \iff$ 異なる2つの虚数解

← $ax^2+2b'x+c=0$ の判別式
$D=(2b')^2-4ac$ より
$\dfrac{D}{4}=b'^2-ac$

解答例
(1) $D=(-3)^2-4\times 2\times(-1)=9+8=17>0$
答 異なる2つの実数解をもつ

(2) $D=(-\sqrt{2})^2-4\times 5\times 1=2-20=-18<0$
答 異なる2つの虚数解をもつ

(3) $\dfrac{D}{4}=b'^2-ac=2^2-8\times\dfrac{1}{2}=0$
答 重解（実数解）をもつ

(4) $D=(-3a)^2-4\times 1\times(-a^2)=9a^2+4a^2=13a^2$
a が実数のとき，$a^2\geqq 0$ より
答 $\begin{cases} a\neq 0 \text{のとき} \quad D>0 \quad \text{異なる2つの実数解をもつ} \\ a=0 \text{のとき} \quad D=0 \quad \text{重解（実数解）をもつ} \end{cases}$

a が実数のとき $a^2\geqq 0$ となるのは，実数の性質ですね。

類題 37 次の2次方程式の解を判別せよ。
(1) $3x^2-4x+1=0$ 　　(2) $x^2+2\sqrt{5}x+5=0$ 　　(3) $x^2-6x+10=0$

基本例題 38 　　　　　　　　　　　重解をもつ条件

2次方程式 $x^2+ax+a-1=0$ が重解をもつように定数 a の値を定めよ。また，そのときの重解を求めよ。

ねらい 文字係数の2次方程式が重解をもつように，係数を定める。

解法ルール $D=b^2-4ac=0 \iff$ 重解をもつ
重解は $x=-\dfrac{b}{2a} \impliedby x=\dfrac{-b\pm\sqrt{0}}{2a}$

← $ax^2+bx+c=0$ の解を，$D=b^2-4ac$ を用いて表すと
$x=\dfrac{-b\pm\sqrt{D}}{2a}$

解答例 2次方程式の判別式を D とすると，重解をもつのは $D=0$ のとき。
$D=a^2-4(a-1)=a^2-4a+4=(a-2)^2=0$ 　よって　$a=2$
$a=2$ のとき　$x^2+2x+1=0$ 　$(x+1)^2=0$
よって　$x=-1$ 　　　　　**答** $a=2$，このとき $x=-1$

← 重解を
$x=-\dfrac{2}{2\times 1}=-1$
として求めてもよい。

類題 38 2次方程式 $x^2-2(a-1)x+3a-5=0$ が重解をもつように定数 a の値を定めよ。また，そのときの重解を求めよ。

10 解と係数の関係

2次方程式 $ax^2+bx+c=0$ の解は $x=\dfrac{-b\pm\sqrt{b^2-4ac}}{2a}$ で，係数 a, b, c だけで表されますが，ここでは2つの**解の和や積を係数だけで表す**ことを考えましょう。
また，この関係を用いて，方程式と解について少し理論的な学習をしましょう。

● 解と係数の関係とは

2次方程式 $ax^2+bx+c=0$ の2つの解を α, β, 判別式を D とするとき

$$\alpha+\beta=\dfrac{-b+\sqrt{D}}{2a}+\dfrac{-b-\sqrt{D}}{2a}=\dfrac{-2b}{2a}=-\dfrac{b}{a}$$

$$\alpha\beta=\dfrac{-b+\sqrt{D}}{2a}\times\dfrac{-b-\sqrt{D}}{2a}=\dfrac{b^2-D}{4a^2}=\dfrac{b^2-(b^2-4ac)}{4a^2}=\dfrac{4ac}{4a^2}=\dfrac{c}{a}$$

これを，2次方程式の**解と係数の関係**という。

ポイント [解と係数の関係] 2次方程式 $ax^2+bx+c=0$ の解を α, β とすると

$$\alpha+\beta=-\dfrac{b}{a} \qquad \alpha\beta=\dfrac{c}{a}$$

覚え得

基本例題 39　　解と係数の関係

次の各2次方程式の2つの解を α, β とするとき，2つの解の和 $(\alpha+\beta)$ と積 $(\alpha\beta)$ を求めよ。
(1) $2x^2+3x+4=0$　　(2) $x^2-3x-5=0$
(3) $-3x^2-2=0$

ねらい 解と係数の関係を用いて，2つの解の和と積を求めること。

解法ルール 2次方程式 $ax^2+bx+c=0$ の2つの解を α, β とするとき

和　$\alpha+\beta=-\dfrac{b}{a}$　　積　$\alpha\beta=\dfrac{c}{a}$

解答例 (1) $\alpha+\beta=-\dfrac{3}{2}$, $\alpha\beta=\dfrac{4}{2}=2$　　**答** 和 $-\dfrac{3}{2}$, 積 2

(2) $\alpha+\beta=-(-3)=3$, $\alpha\beta=-5$　　**答** 和 3, 積 -5

(3) $\alpha+\beta=-\dfrac{0}{-3}=0$, $\alpha\beta=\dfrac{-2}{-3}=\dfrac{2}{3}$　　**答** 和 0, 積 $\dfrac{2}{3}$

類題 39 次の2次方程式の2つの解の和と積を求めよ。
(1) $5x^2-10x+3=0$　　(2) $x^2+5x=0$　　(3) $\dfrac{1}{3}x^2+2x-5=0$

基本例題 40 　2次方程式の解で表される式の値

2次方程式 $2x^2-6x+1=0$ の解を α, β とするとき，次の式の値を求めよ。

(1) $\alpha+\beta$ 　　(2) $\alpha\beta$ 　　(3) $\alpha^2+\beta^2$
(4) $\alpha^3+\beta^3$ 　　(5) $\alpha^4+\beta^4$ 　　(6) $\alpha-\beta$

ねらい：2次方程式の解 α, β で表された式の値を求めること。

解法ルール

1. $\alpha+\beta, \alpha\beta$（**基本対称式**）の値は**解と係数の関係**より求める。
2. 対称式は基本対称式で表す。
$$\alpha^2+\beta^2=(\alpha+\beta)^2-2\alpha\beta$$
$$\alpha^3+\beta^3=(\alpha+\beta)^3-3\alpha\beta(\alpha+\beta)$$
$$\alpha^4+\beta^4=(\alpha^2+\beta^2)^2-2\alpha^2\beta^2$$
3. $\alpha-\beta$ は $(\alpha-\beta)^2=(\alpha+\beta)^2-4\alpha\beta$ の平方根。

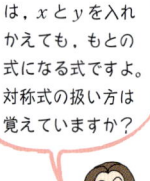

x, y の対称式とは，x と y を入れかえても，もとの式になる式ですよ。対称式の扱い方は覚えていますか？

解答例 　解と係数の関係より

(1) $\alpha+\beta=-\dfrac{-6}{2}=3$ 　…答

(2) $\alpha\beta=\dfrac{1}{2}$ 　…答

(3) $\alpha^2+\beta^2=(\alpha+\beta)^2-2\alpha\beta=3^2-2\times\dfrac{1}{2}=9-1=\mathbf{8}$ 　…答

(4) $\alpha^3+\beta^3=(\alpha+\beta)^3-3\alpha\beta(\alpha+\beta)$
$=3^3-3\times\dfrac{1}{2}\times 3=27-\dfrac{9}{2}=\dfrac{\mathbf{45}}{\mathbf{2}}$ 　…答

(5) $\alpha^4+\beta^4=(\alpha^2+\beta^2)^2-2(\alpha\beta)^2$
$=8^2-2\times\left(\dfrac{1}{2}\right)^2=64-\dfrac{1}{2}=\dfrac{\mathbf{127}}{\mathbf{2}}$ 　…答
　(3)を利用

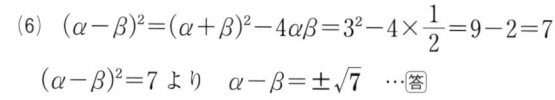

(6) $(\alpha-\beta)^2=(\alpha+\beta)^2-4\alpha\beta=3^2-4\times\dfrac{1}{2}=9-2=7$
$(\alpha-\beta)^2=7$ より 　$\alpha-\beta=\pm\sqrt{7}$ 　…答

覚えてます！対称式は $x+y$（和）と xy（積）とを使って表せますね！

類題 40 　2次方程式 $3x^2+6x-1=0$ の2つの解を α, β とするとき，次の式の値を求めよ。

(1) $\alpha+\beta$ 　　　　　　　　(2) $\alpha\beta$
(3) $\alpha-\beta$ 　　　　　　　　(4) $\alpha^2\beta+\alpha\beta^2$
(5) $\alpha^3+\beta^3$ 　　　　　　(6) $\alpha^3-\beta^3$
(7) $\dfrac{\beta^2}{\alpha}+\dfrac{\alpha^2}{\beta}$ 　　　　　(8) $\dfrac{\beta}{\alpha-2}+\dfrac{\alpha}{\beta-2}$

1章　式と証明・方程式

● 2次式の因数分解

2次方程式 $ax^2+bx+c=0$ の解を α, β とするとき,解と係数の関係より

$$\alpha+\beta=-\frac{b}{a},\ \alpha\beta=\frac{c}{a} \quad \text{つまり} \quad \frac{b}{a}=-(\alpha+\beta),\ \frac{c}{a}=\alpha\beta$$

であるから,2次式 ax^2+bx+c は,次のように因数分解できる。

$$ax^2+bx+c=a\left(x^2+\frac{b}{a}x+\frac{c}{a}\right) \quad \leftarrow \frac{b}{a}=-(\alpha+\beta),\ \frac{c}{a}=\alpha\beta$$
$$=a\{x^2-(\alpha+\beta)x+\alpha\beta\}=a(x-\alpha)(x-\beta)$$

特に,$\alpha=\beta$,つまり**重解のとき**は $ax^2+bx+c=a(x-\alpha)^2$
このような式を**完全平方式**という。 $\quad \rightarrow D=b^2-4ac=0$ のとき

ポイント [2次式の因数分解] 2次方程式 $ax^2+bx+c=0$ の解を α, β とすると
$$ax^2+bx+c=a(x-\alpha)(x-\beta)$$
特に,完全平方式 $a(x-\alpha)^2$ になるのは,$D=b^2-4ac=0$ のとき。 覚え得

基本例題 41 [2次式の因数分解] テストに出るぞ!

方程式の解を利用して,次の2次式を因数分解せよ。
(1) $15x^2-4x-96$ 　　　　(2) $2x^2-x+1$

ねらい 方程式の解を利用して,2次式を因数分解すること。

解法ルール
1 2次式 $=0$ の解 α, β を解の公式から求める。
2 $ax^2+bx+c=a(x-\alpha)(x-\beta)$ 　　この a を忘れないように!

解答例
(1) $15x^2-4x-96=0$ の解を求めると
$$x=\frac{2\pm\sqrt{4+1440}}{15}=\frac{2\pm\sqrt{1444}}{15}=\frac{2\pm 38}{15} \quad \text{すなわち} \quad x=\frac{8}{3},\ -\frac{12}{5}$$
$\quad 1444=2^2\times 19^2$

ゆえに $15x^2-4x-96=15\left(x-\frac{8}{3}\right)\left\{x-\left(-\frac{12}{5}\right)\right\}$
$$=(3x-8)(5x+12) \quad \cdots \text{答}$$
$\quad 3\left(x-\frac{8}{3}\right)\cdot 5\left(x+\frac{12}{5}\right)$

(2) $2x^2-x+1=0$ の解を求めると
$$x=\frac{1\pm\sqrt{1-8}}{4}=\frac{1\pm\sqrt{7}i}{4}$$
忘れないように!

ゆえに $2x^2-x+1=2\left(x-\frac{1-\sqrt{7}i}{4}\right)\left(x-\frac{1+\sqrt{7}i}{4}\right) \quad \cdots \text{答}$

類題 41 方程式の解を利用して,次の2次式を因数分解せよ。
(1) $3x^2+4x-1$ 　　　　(2) $2x^2-2x+3$

● 2数を解とする方程式

2次方程式 $(x-\alpha)(x-\beta)=0$ を解くと，解は $x=\alpha$，$x=\beta$ である。　←因数分解による方法
逆に，α，β を解とする方程式を考えてみよう。**その1つは** $(x-\alpha)(x-\beta)=0$ だ！
　一般に，a を定数として $a(x-\alpha)(x-\beta)=0$ の解も $x=\alpha$，$x=\beta$ だから，**その1つ**ということわりが必要である。

> **ポイント** [2数を解とする方程式]　2数 α，β を解とする2次方程式の1つは
> $$(x-\alpha)(x-\beta)=0 \quad \text{すなわち} \quad x^2-(\alpha+\beta)x+\alpha\beta=0$$

基本例題 42　　2数を解とする方程式

次の問いに答えよ。
(1) 次の2数を解とする2次方程式を求めよ。
　① $2+\sqrt{3}$，$2-\sqrt{3}$　　　② $1+\sqrt{2}i$，$1-\sqrt{2}i$
(2) 和も積も $-\dfrac{1}{2}$ となる2数を求めよ。

ねらい　与えられた2数を解とする2次方程式を求めること。和と積を知って2数を求めること。

解法ルール
1. 2数の和 $(\alpha+\beta)$，2数の積 $(\alpha\beta)$ を求める。
2. $x^2-(和)x+(積)=0$ を用いて求める。
3. 各項の係数を整数にして最も簡単なものを答える。

答えとしては，最も簡単なものを1つだけ書けばよい。

解答例
(1) ① $(2+\sqrt{3})+(2-\sqrt{3})=4$　　$(2+\sqrt{3})(2-\sqrt{3})=4-3=1$
　　求める方程式は　$x^2-4x+1=0$　…答
② $(1+\sqrt{2}i)+(1-\sqrt{2}i)=2$　　$(1+\sqrt{2}i)(1-\sqrt{2}i)=1+2=3$
　　求める方程式は　$x^2-2x+3=0$　…答

(2) 和 $-\dfrac{1}{2}$，積 $-\dfrac{1}{2}$ であるから，2数を解とする方程式は
$$x^2-\left(-\dfrac{1}{2}\right)x-\dfrac{1}{2}=0 \quad \text{すなわち} \quad 2x^2+x-1=0$$
$(2x-1)(x+1)=0$　　$x=\dfrac{1}{2}$，-1　　答　$\dfrac{1}{2}$ と -1

方程式を求めよというときは，これが答えになるね。

類題 42-1　次の問いに答えよ。
(1) 2数 $-2+3i$ と $-2-3i$ を解とする2次方程式を求めよ。
(2) 和が5，積が3である2数を求めよ。

類題 42-2　2次方程式 $x^2+x+2=0$ の解を α，β とするとき，$\alpha+\beta$ と $\alpha\beta$ を解にもつ2次方程式を求めよ。

解の存在範囲

2次方程式が実数解 α, β をもつとき，解と係数の関係を利用して，解の正，負など解の存在条件について調べることができる。

応用例題 43 2次方程式の解の存在範囲

2次方程式 $x^2-2ax+a+2=0$ が相異なる2つの正の解をもつように，定数 a の値の範囲を定めよ。

ねらい: 解と係数の関係を使って解の存在条件を調べる。

解法ルール

1. 相異なる実数解をもつ条件は $D>0$
2. $\begin{cases} \alpha>0 \\ \beta>0 \end{cases} \iff \begin{cases} \alpha+\beta>0 \\ \alpha\beta>0 \end{cases}$

解答例

$x^2-2ax+a+2=0$ の判別式を D とすると，これが相異なる実数解をもつから，

$\dfrac{D}{4}=a^2-(a+2)>0$ より $a^2-a-2>0$ $(a-2)(a+1)>0$

これを解いて $a<-1, a>2$ ……①

$\alpha+\beta=2a>0$ より $a>0$ ……②

$\alpha\beta=a+2>0$ を解いて $a>-2$ ……③

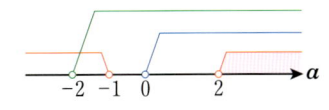

①，②，③を同時に満たす範囲は $a>2$ …答

α, β が実数のとき
- $\alpha+\beta>0$ は α, β の少なくとも一方は正である。
- $\alpha\beta>0$ は，α, β は同符号

このことから

$\begin{matrix} \alpha+\beta>0 \\ \alpha\beta>0 \end{matrix} \Rightarrow \begin{cases} \alpha>0 \\ \beta>0 \end{cases}$

この問題は，数学Ⅰ p.81 応用例題75の別の解法ですよ。

ポイント [2次方程式の解の存在範囲]

2次方程式 $ax^2+bx+c=0$ の解 α, β の正，負を調べる。

2次方程式の判別式を D とすると

① $\alpha>0$ かつ $\beta>0$ $\iff$ $D\geqq 0$ かつ $\alpha+\beta>0$ かつ $\alpha\beta>0$
② $\alpha<0$ かつ $\beta<0$ $\iff$ $D\geqq 0$ かつ $\alpha+\beta<0$ かつ $\alpha\beta>0$
③ α, β が異符号 $\iff$ $\alpha\beta<0$

類題 43 2次方程式 $x^2-2ax+a+2=0$ が次のような解をもつように，定数 a の値の範囲を定めよ。

(1) 相異なる2つの負の解をもつ
(2) 異符号の2つの解をもつ

3節 高次方程式

11 因数定理

$x^3-1=0$ これは立派な3次方程式だけど，公式で因数分解すると $(x-1)(x^2+x+1)=0$ よって，$x-1=0$，$x^2+x+1=0$ を解けば解が求められる。
では，$x^3-4x^2+x+6=0$ ではどうだろう？
公式は使えなくても，<u>1つの因数がわかれば，その因数で割り算</u>という手も考えられるだろう。ここでは，その1つの因数をみつける秘訣を伝授する。みんなよく聞くんだぞ！

❖ 整式・式の値の表し方

x の整式を $P(x)$，$Q(x)$ などで表し，その x に α を代入したときの値を $P(\alpha)$，$Q(\alpha)$ と表す。

たとえば，$P(x)=x^3-1$ のとき
$P(1)=1^3-1=0$，$P(2)=2^3-1=7$，$P(-1)=(-1)^3-1=-2$

> $x=1$ のときの式の値が $P(1)$
> $x=2$ のときの式の値が $P(2)$
> ですね

❖ 剰余の定理

整式 $P(x)=x^3+2x^2+3x+4$ を $x-1$ で割ると，商は x^2+3x+6，余りは10であるから，$P(x)=(x-1)(x^2+3x+6)+10$ と表される。
この式で $P(1)$ を求めると $P(1)=(1-1)(1+3+6)+10=10$
つまり，余りは $P(1)$ と等しいことがわかる。

> 整式の除法のときに $A=BQ+R$ としたのと同じよ

> 0になる

一般に，x の整式 $P(x)$ を1次式 $x-\alpha$ で割ると，余りは定数 R となる。そのときの商を $Q(x)$ とすると $P(x)=(x-\alpha)Q(x)+R$
この式で，$x=\alpha$ とおくと $P(\alpha)=R$
つまり，$P(x)$ を $x-\alpha$ で割ったときの余りは $R=P(\alpha)$ である。
これを**剰余の定理**(余りの定理)という。

❖ 因数定理

剰余の定理で，特に $R=P(\alpha)=0$ のとき
$$P(x)=(x-\alpha)Q(x)$$
となる。つまり，$P(\alpha)=0$ ならば，$P(x)$ は $x-\alpha$ を因数にもつ。
これを**因数定理**という。

> $x-\alpha$ を因数にもつとは，$P(x)$ が $x-\alpha$ で割り切れるということ。

1章 式と証明・方程式

ポイント [剰余の定理] 整式 $P(x)$ を1次式 $x-\alpha$ で割ったときの余り R は
$$R=P(\alpha)$$
[因数定理] 整式 $P(x)$ において，$P(\alpha)=0$ ならば，$P(x)$ は $x-\alpha$ を因数にもつ。

覚え得

基本例題 44 式の値

整式 $P(x)=x^3-x^2-2x$ とするとき，次の値を求めよ。

(1) $P(3)$ (2) $P(-3)$ (3) $P\left(\dfrac{1}{2}\right)$

ねらい 整式を $P(x)$ で表すとき，$P(\alpha)$ の意味を理解し，値を求めること。

解法ルール x の整式を $P(x)$ で表すとき，$P(\alpha)$ は，$P(x)$ の x に α を代入した値を表す。

解答例
(1) $P(3)=3^3-3^2-2\times 3=\mathbf{12}$ …答
(2) $P(-3)=(-3)^3-(-3)^2-2\times(-3)=\mathbf{-30}$ …答
(3) $P\left(\dfrac{1}{2}\right)=\left(\dfrac{1}{2}\right)^3-\left(\dfrac{1}{2}\right)^2-2\times\dfrac{1}{2}=\mathbf{-\dfrac{9}{8}}$ …答

基本例題 45 剰余の定理

整式 $P(x)=x^3-3x+2$ を，次の1次式で割ったときの余りを求めよ。

(1) $x-2$ (2) $x+2$ (3) $2x-1$

ねらい 剰余の定理を使って，1次式で割ったときの余りを求めること。

解法ルール
1. $P(x)$ を $x-\alpha$ で割ったときの余りは $R=P(\alpha)$
2. $2x-1$ で割るとき，$P(x)=(2x-1)Q(x)+R$ だから
$R=P\left(\dfrac{1}{2}\right)$ である。

0 とする値は $x=\dfrac{1}{2}$

解答例
(1) $x-2$ で割るから，余り R は
$R=P(2)=2^3-3\times 2+2=\mathbf{4}$ …答
(2) $x+2=x-(-2)$ で割るから，余り R は
$R=P(-2)=(-2)^3-3\times(-2)+2=\mathbf{0}$ …答
(3) $2x-1$ で割るとき，$P(x)=(2x-1)Q(x)+R$ だから
余り $R=P\left(\dfrac{1}{2}\right)=\left(\dfrac{1}{2}\right)^3-3\times\dfrac{1}{2}+2=\mathbf{\dfrac{5}{8}}$ …答

結局，$2x-1=0$ より $x=\dfrac{1}{2}$ を代入だね！

類題 45 整式 $P(x)=x^2-4x+3$ を，次の1次式で割ったときの余りを求めよ。

(1) $x-3$ (2) $x+3$ (3) $x-1$ (4) $2x+3$

3 高次方程式

基本例題 46 因数定理・剰余の定理の利用

整式 $P(x)=x^3+ax+1$（a は定数）がある。
(1) $P(x)$ が $x-1$ で割り切れるような，a の値を求めよ。
(2) $P(x)$ を $x+2$ で割ると 3 余るような，a の値を求めよ。

ねらい
割り切れる場合，余りが出る場合について，整式の係数を定めること。

解法ルール
1. $P(x)$ が $x-\alpha$ で割り切れる $\Longrightarrow P(\alpha)=0$
2. $P(x)$ を $x-\alpha$ で割ると余りが $R \Longrightarrow P(\alpha)=R$

$P(x)$ が $x-\alpha$ で割り切れる
⇩
余り $=0$
⇩
$P(\alpha)=0$
ということね！

解答例
(1) $P(x)$ が $x-1$ で割り切れるから $P(1)=0$
すなわち $P(1)=1^3+a\times1+1=0$
$a+2=0$ よって $a=-2$ …答

(2) $P(x)$ を $x+2$ で割ると 3 余るから $P(-2)=3$
すなわち $P(-2)=(-2)^3+a\times(-2)+1=3$
$-2a-7=3$ よって $a=-5$ …答

類題 46 整式 $3x^3+ax^2+bx-2$ を $x+1$ で割ると -5 余り，$3x-2$ で割ると割り切れる。定数 a,b の値を求めよ。

応用例題 47 2次式で割った余りの決定

整式 $P(x)$ を，$x-1$ で割ったときの余りが 3，$x-2$ で割ったときの余りが 4 であるとき，$P(x)$ を $(x-1)(x-2)$ で割ったときの余りを求めよ。

ねらい
剰余の定理を用いて，2次式で割った余りを求めること。

解法ルール
1. $P(x)$ を $x-\alpha$ で割ると余りが $R \Longrightarrow P(\alpha)=R$
2. $P(x)$ を 2 次式で割ったときの余りは 1 次以下の整式だから，
$P(x)=(x-1)(x-2)Q(x)+(ax+b)$ とおける。

解答例 $P(x)$ を $x-1$ で割ると 3 余るから $P(1)=3$
$P(x)$ を $x-2$ で割ると 4 余るから $P(2)=4$
$P(x)$ を $(x-1)(x-2)$ で割ったときの余りを $ax+b$，商を $Q(x)$ とすると
$P(x)=(x-1)(x-2)Q(x)+(ax+b)$
ここで $P(1)=a+b=3$，$P(2)=2a+b=4$
これを解いて $a=1,\ b=2$ よって，余りは $x+2$ …答

2 次式で割ったときの余りは1 次以下の整式

類題 47 整式 $P(x)$ を $x-1$，$x+2$ で割ったときの余りがそれぞれ 5，-1 のとき，$P(x)$ を x^2+x-2 で割ったときの余りを求めよ。

基本例題 48 　　　　　　　　　　　　　因数定理

$P(x)=2x^3+x^2-5x+2$ は，次の1次式を因数にもつか。
(1) $x-1$ 　　(2) $x+1$ 　　(3) $2x-1$

ねらい
因数定理を使って，1次式が因数かどうかを調べる。

解法ルール
1. $P(\alpha)=0$ ならば，$P(x)$ は $x-\alpha$ を因数にもつ。
2. $P\left(\dfrac{1}{2}\right)=0$ ならば，$P(x)$ は $2x-1$ を因数にもつ。

解答例
(1) $P(1)=2+1-5+2=0$ 　　**$x-1$ は因数である** …答
(2) $P(-1)=2\times(-1)+1-5\times(-1)+2=6$
　　　$x+1$ は因数でない …答
(3) $2x-1=0$ より 　$x=\dfrac{1}{2}$

$P\left(\dfrac{1}{2}\right)=2\times\dfrac{1}{8}+\dfrac{1}{4}-5\times\dfrac{1}{2}+2=0$

$x-\dfrac{1}{2}$ で割り切れるから，**$2x-1$ は因数である** …答
　　　　$x-\dfrac{1}{2}=\dfrac{1}{2}(2x-1)$ だから

$x-\alpha$ が因数
⇩
$P(x)$ が $x-\alpha$ で割り切れる
⇩
$P(\alpha)=0$
よ！

類題 48 　$3x^3+x^2-3x-1$ は，次の1次式を因数にもつか。
(1) $x+1$ 　　(2) $x-1$ 　　(3) $x-2$ 　　(4) $3x+1$

基本例題 49 　　　　　　　　　　　　3次式の因数分解

整式 $P(x)=x^3-x^2+x-6$ を因数分解せよ。

テストに出るぞ！

ねらい
因数定理を使って3次式を因数分解すること。

解法ルール
1. $P(\alpha)=0$ となる α を探し，因数 $x-\alpha$ をみつける。
2. $P(x)$ を因数 $x-\alpha$ で割り算して商を求めると
　$P(x)=(x-\alpha)(商)$

解答例
$P(1)=1-1+1-6=-5\neq 0$
$P(-1)=-1-1-1-6=-9\neq 0$
$P(2)=8-4+2-6=0$
　$x-2$ は因数である。
$P(x)$ を $x-2$ で割り算して商を求めると，商は
　x^2+x+3 　←これ以上因数分解できない
したがって
　x^3-x^2+x-6
　$=(x-2)(x^2+x+3)$ …答

$$\begin{array}{r} x^2+\ x+3 \\ x-2\overline{\smash{)}x^3-\ x^2+\ x-6} \\ \underline{x^3-2x^2} \\ x^2+\ x \\ \underline{x^2-2x} \\ 3x-6 \\ \underline{3x-6} \\ 0 \end{array}$$

← **因数のみつけ方**
$(x-\alpha)(x-\beta)(x-\gamma)$ を展開すると，定数項は $-\alpha\beta\gamma$ である。このことから，α，β，γ は定数項の約数である。
-6 の約数は
± 1，± 2，± 3，± 6
である。

3 高次方程式 　47

12 高次方程式

3次式や4次式の因数分解の方法を学習しましたね。ここでは，3次方程式や4次方程式の解法について学習しましょう。

一般に，**3次以上の方程式**を**高次方程式**といいます。高次方程式の解法では

$$\alpha\beta\gamma = 0 \quad \text{ならば} \quad \alpha = 0 \text{ または } \beta = 0 \text{ または } \gamma = 0$$

を用いて，1次方程式や2次方程式を導くことがポイントです！

基本例題 50   高次方程式の解法(1)

次の方程式を解け。
(1) $x^3 = 8$
(2) $x^4 - 2x^2 - 3 = 0$
(3) $x^4 + 4 = 0$
(4) $x^4 + x^3 - x - 1 = 0$

ねらい 因数分解の公式を利用して，高次方程式を解くこと。

解法ルール
1. 各項を左辺に移項し，左辺の因数分解を考える。
2. $a^3 \pm b^3 = (a \pm b)(a^2 \mp ab + b^2)$ （複号同順）や**式の特徴**を活かして因数分解の公式にもちこむ。

3次方程式の解は3個，4次方程式の解は4個。重解をもつこともあるよ。

解答例
(1) $x^3 = 8$ より $x^3 - 2^3 = 0$
因数分解して $(x-2)(x^2 + 2x + 4) = 0$
よって $x - 2 = 0$ または $x^2 + 2x + 4 = 0$
求める解は $\boldsymbol{x = 2, \ -1 \pm \sqrt{3}i}$ …[答]

(2) $x^2 = t$ とおくと $t^2 - 2t - 3 = 0$
因数分解して $(t-3)(t+1) = 0$ よって $t = 3, \ t = -1$
t を x^2 にもどして $x^2 = 3, \ x^2 = -1$
求める解は $\boldsymbol{x = \pm\sqrt{3}, \ \pm i}$ …[答]

← 複2次式のおき換えタイプ

(3) 左辺 $= x^4 + 4 = x^4 + 4x^2 + 4 - 4x^2 = (x^2 + 2)^2 - (2x)^2$
$= (x^2 + 2x + 2)(x^2 - 2x + 2)$
よって $x^2 + 2x + 2 = 0$ または $x^2 - 2x + 2 = 0$
求める解は $\boldsymbol{x = -1 \pm i, \ 1 \pm i}$ …[答]

← 複2次式の $A^2 - B^2$ をつくるタイプ

(4) 左辺 $= x^3(x+1) - (x+1) = (x+1)(x^3 - 1)$
$= (x+1)(x-1)(x^2 + x + 1)$
よって $x + 1 = 0$ または $x - 1 = 0$ または $x^2 + x + 1 = 0$
求める解は $\boldsymbol{x = \pm 1, \ \dfrac{-1 \pm \sqrt{3}i}{2}}$ …[答]

← 項の組み合わせを工夫

類題 50 次の方程式を解け。
(1) $x^3 = 1$
(2) $x^4 = 1$
(3) $x^4 - 5x^2 - 6 = 0$
(4) $x^4 + x^2 + 1 = 0$
(5) $x^3 + x^2 - x - 1 = 0$

基本例題 51 高次方程式の解法(2)

次の方程式を解け。
(1) $x^3-x^2-4=0$ (2) $x^4+3x^3+x^2-3x-2=0$

ねらい
因数定理を利用して，高次方程式を解くこと。

解法ルール
1. 左辺の整式を $P(x)$ とおく。
2. $P(\alpha)=0$ とする因数 $x-\alpha$ を求める。
3. $x-\alpha$ で $P(x)$ を割り算して商を求め，因数分解する。

解答例
(1) $P(x)=x^3-x^2-4$ とおくと
$P(2)=8-4-4=0$
$P(x)$ は $x-2$ を因数にもつので，$P(x)$ を $x-2$ で割ると，
商は x^2+x+2
ゆえに $P(x)=(x-2)(x^2+x+2)$
よって，$P(x)=0$ を解くと $x-2=0$ または $x^2+x+2=0$
求める解は $x=2,\ \dfrac{-1\pm\sqrt{7}i}{2}$ …**答**

(2) $P(x)=x^4+3x^3+x^2-3x-2$ とおくと
$P(1)=1+3+1-3-2=0$
$P(x)$ は $x-1$ を因数にもつので，$P(x)$ を $x-1$ で割ると，
商は x^3+4x^2+5x+2
よって $P(x)=(x-1)(x^3+4x^2+5x+2)$
ここで，$Q(x)=x^3+4x^2+5x+2$ とおくと
$Q(-1)=-1+4-5+2=0$
$Q(x)$ は $x+1$ を因数にもつので，$Q(x)$ を $x+1$ で割ると，
商は x^2+3x+2
よって $Q(x)=(x+1)(x^2+3x+2)=(x+1)^2(x+2)$
ゆえに，$P(x)=(x-1)(x+1)^2(x+2)$ と因数分解できる。
よって，$P(x)=0$ を解くと   ―1は**2重解**という
$x=1,\ -1(2\text{重解}),\ -2$ …**答**

(2)では，$P(1)=0,\ P(-1)=0$ だから，$P(x)$ は $(x-1)(x+1)$ を因数としてもちます。$P(x)$ を x^2-1 で割って商を求めても，$P(x)$ は因数分解できます。やってみましょう。
また，整式 $P(x)$ が $(x-a)^3$ を因数にもつとき，方程式 $P(x)=0$ の解 $x=a$ を **3重解** といいます。

類題 51 次の方程式を解け。
(1) $2x^3+5x^2+2x-1=0$
(2) $x^4-x^3-5x^2-x-6=0$

これも知っ得 組立除法—1次式での割り算に威力！

たとえば，$(x^3-3x+4)\div(x-2)$ を実行して，商と余りを求めると，商は x^2+2x+1，余りは 6 である。これを，次のようにして求めるのが**組立除法**である。

$$\begin{array}{r} x^2+2x+1 \\ x-2\overline{\smash{)}x^3-3x+4} \\ \underline{x^3-2x^2} \\ 2x^2-3x \\ \underline{2x^2-4x} \\ x+4 \\ \underline{x-2} \\ 6 \end{array}$$

[計算のしかた]
① 割られる式の係数を取り出す。
② 割る式を 0 にする値 2 を書く。
③ 先頭の係数 1 を 3 行目に移す。
④ $2\times 1=2$ を 2 行目に書き，1 行目との和を 3 行目に書く。
⑤ これを順次行う。

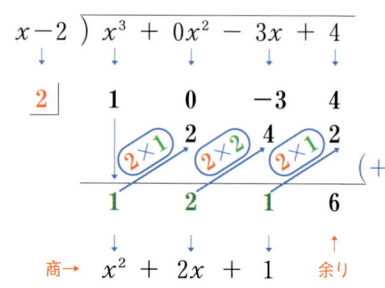

$x-2\overline{\smash{)}x^3+0x^2-3x+4}$

$$\begin{array}{c|cccc} 2 & 1 & 0 & -3 & 4 \\ & & 2 & 4 & 2 \\ \hline & 1 & 2 & 1 & 6 \end{array}$$

商 → $x^2 + 2x + 1$　余り

基本例題 52　高次方程式と1つの解

方程式 $x^3-ax-4=0$ の 1 つの解が 2 であるとき，定数 a の値と他の解を求めよ。

ねらい：1つの解を知って，高次方程式の係数，他の解を求めること。

解法ルール
1 方程式 $P(x)=0$ の解が $\alpha \iff P(\alpha)=0$　（x に α を代入すると等号が成立する）
2 方程式 $P(x)=0$ の解が $\alpha \iff P(x)$ は $x-\alpha$ を因数にもつ

解答例　方程式 $x^3-ax-4=0$ の解が 2 であるので，x に 2 を代入すると等号が成立する。
ゆえに　$2^3-2a-4=0$　よって　$a=2$
また，$a=2$ のとき　$x^3-2x-4=0$
$P(x)=x^3-2x-4$ とおくと，方程式の解が 2 であるので，$P(x)$ は $x-2$ を因数にもつ。
$P(x)$ を $x-2$ で割った商を組立除法で求めると

$$\begin{array}{c|cccc} 2 & 1 & 0 & -2 & -4 \\ & & 2 & 4 & 4 \\ \hline & 1 & 2 & 2 & 0 \end{array}$$

商は　x^2+2x+2

$$\begin{array}{r} x^2+2x+2 \\ x-2\overline{\smash{)}x^3-2x-4} \\ \underline{x^3-2x^2} \\ 2x^2-2x \\ \underline{2x^2-4x} \\ 2x-4 \\ \underline{2x-4} \\ 0 \end{array}$$

したがって　$P(x)=(x-2)(x^2+2x+2)=0$
$x=2,\ -1\pm i$

答　$a=2$，他の解は　$x=-1\pm i$

類題 52　方程式 $x^3-x^2+ax+b=0$ の 1 つの解が $1+i$ のとき，実数の定数 a，b の値と他の解を求めよ。

● $x^3=1$ の解

3次方程式 $x^3=1$ の解について考えてみよう。

$x^3-1=0$ より $(x-1)(x^2+x+1)=0$

よって $x=1$　$x=\dfrac{-1\pm\sqrt{3}i}{2}$

ここで $\dfrac{-1+\sqrt{3}i}{2}$ と $\dfrac{-1-\sqrt{3}i}{2}$ の関係を調べてみると

$\left(\dfrac{-1+\sqrt{3}i}{2}\right)^2=\dfrac{1-2\sqrt{3}i+3i^2}{4}=\dfrac{-2-2\sqrt{3}i}{4}=\dfrac{-1-\sqrt{3}i}{2}$

一方

$\left(\dfrac{-1-\sqrt{3}i}{2}\right)^2=\dfrac{1+2\sqrt{3}i+3i^2}{4}=\dfrac{-2+2\sqrt{3}i}{4}=\dfrac{-1+\sqrt{3}i}{2}$

> p.31 で学んだように複素数 $z=a+bi$ に対して，共役な複素数は $\bar{z}=a-bi$ だったね。

このことから，$\dfrac{-1\pm\sqrt{3}i}{2}$ の一方を ω とすると，$\omega^2=\bar{\omega}$ であることがわかる。

したがって，$x^3=1$ の解は　$1,\ \omega,\ \omega^2$

よって，$\omega^3=1$ であり，ω は $x^2+x+1=0$ の解だから $\omega^2+\omega+1=0$ も成り立つ。

ポイント　[1の3乗根(立方根)]

$x^3=1$ の解を $1,\ \omega,\ \omega^2$ とすると

① $\omega^3=1$　　　② $\omega^2+\omega+1=0$

応用例題 53　　[ω の計算]

$x^3=1$ の虚数解の1つを ω とするとき，次の式を簡単にせよ。

(1) $\omega^5+\omega^4+\omega^3$　　　(2) $\dfrac{1}{\omega}+\dfrac{1}{\omega^2}$

ねらい　ω で表された式を計算すること。

解法ルール　① $\omega^3=1$
② $\omega^2+\omega+1=0$
を活用する。

解答例　(1) $\omega^5+\omega^4+\omega^3=\omega^3(\omega^2+\omega+1)$
$=\omega^2+\omega+1=\mathbf{0}$ …答　　← $\omega^3=1$
　　← $\omega^2+\omega+1=0$

(2) $\dfrac{1}{\omega}+\dfrac{1}{\omega^2}=\dfrac{\omega+1}{\omega^2}=\dfrac{-\omega^2}{\omega^2}=\mathbf{-1}$ …答　　$\omega^2+\omega+1=0$ より $\omega+1=-\omega^2$

類題 53　$x^3=1$ の虚数解の1つを ω とするとき，次の式を簡単にせよ。

(1) $\omega^6+\omega^7+\omega^8$　　　(2) $\dfrac{1}{\omega}-\dfrac{1}{\omega+1}$

3　高次方程式

定期テスト予想問題　解答→p. 12~16

1 次の式を展開せよ。
(1) $(2x-y)^3$
(2) $(x+2)(x^2-2x+4)$
(3) $(2x-y)(4x^2+2xy+y^2)$

2 次の式を因数分解せよ。
(1) $x^3-9x^2+27x-27$
(2) x^3+8y^3
(3) $64x^6-y^6$

3 次の式を展開したとき，〔　〕の中の項の係数を求めよ。
(1) $(2x-3y)^5$ 〔x^3y^2〕
(2) $\left(x^2+\dfrac{3}{x}\right)^7$ 〔x^5〕
(3) $(x-2y+3z)^8$ 〔x^4y^3z〕

4 次の除法を行い，$A=BQ+R$ の形で表せ。
(1) $(4x^3+6x^2+3x+2)\div(2x+1)$
(2) $(4x^3-x+7)\div(x^2-x+2)$

5 x^3-4x^2+3x+1 をある整式 B で割ると，商が $x-2$，余りが $x-3$ となった。ある整式 B を求めよ。

6 整式 $6x^4+7x^3-4x^2+ax+b$ が整式 $2x^2+3x-1$ で割り切れるように，a，b の値を定めよ。

7 次の式を計算せよ。
(1) $\dfrac{x^2-5x+6}{x^2-4x+3}\times\dfrac{x^2-1}{x^2-x-2}$
(2) $\left(\dfrac{2}{x-1}+\dfrac{1}{x+2}\right)\div\left(\dfrac{x}{x+2}-\dfrac{2}{x-1}\right)$
(3) $\dfrac{x^2}{x-1}-\dfrac{x^2+x+1}{x+1}-\dfrac{x^2+2x-1}{x^2-1}$
(4) $\dfrac{x-\dfrac{2}{x+1}}{\dfrac{x}{x+1}-2}$

HINT

1 3次の展開公式を適用する。

2 3次の公式を適用する。

3 二項定理，多項定理を活用する。

4 $A\div B$ の商が Q，余りが R のとき
$A=BQ+R$
(R は B より低次)

5 $A=BQ+R$ より
$B=(A-R)\div Q$

6 実際に割り算して余り＝0

7 (1) 因数分解して約分する。
(2) かっこの中の和・差を計算してから割り算する。
(3) (分子の次数)≧(分母の次数)だから，割り算してから計算する。
(4) 分母と分子に $x+1$ を掛ける。

52　1章　式と証明・方程式

8 次の式が恒等式となるように a, b, c の値を定めよ。

(1) $x^3+2x^2-4=(x+3)^3+a(x+3)^2+b(x+3)+c$

(2) $\dfrac{x^2+3x-1}{x(x+1)^2}=\dfrac{a}{x}+\dfrac{b}{x+1}+\dfrac{c}{(x+1)^2}$

9 $a+b+c=0$, $abc \neq 0$ のとき，次の等式を証明せよ。

$\dfrac{b+c}{a}+\dfrac{c+a}{b}+\dfrac{a+b}{c}=-3$

10 次の不等式が成り立つことを証明せよ。

(1) $a+b=1$ のとき $a^3+b^3 \geq \dfrac{1}{4}$

(2) $p \geq 0$, $q \geq 0$, $p+q=1$ のとき $|ap+bq| \leq \sqrt{a^2p+b^2q}$

(3) $a>0$, $b>0$ のとき $\left(a+\dfrac{1}{b}\right)\left(b+\dfrac{4}{a}\right) \geq 9$

11 次の計算をせよ。

(1) $(3+2i)(3-2i)$

(2) $\dfrac{\sqrt{3}}{\sqrt{-2}}$

(3) $\dfrac{i}{1+i}-\dfrac{1+i}{i}$

(4) $\dfrac{1}{2+3i}+\dfrac{1}{2-3i}$

12 $x=1+i$ のとき，$P(x)=3x^3-5x^2+5x+4$ の値を求めよ。

13 次の方程式を解け。

(1) $\sqrt{2}x^2+(\sqrt{2}-1)x-1=0$

(2) $x^2+ax+a=1$ （a は実数）

(3) $2x^3-x^2-5x+1=3$

---

8 (1) 右辺を展開して係数を比較する。
(2) 右辺を通分して分子の係数を比較する。

9 条件式があれば文字消去する。$b+c=-a$ などを左辺に代入。

10 (2) $|\ |\geq 0$, $\sqrt{\ }\geq 0$ 負でない2数の大小は，平方して比較する。

11 虚数単位 i については $i^2=-1$ を活用する。

12 x^2, x^3 を先に計算しておいて代入。

13 (1), (2)は因数分解，(3)は因数定理利用。

定期テスト予想問題

14 2次方程式 $x^2-2px+3p+1=0$ の2つの解の比が $1:4$ であるとき，定数 p の値を求めよ。

14 解の比が $m:n$
$\iff$ 解は $m\alpha$ と $n\alpha$

15 x についての2次方程式 $x^2-ax+b=0$ の2つの解を α, β としたとき，2次方程式 $x^2+bx+a=0$ の2つの解は $\alpha-1$, $\beta-1$ であるという。このとき，a, b, α^3, β^3 の値を求めよ。

15 解と係数の関係を用いて，α, β, a, b の関係式を求める。

16 a, b, c を定数（ただし $a\ne 0$）とする x の4次式
$P(x)=ax^4+bx^3+2c(x^2+x+1)$ がある。
　$P(x)$ を $x+2$ で割ると 38 余り，$P(x)$ を $(x+1)^2$ で割ると $-8x-5$ 余る。このとき，定数 a, b, c の値を求めよ。

16 剰余の定理より
$P(-2)=38$
$P(x)$ を $(x+1)^2$
$=x^2+2x+1$ で割り算し，係数を比較する。

17 x についての2次方程式 $x^2+2sx+2s+6=0$ が実数解をもたないような実数 s の値の範囲を求めよ。

17 虚数解をもつ条件である。

18 2次式 $x^2+kx+k-1$ が完全平方式となるように，定数 k の値を定めよ。また，そのときどんな完全平方式となるか。完全平方式とは $ax^2+bx+c=a(x-\alpha)^2$ となる式のことである。

18 **完全平方式**
$\iff$ **方程式の解は重解**
$\iff$ **判別式 $D=0$**

19 x^4-3x^2-10 を係数の範囲が次の各場合について因数分解せよ。
　(1) 有理数　　　(2) 実数　　　(3) 複素数

19
$x^2-2=x^2-(\sqrt{2})^2$
$x^2+2=x^2-(\sqrt{2}i)^2$

20 整式 $P(x)$ を $(x-1)(x-2)$ で割ると，余りは $2x+1$ である。また，$(x+1)(x-3)$ で割ると，余りは $x-3$ である。
　このとき，$P(x)$ を $(x+1)(x-2)$ で割った余りを求めよ。

20 **剰余の定理**を活用する。

21 次の3次方程式を解け。
　(1) $x^3-2x^2+2x-1=0$
　(2) $x^3+4x^2+3x-2=0$

21 因数定理を使って因数分解をして解を求める。

22 a, b は実数とする。3次方程式 $x^3-3x^2+ax+b=0$ の1つの解が $2+i$ であるとき，実数 a, b の値と他の解を求めよ。

22 解を代入して a, b を求める。

2章 図形と方程式

1節 点と直線

1 直線上の点

❖ 直線上の座標

数直線上の点の位置は，それに対応している実数で表す。
点 A に対応している実数が a であるとき，a を点 A の**座標**といい，点 A を A(a) と表す。

❖ 2点間の距離

2点 A(a)，B(b) 間の距離 AB は
$a < b$ のとき　$AB = b - a$
$a > b$ のとき　$AB = a - b$

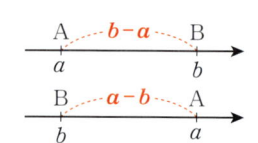

（大きい座標）－（小さい座標）
　　　右　　　　　　左

まとめると
$AB = |b - a|$

❖ 分点の座標

線分 AB 上に点 P があって，**AP : PB = m : n** であるとき，点 P は線分 AB を **m : n に内分**するという。点 P が線分 AB の延長上にあるときは，**m : n に外分**するという。内分点と外分点を合わせて，**分点**という。

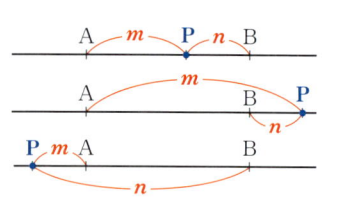

[内分点の座標]

$a < b$ のとき $AP = x - a$，$PB = b - x$ だから，これを $AP : PB = m : n$ に代入すると

$$(x - a) : (b - x) = m : n \quad \text{よって} \quad x = \frac{na + mb}{m + n} \quad (a > b \text{ のときも同様})$$

[外分点の座標]

$m > n$ のとき $AP = x - a$，$PB = x - b$ だから

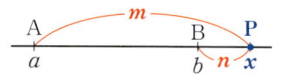

$$(x - a) : (x - b) = m : n \quad \text{よって} \quad x = \frac{-na + mb}{m - n} \quad (m < n \text{ のときも同様})$$

内分点の座標の n を $-n$ におき換えた式

ポイント

[分点の座標] A(a)，B(b) のとき，線分 AB を

$m : n$ に**内分**する点 P の座標 x は　$x = \dfrac{na + mb}{m + n}$

$m : n$ に**外分**する点 P の座標 x は　$x = \dfrac{-na + mb}{m - n}$

n を $-n$ におき換えた式

特に，線分 AB の**中点**の座標 x は　$x = \dfrac{a + b}{2}$

覚え得

基本例題 54 　直線上の2点間の距離

2点 $A(-3)$, $B(2)$ について，次の問いに答えよ。
(1) 2点 A, B 間の距離を求めよ。
(2) 点 A からの距離が 5 である点の座標を求めよ。

ねらい
直線上の2点間の距離を求めること。1点からある距離の点の座標を求めること。

解法ルール 2点 $A(a)$, $B(b)$ 間の距離は $AB=|b-a|$
　　　　　AB＝(**直線の右側の点**の座標)－(**直線の左側の点**の座標)
で求めてもよい。

解答例
(1) $AB=2-(-3)=5$ …答
(2) 求める点の座標を x とすると $|x-(-3)|=5$
$|x+3|=5$ より $x+3=\pm 5$
よって $x=2, x=-8$
答 2 と -8

1つは点B もう1つは 点 $C(-8)$ ね！

類題 54 2点 $A(-2)$, $B(4)$ について，次の問いに答えよ。
(1) 2点 A, B 間の距離を求めよ。
(2) 2点 A, B から等距離にある点 C の座標を求めよ。

基本例題 55 　直線上の線分の分点

2点 $A(-2)$, $B(3)$ について，次の点の座標を求めよ。
(1) 線分 AB を $3:2$ に内分する点
(2) 線分 AB を $3:2$ に外分する点
(3) 線分 AB を $2:3$ に外分する点

ねらい
直線上の線分の内分点や外分点の座標を求めること。

解法ルール 内分点 $\dfrac{na+mb}{m+n}$
　　　　　　外分点 $\dfrac{-na+mb}{m-n}$

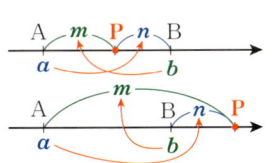

内分，外分は
$A(a) \quad B(b)$
内分→ $m : n$
外分→ $m : (-n)$
たすきがけ。

$m:n$ に外分は $m:(-n)$ に分ける
$\dfrac{(-n)a+mb}{m+(-n)}$
と考えるといいよ。

解答例
(1) $\dfrac{2\times(-2)+3\times 3}{3+2}=\dfrac{5}{5}=1$ …答　←$A(-2) \quad B(3)$　$3 : 2$
(2) $\dfrac{-2\times(-2)+3\times 3}{3-2}=\dfrac{13}{1}=13$ …答　←$A(-2) \quad B(3)$　$3 : (-2)$
(3) $\dfrac{-3\times(-2)+2\times 3}{2-3}=\dfrac{12}{-1}=-12$ …答　←$A(-2) \quad B(3)$　$2 : (-3)$

類題 55 $A(-3)$, $B(5)$ とする線分 AB を $1:2$ に内分する点 P, $1:2$ に外分する点 Q の座標を求めよ。

1 点と直線　57

2 平面上の点

ここでは，平面上の2点間の距離，分点の座標について学習する。平面上の点の位置の表し方は，いまさら説明を要しないだろう。しかし，平面上の点について考えるときは，その点から座標軸に下ろした垂線と x 軸との交点の座標，y 軸との交点の座標が基本であるということだけは，しっかり理解しておかなくてはならないよ。

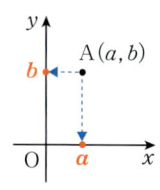

❖ 2点間の距離

2点 $A(x_1, y_1)$，$B(x_2, y_2)$ 間の距離は，右の図のように直角三角形 ABC の斜辺の長さとして求められる。

三平方の定理から
$$AB^2 = AC^2 + BC^2 = (x_2-x_1)^2 + (y_2-y_1)^2$$

よって $AB = \sqrt{(x_2-x_1)^2 + (y_2-y_1)^2}$

とくに，原点 $O(0, 0)$ と点 $P(x, y)$ 間の距離は
$$OP = \sqrt{x^2 + y^2}$$

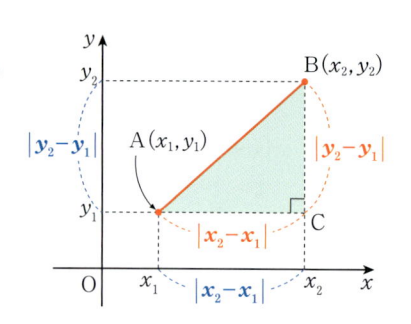

ポイント 　[2点間の距離] 2点 $A(x_1, y_1)$，$B(x_2, y_2)$ 間の距離 AB は
$$AB = \sqrt{(x_2-x_1)^2 + (y_2-y_1)^2}$$
（覚え得）

❖ 分点の座標

2点 $A(x_1, y_1)$，$B(x_2, y_2)$ を結ぶ線分 AB を $m:n$ に内分する点 $P(x, y)$ の座標を求めてみよう。

右の図のように，A，P，B から x 軸に下ろした垂線が x 軸と交わる点をそれぞれ A′，P′，B′ とすると，点 P′ は線分 A′B′ を $m:n$ に内分するから　$x = \dfrac{nx_1 + mx_2}{m+n}$

点 P の y 座標についても同様であるから，

点 P の座標は　$\left(\dfrac{nx_1 + mx_2}{m+n}, \dfrac{ny_1 + my_2}{m+n}\right)$

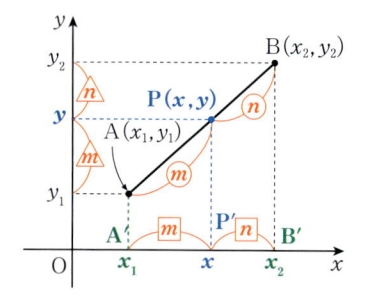

線分 AB を $m:n$ に外分する場合も同様に考えられるから，次のようにまとめられる。

ポイント　[分点の座標] $A(x_1, y_1)$，$B(x_2, y_2)$ のとき，線分 AB を

$m:n$ に**内分**する点 P の座標は $P\left(\dfrac{nx_1+mx_2}{m+n}, \dfrac{ny_1+my_2}{m+n}\right)$

$m:n$ に**外分**する点 P の座標は $P\left(\dfrac{-nx_1+mx_2}{m-n}, \dfrac{-ny_1+my_2}{m-n}\right)$

（覚え得）

とくに中点の座標は
$\left(\dfrac{x_1+x_2}{2}, \dfrac{y_1+y_2}{2}\right)$

基本例題 56　　　　　　　　　　　　　2点間の距離

2点 $A(-3, 1)$, $B(5, 9)$ について，次の問いに答えよ。

(1) 線分 AB の長さを求めよ。

(2) 点 A, B から等距離にある x 軸上の点 P の座標を求めよ。

(3) 点 A からの距離が線分 AB の長さの半分で，y 軸上にある点の座標を求めよ。

ねらい
2点間の距離を求めること。
2点から等距離にある点や，1点からある距離にある点の座標を求めること。

解法ルール

1 2点 $A(x_1, y_1)$, $B(x_2, y_2)$ 間の距離は
$$AB = \sqrt{(x_2-x_1)^2 + (y_2-y_1)^2}$$

2 A, B から等距離の点 P $\iff$ AP = BP
$\iff$ $AP^2 = BP^2$

解答例

(1) $AB = \sqrt{(5+3)^2 + (9-1)^2} = \sqrt{8^2+8^2} = 8\sqrt{2}$　…答

(2) x 軸上の点 P の座標は $P(x, 0)$ とおける。
P は A, B から等距離であるから　AP = BP
したがって　$AP^2 = BP^2$
よって　$(x+3)^2 + (0-1)^2 = (x-5)^2 + (0-9)^2$
展開して整理すると　$16x = 96$　　$x = 6$　答　**P(6, 0)**

(3) y 軸上の点を $Q(0, y)$ とおくと，AQ の長さは $AB = 8\sqrt{2}$ の半分だから　$4\sqrt{2}$
よって　$AQ = \sqrt{(0+3)^2 + (y-1)^2} = 4\sqrt{2}$
両方を2乗して　$(0+3)^2 + (y-1)^2 = (4\sqrt{2})^2$
展開して整理すると　$y^2 - 2y - 22 = 0$　　よって　$y = 1 \pm \sqrt{23}$
したがって，条件を満たす点は y 軸上に2つあり，その座標は　$(0, 1+\sqrt{23})$, $(0, 1-\sqrt{23})$　…答

← 点の座標を求めるとき，その点の座標を (x, y) とおいて，x, y を求めることが多い。求める点が x 軸上の点のときは $(x, 0)$, y 軸上の点のときは $(0, y)$ とおけばよい。

図もかいて，問題の意味を確かめよう！

(2)の場合，AP = BP とするのだから，AB を底辺とする二等辺三角形をつくることと同じです。

(3)の場合，AB の中点を M とすると，A を中心とする点 M を通る円が y 軸と交わる点を求めていることになるので，交点は Q と Q' の2つあります。

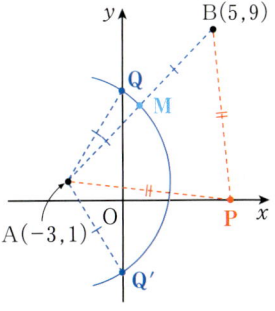

類題 56-1　点 P は直線 $y = 2x+3$ 上の点で，2点 $A(1, -2)$, $B(-1, 2)$ から等距離にあるとき，点 P の座標を求めよ。

類題 56-2　次の問いに答えよ。

(1) 3点 $(1, -1)$, $(3, 2)$, $(6, 0)$ を頂点とする三角形は，直角二等辺三角形であることを示せ。

(2) 3点 $(-1, 0)$, $(1, 2)$, $(-1, 4)$ を頂点とする三角形はどんな三角形か調べよ。

基本例題 57 平面上の線分の分点

3点 A(3, 4), B(−3, 2), C(5, −2) を頂点とする △ABC について，次の各点の座標を求めよ。
(1) 辺 BC の中点 M
(2) 線分 AM を 2:1 に内分する点 G
(3) 線分 BG を 3:1 に外分する点 N

ねらい 線分の中点や分点の座標を求めること。

中点は $m=n=1$ のときで
$\left(\dfrac{x_1+x_2}{2},\ \dfrac{y_1+y_2}{2}\right)$ だ！

解法ルール

1. $P(x_1,\ y_1)$, $Q(x_2,\ y_2)$ のとき，PQ を **$m:n$ に内分**する点は $\left(\dfrac{nx_1+mx_2}{m+n},\ \dfrac{ny_1+my_2}{m+n}\right)$

2. $m:n$ に**外分**する点は，内分点の n を $-n$ におき換える。

解答例

(1) BC の中点の座標は $\left(\dfrac{-3+5}{2},\ \dfrac{2+(-2)}{2}\right)$

　よって **M(1, 0)** …答

(2) AM を 2:1 に内分する点 G の座標は
$\left(\dfrac{1\times3+2\times1}{2+1},\ \dfrac{1\times4+2\times0}{2+1}\right)$ ← A(3, 4)　M(1, 0)　2 : 1

　よって $G\left(\dfrac{5}{3},\ \dfrac{4}{3}\right)$ …答

(3) BG を 3:1 に外分する点 N の座標は
$\left(\dfrac{-1\times(-3)+3\times\frac{5}{3}}{3-1},\ \dfrac{-1\times2+3\times\frac{4}{3}}{3-1}\right)$ ← B(−3, 2)　$G\left(\dfrac{5}{3},\ \dfrac{4}{3}\right)$　3 : (−1)

　よって **N(4, 1)** …答

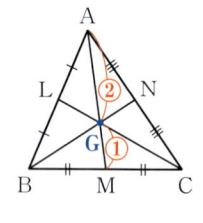

三角形の重心は数学 I で習ったよね！

キミは，上の問題で，点 G は △ABC の重心であることに気がついたかな。**M は辺 BC の中点**だから **AM は中線**。G はその中線を **2:1 に内分する点**だから**重心**なんです。

$A(x_1,\ y_1)$, $B(x_2,\ y_2)$, $C(x_3,\ y_3)$ を頂点とする △ABC の重心 G の座標 $G\left(\dfrac{x_1+x_2+x_3}{3},\ \dfrac{y_1+y_2+y_3}{3}\right)$ も上の(1), (2)の手順で求められます。

類題 57-1 4点 A(0, 0), B(8, 6), C(α, β), P(1, 2) がある。点 P が △ABC の重心であるとき，点 C の座標を求めよ。

類題 57-2 A(0, 0), B$\left(-\dfrac{1}{2},\ -5\right)$, C(9, 4) を頂点とし，AC を対角線とする平行四辺形 ABCD について，頂点 D の座標と対角線の交点 E の座標を求めよ。

← 平行四辺形の対角線はおのおのの中点で交わる。

図形の性質を座標を使って考えよう

図形の性質を調べる方法を，数学 I の図形と計量，数学 A の図形の性質の章で学んだが，ここでは，図形を座標平面上に乗せて調べる方法について考えてみよう。このような手法を**解析幾何学**というんだ。

応用例題 58 　　　　中線定理

△ABC の辺 BC の中点を M とするとき，次の等式を証明せよ。
$$AB^2 + AC^2 = 2(AM^2 + BM^2)$$

ねらい　座標を使って，図形の性質を証明すること。

解法ルール
1. △ABC の辺 BC を x 軸上に，辺 BC の垂直二等分線を y 軸にとる。
2. 3 点 A, B, C の座標を定める。
3. 左辺，右辺を別々に計算し，等式を証明する。

解答例　右の図のように，座標平面上に △ABC の 3 点を

$A(a, b)$
$B(-c, 0)$
$C(c, 0)$

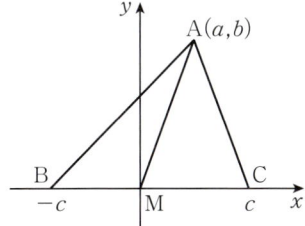

ととる。

ここで

$$\begin{aligned}
\text{左辺} &= AB^2 + AC^2 \\
&= \{(a+c)^2 + b^2\} + \{(a-c)^2 + b^2\} \\
&= a^2 + 2ac + c^2 + b^2 + a^2 - 2ac + c^2 + b^2 \\
&= 2(a^2 + b^2 + c^2) \\
\text{右辺} &= 2(AM^2 + BM^2) \\
&= 2\{(a^2 + b^2) + c^2\} \\
&= 2(a^2 + b^2 + c^2)
\end{aligned}$$

よって　$AB^2 + AC^2 = 2(AM^2 + BM^2)$　〔終〕

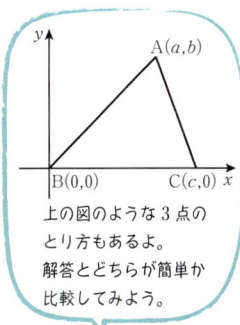

上の図のような 3 点のとり方もあるよ。解答とどちらが簡単か比較してみよう。

類題 58

△ABC において，辺 BC を 1:2 に内分する点を D とするとき，次の等式を証明せよ。
$$2AB^2 + AC^2 = 3(AD^2 + 2BD^2)$$

1　点と直線

3 直線の方程式

ここでは，直線の方程式について学習するよ。

直線の方程式なんか中学ですでに学習しましたよ。

- 傾きが a，切片が b の直線の方程式は $y=ax+b$
- 2元1次方程式 $ax+by+c=0$ の表すグラフはみんな直線で，とくに，$a=0$ のとき x 軸に，$b=0$ のとき y 軸に平行な直線になる。

いまさら，何を学習するんですか。

中学では，"1次関数のグラフは直線になる"ということを学習した。

ここでは，平面上(座標平面上)に，1つの直線がある。これを表す式を考えてみようというわけだ。

早速だが，右の図のように，平面上の点 $A(x_1, y_1)$ を通る傾き m の直線がある。この直線の式を求めてもらおう。

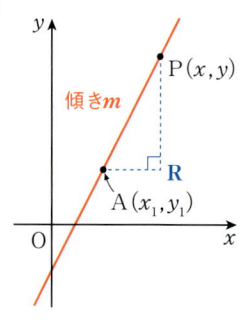

傾き＝変化の割合 ですから，これを使えばいいと思うわ。

いいところに気がついた。それを使うために，直線上の任意の点 P の座標を (x, y) として，図のような直角三角形を考える。傾きは m だから

$$\frac{PR}{AR} = \frac{y-y_1}{x-x_1} = m \quad \text{すなわち} \quad y-y_1 = m(x-x_1)$$

これが，点 $A(x_1, y_1)$ を通る傾き m の直線の方程式というわけだ。2点を通る直線の方程式も，傾きを求めると同じように考えられる。まとめておこう。

ポイント [直線の方程式]

① 1点 (x_1, y_1) を通る傾き m の直線の方程式
$$y-y_1 = m(x-x_1)$$

② 2点 (x_1, y_1)，(x_2, y_2) を通る直線の方程式

$x_1 \neq x_2$ のとき $y - y_1 = \dfrac{y_2-y_1}{x_2-x_1}(x-x_1)$

$x_1 = x_2$ のとき $x = x_1$ ←y 軸に平行な直線

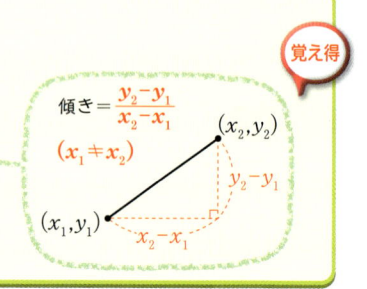

覚え得

傾き $= \dfrac{y_2-y_1}{x_2-x_1}$ $(x_1 \neq x_2)$

2章 図形と方程式

基本例題 59　　　　　　　　　　直線の方程式(1)

次の直線の方程式を求めよ。
(1) 点 $(-1, 3)$ を通り，傾きが -2 の直線
(2) 2点 $(1, 2)$，$(-1, 1)$ を通る直線
(3) 2点 $(-2, 3)$，$(3, 3)$ を通る直線
(4) 2点 $(1, 2)$，$(1, -2)$ を通る直線

ねらい
直線の方程式を求めること。$y-y_1=m(x-x_1)$ へのあてはめ。ふつう，直線の方程式は $y=mx+b$ の形で答える。

解法ルール　**1** 点 (x_1, y_1) を通る傾き m の直線の方程式は
$$y-y_1=m(x-x_1)$$
傾き $=\dfrac{y_2-y_1}{x_2-x_1}$ $(x_1 \neq x_2)$

2 2点を通る直線は，まず傾きを求める。

x 軸に平行な直線 $\iff$ 傾き 0 なので　$y=y_1$
y 軸に平行な直線 $\iff$ $x=x_1$

傾きの求め方さえ覚えておけば，2点を通る直線の式は覚えなくてもすみそうね。

解答例
(1) $y-3=-2\{x-(-1)\}$　　整理すると　$y=-2x+1$　…答

(2) 傾き $=\dfrac{1-2}{-1-1}=\dfrac{1}{2}$　　よって　$y-2=\dfrac{1}{2}(x-1)$

　　整理すると　$y=\dfrac{1}{2}x+\dfrac{3}{2}$　…答

(3) 傾き $=\dfrac{3-3}{3-(-2)}=0$　　ゆえに　$y-3=0$　答　$y=3$

(4) x 座標が2点とも1だから，この2点を通る直線は y 軸に平行。したがって，方程式は　$x=1$　…答

類題 59　次の直線の方程式を求めよ。
(1) 点 $(2, -3)$ を通り，傾きが 2　(2) 2点 $(-2, 2)$，$(-2, -3)$ を通る

基本例題 60　　　　　　　　　　直線の方程式(2)

x 軸との交点が $(a, 0)$，y 軸との交点が $(0, b)$ である直線の方程式は，$\dfrac{x}{a}+\dfrac{y}{b}=1$ で表されることを示せ。$(ab \neq 0)$

ねらい
直線の方程式を求めること。

解法ルール　2点 (x_1, y_1)，(x_2, y_2) を通る直線の方程式は
$$y-y_1=\dfrac{y_2-y_1}{x_2-x_1}(x-x_1)\ (x_1 \neq x_2)$$

解答例　2点 $(a, 0)$，$(0, b)$ を通る直線の方程式は
$$y-0=\dfrac{b-0}{0-a}(x-a)\quad よって \quad \dfrac{b}{a}x+y=b$$

整理すると　$\dfrac{x}{a}+\dfrac{y}{b}=1$　…答

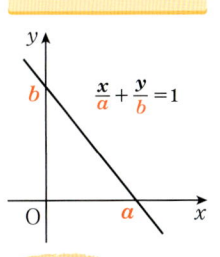

a を x 切片，b を y 切片といいます。

類題 60　2点 $(2, 0)$，$(0, 3)$ を通る直線の方程式を求めよ。

1　点と直線　63

4　2直線の関係

方程式 $ax+by+c=0$ の表す直線のことを，**直線 $ax+by+c=0$** という。2つの直線の交点の座標は，2つの直線の方程式を連立方程式とみて，解を求めることによって求められる。2直線の位置関係では，平行・垂直の関係が大切で，応用範囲も広い。

ポイント

[2直線の平行条件] 2直線 $y=mx+b$, $y=m'x+b'$ が
　平行であるための条件は　$m=m'$

[2直線の垂直条件] 2直線 $y=mx+b$, $y=m'x+b'$ が
　垂直であるための条件は　$mm'=-1$

覚え得

　2直線が平行ならば傾きが等しい。傾きが等しいならば2直線は平行である。平行条件については，これ以上説明を要しないだろう。

　さて，2直線 $y=mx+b$, $y=m'x+b'$ の垂直条件を考えるのに，これらと平行な直線 $l:y=mx$ と $l':y=m'x$ について考えても同じである。$m>0$ の場合，2直線 l, l' は右の図のようになり，直線 l を原点 O のまわりに時計の針と反対方向に $90°$ 回転すると，直線 l' とちょうど重なる。そして，図の中の直角三角形 AOC は直角三角形 A'OC' に重なる。だから直線 l' の傾きについて，$m'=-\dfrac{1}{m}$ となるから，$mm'=-1$ を得る。逆に，$mm'=-1$ のとき，この過程を逆にたどると，$l \perp l'$ となる。

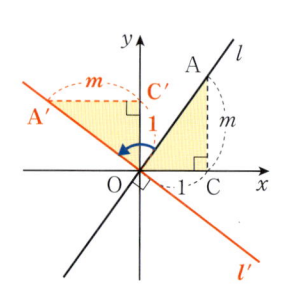

基本例題 61　　平行な直線・垂直な直線

点 $(3, -1)$ を通り，直線 $3x+2y-4=0$ に平行な直線と，垂直な直線の方程式を求めよ。

テストに出るぞ！

ねらい　与えられた直線と平行な直線，垂直な直線の方程式を求める。

解法ルール
1. 直線の傾きは，$y=mx+n$ の形に変形してみつける。
2. $y=mx+n$ と　平行な直線の傾きは　m
　　　　　　　　垂直な直線の傾きは　$-\dfrac{1}{m}$

解答例　$3x+2y-4=0$ より　$y=-\dfrac{3}{2}x+2$　　傾きは　$-\dfrac{3}{2}$

平行な直線　$y+1=-\dfrac{3}{2}(x-3)$　よって　$y=-\dfrac{3}{2}x+\dfrac{7}{2}$　…答

垂直な直線　$y+1=\dfrac{2}{3}(x-3)$　よって　$y=\dfrac{2}{3}x-3$　…答

← $3x+2y-7=0$, $2x-3y-9=0$ と答えてもよい。

類題 61　2直線 $mx-4y-2=0$, $(m+3)x+y+1=0$ が，平行になるときの m の値と垂直になるときの m の値を求めよ。

基本例題 62 垂直二等分線・外心の座標

平面上の3点 O(0, 0), A(6, 0), B(2, 4) を頂点とする △OAB について，次の問いに答えよ。

(1) 3辺の垂直二等分線の方程式を求めよ。
(2) 三角形の3辺の垂直二等分線の交点を，その三角形の外心という。△OAB の外心の座標を求めよ。

ねらい
線分の垂直二等分線の方程式を求めること。
三角形の外心の座標を求めること。

解法ルール

1. 線分 AB の垂直二等分線
 $\iff$ 線分 AB の中点を通り，AB に垂直な直線
2. 図もかいて，直感力も働かそう。

解答例

(1) 線分 OA の中点は (3, 0) だから，
OA の垂直二等分線の方程式は $x=3$ …㊤

線分 OB の中点は (1, 2)，直線 OB の傾きは 2 だから，**OB の垂直二等分線の方程式は**
$$y-2=-\frac{1}{2}(x-1)$$
よって $y=-\frac{1}{2}x+\frac{5}{2}$ …㊤

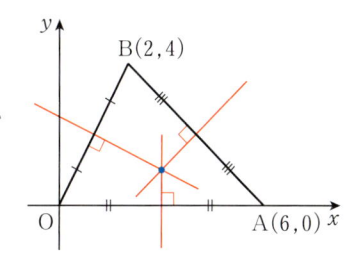

線分 AB の中点は (4, 2)，直線 AB の傾きは $\frac{4-0}{2-6}=-1$ だから，

AB の垂直二等分線の方程式は $y-2=1\cdot(x-4)$
よって $y=x-2$ …㊤

(2) OA の垂直二等分線と AB の垂直二等分線の交点が外心である。OA の垂直二等分線の方程式が $x=3$ だから，交点の x 座標も 3 とわかる。
AB の垂直二等分線 $y=x-2$ 上の点で，x 座標が 3 のとき，y 座標は $y=3-2=1$
よって，外心の座標は **(3, 1)** …㊤

← OA の垂直二等分線と OB の垂直二等分線の交点として，外心の座標を求めると，
$$y=-\frac{1}{2}\times 3+\frac{5}{2}=1$$
だから，(3, 1) となり確かに3本の垂線は1点で交わっている。

三角形の**外心**というのは，3つの頂点を通る円，つまり**外接円の中心**だ。したがって，外心は各頂点から等距離にある。求める外心の座標を (x, y) とおき，距離の2乗が等しいことから，$x^2+y^2=(x-6)^2+y^2=(x-2)^2+(y-4)^2$ という連立方程式ができる。
これを解くと $x=3$, $y=1$ つまり，**外心の座標は (3, 1)**
図形の性質の使い方によって，こんな解き方もできるんだ。

類題 62 平面上に3点 A(5, −3), B(1, 5), C(−3, 3) がある。

(1) 線分 AB の垂直二等分線の方程式を求めよ。
(2) △ABC の外心の座標を求めよ。

基本例題 63 　図形の性質の証明（垂心）

△ABC の 3 つの頂点から対辺へ下ろした垂線 AP，BQ，CR は，1 つの点で交わることを証明せよ。

ねらい　図形の性質を座標を用いて証明すること。

解法ルール
1. 座標が出てこない！　さてどうするか。
  こんなとき，**適当な座標軸を定める**。
2. 座標軸を定めるときは，一般性を保ちながら，できるだけ簡単になるものを選ぶ。

解答例　AP⊥BC であるから，直線 BC を x 軸上に，直線 AP を y 軸上にとり，頂点の座標をそれぞれ

　　$A(0, a)$，$B(b, 0)$，$C(c, 0)$

とする。
∠B($b=0$) または ∠C($c=0$) が直角のときは明らかであるから，$b \neq 0$，$c \neq 0$ の場合を考えればよい。
直線 BQ は点 B を通って直線 AC に垂直な直線。

直線 AC の傾きが $-\dfrac{a}{c}$ であるから，BQ の傾きは $\dfrac{c}{a}$

よって，直線 BQ の方程式は

$$y = \dfrac{c}{a}(x-b) \quad よって \quad y = \dfrac{c}{a}x - \dfrac{bc}{a}$$

同様にして，直線 CR の方程式は

$$y = \dfrac{b}{a}(x-c) \quad よって \quad y = \dfrac{b}{a}x - \dfrac{bc}{a}$$

直線 BQ と CR の y 切片がともに $-\dfrac{bc}{a}$ であるから，

BQ と CR は y 軸上の点 $\left(0, -\dfrac{bc}{a}\right)$ で交わる。

したがって，**3 つの垂線 AP，BQ，CR は 1 点で交わる**。　終

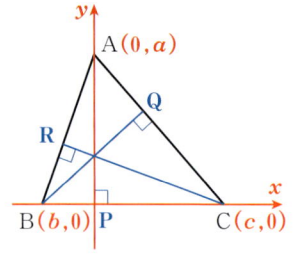

> 直線 AC の傾き
> $\dfrac{0-a}{c-0} = -\dfrac{a}{c}$
> よ！

ちょっと一言

三角形の 3 つの頂点から対辺へ下ろした **3 本の垂線の交点**を**垂心**といいます。
ここでは，図形の性質を，図形的にではなく，座標軸を設定して数や式の計算によって証明しました。座標を用いて図形を研究する学問を，**解析幾何学**といいます。

類題 63　正三角形の垂心，外心，重心は同じ点であることを，適当な座標軸を設定し，座標を用いて証明せよ。

66　2 章　図形と方程式

応用例題 64 　対称点の座標

点 P(2, 7) と直線 $l : 2x-3y+4=0$ がある。
(1) 点 P から直線 l に下ろした垂線と l の交点を H とするとき，直線 PH の方程式と点 H の座標を求めよ。
(2) 直線 l について，点 P と対称な点を Q とするとき，点 Q の座標を求めよ。

ねらい 直線外の点から下ろした垂線と直線の交点や，直線についての対称点の座標を求めること。垂直な直線の利用。

解法ルール 2 点 P，Q が直線 l について対称
$\iff$ l は線分 PQ を垂直に 2 等分する。

解答例 (1) $2x-3y+4=0$ より $y=\dfrac{2}{3}x+\dfrac{4}{3}$ ……①

PH⊥l だから，PH の傾きは $-\dfrac{3}{2}$

直線 PH の方程式は $y-7=-\dfrac{3}{2}(x-2)$

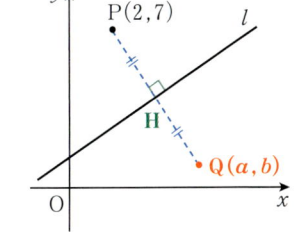

答 $y=-\dfrac{3}{2}x+10$ ……②

点 H は，直線①，②の交点だから

$\dfrac{2}{3}x+\dfrac{4}{3}=-\dfrac{3}{2}x+10$ 　よって 　$x=4$

②に代入して 　$y=-6+10=4$

答 H(4, 4)

(2) l は線分 PQ を垂直に 2 等分するから，PQ は直線 PH 上にあり，線分 PQ の中点は点 H である。
Q(a, b) とおくと
$\dfrac{2+a}{2}=4$, 　$\dfrac{7+b}{2}=4$
よって 　$a=6$, $b=1$

答 Q(6, 1)

← (2)が独立の問題のとき，H の座標はわからない。その場合は，PQ⊥l だから
$\dfrac{b-7}{a-2}\times\dfrac{2}{3}=-1\cdots$①
線分 PQ の中点は l 上にあるから
$2\left(\dfrac{a+2}{2}\right)-3\left(\dfrac{b+7}{2}\right)+4=0\cdots$②
①，②の連立方程式を解いて求める。

類題 64 次の問いに答えよ。

(1) 直線 $y=3x+1$ に関する点 (5, 1) の対称点の座標を求めよ。
(2) 直線 $y=x$ に関して点 A(a, b) と対称な点を P，直線 $y=-x$ に関して点 A と対称な点を Q とするとき，点 P，Q の座標を求めよ。

応用例題 65 　点と直線の距離

次の問いに答えよ。

(1) 直線 $l: ax+by+c=0$ と，この直線外の点 $P(x_1, y_1)$ がある。
P から l に下ろした垂線と l の交点を H とするとき，
$$PH = \frac{|ax_1+by_1+c|}{\sqrt{a^2+b^2}}$$
であることを示せ。

(2) 原点から直線 $y=2x-1$ までの距離を求めよ。

ねらい　点と直線の距離の公式を証明すること。公式にあてはめ，点と直線の距離を求めること。

点 H の座標を求めて距離の公式…では計算が大変。

解法ルール
1. $H(x_2, y_2)$ とおいて，求めるもの，わかることを表す。
2. 求めるものの式の形に着目して，式の変形を工夫。

解答例
(1) $H(x_2, y_2)$ とおくと
$$PH = \sqrt{(x_2-x_1)^2+(y_2-y_1)^2} \quad \cdots \cdots ①$$
H は l 上の点だから　$ax_2+by_2+c=0 \quad \cdots \cdots ②$

(i) $ab \neq 0$ のとき　←a や b で割る必要がある

l の傾きは $-\dfrac{a}{b}$ であるから，直線 PH の傾きは $\dfrac{b}{a}$

よって　$\dfrac{y_2-y_1}{x_2-x_1} = \dfrac{b}{a}$　よって　$\dfrac{y_2-y_1}{b} = \dfrac{x_2-x_1}{a}$

比の値は t とおけ

この値を t とおくと　$x_2-x_1=at, \ y_2-y_1=bt \quad \cdots \cdots ③$

②に代入して　$a(at+x_1)+b(bt+y_1)+c=0$

よって　$t = \dfrac{-(ax_1+by_1+c)}{a^2+b^2} \quad \cdots \cdots ④$

③，④を①に代入すると
$$PH = \sqrt{a^2t^2+b^2t^2} = \sqrt{(a^2+b^2)t^2}$$
$$= \sqrt{\frac{(ax_1+by_1+c)^2}{a^2+b^2}} = \frac{|ax_1+by_1+c|}{\sqrt{a^2+b^2}} \quad \cdots \cdots ⑤$$

$\sqrt{(-3)^2} \neq -3$
$\sqrt{(-3)^2} = |-3| = 3$

(ii) $a=0, \ b \neq 0$ のとき　$y=-\dfrac{c}{b}$　$PH = \left|y_1+\dfrac{c}{b}\right| = \dfrac{|by_1+c|}{|b|}$

⑤の式からも同じ式が得られる。
また，$a \neq 0, \ b=0$ の場合も同様のことがいえる。
したがって，a か b のいずれか一方が 0 のときも，PH は⑤の式で表される。　←a も b も 0 では l は直線にならない

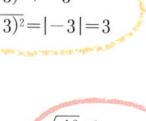

$\sqrt{A^2}$ で A の正負がわからないとき $\sqrt{A^2} = |A|$

(i), (ii) より　$PH = \dfrac{|ax_1+by_1+c|}{\sqrt{a^2+b^2}}$　終

(2) $y=2x-1$ は $2x-y-1=0$　原点 $(0, 0)$ からの距離は
$$\frac{|2 \times 0 - 0 - 1|}{\sqrt{2^2+(-1)^2}} = \frac{1}{\sqrt{5}} = \frac{\sqrt{5}}{5} \quad \cdots 答$$

類題 65　点 $(1, 2)$ から直線 $3x+4y=5$ までの距離を求めよ。

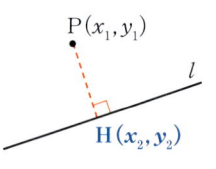

68　2章　図形と方程式

応用例題 66 　三角形の面積

次の問いに答えよ。
(1) $O(0, 0)$, $A(x_1, y_1)$, $B(x_2, y_2)$ のとき, $\triangle OAB = \dfrac{1}{2}|x_1 y_2 - x_2 y_1|$ となることを示せ。
(2) $A(3, 4)$, $B(-4, 1)$, $C(2, -5)$ を頂点とする三角形 ABC の面積を求めよ。

ねらい
点と直線の距離の公式を用いて，三角形の面積の公式を証明すること。
面積の公式へのあてはめ。

解法ルール (1) 直線 AB と原点 O の距離 $d \Longrightarrow \triangle OAB = \dfrac{1}{2} AB \cdot d$

直線 AB の方程式を作り，d を求めよう。

(2) **公式が使えるのは 1 頂点が原点**のとき。頂点 C を原点に移す**平行移動**で $A \to A'$, $B \to B'$ として公式を利用。

解答例 (1) 直線 AB と原点 O との距離を d とする。

直線 AB の方程式は　$y - y_1 = \dfrac{y_2 - y_1}{x_2 - x_1}(x - x_1)$

よって　$(y_2 - y_1)(x - x_1) - (x_2 - x_1)(y - y_1) = 0$
　　　　$(y_2 - y_1)x - (x_2 - x_1)y - (x_1 y_2 - x_2 y_1) = 0$

よって　$d = \dfrac{|x_1 y_2 - x_2 y_1|}{\sqrt{(y_2 - y_1)^2 + (x_2 - x_1)^2}} = \dfrac{|x_1 y_2 - x_2 y_1|}{AB}$

よって　$\triangle OAB = \dfrac{1}{2} AB \cdot d = \dfrac{1}{2}|x_1 y_2 - x_2 y_1|$　終

点と直線の距離の公式にあてはめる

(2) 点 $C(2, -5)$ を原点 O に移すには，x 軸方向に -2, y 軸方向に 5 平行移動すればよい。この平行移動で，
$A(3, 4) \to A'(1, 9)$, $B(-4, 1) \to B'(-6, 6)$ に移る。
$\triangle ABC = \triangle OA'B'$
$= \dfrac{1}{2}|1 \times 6 - (-6) \times 9| = \dfrac{1}{2}|60| = 30$ …答

← この公式は，覚えやすい公式であるが，1 頂点が原点に限られる。(2)では，$\triangle ABC$ を平行移動して 1 頂点を原点に移し，公式を使えるようにする。

類題 66 次の 3 点を頂点とする三角形の面積 S を求めよ。
(1) $(0, 0)$, $(8, 0)$, $(1, 1)$
(2) $(1, 2)$, $(2, 6)$, $(5, 3)$

ポイント [点と直線の距離] 点 (x_1, y_1) から直線 $ax + by + c = 0$ までの距離は
$$\dfrac{|ax_1 + by_1 + c|}{\sqrt{a^2 + b^2}}$$
[三角形の面積] $O(0, 0)$, $A(x_1, y_1)$, $B(x_2, y_2)$ のとき
$$\triangle OAB = \dfrac{1}{2}|x_1 y_2 - x_2 y_1|$$

覚え得

1 点と直線

応用例題 67 　2直線の交点を通る直線

次の問いに答えよ。

(1) 2直線 $x-2y+3=0$, $2x-y-3=0$ の交点を通り，直線 $x-2y=0$ に垂直な直線の方程式を求めよ。

(2) 直線 $(1+2k)x-(2+k)y+3(1-k)=0$ は k の値によらず定点を通る。この定点の座標を求めよ。

(3) 2直線 $x-2y+3=0$, $2x-y-3=0$ の交点と原点を通る直線の方程式を求めよ。

ねらい　2直線の交点を通る直線の方程式を求めること。

解法ルール

(1) **2直線の交点**の座標 $\Longleftrightarrow$ **直線の方程式を連立**させた解

(2) k について整理し　$x-2y+3+k(2x-y-3)=0$
　　k の値によらず成立 $\Longleftrightarrow$ k についての恒等式

(3) 直線 $x-2y+3+k(2x-y-3)=0$ は，2直線
　　$x-2y+3=0$, $2x-y-3=0$ の交点を通る直線を表す。

解答例

(1) $x-2y+3=0$, $2x-y-3=0$ を連立方程式とみて解くと，解は $x=3$, $y=3$　　交点は $(3, 3)$

直線 $y=\frac{1}{2}x$ ($x-2y=0$ より) に垂直な直線の傾きは -2

求める直線の方程式は　$y-3=-2(x-3)$

よって　$\boldsymbol{y=-2x+9}$　…答

(2) k について整理すると　$x-2y+3+k(2x-y-3)=0$
k の値によらず成り立つとは，k についての恒等式だから
　$x-2y+3=0$　かつ　$2x-y-3=0$
これを満たす x, y は　$x=3$, $y=3$
2直線 $x-2y+3=0$, $2x-y-3=0$ の交点 $(3, 3)$ が，
この直線が k の値によらず通る定点である。　答 **(3, 3)**

(3) 直線 $x-2y+3+k(2x-y-3)=0$ は，2直線
$x-2y+3=0$, $2x-y-3=0$ の交点を通る直線である。
この形で表される直線で原点 $(0, 0)$ を通るのは，
$x=0$, $y=0$ を代入し　$3-3k=0$　　$k=1$
よって，$x-2y+3+1\cdot(2x-y-3)=0$ より　$\boldsymbol{y=x}$　…答

← 解答例(3)の方法だと，交点を求めなくても，交点を通る直線が求められる。

← 交点の座標が $(3, 3)$ とわかっているから，交点と原点を通る直線の方程式は $y=x$ としてもよい。

類題 67 次の問いに答えよ。

(1) 2直線 $(2k-3)x+(k+4)y+6k+2=0$, $(2k+1)x+(k-2)y-10k=0$ は，それぞれ k の値によらず定点を通る。それぞれの定点の座標を求めよ。

(2) 2直線 $x+2y-1=0$, $2x-3y+4=0$ の交点と，点 $(2, 3)$ を通る直線の方程式を求めよ。

70　2章　図形と方程式

2節 円

5 円の方程式

点 $A(a, b)$ を中心とする半径 r の円の方程式を求めてみよう。
円周上の任意の点を $P(x, y)$ とすると，$AP = r$ であるから
$$\sqrt{(x-a)^2+(y-b)^2}=r \quad \cdots\cdots ①$$
と表される。この両辺を2乗すると
$$(x-a)^2+(y-b)^2=r^2 \quad \cdots\cdots ②$$
②の式は，円周上のどの点の座標 (x, y) についても成り立つから，
これが，**$A(a, b)$ を中心とする半径 r の円の方程式**である。
特に，**中心が原点であるときは $x^2+y^2=r^2$** となる。
次に②の式を展開してみよう。
$$x^2+y^2-2ax-2by+a^2+b^2-r^2=0$$
一般に，$x^2+y^2+lx+my+n=0$ $(l^2+m^2-4n>0)$ の形の式を，
円の方程式の**一般形**という。
→「これも知っ得」参照

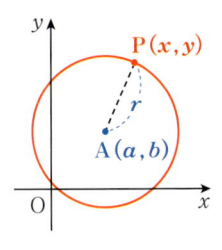

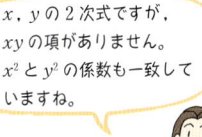

x, y の2次式ですが，xy の項がありません。x^2 と y^2 の係数も一致していますね。

ポイント

[円の方程式] 中心が (a, b)，半径が r の円　$(x-a)^2+(y-b)^2=r^2$
　　　　　　 特に，中心が原点，半径が r の円　$x^2+y^2=r^2$
[円の方程式の一般形] $x^2+y^2+lx+my+n=0$ $(l^2+m^2-4n>0)$

これも知っ得　一般形の変形

$(x-a)^2+(y-b)^2=r^2$ の形を円の方程式の**標準形**という。
$x^2+y^2+lx+my+n=0$ を標準形に直そう。
$x^2+lx+y^2+my=-n$
$x^2+lx+\left(\dfrac{l}{2}\right)^2+y^2+my+\left(\dfrac{m}{2}\right)^2$
$\quad =\left(\dfrac{l}{2}\right)^2+\left(\dfrac{m}{2}\right)^2-n$
よって　$\left(x+\dfrac{l}{2}\right)^2+\left(y+\dfrac{m}{2}\right)^2=\dfrac{l^2+m^2-4n}{4}$
これが円を表すとき，右辺は半径の2乗だから，

正になる。つまり，
$l^2+m^2-4n>0$ が円になるための条件。
ところで，$l^2+m^2-4n=0$ のとき
$$x=-\dfrac{l}{2}, \ y=-\dfrac{m}{2}$$
つまり，点 $\left(-\dfrac{l}{2}, -\dfrac{m}{2}\right)$ を表す。
これを**点円**と呼ぶことがある。
$l^2+m^2-4n<0$ のとき，図形を表さないが，
これを**虚円**と呼ぶことがある。

基本例題 68　円の方程式

2点 A(0, 1), B(2, 3) を直径の両端とする円がある。この円の方程式を求めよ。

ねらい　中心の座標，半径をもとに，円の方程式を求めること。

解法ルール
1. 中心の座標，半径を求める。中心は AB の中点。
2. **中心 (a, b)，半径 r の円の方程式は**
$$(x-a)^2+(y-b)^2=r^2$$

解答例　中心は線分 AB の中点だから，中心の座標は $(1, 2)$

$$半径 = \frac{1}{2}AB = \frac{1}{2}\sqrt{2^2+(3-1)^2} = \sqrt{2}$$

よって，円の方程式は $(x-1)^2+(y-2)^2=2$ …答

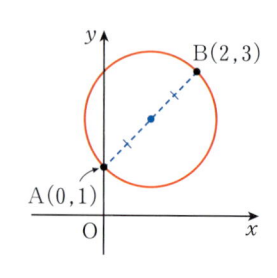

類題 68　次の円の方程式を求めよ。

(1) 中心が $(1, 2)$，半径 3 の円　　(2) 2点 $(1, 2)$, $(3, -2)$ を直径の両端とする円

(3) 中心が $(1, 2)$ で点 $(2, -1)$ を通る円

(4) 中心が $(-2, -\sqrt{3})$ で y 軸に接する円　　(5) 中心が $(\sqrt{3}, 2)$ で x 軸に接する円

基本例題 69　円の方程式の一般形 (1)

円 $x^2+y^2-2x-6y+5=0$ ……① について，

(1) この円の中心の座標と半径を求めよ。
(2) 円①を原点に関して対称移動した円の方程式を求めよ。
(3) 円①を x 軸方向に 5, y 軸方向に 3 平行移動した円の方程式を求めよ。

ねらい　一般形から，中心の座標，半径を求めること。円を移動した円の方程式を求めること。

解法ルール
1. ①を $(x-a)^2+(y-b)^2=r^2$ の形に変形する。
2. 対称移動・平行移動しても **中心の位置が変わるだけ。**

x, y それぞれについて平方完成。両辺に同じものを加えても等式は成り立ちます。

解答例
(1) $x^2-2x+y^2-6y=-5$　　$x^2-2x+1+y^2-6y+9=1+9-5$
よって $(x-1)^2+(y-3)^2=5$　答　**中心 $(1, 3)$，半径 $\sqrt{5}$**

(2) 点 $(1, 3)$ の原点に関する対称点は $(-1, -3)$
半径は変わらないから $(x+1)^2+(y+3)^2=5$ …答

(3) 点 $(1, 3)$ を x 軸方向に 5, y 軸方向に 3 平行移動すると $(6, 6)$
半径は変わらないから $(x-6)^2+(y-6)^2=5$ …答

類題 69　c が定数のとき，方程式 $x^2+y^2-2x-4y+8+c=0$ は円を表し，中心は ($\boxed{}$, $\boxed{}$) である。この円が点 $(2, 1)$ を通るとき，$c=\boxed{}$ であり，半径は $\boxed{}$ である。

2章　図形と方程式

基本例題 70 　円の方程式の一般形(2)

円 $x^2+y^2+lx+my+n=0$ が，原点と点 A$(8, 6)$，B$(-3, 4)$ を通るとき，次の問いに答えよ。

(1) l, m, n の値を求めよ。
(2) 円の中心の座標と半径を求めよ。

ねらい
3点を通ることより，円の方程式を求める。また，円の中心の座標，半径を求めること。

解法ルール

1 円周上の点 ⟺ 円の方程式を満たす
3点の座標をそれぞれ代入して，連立方程式を解く。

2 中心の座標，半径は，$(x-a)^2+(y-b)^2=r^2$ から求める。

解答例

(1) 円は原点 O$(0, 0)$，A$(8, 6)$，B$(-3, 4)$ を通るから，
$(0, 0)$ を代入して　$n=0$ ……①
$(8, 6)$ を代入して　$64+36+8l+6m+n=0$ ……②
$(-3, 4)$ を代入して　$9+16-3l+4m+n=0$ ……③
①を②，③に代入して整理すると
$$\begin{cases} 4l+3m=-50 \\ 3l-4m=25 \end{cases}$$
これを解くと $\begin{cases} l=-5 \\ m=-10 \end{cases}$

答 $l=-5$, $m=-10$, $n=0$

← 3点を通る円の方程式を求める場合，$(x-a)^2+(y-b)^2=r^2$ に3点の座標を代入すると複雑になる。標準形を使うか，一般形を使うかの使い分けが大切である。

(2) 円の方程式は　$x^2+y^2-5x-10y=0$
$x^2-5x+\left(\dfrac{5}{2}\right)^2+y^2-10y+5^2=\left(\dfrac{5}{2}\right)^2+5^2$
よって　$\left(x-\dfrac{5}{2}\right)^2+(y-5)^2=\left(\dfrac{5\sqrt{5}}{2}\right)^2$

答 中心 $\left(\dfrac{5}{2}, 5\right)$, 半径 $\dfrac{5\sqrt{5}}{2}$

半径 $\dfrac{125}{4}$ でない。右辺は（半径）^{2}

求めた円は △OAB の外接円で，中心 $\left(\dfrac{5}{2}, 5\right)$ は外心。

標準形か？一般形か？
条件が与えられて円の方程式を求めるとき，方程式として**標準形を用いるか，一般形を用いるか**が問題になる。本問は一般形を用いる代表的なタイプである。
中心の座標や半径，座標軸に接するなどの条件があるときは標準形を用いる。

類題 70-1 平面上の3点 A$(1, 2)$, B$(2, 3)$, C$(5, 3)$ を3頂点とする △ABC の外接円の方程式を求めよ。

類題 70-2 方程式 $x^2+y^2-ax+4y+3+a^2=0$ が y 軸に接する円を表すとき，
(1) a の値を求めよ。
(2) 円の中心の座標と半径を求めよ。

6 円と直線

● 円と直線の共有点

円と直線の位置関係は，**異なる2点で交わる，接する，共有点をもたない**の3つの場合があり，円の中心から直線までの距離 d と半径 r との大小関係と対応させられる。

また，円と直線の方程式から y を消去すると，x についての2次方程式が得られるが，この方程式の解の条件，つまり**判別式**と対応させられる。

異なる2点で交わる（共有点2個）$\iff d < r \iff D > 0$
接する　　　　　　　（共有点1個）$\iff d = r \iff D = 0$
共有点をもたない　　　　　　　　　$\iff d > r \iff D < 0$

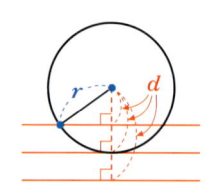

← 2次方程式
$ax^2+bx+c=0$
（a, b, c は実数）で，b^2-4ac をこの2次方程式の**判別式**といい，D で表す。

基本例題 71 　円と直線の位置関係

円 $x^2+y^2=16$ と直線 $y=-\dfrac{3}{4}x+n$ との共有点の個数は，n が変化するときどのように変わるか。

ねらい
円と直線の共有点の個数を調べること。円の中心から直線までの距離と半径を比較する。

解法ルール
1. 直線 $y=-\dfrac{3}{4}x+n$ は，n が変化すると平行移動する。
2. 円の中心から直線までの距離を求め，半径と比較する。

解答例 $y=-\dfrac{3}{4}x+n$ より　$3x+4y-4n=0$

円 $x^2+y^2=4^2$ の中心は原点 $(0, 0)$ だから，円の中心から直線までの距離 d は　$d=\dfrac{|-4n|}{\sqrt{3^2+4^2}}=\dfrac{4|n|}{5}$

円の半径は4だから

$\dfrac{4|n|}{5} < 4 \iff |n| < 5$ より，$-5 < n < 5$ のとき共有点は2個

$\dfrac{4|n|}{5} = 4 \iff |n| = 5$ より，$n=-5, 5$ のとき共有点は1個

$\dfrac{4|n|}{5} > 4 \iff |n| > 5$ より，$n < -5, 5 < n$ のとき共有点はない

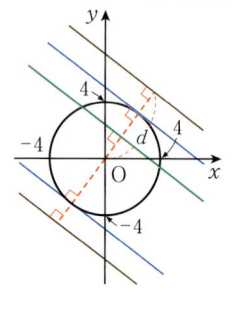

…答

類題 71 直線 $y=3x+k$ と円 $x^2+y^2=25$ が異なる2点で交わるような k の値の範囲を求めよ。

基本例題 72 円と直線の交点・接点

円 $x^2+y^2=25$ と直線 $y=x+n$ がある。
(1) $n=1$ であるとき，円と直線は交わることを確かめ，交点の座標を求めよ。
(2) 円と直線が接するのは，n がどんな値をとるときか。また，接点の座標を求めよ。

ねらい
円と直線の交点の座標を求めること。
円と直線が接するための条件と接点の座標を求めること。

解法ルール
1. y を消去して得られる x についての 2 次方程式の実数解は，交点・接点の x 座標を表す。
2. 円と直線が接するための条件 $\iff D=0$

← 位置関係だけのときは，円の中心から直線までの距離と半径の大小を比較するのが楽である。
交点や接点の座標を求めるときは，円と直線の方程式を連立方程式とみて解く必要がある。

解答例
(1) $y=x+n$ を $x^2+y^2=25$ に代入すると
$$x^2+(x+n)^2-25=0$$
よって $2x^2+2nx+n^2-25=0$ ……①

判別式を D とすると $\dfrac{D}{4}=n^2-2(n^2-25)=-n^2+50$ ……②

$n=1$ のとき $\dfrac{D}{4}=-1^2+50=49>0$ だから交わる。

このとき，①は $2x^2+2x-24=0$　$x^2+x-12=0$
よって $x=3, -4$
$y=x+1$ に代入して，$x=3$ のとき $y=4$
　　　　　　　　　　$x=-4$ のとき $y=-3$
よって，交点の座標は $(3, 4), (-4, -3)$ …答

(2) 円と直線が接するための条件は 判別式 $D=0$
ゆえに，②より $-n^2+50=0$
よって $n=\pm 5\sqrt{2}$ …答

$n=\pm 5\sqrt{2}$ のとき，①の重解は
$$x=-\dfrac{2n}{2\cdot 2}=-\dfrac{n}{2}=\mp\dfrac{5\sqrt{2}}{2}$$
$$y=x\pm 5\sqrt{2}=\mp\dfrac{5\sqrt{2}}{2}\pm 5\sqrt{2}=\pm\dfrac{5\sqrt{2}}{2}$$

よって，接点の座標は
$$\left(-\dfrac{5\sqrt{2}}{2}, \dfrac{5\sqrt{2}}{2}\right), \left(\dfrac{5\sqrt{2}}{2}, -\dfrac{5\sqrt{2}}{2}\right)$$ …答

複号の計算は 1 つずつしよう

2 つの接点は原点について点対称である

← $ax^2+bx+c=0$ $(a\neq 0)$ の重解は
$$x=-\dfrac{b}{2a}$$

← $y=x+n$ に $n=\pm 5\sqrt{2}$
$x=\mp\dfrac{5\sqrt{2}}{2}$
を代入した。

類題 72 円 $x^2+y^2=5$ について次の問いに答えよ。
(1) 直線 $y=x+1$ との交点の座標を求めよ。
(2) 直線 $2x-y=k$ と異なる 2 点で交わるための k の値の範囲を求めよ。
(3) 直線 $2x-y=k$ と接する場合の k の値と接点の座標を求めよ。

● 円の接線の方程式

円 $x^2+y^2=r^2$ 上の点 $A(x_1, y_1)$ における接線の方程式を求めよう。
接線は半径OAに垂直であるから，A が座標軸上にないとき，

直線OAの傾き $\dfrac{y_1}{x_1}$,

したがって，接線の傾き $-\dfrac{x_1}{y_1}$

よって，接線の方程式は $y-y_1=-\dfrac{x_1}{y_1}(x-x_1)$

これを変形すると $x_1x+y_1y=x_1^2+y_1^2$

$A(x_1, y_1)$ は円上の点だから $x_1^2+y_1^2=r^2$

したがって，**接線の方程式**は $x_1x+y_1y=r^2$

A が座標軸上にあるときも，接線はこの形で表される。

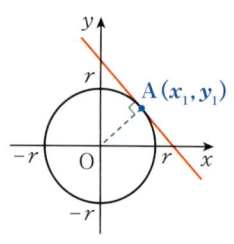

> A が座標軸上にある場合は
> $x_1=0$ のとき $y_1=\pm r$ 接線は $y=\pm r$
> $y_1=0$ のとき $x_1=\pm r$ 接線は $x=\pm r$

ポイント [円の接線の方程式]
円 $x^2+y^2=r^2$ 上の点 (x_1, y_1) における**接線の方程式**は
$x_1x+y_1y=r^2$

覚え得

基本例題 73 接線の方程式(1)

円 $x^2+y^2=25$ がある。
(1) 円周上の点 $(2, \sqrt{21})$ における接線の方程式を求めよ。
(2) 円周上の点 $(5, 0)$ における接線の方程式を求めよ。

テストに出るぞ！

ねらい
円周上の点における接線の方程式を求めること。

解法ルール 円 $x^2+y^2=r^2$ 上の点 (x_1, y_1) における接線の方程式は
$x_1x+y_1y=r^2$

解答例 (1) 点 $(2, \sqrt{21})$ における接線だから，公式を使って
$2x+\sqrt{21}y=25$ …答

(2) 点 $(5, 0)$ における接線だから，公式を使って
$5x+0\cdot y=25$ よって $x=5$ …答

接点が座標軸上にあるときでも公式を使えるから，安心ですよ。

類題 73 円 $x^2+y^2=1$ がある。
(1) 円周上の点 $\left(\dfrac{1}{2}, -\dfrac{\sqrt{3}}{2}\right)$ における接線の方程式を求めよ。
(2) 円周上の点 $(0, 1)$ における接線の方程式を求めよ。

基本例題 74　接線の方程式(2)

点 $(4, 2)$ から円 $x^2+y^2=4$ に引いた接線の方程式を求めよ。

ねらい　円外の点からの，接線の方程式を求めること。

解法ルール
[解法1] 公式 $x_1 x + y_1 y = r^2$ を利用する。
[解法2] 円の中心から点 $(4, 2)$ を通る直線までの距離が，半径に等しいことを利用する。
[解法3] 円の方程式と点 $(4, 2)$ を通る直線の方程式の連立方程式が重解をもつことを利用する。

接線を求めるだけなら[解法1]か[解法2]が便利。接点も求めるなら，[解法1]

解答例
[解法1]
接点を (x_1, y_1) とおくと，この点は円周上にあるから
$$x_1{}^2 + y_1{}^2 = 4 \quad \cdots\cdots ①$$
接線の方程式は $x_1 x + y_1 y = 4$ で，これが点 $(4, 2)$ を通るから
$$4x_1 + 2y_1 = 4 \quad \cdots\cdots ②$$
①，②より　$(x_1, y_1) = (0, 2), \left(\dfrac{8}{5}, -\dfrac{6}{5}\right)$

よって，
$0 \cdot x + 2y = 4$ より　$\boldsymbol{y = 2}$　…答　　〔接点が $(0, 2)$ のとき〕

$\dfrac{8}{5}x - \dfrac{6}{5}y = 4$ より　$\boldsymbol{4x - 3y = 10}$　…答　　〔接点が $\left(\dfrac{8}{5}, -\dfrac{6}{5}\right)$ のとき〕

←②より
$y_1 = -2x_1 + 2$
①に代入して
$x_1{}^2 + (-2x_1 + 2)^2 = 4$
$5x_1{}^2 - 8x_1 = 0$
$x_1(5x_1 - 8) = 0$
$x_1 = 0, \dfrac{8}{5}$

[解法2]
点 $(4, 2)$ を通る，傾きが m の直線の方程式は　$y - 2 = m(x - 4)$
よって　$mx - y - (4m - 2) = 0 \quad \cdots\cdots ③$
中心 $(0, 0)$ から③までの距離は半径に等しいから
$$\dfrac{|-(4m-2)|}{\sqrt{m^2+1}} = 2 \quad \text{これより} \quad m = 0, \dfrac{4}{3}$$
よって，$y - 2 = 0$ より　$\boldsymbol{y = 2}$　←$m = 0$ のとき
$y - 2 = \dfrac{4}{3}(x - 4)$ より　$\boldsymbol{y = \dfrac{4}{3}x - \dfrac{10}{3}}$　←$m = \dfrac{4}{3}$ のとき

← $|-(4m-2)| = 2\sqrt{m^2+1}$
$2|-2m+1| = 2\sqrt{m^2+1}$
両辺を2乗して
$4m^2 - 4m + 1 = m^2 + 1$
$3m^2 - 4m = 0$
$m(3m-4) = 0$
$m = 0, \dfrac{4}{3}$

[解法3]
$\begin{cases} x^2 + y^2 = 4 & \text{←円の方程式} \\ y = mx - (4m-2) & \text{←求める接線の方程式 (解法2の③より)} \end{cases}$

これより　$x^2 + \{mx - (4m-2)\}^2 = 4$
整理して　$(m^2 + 1)x^2 - 2m(4m-2)x + (4m-2)^2 - 4 = 0$
これが重解をもつから　$m^2(4m-2)^2 - (m^2+1)\{(4m-2)^2 - 4\} = 0$
$(4m-2)^2 \{m^2 - (m^2+1)\} + 4(m^2+1) = 0 \quad (2m-1)^2 - (m^2+1) = 0$
$m(3m-4) = 0 \qquad m = 0, \dfrac{4}{3}$　（以下 [解法2と同じ]）

類題 74　点 $(1, 2)$ から円 $x^2 + y^2 = 1$ に引いた接線の方程式と接点の座標を求めよ。

2　円

応用例題 75　弦の長さ

円 $x^2+y^2=4$ がある。

(1) 直線 $y=2x+k$ がこの円と交わって，切りとられる弦の長さが2であるという。k の値を求めよ。

(2) 円外の点 A(2, 3) を通るこの円の接線を引き，接点を P, Q とする。P, Q の座標と弦 PQ の長さを求めよ。

テストに出るぞ！

ねらい　弦の長さなどを求めること。図形の方程式だけにたよらず，図形の性質なども上手に使おう。

解法ルール
1. 円の中心から弦に引いた垂線は弦を2等分する。
2. 接点の座標を (x_1, y_1) とすると，接線の方程式は
$$x_1 x + y_1 y = 4$$

解答例

(1) 右の図のように，交点を A, B とすると　AB=2

O から直線に下ろした垂線と直線の交点を H とすると，H は線分 AB を2等分するから　AH=1

三平方の定理により　$OH=\sqrt{2^2-1^2}=\sqrt{3}$

一方，$y=2x+k$ は $2x-y+k=0$ だから

$$OH=\frac{|k|}{\sqrt{2^2+(-1)^2}}=\frac{|k|}{\sqrt{5}}$$

ゆえに　$\dfrac{|k|}{\sqrt{5}}=\sqrt{3}$

よって　$|k|=\sqrt{15}$

すなわち　$k=\pm\sqrt{15}$　…答

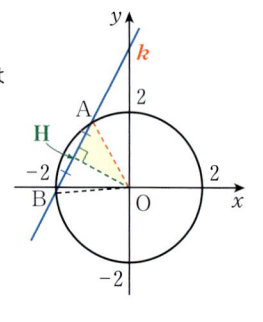

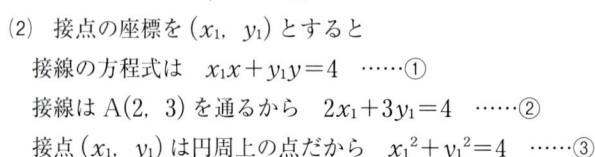

(2) 接点の座標を (x_1, y_1) とすると

接線の方程式は　$x_1 x + y_1 y = 4$　……①

接線は A(2, 3) を通るから　$2x_1 + 3y_1 = 4$　……②

接点 (x_1, y_1) は円周上の点だから　$x_1^2 + y_1^2 = 4$　……③

②, ③を解くと

$$x_1=2, \ y_1=0 \ ; \ x_1=-\frac{10}{13}, \ y_1=\frac{24}{13}$$

よって，**接点 P, Q の座標は** $\left(-\dfrac{10}{13}, \dfrac{24}{13}\right)$, $(2, 0)$　…答

弦 PQ $=\sqrt{\left(2+\dfrac{10}{13}\right)^2+\left(-\dfrac{24}{13}\right)^2}=\dfrac{12\sqrt{13}}{13}$　…答

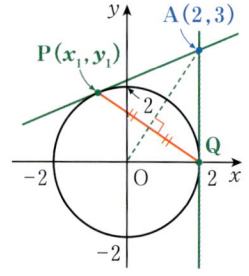

← (2)は，図をかくと上のようになり，1つの接線は y 軸に平行。PQ の長さだけなら，Q(2, 0) から直線 OA に引いた垂線の長さの2倍として求められる。

類題 75　直線 $y=mx-m$ と円 $x^2+y^2=1$ が2点 P, Q で交わり，線分 PQ の長さが $\sqrt{2}$ であるとき，m の値を求めよ。

応用例題 76 　　　　　　　　　2円の位置関係・接線

2円 $x^2+y^2=9$ ……① $x^2+y^2-10x+k=0$ ……② について,
(1) 2円が共有点をもつような k の値の範囲を求めよ。
(2) 2円が交わって,かつその交点での接線がたがいに直交するのは,k の値がいくらのときか。

ねらい 2円が共有点をもつ条件や接線が直交する条件を求めること。

解法ルール (1) 2円の半径を r_1, r_2, 中心間の距離を d とすると
　2円が共有点をもつ $\iff |r_1-r_2| \leq d \leq r_1+r_2$
　特に,$d=r_1+r_2$ のとき,2円は**外接**する。
　　　　$d=|r_1-r_2|$ のとき,2円は**内接**する。
(2) 円の接線と接点を通る半径は直交する。

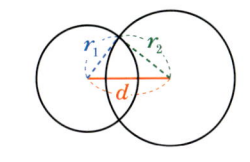

解答例 (1) 円①の中心は原点,
半径は 3
②は
$(x-5)^2+y^2=25-k$
中心は $(5, 0)$,
半径は $\sqrt{25-k}$ ($k<25$)
よって,中心間の距離は 5
内接するとき,円②の半径は円①の半径より大だから,
2円が共有点をもつ条件は
$\sqrt{25-k}-3 \leq 5 \leq \sqrt{25-k}+3$
　　　$|\sqrt{25-k}-3|$
　　　$=\sqrt{25-k}-3$
したがって $2 \leq \sqrt{25-k} \leq 8$
各辺は正だから,平方すると $4 \leq 25-k \leq 64$
よって $-39 \leq k \leq 21$ …**答**

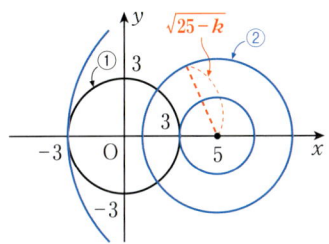

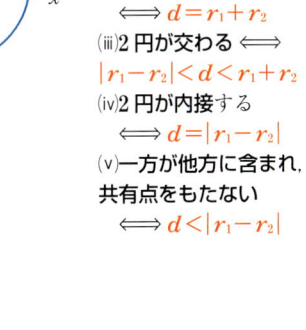

[2円の位置関係]
(i) 2円が外にあって共有点をもたない
　$\iff d > r_1+r_2$
(ii) 2円が外接する
　$\iff d = r_1+r_2$
(iii) 2円が交わる $\iff$
　$|r_1-r_2| < d < r_1+r_2$
(iv) 2円が内接する
　$\iff d = |r_1-r_2|$
(v) 一方が他方に含まれ,共有点をもたない
　$\iff d < |r_1-r_2|$

(2) 円の接線と接点を通る半径は直交するから,交点での接線が直交するのは,交点を通る半径が直交するとき。
よって,三平方の定理により
$(\sqrt{25-k})^2+3^2=5^2$ 　ゆえに 　$25-k+9=25$
よって $k=9$ …**答**

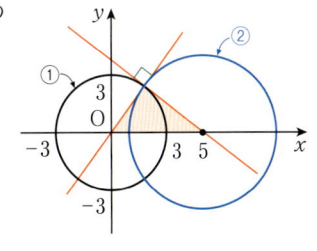

類題 76 円O:$x^2+y^2=9$ と,円O':$x^2+y^2-2ax+4ay=0$ がある。ただし,$a>0$ とする。
(1) 円O'が円Oに含まれるとき,a の値の範囲を求めよ。
(2) 2円が内接するときの a の値と,接点の座標を求めよ。

2 円

応用例題 77 2円の交点，交点を通る直線・円

円 $x^2+y^2=25$ ……①　$x^2+y^2-4x-4y+3=0$ ……② について，
(1) 2円の交点の座標を求めよ．
(2) 2円の交点を通る直線(共通弦)の方程式を求めよ．
(3) 2円の交点と点 $(-1, 0)$ を通る円の方程式を求めよ．

ねらい 2円の交点を求めること．2円の交点を通る直線や円の方程式を求めること．

解法ルール (1) 2円の交点の座標 ⟺ 2円の方程式を連立させた解

(2) 2つの交点を通る直線を求めればよい．なお，
$$x^2+y^2-25+k(x^2+y^2-4x-4y+3)=0 \quad \cdots\text{Ⓐ}$$
で，$k=-1$ のとき，**交点を通る直線**を表す．
　　Ⓐが x, y の1次方程式となるから．

(3) Ⓐで $k \neq -1$ のとき，**交点を通る円**を表す．

応用例題67の，2直線の交点を通る直線と同じ考え方ですね．

解答例 (1) ①-② より　$4x+4y=28$
よって　$y=-x+7$ ……③
③を①に代入すると　$x^2+(-x+7)^2=25$
ゆえに　$x^2-7x+12=0$　よって　$x=3, 4$
③に代入して　$x=3$ のとき　$y=4$，$x=4$ のとき　$y=3$
よって，交点の座標は　**(3, 4), (4, 3)** …答

$$\begin{array}{r} x^2+y^2=25 \cdots ① \\ -)\ x^2+y^2-4x-4y=-3 \cdots ②' \\ \hline 4x+4y=28 \end{array}$$
①-② で x, y の1次式が得られる．

(2) 交点の座標が $(3, 4), (4, 3)$ だから
交点を通る直線の方程式は　$y-4=\dfrac{3-4}{4-3}(x-3)$
よって　$\boldsymbol{y=-x+7}$ …答

(別解)
これは，上の③と一致し，2式①，②から x^2, y^2 を消去して得られる．つまり，$x^2+y^2-25+k(x^2+y^2-4x-4y+3)=0$ で $k=-1$ とすればよい．

(3) $x^2+y^2-25+k(x^2+y^2-4x-4y+3)=0$ で，$k \neq -1$ のとき，この方程式は円①と②の交点を通る円を表す．
点 $(-1, 0)$ を通るから，$x=-1, y=0$ を代入して
$1-25+k(1+4+3)=0$　よって　$k=3$
$k=3$ のとき　$x^2+y^2-25+3(x^2+y^2-4x-4y+3)=0$
よって　$\boldsymbol{x^2+y^2-3x-3y-4=0}$ …答

← 円の方程式を $x^2+y^2+lx+my+n=0$ とおき，3点の座標を代入して，l, m, n を求めてもよい．

類題 77 2つの円 $x^2+y^2-4x+2=0$ と $x^2+y^2+2y-12=0$ について
(1) 2円の交点の座標を求めよ．
(2) 2円の交点を通る直線の方程式を求めよ．
(3) 2円の交点と原点を通る円の中心の座標と半径を求めよ．

3節 軌跡と領域

7 軌跡

ある条件を満たす**点全体の集合**を，その条件を満たす点の**軌跡**という。
ここでは，座標を用いて軌跡を求める方法を学習しよう。

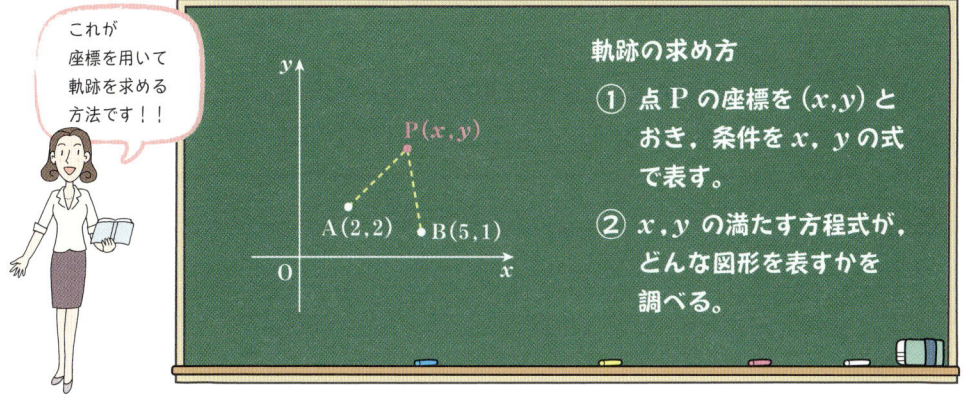

2点 A(2,2)，B(5,1) から等距離にある点 P の軌跡は求められるかな？

そんなの簡単！
はい，
点の集合は
ごらんのとおり。

点をたくさん
とると
軌跡は直線に
なるみたい・・・

軌跡が直線になる
ことを示すには，
その方程式を求めて
直線になることを示
せばいいのよ!!

方程式？
x も y もないのに
どうして方程式が
つくれるんですか？

これが
座標を用いて
軌跡を求める
方法です！！

軌跡の求め方

① 点 P の座標を (x, y) とおき，条件を x, y の式で表す。

② x, y の満たす方程式が，どんな図形を表すかを調べる。

3 軌跡と領域　81

基本例題 78　距離の比が一定な点の軌跡

2点 A$(0, 0)$, B$(6, 0)$ からの距離の比が $m:n$ である点 P の軌跡を，次の各場合について求めよ。

(1) $m:n=1:1$　　(2) $m:n=2:1$

ねらい　2定点からの距離の比が一定な点の軌跡を求めること。

解法ルール
1. 点 P の座標を (x, y) とおき，条件を x, y の式で表す。
2. x, y の満たす方程式がどんな図形を表すかを調べる。

解答例

(1) AP：BP$=1:1$ であるから　AP$=$BP
P(x, y) とおくと
AP$=\sqrt{x^2+y^2}$
BP$=\sqrt{(x-6)^2+y^2}$
よって　$\sqrt{x^2+y^2}=\sqrt{(x-6)^2+y^2}$
両辺を 2 乗すると　$x^2+y^2=(x-6)^2+y^2$
よって　$x=3$
これは x 軸に垂直な直線を表す。
よって，軌跡は線分 AB の垂直二等分線 $x=3$　…答

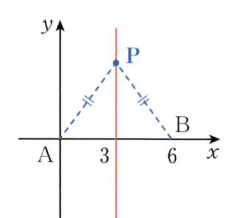

(2) AP：BP$=2:1$ であるから
AP$=2$BP
よって　$\sqrt{x^2+y^2}=2\sqrt{(x-6)^2+y^2}$
両辺を 2 乗すると　$x^2+y^2=4\{(x-6)^2+y^2\}$
$3x^2+3y^2-48x+144=0$
$x^2+y^2-16x+48=0$
よって　$(x-8)^2+y^2=4^2$
よって，軌跡は中心 $(8, 0)$，半径 4 の円　…答

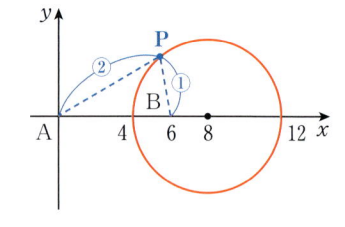

アポロニウスの円

一般に，2 定点 A, B からの距離の比が $m:n$ である点の軌跡は
　$m \neq n$ ならば円　　$m=n$ ならば直線

になります。この円を**アポロニウスの円**といいます。上の図からわかるように，この円は線分 AB を $m:n$ に内分する点と，$m:n$ に外分する点を直径の両端とする円なんです。

類題 78-1　2 点 A$(-1, -1)$, B$(5, 2)$ からの距離の比が $1:2$ である点 P の軌跡を求めよ。

類題 78-2　2 点 A$(-3, 2)$, B$(1, -3)$ がある。AP$^2-$BP$^2=7$ を満たす点 P の軌跡を求めよ。

基本例題 79 動点につれて動く点の軌跡

点 A$(2, 0)$, B$(2, -2)$ と円 $x^2+y^2=1$ が与えられている。点 P がこの円周上を動くとき, △ABP の重心 G の描く軌跡を求めよ。

ねらい
動点につれて動く点の軌跡を求める。動点が動く図形の方程式を利用する。軌跡を求める点を (x, y) で表す。

解法ルール

① 点 P が円 $x^2+y^2=1$ 上を動く
$\iff$ P(s, t) は $s^2+t^2=1$ を満たす

② 点 G の軌跡の方程式？—— x, y が使われているので, G(x, y) とおく。x, y の方程式が求める**軌跡の方程式**である。

解答例

点 P が円 $x^2+y^2=1$ 上を動くから, P(s, t) は $s^2+t^2=1$ ……① を満たす。
△ABP の重心 G の座標を (x, y) とすると, A$(2, 0)$, B$(2, -2)$, P(s, t) だから

$$x = \frac{2+2+s}{3} = \frac{s+4}{3}, \quad y = \frac{0-2+t}{3} = \frac{t-2}{3}$$

よって $s = 3x-4, \ t = 3y+2$
これらを①に代入して

$$(3x-4)^2 + (3y+2)^2 = 1$$
$$9\left(x-\frac{4}{3}\right)^2 + 9\left(y+\frac{2}{3}\right)^2 = 1$$
$$\left(x-\frac{4}{3}\right)^2 + \left(y+\frac{2}{3}\right)^2 = \left(\frac{1}{3}\right)^2$$

よって, 中心 $\left(\frac{4}{3}, -\frac{2}{3}\right)$, 半径 $\frac{1}{3}$ の円を描く。 …答

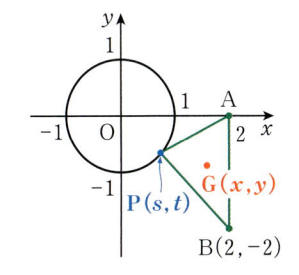

（s, t は $s^2+t^2=1$ を満たすことを使うための変形）

三角形の重心は中線を $2:1$ に内分する点であるから, 線分 AB の中点を C（定点）とすると, 重心 G の軌跡は, PC を $2:1$ に内分する点の軌跡になる。
一般に, 中心を O とする円周上の点を P, 定点を C とするとき, **PC を $m:n$ に内分する点の軌跡は, OC を $m:n$ に内分する点を中心とする円**になる。

類題 79-1 円 $x^2+y^2=4$ と点 P$(3, 0)$ があって, 点 Q がこの円周上を動くとき, 線分 PQ の中点 R の軌跡を求めよ。

類題 79-2 点 P$(-1, -3)$ と曲線 $y=x^2-4x+3$ 上を動く点 Q とを結ぶ線分 PQ を $2:1$ に内分する点 R の軌跡の方程式を求めよ。

応用例題 80 係数の変化につれて動く点の軌跡

実数 m が次の(1), (2)の範囲で変化するとき，放物線 $y = x^2 - 2mx + 4m$ の頂点の軌跡の方程式を求めよ。

(1) すべての実数値　　(2) $0 \leq m \leq 3$

ねらい　実数の係数が変化するとき，放物線の頂点の軌跡の方程式を求めること。

解法ルール

1. 放物線 $y = x^2 - 2mx + 4m$ の頂点は $(m, -m^2 + 4m)$
   ここで，m が 0, 1, 2, … と変化すると，
   頂点は (0, 0), (1, 3), (2, 4), … と変化する。
   これらの点の軌跡を求めるのが問題。

2. 頂点の座標を (x, y) とすると，$x = m$, $y = -m^2 + 4m$
   x, y の方程式を求めるのだから **m を消去** する。

3. m が $0 \leq m \leq 3$ のように限定された範囲のときは，
   その範囲を x や y の範囲でとらえる。

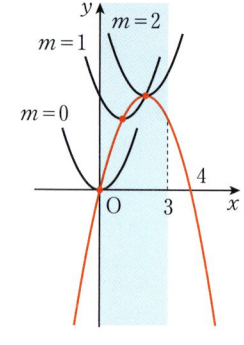

解答例

(1) $y = x^2 - 2mx + 4m = (x - m)^2 - m^2 + 4m$
　よって，この放物線の頂点は $(m, -m^2 + 4m)$
　頂点の座標を (x, y) とすると
$$x = m, \quad y = -m^2 + 4m$$
　m はすべての実数値をとるから，
　$m = x$ を $y = -m^2 + 4m$ に代入して，m を消去すると
$$y = -x^2 + 4x$$
　すなわち，頂点の軌跡は放物線 $y = -x^2 + 4x$ である。
　よって，軌跡の方程式は　$\boldsymbol{y = -x^2 + 4x}$ …答

(2) $0 \leq m \leq 3$ のとき $x = m$ であるから
$$0 \leq x \leq 3$$
　つまり，この場合，(1)で求めた放物線 x の変域が $0 \leq x \leq 3$ である。

　　答　$\boldsymbol{y = -x^2 + 4x \ (0 \leq x \leq 3)}$

消去する文字 m の条件を，残す文字 x, y の条件に変えるんですね。

上では，$x = m$, $y = -m^2 + 4m$ のように，変数 x, y が別の変数 m で表されている。この m のような変数を**パラメータ**という。また，m で表された x, y の式は，図形を表す x, y の方程式と同じであるから，これを**方程式のパラメータ表示**という。

類題 80-1 実数 a が $0 \leq a \leq 1$ の範囲で変化するとき，放物線 $y = x^2 - 2ax + 2a^2 - 2a$ の頂点の軌跡の方程式を求め，図示せよ。

類題 80-2 2直線 $y = tx$, $y = (t+1)x - t$ がある。t がすべての実数値をとって変化するとき，2直線の交点 P の軌跡を求めよ。

84　2章　図形と方程式

8 不等式と領域

❖ 不等式の表す領域

　方程式 $y=mx+b$ を満たす点 $P(x, y)$ の集合は，直線 $y=mx+b$ である。つまり，直線上の x 座標が x である点の y 座標は $mx+b$ になっている。

　不等式 $y>mx+b$ を満たす点 $Q(x, y)$ の集合とは，x 座標が x である点の y 座標が $mx+b$ より大，つまり直線 $y=mx+b$ 上の点 P の上方に不等式 $y>mx+b$ を満たす Q があるということを表している。x のどの値に対してもこの関係があるから，点 $Q(x, y)$ の集合を図示すると，直線 $y=mx+b$ の上側になる。このように，**平面上のある広がりをもった範囲**を**領域**という。

　同様に，不等式 $y<mx+b$ を満たす点 $R(x, y)$ の集合を図示すると，直線 $y=mx+b$ の下側の領域になる。

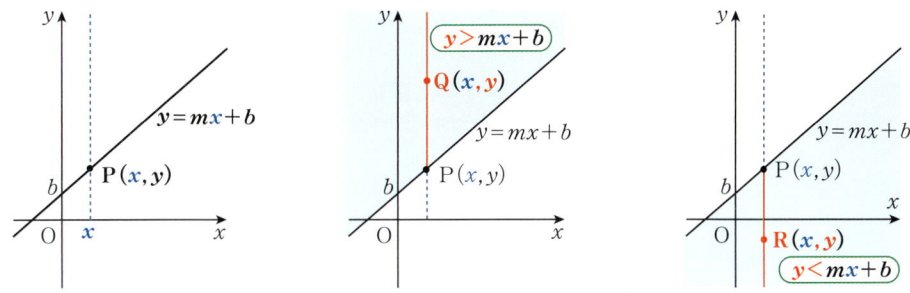

　一般に，不等式 $y>f(x)$ の表す領域は，曲線 $y=f(x)$ の上側である。
また，不等式 $y<f(x)$ の表す領域は，曲線 $y=f(x)$ の下側である。

❖ 円の内部と外部

　方程式 $x^2+y^2=r^2$ を満たす点 $P(x, y)$ の集合は，$OP=r$ だから原点 O を中心とする半径 r の円（円周）である。

　不等式 $x^2+y^2<r^2$ を満たす点 $Q(x, y)$ の集合は，O からの距離が円の半径 r より小さいということだから，円の内部にある。つまり，不等式 $x^2+y^2<r^2$ の表す領域は円 $x^2+y^2=r^2$ の内部である。同様に，不等式 $x^2+y^2>r^2$ の表す領域は円 $x^2+y^2=r^2$ の外部である。中心が $A(a, b)$ の場合も同様に考えることができる。

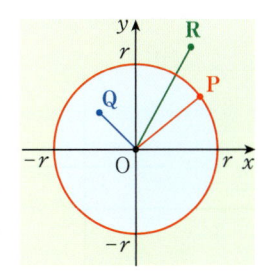

ポイント
$y>f(x)$ の表す領域は，曲線 $y=f(x)$ の**上側**
$y<f(x)$ の表す領域は，曲線 $y=f(x)$ の**下側**
$(x-a)^2+(y-b)^2<r^2$ の表す領域は，円 $(x-a)^2+(y-b)^2=r^2$ の**内部**
$(x-a)^2+(y-b)^2>r^2$ の表す領域は，円 $(x-a)^2+(y-b)^2=r^2$ の**外部**

基本例題 81 　直線を境界とする領域

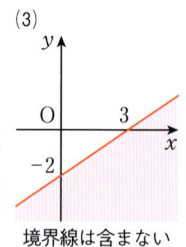

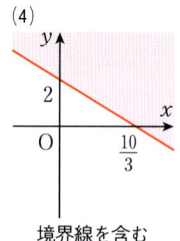

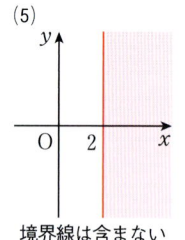

次の各不等式の表す領域を図示せよ。

(1) $y > x - 1$ 　　(2) $y \leqq -\dfrac{1}{2}x + 1$

(3) $2x - 3y - 6 > 0$ 　(4) $3x + 5y - 10 \geqq 0$ 　(5) $x > 2$

ねらい　x, y の1次不等式の表す領域を図示すること。

解法ルール

① 不等式 $y > f(x)$ の表す領域は，**曲線 $y = f(x)$ の上側**
　 不等式 $y < f(x)$ の表す領域は，**曲線 $y = f(x)$ の下側**

② ① で判断するために，まず
　　$y > f(x)$ または $y < f(x)$ の形に変形する。

③ $\geqq$ や $\leqq$ のときは，境界線も含む。

④ $x > a$ の表す領域は，直線 $x = a$ の上側，下側では判断できない。**不等号 $x > a$ を満たす点 (x, y) の集合が，直線 $x = a$ のどちら側であるか**を調べよう。((5)の場合)
　　$x > a$：$x = a$ の右側，$x < a$：$x = a$ の左側

← 境界線は不等号を等号におき換えた直線になる。一般に，境界の直線の上側，下側で判断できる。

← 境界線を含む，含まないの図示のしかたは決まったものでない。答案では，含むか含まないかを文章で明確にしておくこと。

解答例

(1) $y > x - 1$ の表す領域は，直線 $y = x - 1$ の上側。
　　境界の直線 $y = x - 1$ は含まない。

(2) $y \leqq -\dfrac{1}{2}x + 1$ の表す領域は，直線 $y = -\dfrac{1}{2}x + 1$ の下側。
　　境界の直線 $y = -\dfrac{1}{2}x + 1$ も含まれる。

(3) $2x - 3y - 6 > 0$ 　$-3y > -2x + 6$ 　よって 　$y < \dfrac{2}{3}x - 2$

(4) $3x + 5y - 10 \geqq 0$ 　$5y \geqq -3x + 10$ 　よって 　$y \geqq -\dfrac{3}{5}x + 2$

(5) x 座標が 2 より大きい点はすべて $x > 2$ を満たす。
　　$x > 2$ の表す領域は直線 $x = 2$ の右側。境界線は含まない。

← わかりにくい場合は原点 $(0, 0)$ を代入して調べてもよい。

たとえば，点 $(3, 3)$ は $3 > 2$ で不等式 $x > 2$ を満たす。だから点 $(3, 3)$ のある側という考え方もできる。

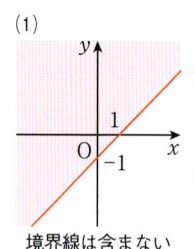

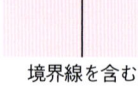

(1) 境界線は含まない
(2) 境界線を含む
(3) 境界線は含まない
(4) 境界線を含む
(5) 境界線は含まない

類題 81 　次の各不等式の表す領域を図示せよ。

(1) $y \geqq 2x - 3$ 　　(2) $y < -\dfrac{1}{4}x + 3$ 　　(3) $y \geqq 1$

(4) $x - 2y + 4 > 0$ 　　(5) $3x + 2y - 6 \leqq 0$ 　　(6) $x \leqq -1$

基本例題 82 x, y の2次不等式の表す曲線を境界とする領域

次の各不等式の表す領域を図示せよ。
(1) $x^2+y^2<25$
(2) $(x-1)^2+(y+1)^2 \geqq 2$
(3) $x^2+y^2-8x-6y+16 \leqq 0$
(4) $xy>4$

ねらい x, y の2次不等式の表す領域を図示すること。円の内部か外部かは不等号の向きで判断できる。

解法ルール
1 円で分けられる領域
$(x-a)^2+(y-b)^2 < r^2$ の表す領域は，**円の内部**
$(x-a)^2+(y-b)^2 > r^2$ の表す領域は，**円の外部**

2 不等式 $xy>4$ の表す領域。境界は双曲線 $y=\dfrac{4}{x}$
$x>0, x<0$ のときに分けて考える。

解答例
(1) $x^2+y^2<25$ の表す領域は，円 $x^2+y^2=25$ の内部。境界線は含まない。

(2) $(x-1)^2+(y+1)^2 \geqq 2$ の表す領域は，
円 $(x-1)^2+(y+1)^2=2$ の外部。境界線は含まれる。

(3) $x^2+y^2-8x-6y+16 \leqq 0$ より $(x-4)^2+(y-3)^2 \leqq 9$
$(x-4)^2+(y-3)^2 \leqq 9$ の表す領域は
円 $(x-4)^2+(y-3)^2=9$ の内部。境界線は含まれる。

(4) $xy>4$ の表す領域は
$x>0$ のとき $y>\dfrac{4}{x}$ で，双曲線 $y=\dfrac{4}{x}$ の上側
$x<0$ のとき $y<\dfrac{4}{x}$ で，双曲線 $y=\dfrac{4}{x}$ の下側
境界線は含まない。

x の正負で不等号の向きが変わる

← 原点 $(0, 0)$ を代入すると，$0<25$ で不等式が成り立つ。だから，原点のある部分が求める領域である。

● (3)のような形の式を $f(x, y) \leqq 0$ と表す。

← $(0, 0)$ を代入すると $0>4$ で，不等式が成り立たない。求める領域は原点のない側である。
$y>f(x)$ や $y<f(x)$ は曲線の上か下かで判断すればよい。

(1) 境界線は含まない
(2) 境界線を含む
(3) 境界線を含む
(4) 境界線は含まない

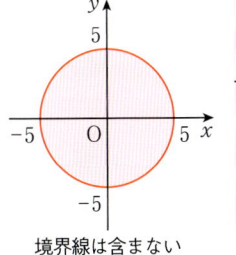

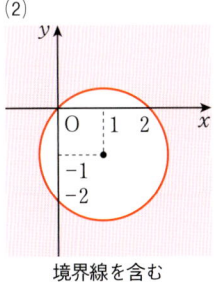

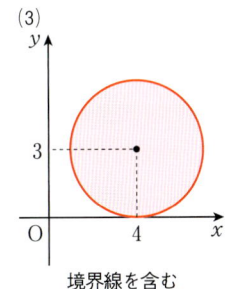

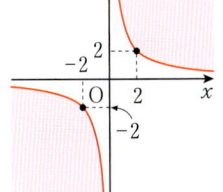

境界線を含むか含まないかをはっきり示しておくこと

類題 82 次の各不等式の表す領域を図示せよ。
(1) $(x-2)^2+(y-1)^2<5$
(2) $x^2+y^2+2x>0$
(3) $x^2+y^2-2x-4y+1 \leqq 0$
(4) $y<\dfrac{9}{x}$

基本例題 83 　放物線を境界とする領域

次の各不等式の表す領域を図示せよ。
(1) $y > x^2 - 1$　　　(2) $y \leqq -(x-1)^2 + 2$

ねらい 放物線を境界線とする不等式の表す領域を図示すること。

解法ルール 放物線で分けられる領域

$y > ax^2 + bx + c$ の表す領域は，**放物線の上側。**

$y < ax^2 + bx + c$ の表す領域は，**放物線の下側。**

← 境界線が放物線の場合も上側・下側と考える。

解答例
(1) $y > x^2 - 1$ の表す領域は
放物線 $y = x^2 - 1$ の上側。
境界線は含まない。

(2) $y \leqq -(x-1)^2 + 2$ の表す領域は
放物線 $y = -(x-1)^2 + 2$ の下側。
境界線を含む。

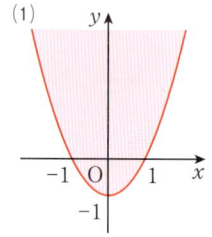

境界線は含まない　　境界線を含む

類題 83 　次の各不等式の表す領域を図示せよ。
(1) $y > (x-1)^2 - 2$　　　(2) $y \leqq x^2 + 4x + 3$

基本例題 84 　連立不等式の表す領域

次の連立不等式の表す領域を図示せよ。
$\begin{cases} 2x + y - 1 \leqq 0 & \cdots\cdots ① \\ x^2 - 2x + y^2 \leqq 0 & \cdots\cdots ② \end{cases}$

テストに出るぞ！

ねらい 連立不等式の表す領域を求めること。

解法ルール
1. 連立不等式が成り立つ ⟺ 各不等式が同時に成り立つ
2. **連立不等式の表す領域**は，**各不等式の表す領域の共通部分**である。

解答例　①は $y \leqq -2x + 1$ で，不等式の表す領域は直線の下側。境界線を含む。

②は $(x-1)^2 + y^2 \leqq 1$ で，不等式の表す領域は円の内部。境界線を含む。

求める連立不等式の表す領域は，これらの領域の共通部分で，右の図のようになる。境界線も含まれる。

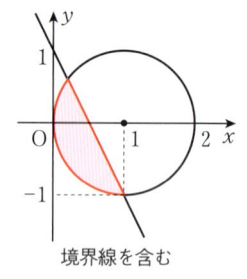

境界線を含む

← ①，②の不等式の表す領域を重ねると，下の図のようになる。

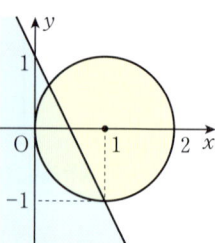

類題 84-1 　次の4つの不等式を同時に満たす領域を図示せよ。
$x + 2y - 6 < 0$, $5x + 4y - 20 \leqq 0$, $x \geqq 0$, $y \geqq 0$

類題 84-2 　連立不等式 $\begin{cases} x^2 + y^2 \leqq 4 \\ x + y \geqq 0 \end{cases}$ の表す領域を図示せよ。

応用例題 85　不等式 $AB>0$ の表す領域

不等式 $(x+y)(2x-y-3)>0$ の表す領域を図示せよ。

解法ルール　$AB>0 \iff A>0$ かつ $B>0$ または $A<0$ かつ $B<0$
　　　　　　　　　　　　　　　　　　　　領域の和集合

解答例　与えられた不等式から

$$\begin{cases} x+y>0 \\ 2x-y-3>0 \end{cases} \cdots\cdots ①$$

または

$$\begin{cases} x+y<0 \\ 2x-y-3<0 \end{cases} \cdots\cdots ②$$

求める領域は，①，②の連立不等式の表す領域の和集合になる。

答　右端の図

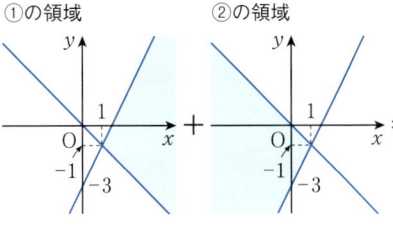

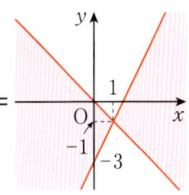

境界線は含まない

類題 85　次の不等式の表す領域を図示せよ。
(1) $(x-y)(x^2+y^2-16)<0$
(2) $|x-y| \leqq 2$

応用例題 86　命題の真偽の判定

$x^2+y^2 \leqq 1$ ならば $x+y<2$ であることを示せ。

解法ルール
1 命題 $p \Longrightarrow q$ が真であることを示すには，

　　p から q が導かれる

ことを示す。または，

　　$P \subset Q$　（P，Q は条件 p，q を満たす集合）

を示す。

2 不等式 $x^2+y^2 \leqq 1$ の表す領域 $=\{(x, y)|x^2+y^2 \leqq 1\}$

$\{(x, y)|x^2+y^2 \leqq 1\} \subset \{(x, y)|x+y<2\}$ を示す。

← 領域は座標平面上の点の集合。数の集合を $\{x|x\text{ の条件}\}$ と書くのと同じように，座標平面上の点の集合を $\{(x, y)|x, y\text{ の条件}\}$ で表す。

解答例　不等式 $x^2+y^2 \leqq 1$ の表す領域を A，
不等式 $x+y<2$ の表す領域を B
として A，B を図示すると，右の図のようになって，$A \subset B$ が成り立つ。
よって
　　$x^2+y^2 \leqq 1$ ならば $x+y<2$ である。　終

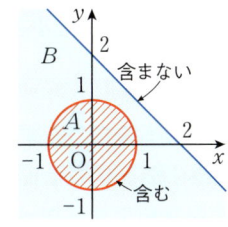

類題 86　$x^2+(y-1)^2<1$ ならば $x^2+y^2<4$ であることを示せ。

3　軌跡と領域

領域における最大・最小

ここでは，条件式が不等式で与えられたとき，x, y の式 $f(x, y)$ の最大値・最小値を，領域を使って求める方法を学ぼう。

❶ まず「x, y が $y=2x-1$, $0 \leqq x \leqq 3$ の関係を満たすとき，$x+y$ の最大・最小を調べる」ことからはじめよう。

条件式の1つは等式 $y=2x-1$ だから，これを代入して **1変数の関数**にできる。
$$x+y = x+(2x-1) = 3x-1$$
1次関数で x の係数が正だから，$0 \leqq x \leqq 3$ の，$x=0$ で最小，$x=3$ で最大となる。
つまり，$x=0$, $y=-1$ のとき最小値 -1, $x=3$, $y=5$ のとき最大値 8 となる。

❷ これを点 (x, y) の満たす条件とみて，**座標平面上で考えてみよう**。$y=2x-1$, $0 \leqq x \leqq 3$ は座標平面上の線分を表している。$x+y$ のままでは座標平面上に表しようがない。**$x+y$ の値が k になる**として，$x+y=k$ とおくと，**直線 $y=-x+k$** となる。

- 直線 $y=-x+k$ は **k の値によって平行移動**する。
- 線分上の点，たとえば $(3, 5)$ を通るとき，$k=3+5=8$ で，直線 $y=-x+k$ の y 切片が 8 となる。

このことから，**線分と共有点をもたせながら直線 $y=-x+k$ を移動**させ，y 切片の位置を見ると，**$x+y$ の最大値，最小値**が求められる。

❸ 次に，「x, y が不等式 $y \leqq 2x-1$, $y \geqq x-1$, $y \leqq 5$ を満たすとき，$x+y$ の最大・最小を調べる」ことを考えよう。
3つの不等式を同時に満たす領域は，右の図の D のようになる。
❷と同じように $x+y=k$ とおくと，**直線 $y=-x+k$** が考えられ，領域 D 内の点 (x, y) を通るとき，$k=x+y$ より k の値は**直線 $y=-x+k$ の y 切片 k** として表される。
したがって，**$x+y$ の最大値，最小値**は，**直線 $y=-x+k$ を領域 D と共有点をもたせながら移動**させ，**y 切片 k の値に着目**することによって調べられる。

点 $(6, 5)$ を通るとき，$x+y$ は最大となり，最大値は 11
点 $(0, -1)$ を通るとき，$x+y$ は最小となり，最小値は -1 である。

ポイント ［領域における最大・最小の調べ方］
① まず，条件の不等式の表す領域 D を図示する。
② 最大値・最小値を求める式 $=k$ とおく。
③ D と共有点をもたせながら②の直線を移動させ，k の範囲を調べる。

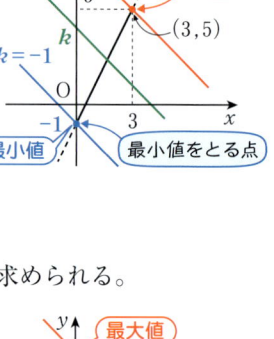

覚え得

90 2章 図形と方程式

基本例題 87　　　　　　　　　　　　　領域における最大・最小

連立不等式 $x≧0$, $y≧0$, $3x+2y≦12$, $x+2y≦8$ の表す領域を D とする。次の問いに答えよ。

(1) 領域 D を図示せよ。
(2) $(x, y)∈D$ のとき，$x+y$ の最大値を求めよ。
(3) $(x, y)∈D$ のとき，$2x-5y$ の最大値を求めよ。

ねらい
領域における最大値・最小値を求めること。領域が多角形の場合，最大・最小は多角形の頂点でとる。

解法ルール
1. 領域 D を図示する⇔連立不等式の表す領域
2. **最大値，最小値を求める式＝k とおく。**
   (2)では $x+y=k$, (3)では $2x-5y=k$
3. 2 の式を直線とみて，D と共有点をもたせながら移動させ，y 切片に着目して，k の範囲を求める。

解答例
(1) $x≧0$, $y≧0$ より，第 1 象限および座標軸上。

$3x+2y≦12$ より　　$y≦-\dfrac{3}{2}x+6$

$x+2y≦8$ より　　$y≦-\dfrac{1}{2}x+4$

よって，2 直線 $y=-\dfrac{3}{2}x+6$, $y=-\dfrac{1}{2}x+4$ の下側で，
領域 D は右の図のようになる。境界線を含む。 …答

境界線を含む

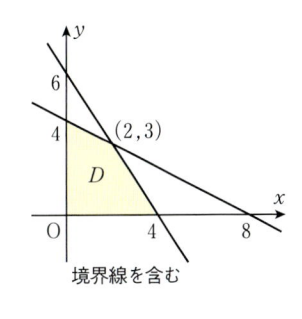

(2) $x+y=k$ とおくと　$y=-x+k$
　　直線 $y=-x+k$ は，k が増加すると上方へ平行移動し，D との共有点 $(2, 3)$ を通るとき k は最大となる。
　　$k=2+3=5$
　　より，$x+y$ の最大値は　**5**　…答

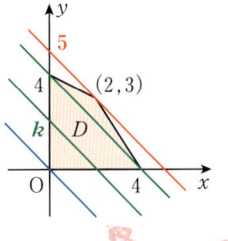

$x+y$ の最小値は原点を通るときで 0 である。

(3) $2x-5y=k$ とおくと　$y=\dfrac{2}{5}x-\dfrac{k}{5}$
　　直線 $y=\dfrac{2}{5}x-\dfrac{k}{5}$ は，k が増加すると下方に平行移動し，D との共有点 $(4, 0)$ を通るとき k は最大となる。
　　$k=2×4-5×0=8$
　　より，$2x-5y$ の最大値は　**8**　…答

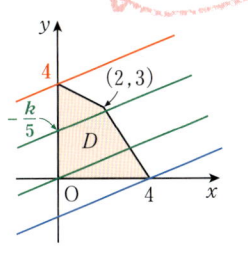

y 切片は $-\dfrac{k}{5}$
y 切片が最大になるのは $(0, 4)$ を通るときで，$k=-20$ となり，これは最小値。

類題 87　x, y が不等式 $x≧0$, $y≧0$, $2x+y≦12$, $x+2y≦12$ を満たすとき，$3x+4y$ の最大値，最小値を求めよ。また，そのときの x, y の値を求めよ。

3 軌跡と領域

応用例題 88 　領域における最大・最小の利用

2種類の薬品 P, Q がある。これら 1g 当たりの A 成分の含有量, B 成分の含有量, 価格は右の表の通りである。

	A成分(mg)	B成分(mg)	価格(円)
P	2	1	5
Q	1	3	6

いま，A 成分を 10 mg 以上，B 成分を 15 mg 以上とる必要があるとき，その費用を最小にするためには，P, Q をそれぞれ何 g とればよいか。

ねらい 領域における最大・最小の考えは日常生活でも使われている。具体的な応用問題を解くこと。

解法ルール

1. P薬品だけで A 成分を 10 mg 以上とるには 5 g 以上とればよいが，これでは B 成分は 5 mg 以上しかとれない。Q薬品も合わせて使用するとどうなるか。

2. P薬品を x g, Q薬品を y g 使用するとして，A成分，B成分の必要量を不等式に表し，このときの費用を最小とする x, y を求める。

問題の意味をどうとらえるかがポイントよ！

解答例

P薬品を x g, Q薬品を y g とるとする。

$$x \geq 0,\ y \geq 0 \quad \cdots\cdots ①$$

このとき，A 成分は $(2x+y)$ mg, B 成分は $(x+3y)$ mg となる。必要量から

$$2x+y \geq 10 \quad \cdots\cdots ② \qquad x+3y \geq 15 \quad \cdots\cdots ③$$

また，このときの費用は $(5x+6y)$ 円となる。したがって，不等式①〜③の表す領域 D において，$k=5x+6y$ を最小とする x, y を求めることになる。領域 D は右の図のようになる。境界線を含む。

$k=5x+6y$ より $\quad y = -\dfrac{5}{6}x + \dfrac{k}{6}$

この直線は，k が減少すると下方に平行移動し，図の点 $(3, 4)$ を通るとき，k は最小になる。よって，求める x, y は $\quad x=3,\ y=4$

答 P薬品 3 g, Q薬品 4 g

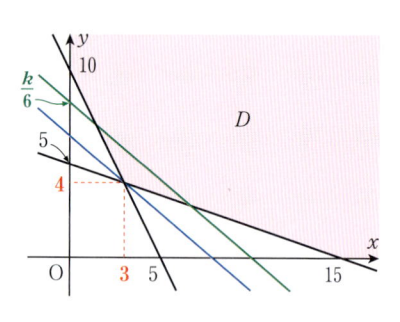

類題 88 薬品 A は 1 g 中に成分 α, β をそれぞれ 5 mg, 2 mg 含んでいる。薬品 B は 1 g 中に成分 α, β をどちらも 3 mg ずつ含んでいる。少なくとも α を 45 mg, β を 36 mg 服用するには，A, B をそれぞれ何 g 服用すると費用が最小となるか。ただし，A は 1 g につき 20 円，B は 1 g につき 15 円とする。

定期テスト予想問題　解答→p.24~26

1 2点 $(-1, 2)$, $(3, 4)$ から等距離にある x 軸上の点の座標を求めよ。

2 2点 $A(3, -4)$, $B(-2, 5)$ を結ぶ線分 AB を $2:1$ に内分する点を P, $2:1$ に外分する点を Q とするとき, P, Q の座標を求めよ。

3 $O(0, 0)$, $A(1, 2)$ を頂点とする $\triangle OAB$ の重心の座標が $(2, 0)$ のとき, 頂点 B の座標と $\triangle OAB$ の面積を求めよ。

4 3点 $O(0, 0)$, $A(3, 7)$, $B(1, 1)$ を頂点とする三角形の面積を 2 等分し, かつ原点 O を通る直線の方程式を求めよ。

5 直線 $5x+3y=10$ を x 軸方向に -2, y 軸方向に 3 平行移動してできる直線の方程式は ☐ である。

6 平面上に 3 点 $O(0, 0)$, $A(1, 3)$, $B(-2, 2)$ がある。
(1) 線分 AB の垂直二等分線の方程式を求めよ。
(2) 3 点 O, A, B を通る円の中心の座標と半径を求めよ。

7 座標平面上に 2 点 $A(1, 1)$, $B(-3, k)$ がある。線分 AB を直径とする円が x 軸に接するとき, この円の方程式を求めよ。

8 円 $x^2-2x+y^2+6y=0$ に接し, 点 $(3, 1)$ を通る直線の方程式を求めよ。

9 直線 $y=x+2$ が円 $x^2+y^2=10$ によって切りとられる線分の中点の座標は ☐, 線分の長さは ☐ である。

10 2円 $x^2+y^2-2x-4y-4=0$, $x^2+y^2-2y+1-a=0$ が接するような a の値を求めよ。$(a>0)$

HINT

1 求める点を $(a, 0)$ として, 距離の公式を利用。

2 分点の公式の適用だけ。

3 重心の座標($p.60$) 三角形の面積($p.69$)

4 O の対辺 AB の中点を通るとき。

5 直線は傾きと通る 1 点で決まる。

6 (1) 直線 AB に垂直な直線の傾きは？
(2) 外接円の中心は各辺の垂直二等分線の交点。

7 中心は AB の中点。x 軸に接するから, 半径 $=|$中心の y 座標$|$

8 円の中心から接線までの距離は半径に等しいことを利用。

9 円の中心から弦に下ろした垂線は, 弦を垂直に 2 等分する。

10 2 円が接する場合の条件は？

⑪ 円 $x^2+y^2+2x+4y-20=0$ と直線 $x+y+4=0$ の交点および原点を通る円の方程式を求めよ。

⑫ 座標平面において，x 軸と直線 $y=x$ に接する円の中心の軌跡を求めよ。

⑬ 点 P と円 $x^2+(y-2)^2=1$ 上の点 Q を結ぶ線分 PQ の最短距離が，点 P と x 軸との距離に等しくなるような点 P の軌跡は $y=\boxed{}x^2+\boxed{}$ である。

⑭ 点 (x, y) が 2 点 A(1, 2)，B(3, 4) を両端とする線分 AB 上を動くとき，$y-3x$ のとりうる値の範囲を求めよ。

⑮ 点 (x, y) が不等式 $y \leqq 2x$, $2y \geqq x$, $x+y \leqq 3$ で表される領域 D 内を動く。
(1) 領域 D を図示せよ。
(2) $2x+y=k$ とするとき，k のとりうる値の範囲を求めよ。

⑯ 点 (x, y) が 3 つの不等式 $(x-4)^2+(y-4)^2 \leqq 16$, $2x+y \leqq 8$, $2x+3y \leqq 12$ で表される領域 D 内を動くとき，$x+y$ のとる値の最大値，最小値を求めよ。

⑰ 座標平面上で不等式 $x^2+y^2-2x-4y+1<0$ の表す領域を図示せよ。また，この領域が不等式 $x^2+y^2<a$ の表す領域に含まれるような a の値の範囲を求めよ。

⑱ ある実験動物を飼育するのに人工飼料 X，Y を使用するものとする。この動物は毎日 3 つの栄養素 A，B，C をそれぞれ最低 4 単位，6 単位，9 単位摂取する必要があるという。人工飼料 X，Y それぞれ 1g 中に含まれる栄養素 A，B，C の単位数と X，Y の単価（1g 当たり）は表の通りである。

	X	Y
A	1	1
B	1	3
C	6	1
単価	3円	2円

このとき，A，B および C の必要量を最低の費用で摂取するには，X，Y を 1 日当たり何 g 与えるとよいか。

---

⑪ 円と直線の交点を通る円は
$x^2+y^2+2x+4y-20+k(x+y+4)=0$
で，これが原点を通るように k を定める。

⑫ 円の中心から 2 直線まで等距離。

⑬ 点と円との最短距離は，点と中心を結ぶ直線上で考える。

⑭ 直線 $y-3x=k$ が線分 AB と共有点をもつ k の値の範囲。

⑮ 領域における最大・最小の利用。

⑯ $x+y=k$ とおく。境界が円弧の部分に注意。

⑰ $x^2+y^2<a$ の表す領域は，原点を中心とする半径 $\sqrt{a}$ の円の内部。

⑱ 領域における最大・最小の利用。

3章
三角関数

1節 三角関数

1 一般角

sin 30° の値はいくらだったかな。cos 120° や tan 45° の値は？ 忘れたとはいわせないよ。2年生では，なんと sin 210° や cos(−60°)，tan 390° などの値を考えるんだ。ボヤボヤしてちゃいけないよ。まず，無数の角を1つの式で表すことを考えよう。

● 一般角ってどんな角？

まず，最初に半直線 OX に線分 OP を重ねてっと。さて，線分 OP を回転させて，図1のようになったとき，∠XOP は何度かな。

$\dfrac{1}{3}$ 回転だから $360° \times \dfrac{1}{3}$ で 120° です。

← 左の図において，OP を**動径**，OX（動径 OP の最初の位置）を**始線**という。また，次の用語も覚えておこう。
正の向き…左まわり（反時計まわり）
負の向き…右まわり（時計まわり）

私にまかせて。左まわり（正の向き）に $\dfrac{4}{3}$ 回転したと考えたら

$360° \times \dfrac{4}{3} = 480°$ （⇨図2）

右まわり（負の向き）に $\dfrac{2}{3}$ 回転したと考えたら

$360° \times \left(-\dfrac{2}{3}\right) = -240°$ （⇨図3）

きりがないから，整数 n を使って

120° + 360° × n

といえばいいんじゃない。

正の角…正の向きに測った角
負の角…負の向きに測った角

← ∠XOP の大きさは，無数に考えられる。動径 OP の位置がきまっても，∠XOP の大きさは1通りにはきまらない。

よくできましたね。要するに，動径 OP の位置がわかっても，∠XOP の大きさは1つに定まらないんです。このとき，それらの角を動径 OP の表す**一般角**といいます。

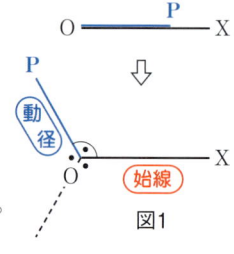

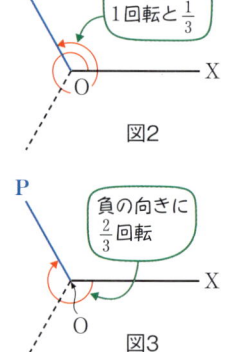

ポイント [一般角と動径の位置]

$α° + 360° \times n$（n は整数）は同じ位置の動径 OP を表す角。

└─ n 回転するともとの位置

覚え得

基本例題 89 　一般角を図にかく

次の大きさの角を表す動径 OP の位置を図示せよ。
(1) $1160°$　　(2) $-480°$　　(3) $150°+360°×n$（n は整数）

ねらい
∠XOP の大きさがわかると，動径 OP の位置は定まる。回転数と回転の向きに注意して作図できるかどうかを確かめる。

解法ルール $a°+360°×n$（n は整数）の形になおす。
(1) $1160°=80°+360°×3$ より，3 回転と 80°
(2) $-480°=-120°+360°×(-1)$ より，
　　負の向きに 1 回転，さらに負の向きに 120°
(3) $150°+360°×n$ より，n 回転とさらに 150°

1160 を 360 で割り，商 3 と余り 80 を出す。

← (2)は，$-480°=240°+360°×(-2)$ と考えると，次のようになる。

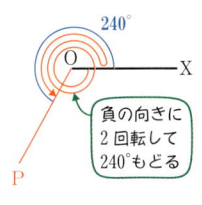

解答例 下の図の赤線

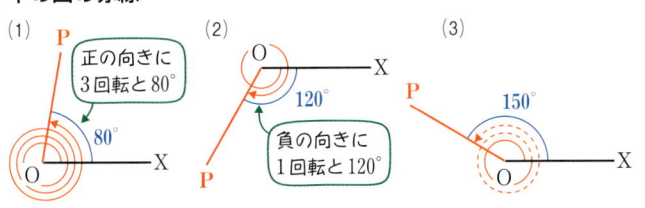

(1) 正の向きに 3 回転と 80°
(2) 負の向きに 1 回転と 120°
(3) 150°

負の向きに 2 回転して 240° もどる

類題 89 次の大きさの角を表す動径 OP の位置を図示せよ。
(1) $-640°$　　(2) $200°+360°×n$（n は整数）

基本例題 90 　一般角を読みとる

次の動径 OP の表す一般角を $a°+360°×n$（n は整数）の形で表せ。
(1) 220°
(2) （図）
(3) （図） テストに出るぞ！

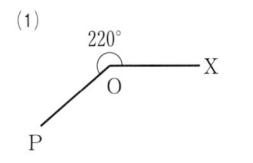

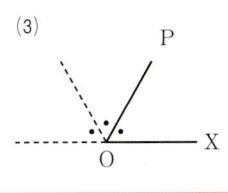

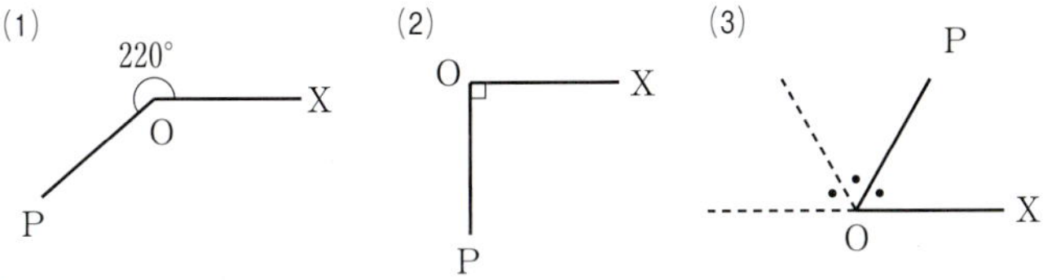

ねらい
与えられた図から ∠XOP の一般角が読みとれるか。すなわち $a°+360°×n$（↓整数）の形を導くことができるか。

解法ルール まず，始線 OX の位置から正・負いずれの向きにでも n 回転させると，もとの OX の位置にもどる。
それから，さらに何度まわしたものかを考える。そのためには，まず動径 OP の表す**最小の正の角**を求める。

← (1) $220°+360°×n$
$=(220°-360°)+360°×(n+1)$
$=-140°+360°×(n+1)$
$=-140°+360°×n'$

解答例 (1) $220°+360°×n$（または $-140°+360°×n$） …答
(2) $270°+360°×n$（または $-90°+360°×n$） …答
(3) $60°+360°×n$ …答

類題 90 次の動径 OP の表す一般角を $a°+360°×n$（$a>0$，n は整数）の形で表せ。
(1) 220°　　(2) （図）　　(3) 40°

1 三角関数　97

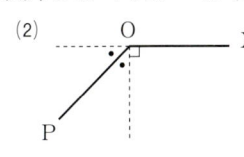

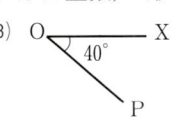

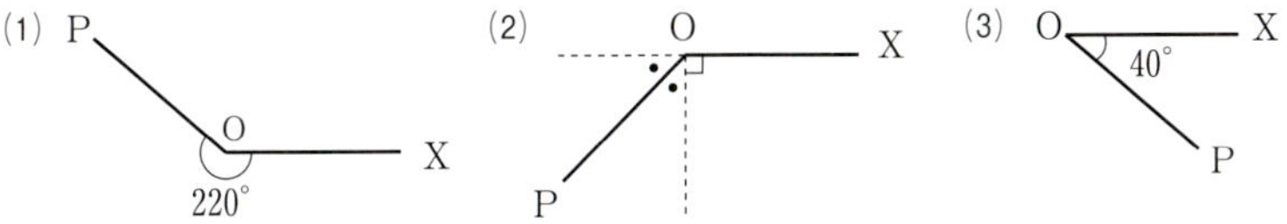

2 弧度法

度(°)を単位とし，1周を360°とする角の表し方を，**度数法**といったね。ここでは新しい角の表し方を考えよう。

右の図のように，半径5cmと10cmの円をかき，それぞれの円周上に長さが5cmと10cmの糸をのせてみる。すると，5cmと10cmの弧に対する中心角は，同じになるかな，それとも異なるかな。

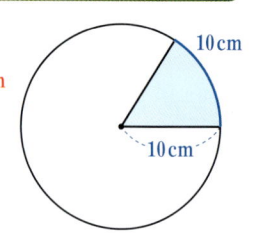

ボクに答えさせてください。
中心角は弧の長さに比例するのだから，それぞれの中心角は，$360° \times \dfrac{5}{2\pi \times 5} = \dfrac{180°}{\pi}$，$360° \times \dfrac{10}{2\pi \times 10} = \dfrac{180°}{\pi}$ となって同じです。

中心角 $= 360° \times \dfrac{\text{弧の長さ}}{\text{円周}}$

そんな計算をしなくても，2つのおうぎ形は相似なんだから，中心角が同じになることはわかるわ。

そうだね。新しい方法とは，**弧の長さと半径との比**で角の大きさを表すことなんだ。こうすると，角は半径に関係なく，しかも実数で表せる。こういう角の表し方を**弧度法**といっている。単位は**ラジアン**または**弧度**で，さっき求めた $\dfrac{180°}{\pi}$ が **1ラジアン**にあたる。

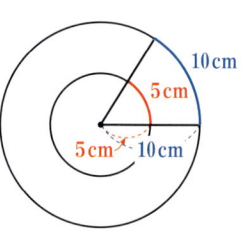

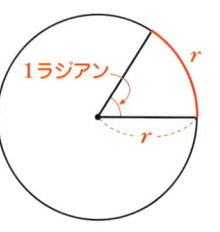

じゃあ，半径が r の円で弧の長さが r のとき1ラジアンだから，ぐるっと1周した $2\pi r$ のときの角 x は，比例式 $r : 1 = 2\pi r : x$ より $x = \dfrac{2\pi r}{r} = 2\pi$（ラジアン）なんですね。

← 中心角（ラジアン）$= \dfrac{\text{弧の長さ}}{\text{半径}}$

ポイント [弧度の定義]
半径 r の円弧の長さが l のときの中心角を θ とすると
$$\dfrac{l}{r} = \theta (\text{ラジアン})$$

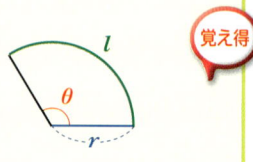

覚え得

基本例題 91 弧度法と度数法

ねらい 弧度法と度数法の変換をすること。

次の角を，弧度は度数に，度数は弧度になおせ。

(1) $\dfrac{\pi}{3}$ (2) $\dfrac{5}{4}\pi$ (3) $150°$ (4) $70°$

解法ルール 弧度を度数になおすには，$\dfrac{180°}{\pi}$ を掛ける。 ←$180°=\pi$ ラジアン

度数を弧度になおすには，$\dfrac{\pi}{180°}$ を掛ける。

解答例
(1) $\dfrac{\pi}{3}=\dfrac{\pi}{3}\times\dfrac{180°}{\pi}=60°$ …答

(2) $\dfrac{5}{4}\pi=\dfrac{5}{4}\pi\times\dfrac{180°}{\pi}=225°$ …答

(3) $150°=150°\times\dfrac{\pi}{180°}=\dfrac{5}{6}\pi$ …答

(4) $70°=70°\times\dfrac{\pi}{180°}=\dfrac{7}{18}\pi$ …答

類題 91 次の角を，弧度は度数に，度数は弧度になおせ。

(1) $\dfrac{1}{2}\pi$ (2) $\dfrac{11}{6}\pi$ (3) $30°$ (4) $135°$

Tea Time

● 弧度法なんていらない？

　角の大きさを表すには，度数法と弧度法の2通りあるが，度数法だけで十分だと思っている人もいるだろう。確かに，実用的には度数法だけで十分である。

　しかし，度数法は1度が60分，1分が60秒というように60進法になっている。そのうえ単位がついている。われわれが使っているふつうの数は10進法だから，度数法で角の大きさを表すと，三角関数を考えるうえでたいへん困ったことが起こる。

　たとえば，$f(x)=x+\sin x$ において，$x=30°$ とすると $f(30°)=30°+0.5$ となり，**60進法で表した数と10進法で表した数とを足すことになる**。また，$g(x)=\sin(\cos x)$ というような合成関数においては，$x=60°$ とすると $g(60°)=\sin 0.5$ となり，**意味をもたなくなる**。

　そこで，この $f(x)$ や $g(x)$ が意味をもつような角の大きさの表し方として，**弧度法**が考えられた。弧度法は，角の大きさを長さの比 $\dfrac{\text{弧の長さ}}{\text{半径の長さ}}$ で表したものだから，単位はない。したがって，さきほどの $f(x)$ や $g(x)$ も扱うことができる。ただ，たとえば3だけでは角を表しているのかどうかわからないので，角を表しているということをはっきりさせたいときには，3ラジアンというように単位をつけておく。

　弧度法で角を表すと，三角関数の微分・積分も考えることができるので，**数学的には弧度法のほうがずっと便利**である。

● おうぎ形の弧の長さと面積

半径 r，中心角 θ（ラジアン）のおうぎ形の弧の長さ l と面積 S を求めてみよう。

弧の長さは

定義 $\dfrac{l}{r} = \theta$ より

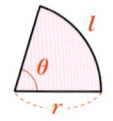

$l = r\theta$

面積は

$S = \dfrac{lr}{2}$

$= \dfrac{r^2 \theta}{2}$

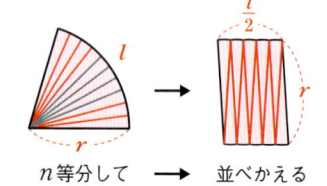

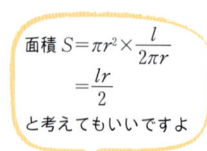

面積 $S = \pi r^2 \times \dfrac{l}{2\pi r}$
$= \dfrac{lr}{2}$
と考えてもいいですよ

n 等分して → 並べかえる

ポイント ［おうぎ形の弧の長さと面積］

半径 r，中心角 θ のおうぎ形において

弧の長さ　　$l = r\theta$

面　積　　$S = \dfrac{r^2 \theta}{2} = \dfrac{lr}{2}$

覚え得

基本例題 92　　おうぎ形の弧と面積

次のおうぎ形の弧の長さ l と面積 S を求めよ。

(1) 半径 2，中心角 $\dfrac{\pi}{3}$　　　(2) 半径 r，中心角 $135°$

ねらい
おうぎ形の弧の長さ
と面積を求める。

解法ルール　1　中心角を弧度（ラジアン）で表す。

2　弧の長さは　$l = r\theta$，面積は　$S = \dfrac{r^2 \theta}{2}$

解答例　(1)　$l = 2 \cdot \dfrac{\pi}{3} = \dfrac{2}{3}\pi$　…答　　$S = \dfrac{2^2}{2} \cdot \dfrac{\pi}{3} = \dfrac{2}{3}\pi$　…答

(2)　$135° = \dfrac{3}{4}\pi$ ラジアン

$l = r \cdot \dfrac{3}{4}\pi = \dfrac{3\pi r}{4}$　…答　　$S = \dfrac{r^2}{2} \cdot \dfrac{3}{4}\pi = \dfrac{3\pi r^2}{8}$　…答

(別解)

$S = \dfrac{lr}{2}$ を使う。

(1) $S = \dfrac{1}{2} \cdot \dfrac{2}{3}\pi \cdot 2$
$= \dfrac{2}{3}\pi$

(2) $S = \dfrac{1}{2} \cdot \dfrac{3\pi r}{4} \cdot r$
$= \dfrac{3\pi r^2}{8}$

類題 92　次のおうぎ形の弧の長さ l と面積 S を求めよ。

(1) 半径 r，中心角 $\dfrac{2}{3}\pi$　　　(2) 半径 3，中心角 $\dfrac{\pi}{2}$

3 三角関数

座標平面において，Ox を始線，動径 OP の表す一般角を θ，OP の長さを r，点 P の座標を (x, y) とすると，r，x，y の

比の値 $\dfrac{y}{r}$，$\dfrac{x}{r}$，$\dfrac{y}{x}$ $(x \neq 0)$

は r の長さに関係なく，角 θ だけで定まるので，次のようにきめる。

$$\sin\theta = \dfrac{y}{r}, \quad \cos\theta = \dfrac{x}{r}, \quad \tan\theta = \dfrac{y}{x}$$

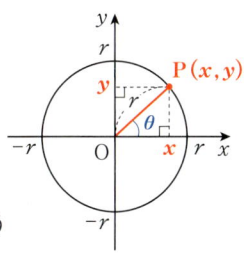

次に，原点を中心とする単位円 $x^2 + y^2 = 1$ 上に点 $P(x, y)$ をとり，$A(1, 0)$ で x 軸に立てた垂線と OP との交点を $T(1, m)$ とすると

$$\sin\theta = \dfrac{y}{1} = y, \quad \cos\theta = \dfrac{x}{1} = x$$

$$\tan\theta = \dfrac{y}{x} = \dfrac{m}{1} = m \quad (OT \text{ の傾き})$$

つまり，$\sin\theta = y$，$\cos\theta = x$，$\tan\theta = m$ となる。
これから，次のことがわかる。

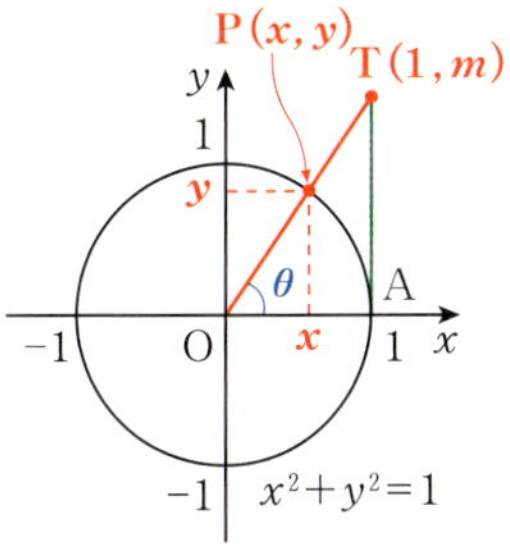

← 半径 1 の円を**単位円**という。また，θ が第 2 象限の角のときは，次のようになる。

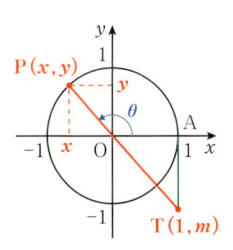

ポイント [三角関数の定義]　覚え得

単位円において，点 P の座標を (x, y) とすると
$$\sin\theta = y \quad \cos\theta = x \quad \tan\theta = m \text{（傾き）}$$

これも知っ得 三角関数の値の符号

三角関数の値の符号は，次のようになる。

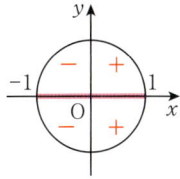

$\sin\theta$ は y 座標の符号　　$\cos\theta$ は x 座標の符号　　$\tan\theta$ は傾きの符号

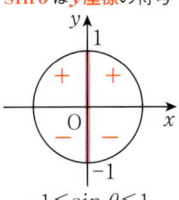

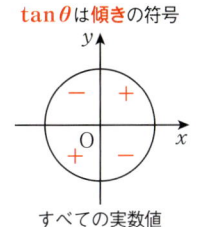

$-1 \leqq \sin\theta \leqq 1$　　$-1 \leqq \cos\theta \leqq 1$　　すべての実数値

● 特別な角の三角関数

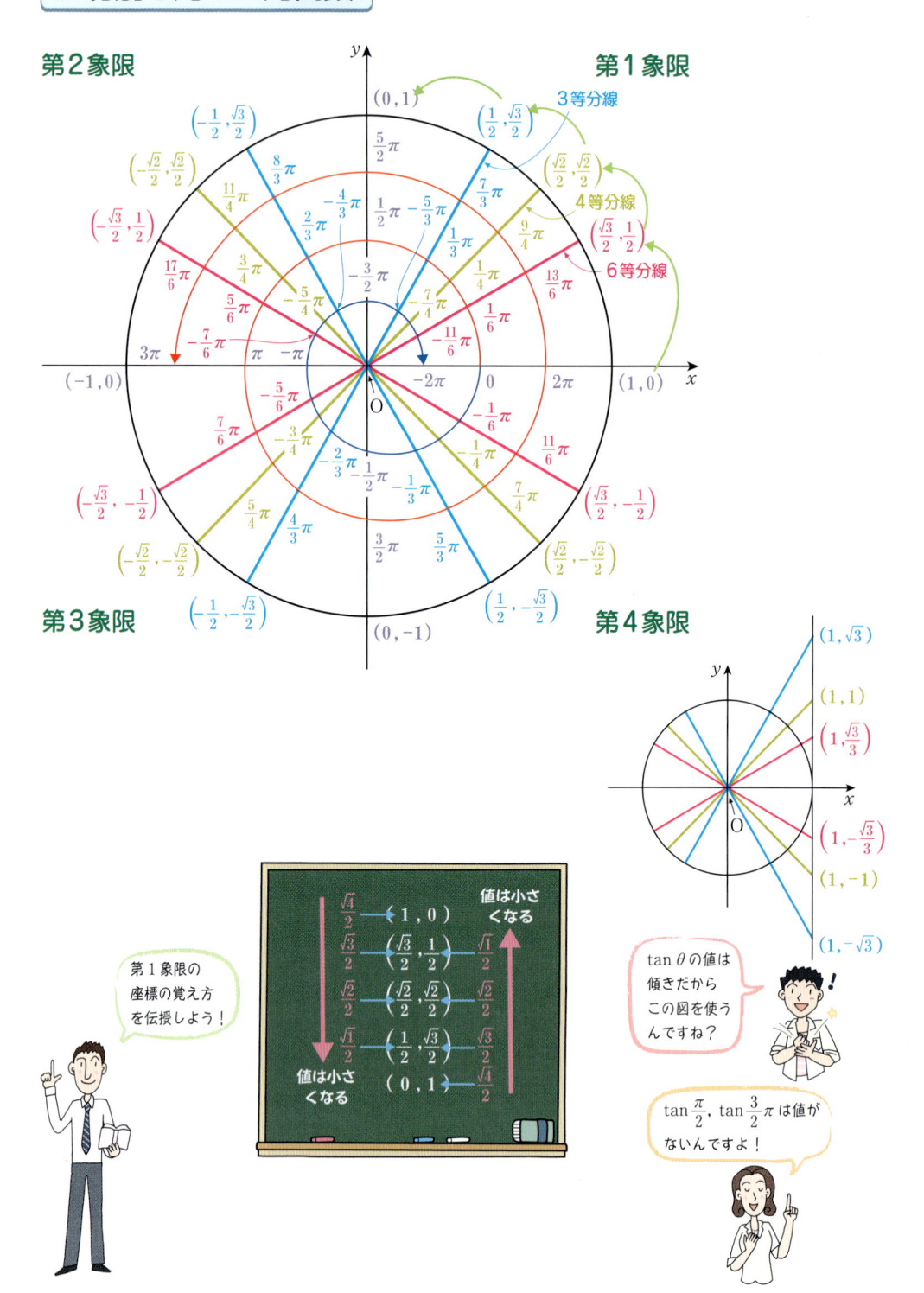

第2象限 / 第1象限 / 第3象限 / 第4象限

3等分線
4等分線
6等分線

$\tan\theta$ の値は傾きだからこの図を使うんですね？

$\tan\dfrac{\pi}{2}$, $\tan\dfrac{3}{2}\pi$ は値がないんですよ！

第1象限の座標の覚え方を伝授しよう！

値は小さくなる

$\dfrac{\sqrt{4}}{2} \leftarrow (1,0)$
$\dfrac{\sqrt{3}}{2} \leftarrow \left(\dfrac{\sqrt{3}}{2}, \dfrac{1}{2}\right) \rightarrow \dfrac{\sqrt{1}}{2}$
$\dfrac{\sqrt{2}}{2} \leftarrow \left(\dfrac{\sqrt{2}}{2}, \dfrac{\sqrt{2}}{2}\right) \rightarrow \dfrac{\sqrt{2}}{2}$
$\dfrac{\sqrt{1}}{2} \leftarrow \left(\dfrac{1}{2}, \dfrac{\sqrt{3}}{2}\right) \rightarrow \dfrac{\sqrt{3}}{2}$
$(0,1) \rightarrow \dfrac{\sqrt{4}}{2}$

値は小さくなる

3章 三角関数

基本例題 93 三角関数の値(1)

次の角 θ に対応する $\sin\theta$, $\cos\theta$, $\tan\theta$ の値を求めよ。

(1) $\dfrac{2}{3}\pi$ (2) $-\dfrac{5}{6}\pi$ (3) $\dfrac{9}{4}\pi$

ねらい 三角関数の値を，図から読みとる。

解法ルール
1. 動径は，第何象限にある何等分線か。
2. 座標を読む。

左ページの図を使おう！

解答例
(1) $\dfrac{2}{3}\pi$ は，第2象限の **3等分線**。

答 $\sin\dfrac{2}{3}\pi=\dfrac{\sqrt{3}}{2}$, $\cos\dfrac{2}{3}\pi=-\dfrac{1}{2}$, $\tan\dfrac{2}{3}\pi=-\sqrt{3}$

(2) $-\dfrac{5}{6}\pi$ は，第3象限の **6等分線**。

答 $\sin\left(-\dfrac{5}{6}\pi\right)=-\dfrac{1}{2}$, $\cos\left(-\dfrac{5}{6}\pi\right)=-\dfrac{\sqrt{3}}{2}$, $\tan\left(-\dfrac{5}{6}\pi\right)=\dfrac{\sqrt{3}}{3}$

(3) $\dfrac{9}{4}\pi$ は，第1象限の **4等分線**。

答 $\sin\dfrac{9}{4}\pi=\dfrac{\sqrt{2}}{2}$, $\cos\dfrac{9}{4}\pi=\dfrac{\sqrt{2}}{2}$, $\tan\dfrac{9}{4}\pi=1$

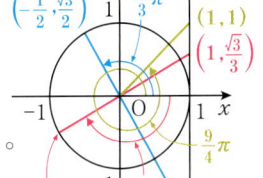

類題 93 次の角 θ に対応する $\sin\theta$, $\cos\theta$, $\tan\theta$ の値を求めよ。

(1) $\dfrac{5}{4}\pi$ (2) $\dfrac{5}{6}\pi$ (3) $-\dfrac{1}{3}\pi$

基本例題 94 等式を満たす角

$0\leqq\theta<2\pi$ のとき，次の式を満たす θ を求めよ。

(1) $\sin\theta=\dfrac{\sqrt{3}}{2}$ (2) $\cos\theta=\dfrac{\sqrt{2}}{2}$ (3) $\tan\theta=\dfrac{\sqrt{3}}{3}$

ねらい 三角関数の値から，角を読みとる。

解法ルール
1. 座標を使って動径の位置をさがす。
2. 動径の位置を角で読みとる。

左ページの図を使おう！

解答例
(1) y 座標が $\dfrac{\sqrt{3}}{2}$

第1, 2象限の **3等分線**

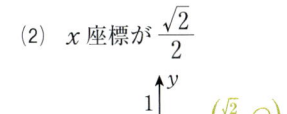

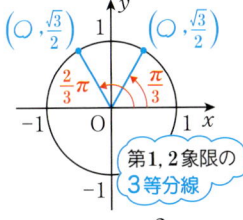

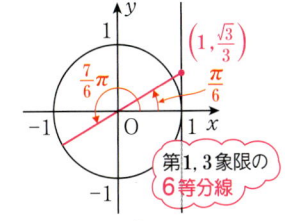

答 $\theta=\dfrac{\pi}{3}, \dfrac{2}{3}\pi$

(2) x 座標が $\dfrac{\sqrt{2}}{2}$

第1, 4象限の **4等分線**

答 $\theta=\dfrac{\pi}{4}, \dfrac{7}{4}\pi$

(3) 傾きが $\dfrac{\sqrt{3}}{3}$

第1, 3象限の **6等分線**

答 $\theta=\dfrac{\pi}{6}, \dfrac{7}{6}\pi$

類題 94 $0\leqq\theta<2\pi$ のとき，次の式を満たす θ を求めよ。

(1) $\sin\theta=-\dfrac{\sqrt{2}}{2}$ (2) $\cos\theta=\dfrac{\sqrt{3}}{2}$ (3) $\tan\theta=-\sqrt{3}$

1 三角関数

三角関数の相互関係

右の図のように，単位円において，△OPH で三平方の定理より次の式が成り立つ。
$$\cos^2\theta + \sin^2\theta = 1 \quad \cdots\cdots ①$$
また，OP の傾きが $\tan\theta$ だから
$$\tan\theta = \frac{\sin\theta}{\cos\theta} \quad \cdots\cdots ②$$
さらに，①の両辺を $\cos^2\theta$ で割ると
$$1 + \frac{\sin^2\theta}{\cos^2\theta} = \frac{1}{\cos^2\theta} \text{ より，} 1 + \tan^2\theta = \frac{1}{\cos^2\theta} \quad \cdots\cdots ③ \text{が成り立つ。}$$
この①，②，③は $\sin\theta$，$\cos\theta$，$\tan\theta$ の関係を表す大切な公式である。

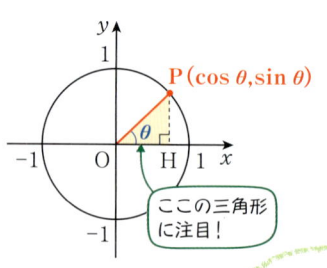

> ここの三角形に注目！

> 三角関数の値は，$\sin\theta$, $\cos\theta$, $\tan\theta$ のうち1つがわかればのこりの2つは計算で出せる。

ポイント ［三角関数の相互関係］ 覚え得

$$\sin^2\theta + \cos^2\theta = 1 \qquad \tan\theta = \frac{\sin\theta}{\cos\theta} \qquad 1 + \tan^2\theta = \frac{1}{\cos^2\theta}$$

基本例題 95 　三角関数の値(2)

θ は第3象限の角で，$\sin\theta = -\dfrac{4}{5}$ である。
このとき，$\cos\theta$，$\tan\theta$ の値を求めよ。

> テストに出るぞ！

> **ねらい** $\sin\theta$, $\cos\theta$, $\tan\theta$ のうち1つの値が与えられたとき，他の2つの値を求めることをマスターする。

解法ルール $\sin\theta$ の値がわかっているので，$\sin^2\theta + \cos^2\theta = 1$ より $\cos\theta$ を求める。θ は第3象限の角だから $\cos\theta < 0$ に注意。
$\tan\theta = \dfrac{\sin\theta}{\cos\theta}$ より $\tan\theta$ を求める。または，図をかいて求めてもよい。（⇨別解参照）

解答例 $\sin^2\theta + \cos^2\theta = 1$ より　$\cos^2\theta = 1 - \sin^2\theta = 1 - \left(-\dfrac{4}{5}\right)^2 = \dfrac{9}{25}$

θ は第3象限の角だから　$\cos\theta < 0$　よって　$\cos\theta = -\dfrac{3}{5}$ …答

また，$\tan\theta = \dfrac{\sin\theta}{\cos\theta}$ より　$\tan\theta = \left(-\dfrac{4}{5}\right) \div \left(-\dfrac{3}{5}\right) = \dfrac{4}{3}$ …答

← $\tan\theta$ は $1 + \tan^2\theta = \dfrac{1}{\cos^2\theta}$ から求めることもできるが，これはあまりうまい方法ではない。

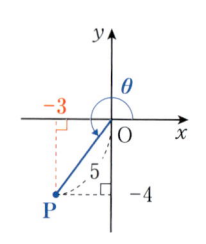

（別解） $\sin\theta = \dfrac{-4}{5}$ で，θ は第3象限の角だから，θ を表す動径 OP は，右の図のようになる。この図より
$$\cos\theta = \dfrac{-3}{5} = -\dfrac{3}{5}, \quad \tan\theta = \dfrac{-4}{-3} = \dfrac{4}{3}$$

類題 95 θ が第2象限の角で，$\tan\theta = -2$ であるとき，$\sin\theta$，$\cos\theta$ の値を求めよ。

基本例題 96 三角関数の式の変形(1)

$\left(1+\tan\theta-\dfrac{1}{\cos\theta}\right)\left(1+\dfrac{1}{\tan\theta}+\dfrac{1}{\sin\theta}\right)$ を簡単にせよ。

テストに出るぞ！

ねらい 三角関数の相互関係をフルに活用して，式を変形することを学ぶ。

解法ルール まず，$\tan\theta$ を $\sin\theta$，$\cos\theta$ で表して，与式を $\sin\theta$ と $\cos\theta$ のみの式にする。計算の途中で $\sin^2\theta+\cos^2\theta$ が出てきたら，$\sin^2\theta+\cos^2\theta=1$ を使って，そのつど 1 におき換える。

解答例
$$\text{与式}=\left(1+\dfrac{\sin\theta}{\cos\theta}-\dfrac{1}{\cos\theta}\right)\left(1+\dfrac{\cos\theta}{\sin\theta}+\dfrac{1}{\sin\theta}\right)$$
$$=\dfrac{\cos\theta+\sin\theta-1}{\cos\theta}\times\dfrac{\sin\theta+\cos\theta+1}{\sin\theta}$$
$$=\dfrac{(\sin\theta+\cos\theta)^2-1}{\sin\theta\cos\theta}$$
$$=\dfrac{\sin^2\theta+2\sin\theta\cos\theta+\cos^2\theta-1}{\sin\theta\cos\theta}$$
$$=\dfrac{1+2\sin\theta\cos\theta-1}{\sin\theta\cos\theta}=\dfrac{2\sin\theta\cos\theta}{\sin\theta\cos\theta}=2 \quad \cdots\text{答}$$

和と差の積の公式
$(a+b)(a-b)=a^2-b^2$
を思い出せ！

類題 96 $\dfrac{\cos\theta}{1-\sin\theta}-\tan\theta$ を簡単にせよ。

基本例題 97 等式の証明

次の等式が成り立つことを証明せよ。
$$\tan^2\theta-\sin^2\theta=\tan^2\theta\sin^2\theta$$

ねらい 三角関数の相互関係の活用だけでなく，これを使って等式を証明することを学ぶ。

解法ルール 等式 $P=Q$ を証明するには，次の 3 通りの方法がある。

1. $P=\cdots=Q$ を導く。
   つまり，P を変形して Q になることを示す。
2. $P-Q=0$ を示す。$(P-Q=0 \iff P=Q)$
3. $P=\cdots=R$，$Q=\cdots=R$ を導く。

ここでは，2 の方法で証明する。

解答例
$(\tan^2\theta-\sin^2\theta)-\tan^2\theta\sin^2\theta=\tan^2\theta-\tan^2\theta\sin^2\theta-\sin^2\theta$
$=\tan^2\theta(1-\sin^2\theta)-\sin^2\theta=\dfrac{\sin^2\theta}{\cos^2\theta}\times\cos^2\theta-\sin^2\theta$
$=\sin^2\theta-\sin^2\theta=0$
よって $\tan^2\theta-\sin^2\theta=\tan^2\theta\sin^2\theta$ 終

← $\sin^2\theta+\cos^2\theta=1$ は，姿を変えて現れることもある。
$1-\sin^2\theta=\cos^2\theta$
$1-\cos^2\theta=\sin^2\theta$
も使いこなせるように。

類題 97 $\dfrac{1+\cos\theta}{1-\sin\theta}-\dfrac{1-\cos\theta}{1+\sin\theta}=\dfrac{2(1+\tan\theta)}{\cos\theta}$ を証明せよ。

基本例題 98 三角関数を含む式

$\sin\theta + \cos\theta = t$ のとき $\sin\theta\cos\theta$ を t を用いて表せ。

ねらい $\sin\theta + \cos\theta$ と $\sin\theta\cos\theta$ の関係をみつける。

解法ルール $\sin\theta + \cos\theta = t$ の**両辺を 2 乗**すると $\sin^2\theta + \cos^2\theta = 1$ が使える。

解答例 $\sin\theta + \cos\theta = t$ の両辺を 2 乗する。
$$\sin^2\theta + 2\sin\theta\cos\theta + \cos^2\theta = t^2$$
$$1 + 2\sin\theta\cos\theta = t^2$$
よって $\sin\theta\cos\theta = \dfrac{t^2 - 1}{2}$ …答

この形はよく出てくるからここでマスターしておこう。

類題 98 次の問いに答えよ。

(1) $\sin\theta + \cos\theta = t$ のとき，$\sin^3\theta + \cos^3\theta$ を t を用いて表せ。

(2) $\sin\theta\cos\theta = s$ のとき，$\sin\theta + \cos\theta$ を s を用いて表せ。

応用例題 99 三角関数と 2 次方程式

x の 2 次方程式 $3x^2 - kx - 1 = 0$ の 2 つの解が，$\sin\theta$，$\cos\theta$ であるとき，定数 k の値を求めよ。

ねらい 2 次方程式の解と係数の関係を正確に使うことと，かくれた条件 $\sin^2\theta + \cos^2\theta = 1$ を使うこと。

解法ルール 2 次方程式 $ax^2 + bx + c = 0$ の 2 つの解 α，β が与えられたときには，次の**解と係数の関係**を使うとよい。
$$\alpha + \beta = -\frac{b}{a}, \quad \alpha\beta = \frac{c}{a}$$

解答例 $3x^2 - kx - 1 = 0$ の解が $\sin\theta$，$\cos\theta$ だから，解と係数の関係より

$\sin\theta + \cos\theta = \dfrac{k}{3}$ ……① $\sin\theta\cos\theta = -\dfrac{1}{3}$ ……②

①の両辺を 2 乗して $\sin^2\theta + 2\sin\theta\cos\theta + \cos^2\theta = \dfrac{k^2}{9}$

$$1 + 2\sin\theta\cos\theta = \dfrac{k^2}{9}$$

②を代入して $1 + 2 \times \left(-\dfrac{1}{3}\right) = \dfrac{k^2}{9}$

$$k^2 = 3$$

よって $k = \pm\sqrt{3}$ …答

2 乗すると $\sin^2\theta + \cos^2\theta = 1$ が使える

類題 99 x の 2 次方程式 $4x^2 + 3x - k = 0$ の 2 つの解が $\sin\theta$，$\cos\theta$ であるとき，定数 k の値，および $\sin^3\theta + \cos^3\theta$ の値を求めよ。

これも知っ得 弧度法の一般角

p.96 で度数法による一般角を学習したが，ここでは弧度法による一般角の表し方について学習しよう。

半円周…π ラジアン　　　円周…2π ラジアン

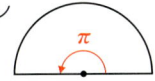

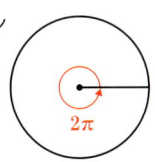

したがって，右の図のように，始線とのなす角が α のときの一般角 θ は，

$\theta = \alpha + 2n\pi$ （n：整数）

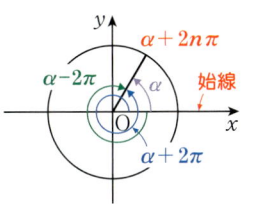

❖ 特別な角の一般角

座標軸上

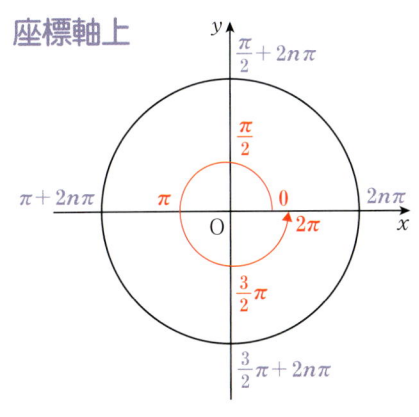

- $\dfrac{\pi}{2} + 2n\pi$
- $\pi + 2n\pi$
- $2n\pi$
- $\dfrac{3}{2}\pi + 2n\pi$

4等分線

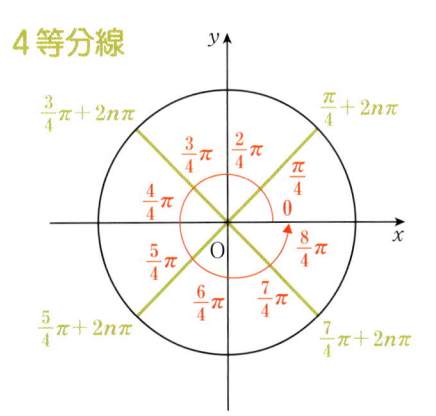

- $\dfrac{\pi}{4} + 2n\pi$
- $\dfrac{3}{4}\pi + 2n\pi$
- $\dfrac{5}{4}\pi + 2n\pi$
- $\dfrac{7}{4}\pi + 2n\pi$

3等分線

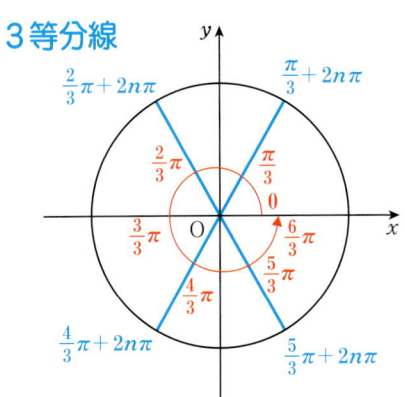

- $\dfrac{\pi}{3} + 2n\pi$
- $\dfrac{2}{3}\pi + 2n\pi$
- $\dfrac{4}{3}\pi + 2n\pi$
- $\dfrac{5}{3}\pi + 2n\pi$

6等分線

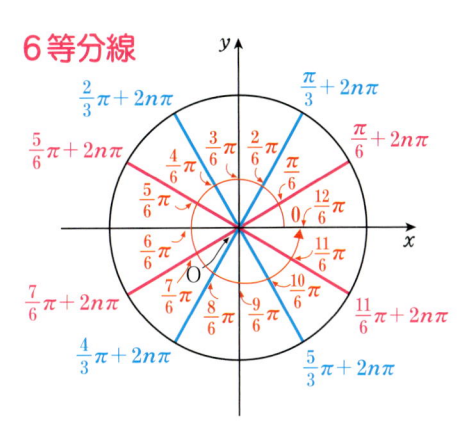

- $\dfrac{\pi}{6} + 2n\pi$
- $\dfrac{2}{3}\pi + 2n\pi$
- $\dfrac{5}{6}\pi + 2n\pi$
- $\dfrac{\pi}{3} + 2n\pi$
- $\dfrac{7}{6}\pi + 2n\pi$
- $\dfrac{4}{3}\pi + 2n\pi$
- $\dfrac{5}{3}\pi + 2n\pi$
- $\dfrac{11}{6}\pi + 2n\pi$

4 三角関数の性質

n が整数のとき，角 $\theta+2n\pi$ を表す動径は，角 θ を表す動径と一致するから，次の式が成り立ちます。ここでは，このような性質について調べてみましょう。

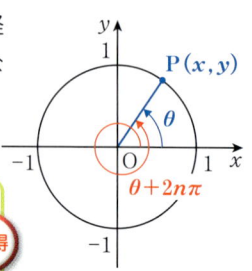

> **ポイント** [$\theta+2n\pi$（n は整数）の三角関数]
> $\sin(\theta+2n\pi)=\sin\theta$
> $\cos(\theta+2n\pi)=\cos\theta$
> $\tan(\theta+2n\pi)=\tan\theta$
>
> 覚え得

$-\theta$ の三角関数については，下の図のように，θ を第1象限の角にとり，単位円周上の点の座標を (x, y) とすると

$$\sin\theta=y,\ \cos\theta=x,\ \tan\theta=\frac{y}{x}\ (x \neq 0)$$

これをドンドンあてはめていきます。

← θ を第1象限にとったが，これから導く公式は，実は θ が第何象限の角であっても成り立つ。

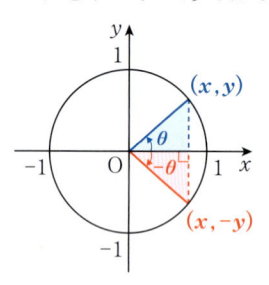

角 $-\theta$ は第4象限の角で，その座標は $(x, -y)$ だから，
$\sin(-\theta)=-y=-\sin\theta$
$\cos(-\theta)=x=\cos\theta$
$\tan(-\theta)=-\dfrac{y}{x}=-\tan\theta$
となります。

← たとえば
$\sin\left(-\dfrac{\pi}{3}\right)=-\sin\dfrac{\pi}{3}$
$=-\dfrac{\sqrt{3}}{2}$
となる。

> **ポイント** [$-\theta$ の三角関数]
> $\sin(-\theta)=-\sin\theta \quad \cos(-\theta)=\cos\theta \quad \tan(-\theta)=-\tan\theta$
>
> 覚え得

$\pi-\theta$ の三角関数については，下の図のように，θ を第1象限にとり，単位円周上の点の座標を (x, y) とすると，角 $\pi-\theta$ は第2象限の角で，その座標は $(-x, y)$ だから，

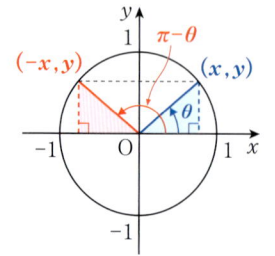

$\sin(\pi-\theta)=y=\sin\theta$
$\cos(\pi-\theta)=-x=-\cos\theta$
$\tan(\pi-\theta)=-\dfrac{y}{x}=-\tan\theta$
となります。

← 度数法では
$\sin(180°-\theta)=\sin\theta$
$\cos(180°-\theta)$
$\quad=-\cos\theta$
$\tan(180°-\theta)$
$\quad=-\tan\theta$
となる。

108　3章　三角関数

続いて，私が $\pi+\theta$ のときを調べるわ。
下の図を見ながら進めます。

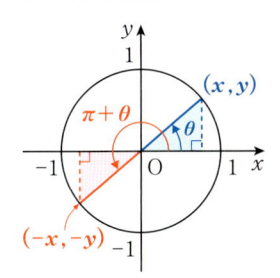

$$\sin(\pi+\theta)=-y=-\sin\theta$$
$$\cos(\pi+\theta)=-x=-\cos\theta$$
$$\tan(\pi+\theta)=\frac{-y}{-x}=\frac{y}{x}$$
$$=\tan\theta$$

となります。

← 度数法では
$\sin(180°+\theta)$
　$=-\sin\theta$
$\cos(180°+\theta)$
　$=-\cos\theta$
$\tan(180°+\theta)$
　$=\tan\theta$
となる。

ポイント [$\pi-\theta$，$\pi+\theta$ の三角関数]

$\sin(\pi-\theta)=\sin\theta$　　　$\sin(\pi+\theta)=-\sin\theta$
$\cos(\pi-\theta)=-\cos\theta$　　$\cos(\pi+\theta)=-\cos\theta$
$\tan(\pi-\theta)=-\tan\theta$　　$\tan(\pi+\theta)=\tan\theta$

覚え得

$\pi+\theta$ の三角関数は，$\pi-\theta$ と $-\theta$ の三角関数を使っても
導けるよ。

$\sin(\pi+\theta)=\sin\{\pi-(-\theta)\}=\sin(-\theta)=-\sin\theta$
　　　　　　　　↑$\pi-\theta$の三角関数　　　↑$-\theta$の三角関数

$\cos(\pi+\theta)=\cos\{\pi-(-\theta)\}=-\cos(-\theta)=-\cos\theta$
$\tan(\pi+\theta)=\tan\{\pi-(-\theta)\}=-\tan(-\theta)=-(-\tan\theta)=\tan\theta$

公式を組み合わせて，別の公式を導くことが重要。

というわけです。では，次に $\dfrac{\pi}{2}\pm\theta$ のときを調べてもらい
ましょう。

私が $\dfrac{\pi}{2}+\theta$ のときを調べます。

図は下のようになるので，

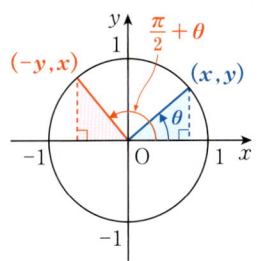

$$\sin\left(\frac{\pi}{2}+\theta\right)=x=\cos\theta$$
$$\cos\left(\frac{\pi}{2}+\theta\right)=-y=-\sin\theta$$
$$\tan\left(\frac{\pi}{2}+\theta\right)=\frac{x}{-y}=-\frac{1}{\frac{y}{x}}$$
$$=-\frac{1}{\tan\theta}$$

です。

← 度数法では
$\sin(90°+\theta)=\cos\theta$
$\cos(90°+\theta)$
　$=-\sin\theta$
$\tan(90°+\theta)$
　$=-\dfrac{1}{\tan\theta}$

1　三角関数　　109

角が $\dfrac{\pi}{2}-\theta$ のとき，単位円周上の座標は，下の図のように (y, x) となります。したがって

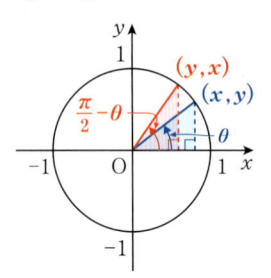

$$\sin\left(\dfrac{\pi}{2}-\theta\right)=x=\cos\theta$$

$$\cos\left(\dfrac{\pi}{2}-\theta\right)=y=\sin\theta$$

$$\tan\left(\dfrac{\pi}{2}-\theta\right)=\dfrac{x}{y}=\dfrac{1}{\dfrac{y}{x}}$$

$$=\dfrac{1}{\tan\theta}$$

ですね。

← $\dfrac{\pi}{2}-\theta$ のときは，x 軸も y 軸もかかないで，下の三角形を見て考えるほうがはやい。

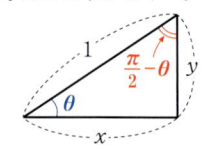

← 度数法では
$\sin(90°-\theta)=\cos\theta$
$\cos(90°-\theta)$
　$=\sin\theta$
$\tan(90°-\theta)$
　$=\dfrac{1}{\tan\theta}$

ポイント $\left[\dfrac{\pi}{2}+\theta,\ \dfrac{\pi}{2}-\theta\text{ の三角関数}\right]$　覚え得

$$\sin\left(\dfrac{\pi}{2}+\theta\right)=\cos\theta \qquad \sin\left(\dfrac{\pi}{2}-\theta\right)=\cos\theta$$

$$\cos\left(\dfrac{\pi}{2}+\theta\right)=-\sin\theta \qquad \cos\left(\dfrac{\pi}{2}-\theta\right)=\sin\theta$$

$$\tan\left(\dfrac{\pi}{2}+\theta\right)=-\dfrac{1}{\tan\theta} \qquad \tan\left(\dfrac{\pi}{2}-\theta\right)=\dfrac{1}{\tan\theta}$$

以上で 18 個の公式を導きました。これらの公式を全部覚えておくのはたいへんです。そこで，そのつど図をかいて導けるようにしておくこと。しかし，$-\theta$(負角)，$\dfrac{\pi}{2}-\theta$(余角)，$\pi-\theta$(補角)の公式は必ず覚えておこう。それらを何度か使えば他の公式を導けるので。

← これらの公式は，加法定理（p. 124 参照）を使って導くこともできる。

これも知っ得 $\dfrac{\pi}{2}\pm\theta,\ -\theta,\ \theta+2n\pi,\ \pi\pm\theta$ の公式

❶ $\dfrac{\pi}{2}\pm\theta$ のときは，次のように変える。　$\sin\longrightarrow\cos$　　$\cos\longrightarrow\sin$　　$\tan\longrightarrow\dfrac{1}{\tan}$

❷ それ以外の $-\theta,\ \theta+2n\pi,\ \pi\pm\theta$ のときは，そのままにしておく。
　　　　　$\sin\longrightarrow\sin$　　$\cos\longrightarrow\cos$　　$\tan\longrightarrow\tan$

❸ 符号は，θ を第 1 象限の角にとったとき，$\dfrac{\pi}{2}\pm\theta,\ -\theta,\ \theta+2n\pi,\ \pi\pm\theta$ がそれぞれ第何象限の角になるかで判断する。←p. 101 これも知っ得「三角関数の値の符号」参照

3 章 三角関数

基本例題 100 三角関数の式の変形(2)

次の式を簡単にせよ。
$$\cos\left(\theta+\frac{\pi}{2}\right)+\cos(\theta+\pi)+\cos\left(\theta+\frac{3}{2}\pi\right)+\cos(\theta+2\pi)$$

テストに出るぞ！

ねらい 三角関数の性質のうち，$\frac{\pi}{2}\pm\theta$ や $\pi\pm\theta$ の公式を使って，角 θ の三角関数になおせるかどうかを確かめる。

解法ルール $-\theta$，$\frac{\pi}{2}\pm\theta$，$\pi\pm\theta$ の公式を使って，角を θ に統一する。

解答例
$$\cos\left(\theta+\frac{3}{2}\pi\right)=\cos\left\{\pi+\left(\frac{\pi}{2}+\theta\right)\right\}$$
$$=-\cos\left(\frac{\pi}{2}+\theta\right)=\sin\theta$$

よって　与式 $=(-\sin\theta)+(-\cos\theta)+\sin\theta+\cos\theta=0$　…答

「こんなにたくさんの公式，覚えられない。」っていう人も，p.125 の公式を覚えておけば大丈夫。

類題 100 次の式を簡単にせよ。
$$\sin\left(\frac{\pi}{2}-\theta\right)+\sin(\pi-\theta)+\sin\left(\frac{3}{2}\pi-\theta\right)$$

基本例題 101 三角関数の値(3)

次の値を求めよ。
(1) $\sin\frac{7}{3}\pi$　　(2) $\cos\frac{19}{4}\pi$　　(3) $\tan\left(-\frac{8}{3}\pi\right)$

ねらい $0\leqq\theta\leqq\frac{\pi}{2}$ の範囲で三角関数を表して，値を求める方法を学ぶ。

解法ルール まず，$2n\pi$ を加えるか引くかして，$0\leqq\theta<2\pi$ で表す。公式を使って与えられた三角関数を，$0\leqq\theta\leqq\frac{\pi}{2}$ の範囲で表せば，値は求められる。

解答例
(1) $\sin\dfrac{7}{3}\pi=\sin\left(2\pi+\dfrac{\pi}{3}\right)=\sin\dfrac{\pi}{3}=\dfrac{\sqrt{3}}{2}$　…答

(2) $\cos\dfrac{19}{4}\pi=\cos\left(4\pi+\dfrac{3}{4}\pi\right)=\cos\dfrac{3}{4}\pi=\cos\left(\pi-\dfrac{\pi}{4}\right)$
$$=-\cos\dfrac{\pi}{4}=-\dfrac{1}{\sqrt{2}}$$　…答

(3) $\tan\left(-\dfrac{8}{3}\pi\right)=\tan\left(-4\pi+\dfrac{4}{3}\pi\right)=\tan\dfrac{4}{3}\pi$
$$=\tan\left(\pi+\dfrac{\pi}{3}\right)=\tan\dfrac{\pi}{3}=\sqrt{3}$$　…答

(別解)
(1)第 1 象限にある 3 等分線
(2)第 2 象限にある 4 等分線
(3)第 3 象限にある 3 等分線
として座標を読む。

類題 101 次の値を求めよ。
(1) $\sin\left(-\dfrac{13}{6}\pi\right)$　　(2) $\cos\dfrac{13}{6}\pi$　　(3) $\tan\dfrac{7}{2}\pi$

5 三角関数のグラフ

● 周期関数と周期とは？

三角関数のグラフをかくには，周期性や偶関数・奇関数の性質を利用するといいんだ。そこで，まず周期について考える。関数 $f(x)$ において，

$$f(x+p)=f(x) \quad (p\text{ は 0 でない定数})$$

がすべての x について成り立つとき，$f(x)$ を **p を周期とする周期関数** という。

$f(x)$ の周期が p のとき，n を正の整数とすると
$$f(x+np)=f(x+(n-1)p+p)=f(x+(n-1)p)$$
$$=\cdots=f(x+p)=f(x)$$

これから np も周期になりますが，周期は無数にあるのですか。

そうなんだ。そこで，ふつう周期というときには，**周期の中で正の最小のもの**をいうことにしている。したがって，三角関数の周期は，次のようになる。

← $f(x)=\sin x$ では
$\sin x = \sin(x+2\pi)$
$= \sin(x+2\times 2\pi)$
$=\cdots$ だから，
$2\pi, 4\pi, 6\pi, \cdots$ や，
$-2\pi, -4\pi, \cdots$ も周期になるが，正の最小のものをとって，2π を $\sin x$ の周期という。

ポイント [三角関数の周期]
$\sin x$, $\cos x$ の周期は 2π 　　$\tan x$ の周期は π

これも知っ得 $f(mx)$ の周期

$f(x)$ の周期が p のとき，$f(mx)$ の周期はどうなるだろうか。
$$f\left(m\left(x+\frac{p}{m}\right)\right)=f(mx+p)=f(mx)\ \text{が成り立つ。}$$

また，周期は正の最小なものをとるので，$f(mx)$ の周期は $\dfrac{p}{|m|}$ となる。

周期は mp ではない！

● $y=f(x+a)$, $y=af(x)$ の **周期** は $f(x)$ と同じ p

● $y=f(mx)$ の **グラフ** は，$y=f(x)$ のグラフを **x 軸方向に $\dfrac{1}{|m|}$ 倍に拡大または縮小** したもの。

← $y=f(x+a)$ のグラフは，$y=f(x)$ のグラフを x 軸方向に $+a$ ではなく，$-a$ だけ平行移動したものである。

(例) $\sin 2x$ の周期 → $\dfrac{2\pi}{2}=\pi$，$\cos(-3x)$ の周期 → $\dfrac{2\pi}{|-3|}=\dfrac{2}{3}\pi$，

$\tan 4x$ の周期 → $\dfrac{\pi}{4}$，$\sin\dfrac{x}{5}$ の周期 → $\dfrac{2\pi}{\frac{1}{5}}=10\pi$

● 偶関数・奇関数とは？

偶関数・奇関数の定義およびグラフの性質をまとめてごらん。また，偶関数・奇関数の例は，どのようなものがありますか。

定義は次のようになります。
関数 $f(x)$ において
　$f(-x)=f(x)$ のとき，$f(x)$ を**偶関数**
　$f(-x)=-f(x)$ のとき，$f(x)$ を**奇関数**
また，グラフについては，
　偶関数のグラフは **y 軸に関して対称**，
　奇関数のグラフは **原点に関して対称**，
となります。

← 偶関数または奇関数であることがわかっている場合 $x \geq 0$ の範囲でグラフをかけば全体の様子がわかる。

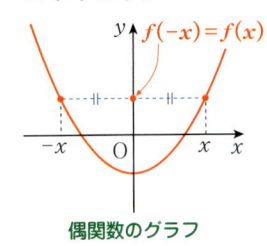

偶関数のグラフ 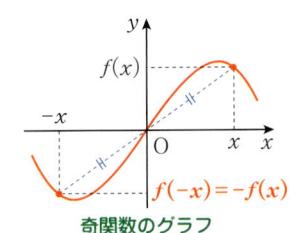　　　奇関数のグラフ

偶関数の例としては
$y=\cos x$, $y=x^2$, $y=|x|$
奇関数の例としては
$y=\sin x$, $y=\tan x$, $y=x$, $y=x^3$, $y=\dfrac{1}{x}$, $y=x^3-3x$
のような関数があります。

5章　微分・積分参照

● $y=x^3-3x$ のグラフ

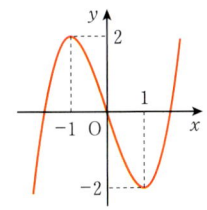

● $y=\sin x$ のグラフは？

では，いよいよ $y=\sin x$ のグラフをかくことにしましょう。右の図の単位円では，$\sin x$ はどの長さで表されたかな。

右の図のように点 A, P, Q をとり，
∠AOP$=x$ とすると，
PQ$=\sin x$ です。
また，OQ$=\cos x$ となります。

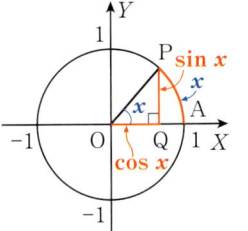

← 点 P の座標は
P$(\cos x, \sin x)$

1　三角関数　113

そこで，下の図のように，左側に単位円，右側に x, y 座標軸を用意します。$x=$弧 AP なので，右側の x 軸上の弧 AP の長さと等しいところに x をとり，そこに PQ を平行移動してきます。すると，座標が $(x, \sin x)$ の点 P′ が得られます。このことを繰り返して点をとっていくと，$y=\sin x$ のグラフがかけます。

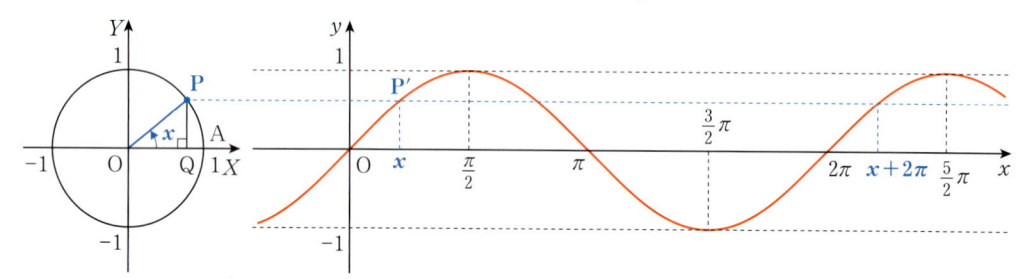

基本例題 102 sin のグラフをかく

次の関数のグラフをかけ。

(1) $y=\sin\left(x-\dfrac{\pi}{3}\right)$　　(2) $y=2\sin 3x$

テストに出るぞ！

ねらい
$y=\sin x$ のグラフをもとにして，$y=a\sin(bx+c)$ のグラフをかくこと。

解法ルール $y=\sin x$ のグラフをもとにする。

(1) x 軸方向に $\dfrac{\pi}{3}$ だけ平行移動したもの。

(2) x 軸方向に $\dfrac{1}{3}$ 倍（周期 $\dfrac{2\pi}{3}$）し，y 軸方向に 2 倍したもの。

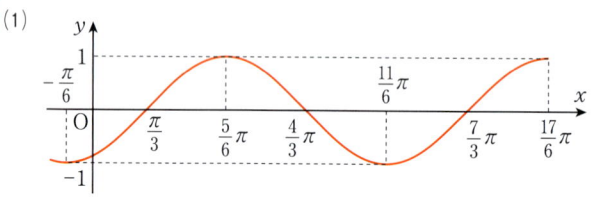

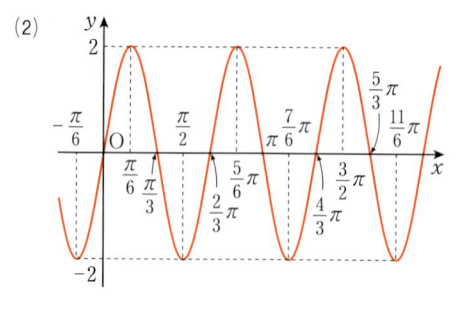

解答例 (1) (2)

← 三角方程式
($p.118$）の範囲になるが，それぞれ
(1) $y=0$，± 1，$x=0$
(2) $y=0$，± 2，$x=0$
などになるときの点をいくつか求め，それらの点を曲線で結んでもよい。

類題 102

次の関数のグラフをかけ。

(1) $y=2\sin\left(x+\dfrac{\pi}{6}\right)$　　(2) $y=\sin\dfrac{x}{2}-1$

● $y=\cos x$ のグラフは？

次に，$y=\cos x$ のグラフをかこう。

$p.113$ の単位円の図では，$\cos x$ は横軸上の OQ の長さで表される。ところが，横軸上の線分を右側の y 軸に平行な位置に平行移動させることはできない。そこで単位円を **90° 回転**させる。こうすれば，$y=\sin x$ のときと同じようにしてグラフはかけるね。

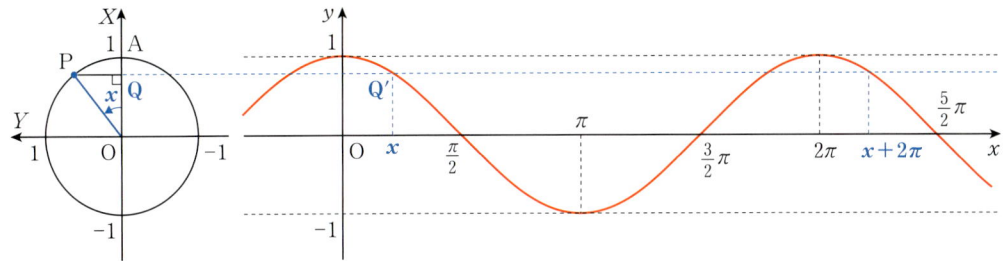

基本例題 103　　cos のグラフをかく

次の関数のグラフをかけ。

(1) $y=3\cos\left(x+\dfrac{\pi}{3}\right)$　　(2) $y=\cos\left(2x-\dfrac{\pi}{3}\right)+1$

ねらい
$y=\cos x$ のグラフをもとにして，$y=a\cos(bx+c)$ のグラフをかくこと。

解法ルール　$y=\cos x$ のグラフをもとにする。

(1) y 軸方向に **3 倍**に拡大し，x 軸方向に $-\dfrac{\pi}{3}$ だけ平行移動。

(2) $y-1=\cos 2\left(x-\dfrac{\pi}{6}\right)$ と変形して考える。（周期 π）

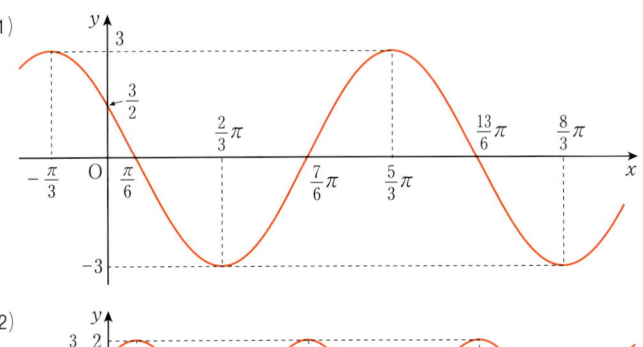

解答例

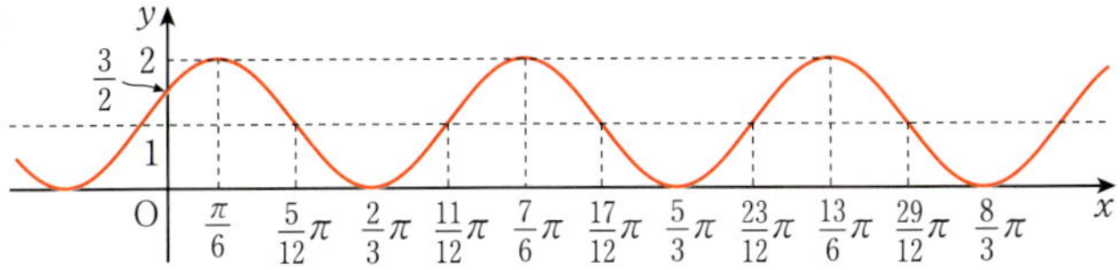

← (2)は，次の手順で考えていけばよい。
$y=\cos x$
↓ x 軸方向に $\dfrac{1}{2}$ 倍
$y=\cos 2x$
↓ x 軸方向に $\dfrac{\pi}{6}$ 移動
$y=\cos 2\left(x-\dfrac{\pi}{6}\right)$
↓ y 軸方向に 1 移動
$y-1=\cos 2\left(x-\dfrac{\pi}{6}\right)$

類題 103　次の関数のグラフをかけ。

(1) $y=2\cos\left(x-\dfrac{\pi}{4}\right)$　　(2) $y=\cos\left(3x+\dfrac{\pi}{3}\right)$

● $y=\tan x$ のグラフは？

最後に，$y=\tan x$ のグラフを右の図をもとにしてかいてみましょう。

右の図で $\angle \mathrm{AOP}=x$ のとき，$\mathrm{TA}=\tan x$ となるので，$y=\sin x$ や $y=\cos x$ のグラフのときと同様に，TA を平行移動させます。

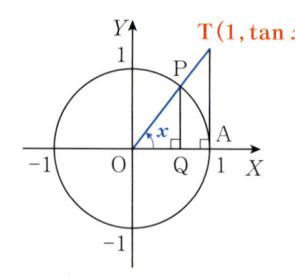

← x が第2象限の角のときは，下の図のようになる。

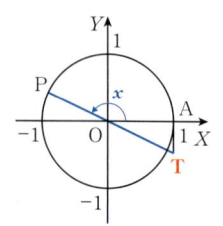

なお，$x=\dfrac{\pi}{2}+n\pi$（n は整数）では，$\tan x$ の値は存在しないことから，**直線 $x=\dfrac{\pi}{2}+n\pi$ は漸近線**となっていることがわかります。

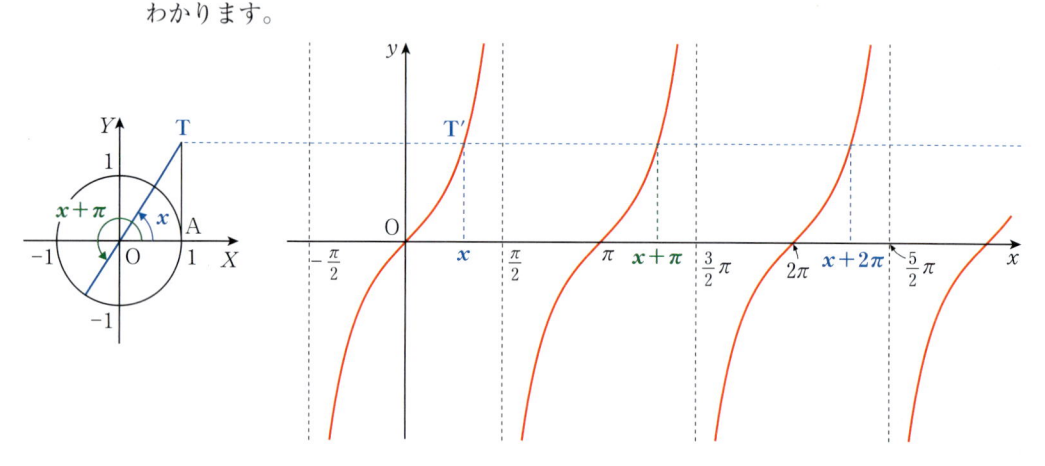

基本例題 104　　　　　　　　　　　　　　tan のグラフをかく

次の関数のグラフをかけ。

(1) $y=\tan\left(x-\dfrac{\pi}{4}\right)$　　　　(2) $y=3\tan 2x+1$

ねらい
$y=\tan x$ のグラフをもとにして，$y=a\tan(bx+c)$ のグラフをかくこと。

解法ルール　$y=\tan x$ のグラフをもとにする。

1　x 軸方向に $\dfrac{\pi}{4}$ だけ平行移動したものである。

2　x 軸方向に $\dfrac{1}{2}$ 倍に縮小$\left(\text{周期}\dfrac{\pi}{2}\right)$し，$y$ 軸方向に3倍に拡大する。そのうえで，y 軸方向に1だけ平行移動したものである。

3章　三角関数

解答例

(1) グラフ

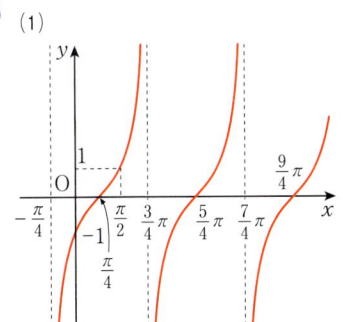

(2) グラフ

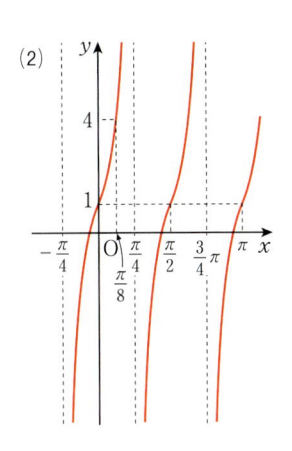

← $y=\tan x$ のグラフは，y 軸方向の拡大・縮小をグラフに表現しにくい。

(1)で点 $\left(\dfrac{\pi}{2},\ 1\right)$ を記入していなければ，
$$y=2\tan\left(x-\dfrac{\pi}{4}\right),$$
(2)で点 $\left(\dfrac{\pi}{8},\ 4\right)$ を記入していなければ $y=5\tan 2x+1$ のグラフと区別がつかない。この点に注意すること。

類題 104 次の関数のグラフをかけ。

(1) $y=2\tan\left(x+\dfrac{\pi}{3}\right)$　　(2) $y=\tan(3x+\pi)+4$

これも知っ得　グラフのかき方

グラフを動かさずに，座標軸を動かしたり，目盛りを変えるだけでグラフをかく方法を伝授しよう。

Ⓐ　y 軸を $-\dfrac{\pi}{6}$ だけ平行移動する　$\longrightarrow\ y=\sin\left(x-\dfrac{\pi}{6}\right)$

Ⓑ　x 軸を -2 だけ平行移動する　$\longrightarrow\ y=\sin x+2$

Ⓒ　y 軸の目もりの数値を 3 倍にする　$\longrightarrow\ y=3\sin x$

Ⓓ　x 軸の目もりの数値を 4 倍にする　$\longrightarrow\ y=\sin\dfrac{x}{4}$

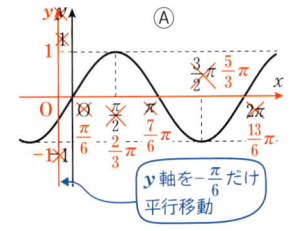

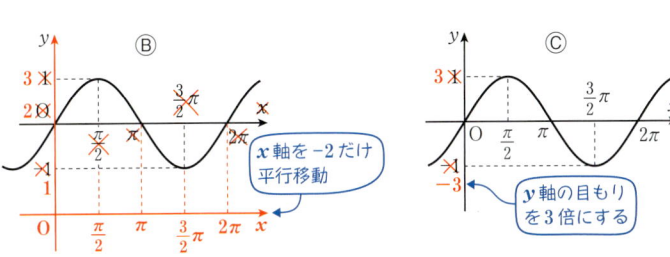

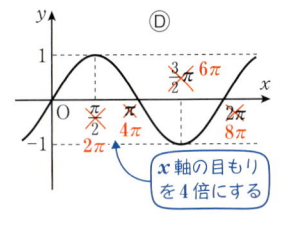

	$y=\sin x$	$y=\cos x$	$y=\tan x$
定義域	すべての実数	すべての実数	$x\neq\dfrac{\pi}{2}+n\pi$（n は整数）
値域	$-1\leqq y\leqq 1$	$-1\leqq y\leqq 1$	すべての実数
周期	2π	2π	π
偶・奇	奇関数	偶関数	奇関数
グラフ	原点に関して対称	y 軸に対して対称 $\left(\begin{array}{l}y=\sin x \text{ のグラフを } x \text{ 軸方向}\\ \text{に } -\dfrac{\pi}{2} \text{ だけ平行移動したもの}\end{array}\right)$	原点に関して対称　漸近線は $x=\dfrac{\pi}{2}+n\pi$

1　三角関数

6 三角方程式・不等式

ここでは，$\sin x = a$ のような三角方程式や $\cos x < a$ のような三角不等式を，どのようにして解くかについて学びます。

● 三角方程式はどう解く？

まず，三角方程式 $\sin x = \dfrac{\sqrt{3}}{2}$ ($0 \leq x < 2\pi$) を，単位円を利用する方法と，グラフを利用する方法で解いてもらおうか。

← sin は第 1, 2 象限で正だから，$\sin x = \dfrac{\sqrt{3}}{2}$ を満たす x は第 1, 2 象限の角である。

単位円をかきます。
y 座標が $\dfrac{\sqrt{3}}{2}$ の動径は 3 等分線だから
$$x = \dfrac{\pi}{3}, \ \dfrac{2}{3}\pi$$

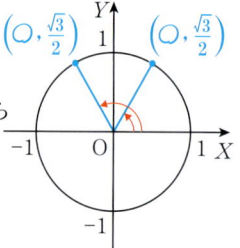

$0 \leq x < 2\pi$ で，$y = \sin x$，$y = \dfrac{\sqrt{3}}{2}$ のグラフをかくと，右の図のようになります。よって，グラフの交点の x 座標より $\quad x = \dfrac{\pi}{3}, \ \dfrac{2}{3}\pi$

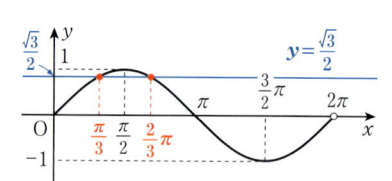

ところで，この問題で x の範囲の制限 $0 \leq x < 2\pi$ をとり除いたときの解（**一般解**という）は，下の図からわかるように
$$x = \dfrac{\pi}{3} + 2n\pi, \ \dfrac{2}{3}\pi + 2n\pi$$
まとめて $x = (-1)^n \dfrac{\pi}{3} + n\pi$（$n$ は整数）と表すこともある。

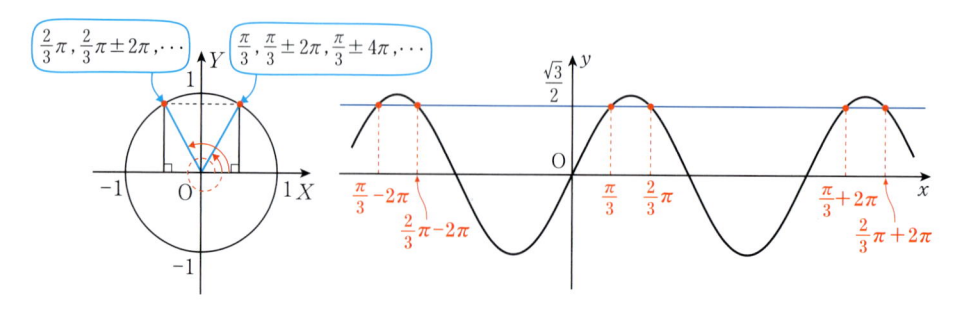

n を奇数と偶数に分けて考えればよい

118　3章　三角関数

[三角方程式の一般解] α を正の最小の解，n を整数とする。

- $\sin x = a$ ($|a| \leqq 1$) の解は $x = \alpha + 2n\pi$, $(\pi - \alpha) + 2n\pi$
- $\cos x = a$ ($|a| \leqq 1$) の解は $x = \pm\alpha + 2n\pi$
- $\tan x = a$ （a は実数）の解は $x = \alpha + n\pi$

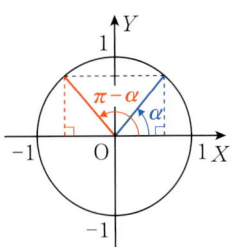

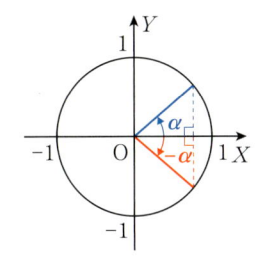

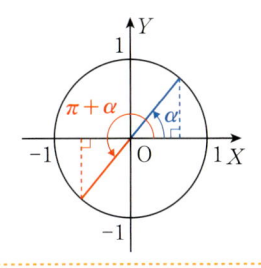

三角不等式はどう解く？

では，次に三角不等式 $\sin x > \dfrac{\sqrt{3}}{2}$ ($0 \leqq x < 2\pi$) を解いてみましょう。

$\sin x = \dfrac{\sqrt{3}}{2}$ の解は，さっき解いたように $x = \dfrac{\pi}{3}, \dfrac{2}{3}\pi$

右の図で，(y 座標) $> \dfrac{\sqrt{3}}{2}$ となる範囲は水色の部分だから，この不等式の解は $\dfrac{\pi}{3} < x < \dfrac{2}{3}\pi$ です。

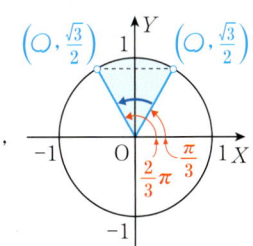

もう一度，$0 \leqq x < 2\pi$ の範囲で

$y = \sin x$ ……①　　$y = \dfrac{\sqrt{3}}{2}$ ……②

のグラフをかきます。①のグラフが②のグラフより上方にあるのは，右の図の赤い線の部分です。① = ② の解は $x = \dfrac{\pi}{3}, \dfrac{2}{3}\pi$ だから，$\dfrac{\pi}{3} < x < \dfrac{2}{3}\pi$ がこの不等式の解です。

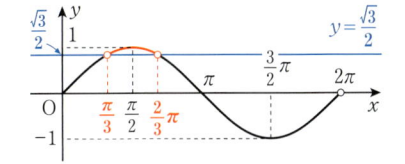

この問題でも，x の範囲の制限をとり除くと，一般解は

$\dfrac{\pi}{3} + 2n\pi < x < \dfrac{2}{3}\pi + 2n\pi$ （n は整数）となります。

三角方程式・不等式の解法には，以上のように**単位円を利用する方法**と**グラフを利用する方法**の2通りあります。

← n のみで表すこと。
$\dfrac{\pi}{3} + 2n\pi < x < \dfrac{2}{3}\pi + 2m\pi$ （m, n は整数）は誤り。

1　三角関数　119

基本例題 105 三角方程式を解く(1)

次の三角方程式を解け。ただし，$0 \leq x < 2\pi$ とする。

(1) $\cos x = -\dfrac{1}{2}$

(2) $\tan x = \dfrac{\sqrt{3}}{3}$

ねらい 三角方程式を，単位円を利用して解けるようにする。

解法ルール 単位円をかいて考える。

1 $\cos x = -\dfrac{1}{2}$ だから，$(X 座標) = -\dfrac{1}{2}$ とする。

2 $\tan x = \dfrac{\sqrt{3}}{3}$ だから，$(傾き) = \dfrac{\sqrt{3}}{3}$ とする。

← グラフを利用すると，次のようになる。

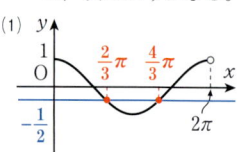

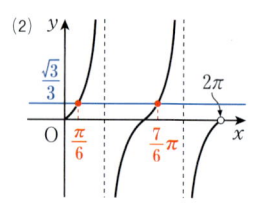

解答例

(1) 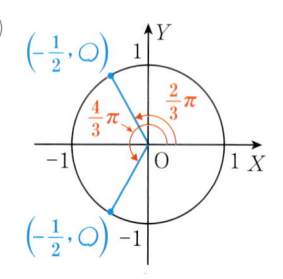 答 $x = \dfrac{2}{3}\pi, \dfrac{4}{3}\pi$

(2) 答 $x = \dfrac{\pi}{6}, \dfrac{7}{6}\pi$

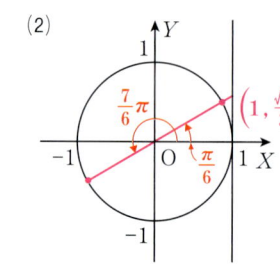

← x の範囲の制限をとると，一般解は

(1) $x = \pm \dfrac{2}{3}\pi + 2n\pi$

(2) $x = \dfrac{\pi}{6} + n\pi$

類題 105 次の三角方程式を解け。ただし，$0 \leq x < 2\pi$ とする。

(1) $\sin x = -\dfrac{\sqrt{2}}{2}$ 　　　　(2) $\tan x = -1$

応用例題 106 三角方程式を解く(2)

$0 \leq x < 2\pi$ のとき，$2\sin\left(2x - \dfrac{\pi}{3}\right) = -1$ を解け。

ねらい 複雑な三角方程式も，おき換えを利用すれば簡単な方程式になることを確認する。

解法ルール $2x - \dfrac{\pi}{3} = \theta$ とおき換えると $\sin \theta = -\dfrac{1}{2}$

これはすぐ解ける。しかし，θ の変域に注意すること。

あとは，$2x - \dfrac{\pi}{3} = \theta$ に θ の値をあてはめて，x の値を求めればよい。

← $\begin{cases} y = \sin\left(2x - \dfrac{\pi}{3}\right) \\ y = -\dfrac{1}{2} \end{cases}$

とおいて，グラフをかいて解くのはたいへんめんどうである。

3章 三角関数

解答例 $2x - \dfrac{\pi}{3} = \theta$ ……① とおくと $\sin\theta = -\dfrac{1}{2}$ ……②

$0 \leqq x < 2\pi$ だから $-\dfrac{\pi}{3} \leqq \theta < 4\pi - \dfrac{\pi}{3}$ ……③

$0 \leqq x < 2\pi$
$0 \leqq 2x < 4\pi$
$-\dfrac{\pi}{3} \leqq 2x - \dfrac{\pi}{3} < 4\pi - \dfrac{\pi}{3}$

②を③の範囲で解くと $\theta = -\dfrac{\pi}{6},\ \dfrac{7}{6}\pi,\ \dfrac{11}{6}\pi,\ \dfrac{19}{6}\pi$

①を x について解くと $x = \dfrac{1}{2}\left(\theta + \dfrac{\pi}{3}\right)$

これに θ の値を代入して

$x = \dfrac{\pi}{12},\ \dfrac{3}{4}\pi,\ \dfrac{13}{12}\pi,\ \dfrac{7}{4}\pi$ …答

一般解は
$\theta = \dfrac{7}{6}\pi + 2n\pi$
$\theta = \dfrac{11}{6}\pi + 2n\pi$
x に戻して
$x = \dfrac{3}{4}\pi + n\pi$
$x = \dfrac{13}{12}\pi + n\pi$

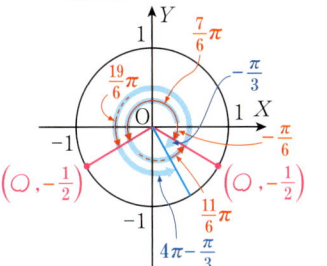

類題 106 $0 \leqq x < 2\pi$ のとき，次の三角方程式を解け。

(1) $\cos\left(2x + \dfrac{\pi}{3}\right) = \dfrac{1}{\sqrt{2}}$

(2) $\tan\left(\dfrac{x}{2} - \pi\right) = -\sqrt{3}$

基本例題 107 　　三角不等式を解く(1)　　テストに出るぞ!

次の三角不等式を解け。
$\tan x \leqq \sqrt{3}\ (0 \leqq x < 2\pi)$

ねらい 三角不等式の解法についても，円を利用できることを学ぶ。

解法ルール まず，不等号を等号におき換えた三角方程式を解く。
不等式についても，方程式のときと同様に，**単位円を利用する方法**と**グラフを利用する方法**の2通りがある。

解答例 $0 \leqq x < 2\pi$ で $\tan x = \sqrt{3}$ を解くと

$x = \dfrac{\pi}{3},\ \dfrac{4}{3}\pi$

よって，求める解は図より

$0 \leqq x \leqq \dfrac{\pi}{3},\ \dfrac{\pi}{2} < x \leqq \dfrac{4}{3}\pi,$
$\dfrac{3}{2}\pi < x < 2\pi$ …答

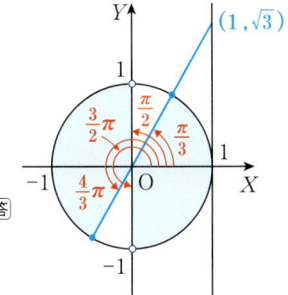

← グラフを利用すると，次のようになる。

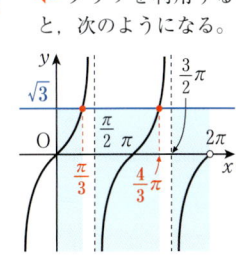

類題 107 $0 \leqq x < 2\pi$ のとき，次の三角不等式を解け。

(1) $\sin x < \dfrac{1}{2}$

(2) $\cos x < \dfrac{1}{2}$

応用例題 108 三角不等式を解く(2)

次の三角不等式を解け。ただし，$0 \leq x < 2\pi$ とする。

(1) $2\cos\left(\dfrac{x}{2}+\dfrac{\pi}{12}\right)<\sqrt{3}$ (2) $2\cos^2 x - 1 \leq \sin x$

ねらい
複雑な三角不等式も，おき換えを利用して容易に解けることを学ぶ。
おき換えを利用して，2次不等式の問題に変えることにより，三角不等式を解くことを理解する。

解法ルール (1) $\dfrac{x}{2}+\dfrac{\pi}{12}=\theta$ とおくと，$\cos\theta < \dfrac{\sqrt{3}}{2}$ となる。

これを θ の変域に注意して解く。

(2) $\sin^2 x + \cos^2 x = 1$ を使って，**$\sin x$ だけの不等式**にする。

次に，$\sin x = t$ とおくと，**t についての2次不等式**となる。

あとは，**$-1 \leq t \leq 1$ に注意して**解を求めればよい。

解答例 (1) $\dfrac{x}{2}+\dfrac{\pi}{12}=\theta$ ……① とおくと $\cos\theta<\dfrac{\sqrt{3}}{2}$ ……②

$0\leq x<2\pi$ だから $\dfrac{\pi}{12}\leq\theta<\pi+\dfrac{\pi}{12}$ ……③

②を③の範囲で解くと $\dfrac{\pi}{6}<\theta<\dfrac{13}{12}\pi$

①から，$\dfrac{\pi}{6}<\dfrac{x}{2}+\dfrac{\pi}{12}<\dfrac{13}{12}\pi$ より $\dfrac{\pi}{12}<\dfrac{x}{2}<\pi$

よって $\dfrac{\pi}{6}<x<2\pi$ …**答**

(2) 与式より $2(1-\sin^2 x)-1\leq\sin x$
$2\sin^2 x+\sin x-1\geq 0$

$\sin x=t$ とおくと，$0\leq x<2\pi$ だから $-1\leq t\leq 1$ ……①

このとき $2t^2+t-1\geq 0$
$(2t-1)(t+1)\geq 0$
$t\leq -1,\ \dfrac{1}{2}\leq t$ ……②

①，②より $t=-1,\ \dfrac{1}{2}\leq t\leq 1$

よって，$\sin x=-1$ より $x=\dfrac{3}{2}\pi$

$\dfrac{1}{2}\leq\sin x\leq 1$ より $\dfrac{\pi}{6}\leq x\leq\dfrac{5}{6}\pi$

答 $x=\dfrac{3}{2}\pi,\ \dfrac{\pi}{6}\leq x\leq\dfrac{5}{6}\pi$

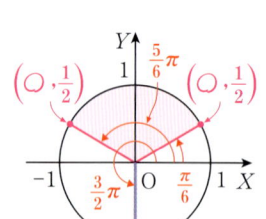

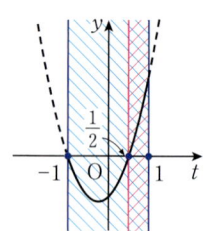

← $y=2t^2+t-1$ のグラフをかくと，$2t^2+t-1\geq 0$ を満たす範囲は求めやすい。

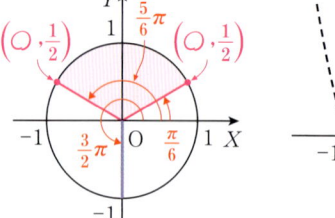

類題 108 次の三角不等式を解け。ただし，(1)は $0\leq x<\pi$，(2)は $0\leq x<2\pi$ とする。

(1) $\tan\left(2x+\dfrac{\pi}{6}\right)\geq 1$ (2) $\sin^2 x \geq 1+\cos x$

応用例題 109 　三角関数の最大・最小(1)

次の関数の最大値，最小値およびそのときの x の値を求めよ。
$$y = 2\cos\left(3x - \frac{\pi}{6}\right) \quad \left(-\frac{\pi}{6} \leq x \leq \frac{\pi}{3}\right)$$

ねらい 変数の変域に制限があるときの三角関数のとりうる値の範囲について考える。

解法ルール $3x - \frac{\pi}{6} = \theta$ とおくと，$y = 2\cos\theta$ となる。この関数で，θ の変域に注意して最大値，最小値を求める。

解答例 $3x - \frac{\pi}{6} = \theta$ とおくと　$y = 2\cos\theta$

$-\frac{\pi}{6} \leq x \leq \frac{\pi}{3}$ だから　$-\frac{2}{3}\pi \leq \theta \leq \frac{5}{6}\pi$

よって　$-\frac{\sqrt{3}}{2} \leq \cos\theta \leq 1$

よって，$\theta = 0 \left(x = \frac{\pi}{18}\right)$ のとき，最大値は　$y = 2 \times 1 = 2$

$\theta = \frac{5}{6}\pi \left(x = \frac{\pi}{3}\right)$ のとき，最小値は　$y = 2 \times \left(-\frac{\sqrt{3}}{2}\right) = -\sqrt{3}$

答　$x = \frac{\pi}{18}$ のとき最大値 2，$x = \frac{\pi}{3}$ のとき最小値 $-\sqrt{3}$

← $-\frac{2}{3}\pi \leq \theta \leq \frac{5}{6}\pi$ で $\cos\theta$ のとる値の範囲は，下のようになる。

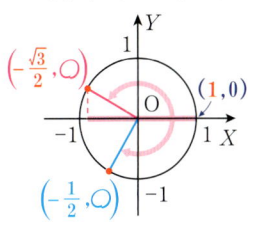

類題 109　$0 \leq x \leq \pi$ のとき，$y = 2\sin\left(x - \frac{\pi}{4}\right) + 1$ の最大値，最小値を求めよ。

応用例題 110 　三角関数の最大・最小(2)

$0 \leq x < 2\pi$ のとき，$y = \sin^2 x + \cos x$ の最大値，最小値およびそのときの x の値を求めよ。

ねらい おき換えによって，三角関数を整関数に変える。2次関数の最大値，最小値を求めることは，数学Ⅰで学んだはずだ。

解法ルール $\sin^2 x = 1 - \cos^2 x$ だから，y は $\cos x$ の2次式になる。よって，$\cos x = t$ とおくと，t の2次式の最大値，最小値を求める問題になる。ただし，t の変域には注意すること。

解答例 $y = (1 - \cos^2 x) + \cos x = -\cos^2 x + \cos x + 1$

$\cos x = t$ とおくと，$0 \leq x < 2\pi$ だから　$-1 \leq t \leq 1$

このとき　$y = -t^2 + t + 1 = -\left(t - \frac{1}{2}\right)^2 + \frac{5}{4}$　グラフより，

$t = \frac{1}{2}$ つまり，$x = \frac{\pi}{3}, \frac{5}{3}\pi$ のとき　最大値　$\frac{5}{4}$

$t = -1$ つまり，$x = \pi$ のとき　最小値　-1　…**答**

類題 110　$0 \leq x < 2\pi$ のとき，$y = 2\cos^2 x - 2\sin x + 3$ の最大値，最小値を求めよ。

1　三角関数

2節 加法定理とその応用

7 加法定理

加法定理は，前節に出てきた公式や関係式のように，図をかくことによって直観的に明らかというわけにはいかない。しかし，$\sin(\alpha+\beta)$, $\cos(\alpha+\beta)$ の加法定理から導かれる公式は非常に多い。それだけにこの公式はいっそう重要だ。

● 加法定理はどうやって導く？

図の単位円で，動径 OP，OQ の表す角を α, β とすると，
$P(\cos\alpha, \sin\alpha)$, $Q(\cos\beta, \sin\beta)$ より
$$PQ^2 = (\cos\alpha - \cos\beta)^2 + (\sin\alpha - \sin\beta)^2$$
$$= 2 - 2(\cos\alpha\cos\beta + \sin\alpha\sin\beta) \quad \cdots\cdots ①$$

また，△OPQ に余弦定理を用いると
$$PQ^2 = 1^2 + 1^2 - 2 \times 1 \times 1 \times \cos(\alpha - \beta)$$
$$= 2 - 2\cos(\alpha - \beta) \quad \cdots\cdots ②$$

①，② より $\cos(\alpha - \beta) = \cos\alpha\cos\beta + \sin\alpha\sin\beta \quad \cdots\cdots Ⓐ$

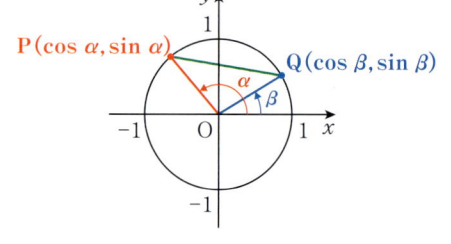

Ⓐ より $\cos(\alpha + \beta) = \cos\{\alpha - (-\beta)\}$
$\qquad\qquad\qquad = \cos\alpha\cos(-\beta) + \sin\alpha\sin(-\beta)$
$\qquad\qquad\qquad = \cos\alpha\cos\beta - \sin\alpha\sin\beta$

← 下の図で，$PQ^2 = P'Q'^2$ より導くこともできる。

また，$\sin(\alpha + \beta) = \cos\{90° - (\alpha + \beta)\} = \cos\{(90° - \alpha) - \beta\}$
$\qquad\qquad\qquad = \cos(90° - \alpha)\cos\beta + \sin(90° - \alpha)\sin\beta$
$\qquad\qquad\qquad = \sin\alpha\cos\beta + \cos\alpha\sin\beta \quad \cdots\cdots Ⓑ$

Ⓑ より $\sin(\alpha - \beta) = \sin\{\alpha + (-\beta)\}$
$\qquad\qquad\qquad = \sin\alpha\cos(-\beta) + \cos\alpha\sin(-\beta)$
$\qquad\qquad\qquad = \sin\alpha\cos\beta - \cos\alpha\sin\beta$

△OPQ を $-\beta$ 回転

また $\tan(\alpha + \beta) = \dfrac{\sin(\alpha + \beta)}{\cos(\alpha + \beta)}$
$\qquad\qquad\quad = \dfrac{\sin\alpha\cos\beta + \cos\alpha\sin\beta}{\cos\alpha\cos\beta - \sin\alpha\sin\beta}$

この分母と分子を $\cos\alpha\cos\beta(\neq 0)$ で割ると

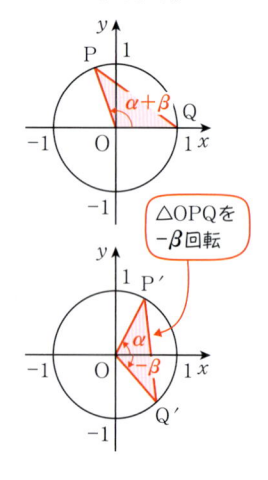

$$\tan(\alpha+\beta) = \frac{\dfrac{\sin\alpha}{\cos\alpha} + \dfrac{\sin\beta}{\cos\beta}}{1 - \dfrac{\sin\alpha}{\cos\alpha} \times \dfrac{\sin\beta}{\cos\beta}} = \frac{\tan\alpha + \tan\beta}{1 - \tan\alpha\tan\beta}$$

> イチひくタンタン分の
> タンたすタン
> と覚える

さらに，$\tan(\alpha-\beta)$ は $\tan\{\alpha+(-\beta)\}$ とすればよい。

ポイント

[加法定理] ＊は必ず覚えること。あとは β を $-\beta$ とおいて導いてもよい。

＊$\sin(\alpha+\beta) = \sin\alpha\cos\beta + \cos\alpha\sin\beta$
$\sin(\alpha-\beta) = \sin\alpha\cos\beta - \cos\alpha\sin\beta$
＊$\cos(\alpha+\beta) = \cos\alpha\cos\beta - \sin\alpha\sin\beta$
$\cos(\alpha-\beta) = \cos\alpha\cos\beta + \sin\alpha\sin\beta$

＊$\tan(\alpha+\beta) = \dfrac{\tan\alpha + \tan\beta}{1 - \tan\alpha\tan\beta}$
$\tan(\alpha-\beta) = \dfrac{\tan\alpha - \tan\beta}{1 + \tan\alpha\tan\beta}$

覚え得

$p.108 \sim 110$ のたくさんの公式も，この加法定理を使えばだいじょうぶ。
たとえば　$\sin(\pi+\theta) = \sin\pi\cos\theta + \cos\pi\sin\theta = -\sin\theta$

基本例題 111　　　　　　　　　　　三角関数の値(4)

次の値を求めよ。
(1) $\sin 75°$　　　(2) $\cos 15°$　　　(3) $\tan 105°$

ねらい
加法定理を使って三角関数の値を求められるようにする。

解法ルール　$30°,\ 45°,\ 60°$ の三角関数の値はわかっているので，それぞれの角を，**$30°,\ 45°,\ 60°$ の和・差で表して，加法定理を使う。**

(1) $75° = 45° + 30°$　（または $75° = 120° - 45°$）
(2) $15° = 45° - 30°$　（または $15° = 60° - 45°$）
(3) $105° = 60° + 45°$　（または $105° = 135° - 30°$）

解答例
(1) $\sin 75° = \sin(45° + 30°) = \sin 45°\cos 30° + \cos 45°\sin 30°$
$= \dfrac{1}{\sqrt{2}} \times \dfrac{\sqrt{3}}{2} + \dfrac{1}{\sqrt{2}} \times \dfrac{1}{2} = \dfrac{\sqrt{6}+\sqrt{2}}{4}$　…**答**

(2) $\cos 15° = \cos(45° - 30°) = \cos 45°\cos 30° + \sin 45°\sin 30°$
$= \dfrac{1}{\sqrt{2}} \times \dfrac{\sqrt{3}}{2} + \dfrac{1}{\sqrt{2}} \times \dfrac{1}{2} = \dfrac{\sqrt{6}+\sqrt{2}}{4}$　…**答**

(3) $\tan 105° = \tan(60° + 45°) = \dfrac{\tan 60° + \tan 45°}{1 - \tan 60°\tan 45°}$
$= \dfrac{\sqrt{3}+1}{1-\sqrt{3}} = -\dfrac{\sqrt{3}+1}{\sqrt{3}-1} \times \dfrac{\sqrt{3}+1}{\sqrt{3}+1}$
$= -\dfrac{4+2\sqrt{3}}{2} = -2-\sqrt{3}$　…**答**

← 次のようにしてもよい。
(1) $\sin(120°-45°)$
$= \sin 120°\cos 45°$
$\quad -\cos 120°\sin 45°$
$= \dfrac{\sqrt{3}}{2} \times \dfrac{1}{\sqrt{2}}$
$\quad -\left(-\dfrac{1}{2}\right) \times \dfrac{1}{\sqrt{2}}$
(2) $\cos(60°-45°)$
$= \cos 60°\cos 45°$
$\quad +\sin 60°\sin 45°$
$\cos 15°$
$= \sin(90°-15°)$
$= \underline{\sin 75°}$
　(1)と同じ

類題 111　次の値を求めよ。
(1) $\sin 15°$　　　(2) $\cos 165°$　　　(3) $\tan 75°$

2 加法定理とその応用

基本例題 112 　　　　　　　　　　　　　　加法定理

α は鋭角，β は鈍角で，$\cos\alpha = \dfrac{4}{5}$，$\sin\beta = \dfrac{2}{3}$ であるとき，$\sin(\alpha+\beta)$ の値を求めよ。

ねらい 三角関数の相互関係の復習と加法定理を適用して三角関数の値を求める。

解法ルール $\sin(\alpha+\beta) = \sin\alpha\cos\beta + \cos\alpha\sin\beta$ だから，$\sin\alpha$，$\cos\beta$ の値を求めればよい。このとき，$\sin\alpha > 0$，$\cos\beta < 0$ であることに注意する。

← $\sin\alpha$，$\cos\beta$ の値は，下のような図をかいて求めてもよい。

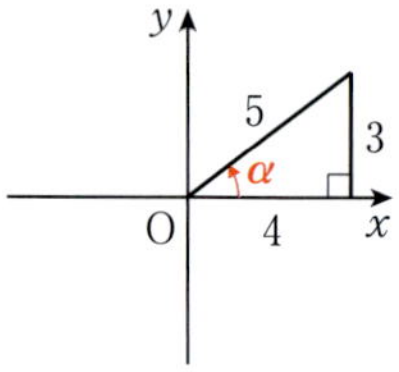

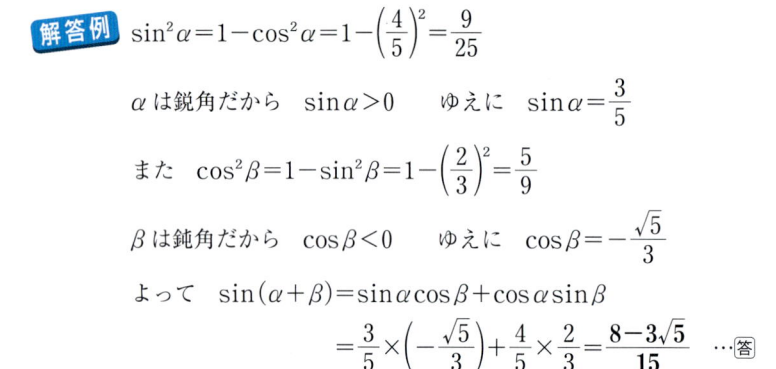

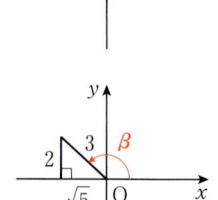

解答例 $\sin^2\alpha = 1 - \cos^2\alpha = 1 - \left(\dfrac{4}{5}\right)^2 = \dfrac{9}{25}$

α は鋭角だから　$\sin\alpha > 0$　ゆえに　$\sin\alpha = \dfrac{3}{5}$

また　$\cos^2\beta = 1 - \sin^2\beta = 1 - \left(\dfrac{2}{3}\right)^2 = \dfrac{5}{9}$

β は鈍角だから　$\cos\beta < 0$　ゆえに　$\cos\beta = -\dfrac{\sqrt{5}}{3}$

よって　$\sin(\alpha+\beta) = \sin\alpha\cos\beta + \cos\alpha\sin\beta$

$= \dfrac{3}{5} \times \left(-\dfrac{\sqrt{5}}{3}\right) + \dfrac{4}{5} \times \dfrac{2}{3} = \dfrac{8 - 3\sqrt{5}}{15}$ …答

類題 112 $\sin\alpha = \dfrac{1}{4}$，$\cos\beta = \dfrac{1}{3}$ のとき，$\cos(\alpha+\beta)$，$\tan(\alpha+\beta)$ の値を求めよ。ただし，α は鈍角，β は鋭角とする。

基本例題 113 　　　　　　　　　　三角関数の等式の証明(1)

等式 $\sin(\alpha+\beta)\sin(\alpha-\beta) = \sin^2\alpha - \sin^2\beta$ を証明せよ。

ねらい 加法定理がしっかりと身についているかどうか，および等式の証明方法を理解しているかどうかを確かめる。

解法ルール 等式の証明では，**複雑な式を変形して簡単な式を導く**。この問題では，左辺の方が複雑なので，左辺を変形して右辺を導くとよい。

解答例 左辺 $= (\sin\alpha\cos\beta + \cos\alpha\sin\beta)(\sin\alpha\cos\beta - \cos\alpha\sin\beta)$

$= \sin^2\alpha\cos^2\beta - \cos^2\alpha\sin^2\beta$

$= \sin^2\alpha(1 - \sin^2\beta) - (1 - \sin^2\alpha)\sin^2\beta$

$= \sin^2\alpha - \sin^2\alpha\sin^2\beta - \sin^2\beta + \sin^2\alpha\sin^2\beta$

$= \sin^2\alpha - \sin^2\beta =$ 右辺　〔終〕

類題 113 次の等式を証明せよ。

$\cos(\alpha+\beta)\cos(\alpha-\beta) = \cos^2\alpha - \sin^2\beta = \cos^2\beta - \sin^2\alpha$

応用例題 114 【2直線のなす角】

2直線 $3x-5y+20=0$, $4x-y-6=0$ のなす角 θ を求めよ。ただし，$0°\leqq\theta\leqq 90°$ とする。

ねらい　$y=(\tan\theta_1)x+a_1$，$y=(\tan\theta_2)x+a_2$ のなす角を，加法定理を用いて求めること。

解法ルール　直線 $y=m_1x+a_1$, $y=m_2x+a_2$ が，x 軸の正の向きとなす角を θ_1, θ_2 $(0°\leqq\theta_1<\theta_2<180°)$ とすると，2直線のなす角 θ は

$$\tan\theta=\tan(\theta_2-\theta_1)=\frac{m_2-m_1}{1+m_2m_1}$$

$m_1m_2=-1$ のときは直交する

傾きの問題は tan におまかせよ。

解答例　2直線が x 軸の正の向きとなす角を図のように θ_1, θ_2 とすると

$$\tan\theta_1=\frac{3}{5}, \quad \tan\theta_2=4$$

これより　$\theta_1<\theta_2<90°$

ゆえに　$\tan\theta=\tan(\theta_2-\theta_1)$

$$=\frac{\tan\theta_2-\tan\theta_1}{1+\tan\theta_2\tan\theta_1}=1$$

よって　$\boldsymbol{\theta=45°}$　…答

← 2直線のなす角を求めよという場合には，鋭角で求める。したがって，下の図のような場合は，180°から引いておく。

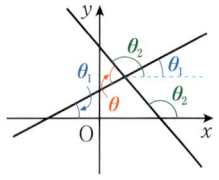

類題 114　2直線 $y=3x-4$, $y=-2x+3$ のなす角を求めよ。

応用例題 115 【加法定理の応用】

$\sin x+\cos y=a$, $\cos x+\sin y=b$ のとき，$\sin(x+y)$ を a, b で表せ。

ねらい　$\sin^2\theta+\cos^2\theta=1$ および加法定理が逆向きに使えるように練習する。

解法ルール　2式の両辺を2乗して加えると，$\sin^2 x+\cos^2 x$ および $\sin^2 y+\cos^2 y$ の2つの2乗の和が登場する。同時に，$\sin(x+y)$ を展開した形も現れることに注意する。

解答例　$(\sin x+\cos y)^2+(\cos x+\sin y)^2=a^2+b^2$ より

$(\sin^2 x+\cos^2 x)+(\sin^2 y+\cos^2 y)+2(\sin x\cos y+\cos x\sin y)=a^2+b^2$

$2+2\sin(x+y)=a^2+b^2$

よって　$\boldsymbol{\sin(x+y)=\dfrac{a^2+b^2-2}{2}}$　…答

この形から $\sin(x+y)$ が思いうかぶように！

類題 115　$\sin x+\sin y=1$, $\cos x+\cos y=\dfrac{1}{2}$ のとき，$\cos(x-y)$ の値を求めよ。

2　加法定理とその応用

8 いろいろな公式

三角関数の加法定理を使うと三角関数の重要公式がドンドン出てきます。ここではこれらの公式を導くとともに，それを使って解く問題について学習しましょう。

● 2倍角・半角の公式

$\sin(\alpha+\beta)$, $\cos(\alpha+\beta)$, $\tan(\alpha+\beta)$ の式で，$\alpha=\beta$ とおくと，どんな公式が得られるかな。

$\sin 2\alpha = \sin(\alpha+\alpha) = \sin\alpha\cos\alpha + \cos\alpha\sin\alpha$
$\qquad = 2\sin\alpha\cos\alpha$

$\cos 2\alpha = \cos(\alpha+\alpha) = \cos\alpha\cos\alpha - \sin\alpha\sin\alpha$
$\qquad = \cos^2\alpha - \sin^2\alpha$
$\qquad = \begin{cases} \cos^2\alpha - (1-\cos^2\alpha) = 2\cos^2\alpha - 1 \\ (1-\sin^2\alpha) - \sin^2\alpha = 1 - 2\sin^2\alpha \end{cases}$

$\tan 2\alpha = \tan(\alpha+\alpha) = \dfrac{\tan\alpha + \tan\alpha}{1 - \tan\alpha\tan\alpha} = \dfrac{2\tan\alpha}{1-\tan^2\alpha}$ です。

← これらの公式は，無理して覚えるのではなく，使っているうちに自然に覚えるようにすること。また，忘れたときは，加法定理
$\quad \sin(\alpha+\beta) = \cdots$
$\quad \cos(\alpha+\beta) = \cdots$
から導けばよい。

そうだね。これを，**2倍角の公式**というんだよ。

> **ポイント** [2倍角の公式]
> $\sin 2\alpha = 2\sin\alpha\cos\alpha$
> $\cos 2\alpha = \cos^2\alpha - \sin^2\alpha = 2\cos^2\alpha - 1 = 1 - 2\sin^2\alpha$
> $\tan 2\alpha = \dfrac{2\tan\alpha}{1-\tan^2\alpha}$
>
> 覚え得

次に，上の $\cos 2\alpha$ の公式で，α のかわりに $\dfrac{\alpha}{2}$ とおいて，**半角の公式**を導いてごらん。

← 半角の公式を使うと $7.5°\left(=\dfrac{15°}{2}\right)$ 間隔の値を求めることができる。また，繰り返して使えば，より細かい間隔 $\left(\dfrac{15°}{2^n}\right)$ の値を求めることもできる。

$\cos 2\alpha = 2\cos^2\alpha - 1 = 1 - 2\sin^2\alpha$ より

$2\cos^2\dfrac{\alpha}{2} - 1 = \cos\left(2\times\dfrac{\alpha}{2}\right)$ よって $\cos^2\dfrac{\alpha}{2} = \dfrac{1+\cos\alpha}{2}$

$1 - 2\sin^2\dfrac{\alpha}{2} = \cos\left(2\times\dfrac{\alpha}{2}\right)$ よって $\sin^2\dfrac{\alpha}{2} = \dfrac{1-\cos\alpha}{2}$

また，$\tan^2\dfrac{\alpha}{2} = \dfrac{\sin^2\dfrac{\alpha}{2}}{\cos^2\dfrac{\alpha}{2}} = \dfrac{\dfrac{1-\cos\alpha}{2}}{\dfrac{1+\cos\alpha}{2}} = \dfrac{1-\cos\alpha}{1+\cos\alpha}$ です。

3章 三角関数

ポイント [半角の公式]

$$\sin^2\frac{\alpha}{2}=\frac{1-\cos\alpha}{2} \qquad \cos^2\frac{\alpha}{2}=\frac{1+\cos\alpha}{2} \qquad \tan^2\frac{\alpha}{2}=\frac{1-\cos\alpha}{1+\cos\alpha}$$

覚え得

さらに，$3\alpha=2\alpha+\alpha$ であることを使うと，$\sin 3\alpha$, $\cos 3\alpha$ はどんな式で表されるかな。ちなみに，これを **3倍角の公式** といっている。

$$\begin{aligned}\sin 3\alpha &= \sin(2\alpha+\alpha)=\sin 2\alpha\cos\alpha+\cos 2\alpha\sin\alpha\\ &=(2\sin\alpha\cos\alpha)\cos\alpha+(1-2\sin^2\alpha)\sin\alpha\\ &=2\sin\alpha(1-\sin^2\alpha)+(1-2\sin^2\alpha)\sin\alpha\\ &=\mathbf{3\sin\alpha-4\sin^3\alpha}\end{aligned}$$

$$\begin{aligned}\cos 3\alpha &= \cos(2\alpha+\alpha)=\cos 2\alpha\cos\alpha-\sin 2\alpha\sin\alpha\\ &=(2\cos^2\alpha-1)\cos\alpha-(2\sin\alpha\cos\alpha)\sin\alpha\\ &=(2\cos^2\alpha-1)\cos\alpha-2(1-\cos^2\alpha)\cos\alpha\\ &=\mathbf{4\cos^3\alpha-3\cos\alpha}\end{aligned}$$

となります…。

そうだね！これが3倍角の公式だ。

← 3倍角の公式を使うと，$\sin 18°$ の値を求めることができる。
$\theta=18°$ とおくと，
$5\theta=90°$ より
$3\theta=90°-2\theta$
よって
 $\sin 3\theta=\cos 2\theta$
$3\sin\theta-4\sin^3\theta$
$=1-2\sin^2\theta$
$4\sin^3\theta-2\sin^2\theta$
$\quad-3\sin\theta+1=0$
$(\sin\theta-1)(4\sin^2\theta$
$\quad+2\sin\theta-1)=0$
$0<\sin\theta<1$ より
$\sin\theta=\dfrac{-1+\sqrt{5}}{4}$

基本例題 116 〔2倍角の公式の利用〕

$\sin\alpha=\dfrac{1}{3}$ のとき，$\sin 2\alpha$, $\cos 2\alpha$ の値を求めよ。ただし，α は第2象限の角とする。

テストに出るぞ！

ねらい
2倍角の公式を使って三角関数の値を求められるようにする。

解法ルール $\sin\alpha$ の値がわかっているので，$\cos\alpha$ の値もわかる。そこで，$\sin 2\alpha$, $\cos 2\alpha$ を $\sin\alpha$, $\cos\alpha$ で表す **2倍角の公式** を用いればよい。

解答例
$\cos^2\alpha=1-\sin^2\alpha=1-\left(\dfrac{1}{3}\right)^2=\dfrac{8}{9}$

α は第2象限の角だから $\cos\alpha<0$

ゆえに $\cos\alpha=-\dfrac{2\sqrt{2}}{3}$ 以上より

$$\left.\begin{aligned}\mathbf{\sin 2\alpha} &= 2\sin\alpha\cos\alpha=2\times\dfrac{1}{3}\times\left(-\dfrac{2\sqrt{2}}{3}\right)=-\dfrac{4\sqrt{2}}{9}\\ \mathbf{\cos 2\alpha} &= 1-2\sin^2\alpha=1-2\times\left(\dfrac{1}{3}\right)^2=\dfrac{7}{9}\end{aligned}\right\} \cdots \boxed{答}$$

← 下の図から，$\cos\alpha$ の値を求めてもよい。

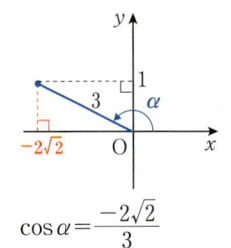

$\cos\alpha=\dfrac{-2\sqrt{2}}{3}$

類題 116 θ が第3象限の角で，$\tan\theta=3$ のとき，$\tan 2\theta$, $\cos 2\theta$, $\sin 2\theta$ の値を求めよ。

2 加法定理とその応用

基本例題 117 　半角の公式の利用

$\pi \leqq \alpha < 2\pi$ で $\cos\alpha = \dfrac{1}{4}$ のとき，$\sin\dfrac{\alpha}{2}$，$\cos\dfrac{\alpha}{2}$ の値を求めよ。

ねらい　半角の公式の適用と，正負の符号のきめ方をマスターする。

解法ルール　$\sin^2\dfrac{\alpha}{2}$，$\cos^2\dfrac{\alpha}{2}$ を $\cos\alpha$ で表して求める。そのうえで $\dfrac{\alpha}{2}$ の範囲に注意して値を求める。

解答例

$\sin^2\dfrac{\alpha}{2} = \dfrac{1-\cos\alpha}{2} = \dfrac{1-\dfrac{1}{4}}{2} = \dfrac{3}{8}$

$\cos^2\dfrac{\alpha}{2} = \dfrac{1+\cos\alpha}{2} = \dfrac{1+\dfrac{1}{4}}{2} = \dfrac{5}{8}$

ここで，$\dfrac{\pi}{2} \leqq \dfrac{\alpha}{2} < \pi$ だから　$\sin\dfrac{\alpha}{2} > 0$，$\cos\dfrac{\alpha}{2} < 0$

よって　$\sin\dfrac{\alpha}{2} = \sqrt{\dfrac{3}{8}} = \dfrac{\sqrt{6}}{4}$ …答

　　　$\cos\dfrac{\alpha}{2} = -\sqrt{\dfrac{5}{8}} = -\dfrac{\sqrt{10}}{4}$ …答

← $\dfrac{\alpha}{2}$ の範囲はもう少し細かくできる。
$\pi \leqq \alpha < 2\pi$ で $\cos\alpha > 0$
だから　$\dfrac{3}{2}\pi < \alpha < 2\pi$
よって　$\dfrac{3}{4}\pi < \dfrac{\alpha}{2} < \pi$

類題 117　$0 \leqq \alpha < \pi$ で $\sin\alpha = \dfrac{1}{5}$ のとき，$\sin\dfrac{\alpha}{2}$，$\tan\dfrac{\alpha}{2}$ の値を求めよ。

基本例題 118 　三角関数の値(5)

$\sin 22.5°$ および $\tan 67.5°$ の値を求めよ。　テストに出るぞ！

ねらい　半角の公式を用いて，三角関数の値を正確に求めることをマスターする。

解法ルール　$22.5° = \dfrac{45°}{2}$，$67.5° = \dfrac{135°}{2}$ だから，**半角の公式**が使える。

解答例

$\sin^2 22.5° = \sin^2\dfrac{45°}{2} = \dfrac{1-\cos 45°}{2} = \dfrac{1-\dfrac{\sqrt{2}}{2}}{2} = \dfrac{2-\sqrt{2}}{4}$

$\sin 22.5° > 0$ だから　$\sin 22.5° = \dfrac{\sqrt{2-\sqrt{2}}}{2}$ …答

$\tan^2 67.5° = \tan^2\dfrac{135°}{2} = \dfrac{1-\cos 135°}{1+\cos 135°} = \dfrac{1-\left(-\dfrac{1}{\sqrt{2}}\right)}{1+\left(-\dfrac{1}{\sqrt{2}}\right)}$

$= \dfrac{\sqrt{2}+1}{\sqrt{2}-1} = (\sqrt{2}+1)^2$

$\tan 67.5° > 0$ だから　$\tan 67.5° = \sqrt{2}+1$ …答

← $\sin 22.5°$ は次のような図から求められる。

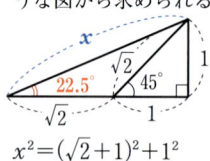

$x^2 = (\sqrt{2}+1)^2 + 1^2$
　　$= 4+2\sqrt{2}$

$\sin 22.5° = \dfrac{1}{x}$

$= \dfrac{1}{\sqrt{4+2\sqrt{2}}}$

$= \dfrac{1}{\sqrt{2}\sqrt{2+\sqrt{2}}} \times \dfrac{\sqrt{2-\sqrt{2}}}{\sqrt{2-\sqrt{2}}}$

$= \dfrac{\sqrt{2-\sqrt{2}}}{2}$

類題 118　$\cos 22.5°$ の値を求めよ。

3章　三角関数

基本例題 119 三角関数の等式の証明(2)

等式 $\dfrac{\sin\theta+\sin 2\theta}{1+\cos\theta+\cos 2\theta}=\tan\theta$ を証明せよ。

ねらい 等式の証明を通して，公式の活用方法を理解する。

解法ルール 複雑な式を変形して，簡単な式を導く。

両辺を比較すると，角は θ に統一すべきだし，左辺の分母の 1 はジャマ。そこで，$\cos 2\theta = 2\cos^2\theta - 1$ を用いる。

ジャマものは消せ！

解答例 左辺 $= \dfrac{\sin\theta + 2\sin\theta\cos\theta}{1+\cos\theta+(2\cos^2\theta-1)} = \dfrac{\sin\theta(1+2\cos\theta)}{\cos\theta(1+2\cos\theta)}$

$= \dfrac{\sin\theta}{\cos\theta} = \tan\theta =$ 右辺 　〔終〕

類題 119 等式 $\dfrac{1+\sin\theta-\cos\theta}{1+\sin\theta+\cos\theta} = \tan\dfrac{\theta}{2}$ を証明せよ。

基本例題 120 三角方程式・不等式を解く(1)

次の方程式，不等式を解け。ただし，$0 \leqq x < \pi$ とする。
(1) $\sin 2x + \sin x = 0$ 　　(2) $\cos 2x + 3\cos x > 1$

ねらい $\sin x$ または $\cos x$ についての方程式，不等式になおすことにより，三角方程式，不等式を解くこと。

解法ルール まず，角を x に統一する。そのために2倍角の公式を用いる。あとは，ふつうの方程式，不等式の場合と同様に，(積)$=0$，(積)>0 の形に変形すればよい。

解答例 (1) $2\sin x\cos x + \sin x = 0$
$\sin x(2\cos x + 1) = 0$
よって $\sin x = 0$, $\cos x = -\dfrac{1}{2}$
$0 \leqq x < \pi$ より $x = 0, \dfrac{2}{3}\pi$ …〔答〕

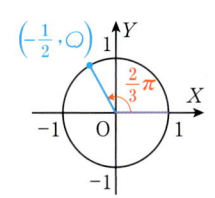

(2) $2\cos^2 x - 1 + 3\cos x > 1$
$2\cos^2 x + 3\cos x - 2 > 0$
$(2\cos x - 1)(\cos x + 2) > 0$
$\cos x + 2 > 0$ だから $\cos x > \dfrac{1}{2}$
$0 \leqq x < \pi$ より $0 \leqq x < \dfrac{\pi}{3}$ …〔答〕

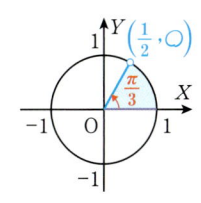

類題 120 次の方程式，不等式を解け。ただし，$0 \leqq x < \pi$ とする。
(1) $2\sin^2 x - \cos 2x = 1$ 　　(2) $\cos 2x \leqq 2 - 3\sin x$

9 三角関数の合成

$y=\sin x$ と $y=\cos x$ のグラフをもとにして，$y=\sin x+\cos x$ のグラフをかいてみよう。

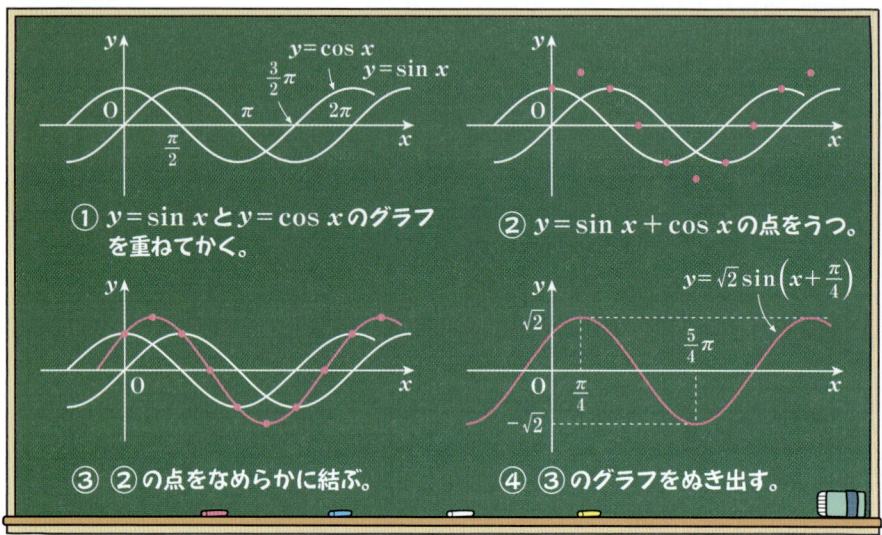

① $y=\sin x$ と $y=\cos x$ のグラフを重ねてかく。

② $y=\sin x+\cos x$ の点をうつ。

③ ②の点をなめらかに結ぶ。

④ ③のグラフをぬき出す。

④のグラフは，$y=\sqrt{2}\sin\left(x+\dfrac{\pi}{4}\right)$ となって，実はサインカーブを表している。
これは次のことからわかるね。

$$y=\sin x+\cos x$$
$$=\sqrt{2}\left(\dfrac{1}{\sqrt{2}}\times\sin x+\dfrac{1}{\sqrt{2}}\times\cos x\right)$$
$$=\sqrt{2}\left(\sin x\times\cos\dfrac{\pi}{4}+\cos x\times\sin\dfrac{\pi}{4}\right)$$
$$=\sqrt{2}\sin\left(x+\dfrac{\pi}{4}\right)$$

加法定理を逆に使っただけ！

このような変形を，**2つの三角関数を1つの三角関数に合成する**という。

ポイント ［三角関数の合成］

$$a\sin\theta+b\cos\theta=\sqrt{a^2+b^2}\sin(\theta+\alpha)$$

ただし，$\cos\alpha=\dfrac{a}{\sqrt{a^2+b^2}}$，$\sin\alpha=\dfrac{b}{\sqrt{a^2+b^2}}$

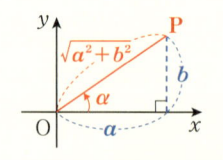

基本例題 121 三角関数を合成する

次の式を $r\sin(\theta+\alpha)$ $(r>0,\ -\pi<\alpha\leqq\pi)$ の形にせよ。

(1) $\sqrt{3}\sin\theta-3\cos\theta$ (2) $-3\sin\theta+4\cos\theta$

ねらい
三角関数の合成
$a\sin\theta+b\cos\theta$
$=\sqrt{a^2+b^2}\sin(\theta+\alpha)$
をマスターする。

解法ルール $\sin\theta$ の係数を x 座標，$\cos\theta$ の係数を y 座標とする点 $\mathrm{P}(x, y)$ をとり，与式を $\mathrm{OP}=\sqrt{x^2+y^2}$ でくくると，すぐに変形できる。ただし，α は x 軸と OP のなす角である。

← 図を参考にすると変形しやすい。

解答例 (1) 与式 $= 2\sqrt{3}\left\{\sin\theta \times \dfrac{1}{2} + \cos\theta \times \left(-\dfrac{\sqrt{3}}{2}\right)\right\}$

$= 2\sqrt{3}\left\{\sin\theta\cos\left(-\dfrac{\pi}{3}\right) + \cos\theta\sin\left(-\dfrac{\pi}{3}\right)\right\}$

$= 2\sqrt{3}\sin\left(\theta - \dfrac{\pi}{3}\right)$ …答

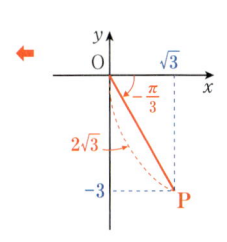

(2) 与式 $= 5\left\{\sin\theta \times \left(-\dfrac{3}{5}\right) + \cos\theta \times \dfrac{4}{5}\right\}$

$= 5(\sin\theta\cos\alpha + \cos\theta\sin\alpha)$

$= 5\sin(\theta + \alpha)$ …答

ただし，α は $\cos\alpha = -\dfrac{3}{5}$，$\sin\alpha = \dfrac{4}{5}$ を満たす角

このただし書きを忘れるな！

類題 121 次の式を $r\sin(x+\alpha)$ $(r>0, -\pi<\alpha\leqq\pi)$ の形にせよ。

(1) $-\sin x - \cos x$ 　　　(2) $\sin\left(x+\dfrac{\pi}{6}\right) - \cos x$

基本例題 122　　三角方程式・不等式を解く(2)

$0 \leqq x \leqq \pi$ のとき，次の方程式，不等式を解け。
(1) $\sin x - \cos x = \sqrt{2}$ 　　(2) $\sin x + \sqrt{3}\cos x > 1$

ねらい 三角関数の合成を用いて，三角方程式，不等式を解くことを学ぶ。

解法ルール それぞれ**左辺の三角関数を合成**して，$r\sin(x+\alpha)$ の形にしてから解く。このとき，$x+\alpha$ の範囲に注意すること。

解答例 (1) 与式より　$\sqrt{2}\sin\left(x - \dfrac{\pi}{4}\right) = \sqrt{2}$　　$\sin\left(x - \dfrac{\pi}{4}\right) = 1$

$x - \dfrac{\pi}{4} = \theta \left(-\dfrac{\pi}{4} \leqq \theta \leqq \dfrac{3}{4}\pi\right)$ とおくと　$\sin\theta = 1$

$\theta = \dfrac{\pi}{2}$　　よって　$x = \dfrac{3}{4}\pi$ …答

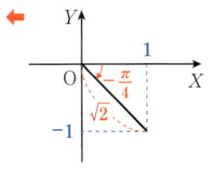

(2) 与式より　$2\sin\left(x + \dfrac{\pi}{3}\right) > 1$　　$\sin\left(x + \dfrac{\pi}{3}\right) > \dfrac{1}{2}$

$x + \dfrac{\pi}{3} = \theta \left(\dfrac{\pi}{3} \leqq \theta \leqq \dfrac{4}{3}\pi\right)$ とおくと　$\sin\theta > \dfrac{1}{2}$

$\dfrac{\pi}{3} \leqq \theta < \dfrac{5}{6}\pi$　　よって　$0 \leqq x < \dfrac{\pi}{2}$ …答

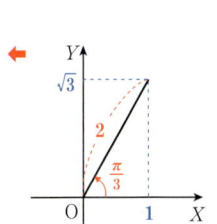

類題 122 $0 \leqq x < 2\pi$ のとき，次の方程式，不等式を解け。

(1) $-\sqrt{3}\sin x + \cos x = 1$ 　　(2) $\cos x \geqq \sqrt{3}\sin x$

応用例題 123 三角関数の最大・最小(3)　テストに出るぞ！

$0 \leq x \leq \dfrac{\pi}{2}$ のとき，$f(x) = \sin^2 x + 3\sin x \cos x + 4\cos^2 x$ の最大値と最小値を求めよ。

ねらい $\sin^2 x$, $\sin x \cos x$, $\cos^2 x$ の式は，$\sin 2x$, $\cos 2x$ で表せること，したがって合成によって1つにまとめられることを理解する。

解法ルール $\sin^2 x$, $\cos^2 x$ は $\cos 2x$ で，$\sin x \cos x$ は $\sin 2x$ で表せる。そこで，$f(x)$ を $r\sin(2x+\alpha)+a$ の形に変形する。

解答例
$$f(x) = \dfrac{1-\cos 2x}{2} + \dfrac{3}{2}\sin 2x + 4 \times \dfrac{1+\cos 2x}{2}$$
$$= \dfrac{3}{2}(\sin 2x + \cos 2x) + \dfrac{5}{2} = \dfrac{3}{2}\sqrt{2}\sin\left(2x+\dfrac{\pi}{4}\right) + \dfrac{5}{2}$$

$\dfrac{\pi}{4} \leq 2x+\dfrac{\pi}{4} \leq \dfrac{5}{4}\pi$ より，$-\dfrac{1}{\sqrt{2}} \leq \sin\left(2x+\dfrac{\pi}{4}\right) \leq 1$ だから

$2x+\dfrac{\pi}{4} = \dfrac{\pi}{2}$ のとき最大値　$\dfrac{3}{2}\sqrt{2} + \dfrac{5}{2} = \dfrac{3\sqrt{2}+5}{2}$

$2x+\dfrac{\pi}{4} = \dfrac{5}{4}\pi$ のとき最小値　$\dfrac{3}{2}\sqrt{2} \times \left(-\dfrac{1}{\sqrt{2}}\right) + \dfrac{5}{2} = 1$

答 $x = \dfrac{\pi}{8}$ のとき 最大値 $\dfrac{3\sqrt{2}+5}{2}$，$x = \dfrac{\pi}{2}$ のとき 最小値 1

最大値・最小値を与える x の値が求められるときは求めておく方がよい

類題 123 $0 \leq \theta \leq \dfrac{\pi}{2}$ のとき，$f(\theta) = 3\sin^2\theta - 2\sqrt{3}\sin\theta\cos\theta + \cos^2\theta$ の最大値と最小値を求めよ。

これも知っ得 積を和・差に，和・差を積に変える公式

加法定理
$\sin(\alpha+\beta) = \sin\alpha\cos\beta + \cos\alpha\sin\beta$ ⋯①　　$\sin(\alpha-\beta) = \sin\alpha\cos\beta - \cos\alpha\sin\beta$ ⋯②
$\cos(\alpha+\beta) = \cos\alpha\cos\beta - \sin\alpha\sin\beta$ ⋯③　　$\cos(\alpha-\beta) = \cos\alpha\cos\beta + \sin\alpha\sin\beta$ ⋯④

積→和・差の公式

(①+②)÷2 より　　$\sin\alpha\cos\beta = \dfrac{1}{2}\{\sin(\alpha+\beta) + \sin(\alpha-\beta)\}$ ⋯⑤

(①−②)÷2 より　　$\cos\alpha\sin\beta = \dfrac{1}{2}\{\sin(\alpha+\beta) - \sin(\alpha-\beta)\}$ ⋯⑥

(③+④)÷2 より　　$\cos\alpha\cos\beta = \dfrac{1}{2}\{\cos(\alpha+\beta) + \cos(\alpha-\beta)\}$ ⋯⑦

(③−④)÷2 より　　$\sin\alpha\sin\beta = -\dfrac{1}{2}\{\cos(\alpha+\beta) - \cos(\alpha-\beta)\}$ ⋯⑧

⑤〜⑧の式において，$\alpha+\beta = A$，$\alpha-\beta = B$ とおくと，$\alpha = \dfrac{A+B}{2}$，$\beta = \dfrac{A-B}{2}$ となるので，

和・差→積の公式

⑤より　$\sin A + \sin B = 2\sin\dfrac{A+B}{2}\cos\dfrac{A-B}{2}$　　⑥より　$\sin A - \sin B = 2\cos\dfrac{A+B}{2}\sin\dfrac{A-B}{2}$

⑦より　$\cos A + \cos B = 2\cos\dfrac{A+B}{2}\cos\dfrac{A-B}{2}$　　⑧より　$\cos A - \cos B = -2\sin\dfrac{A+B}{2}\sin\dfrac{A-B}{2}$

定期テスト予想問題 解答→p.33〜35

1 α は第1象限の角で $\sin\alpha=\dfrac{3}{5}$, β は第3象限の角で $\cos\beta=-\dfrac{5}{13}$ とする。このとき, $\sin(\alpha-\beta)$, $\cos(\alpha-\beta)$ の値を求めよ。

2 次の式を簡単にせよ。
(1) $\dfrac{\cos^2\theta-\sin^2\theta}{1+2\sin\theta\cos\theta}-\dfrac{1-\tan\theta}{1+\tan\theta}$
(2) $\tan^2\theta+(1-\tan^4\theta)\cos^2\theta$

3 $\dfrac{\sin\theta+\cos\theta}{\sin\theta-\cos\theta}=4+\sqrt{15}$ のとき, $\cos\theta$ の値を求めよ。

4 右の図は三角関数 $y=3\sin(ax+b)$ のグラフの一部である。a, b および図の中の目もり A, B, C の値を求めよ。ただし, $a>0$, $0<b<2\pi$ とする。

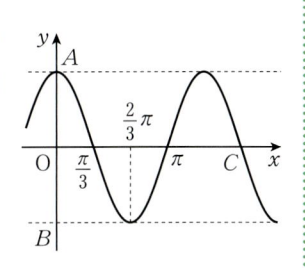

5 $-\pi\leqq\theta<\pi$ であるとき, x の2次方程式
$$x^2+2(\sin\theta)x+\cos\theta+\cos^2\theta=0$$
が虚数解をもつような θ の値の範囲を求めよ。

6 θ についての方程式
$$\sin^2\theta+\sin\theta-2\cos^2\theta+a=0$$
が解をもつように実数 a の値の範囲を定めよ。

HINT

1 まず, $\cos\alpha$, $\sin\beta$ の値を求める。

2 それぞれ
(1) $1=\sin^2\theta+\cos^2\theta$
(2) $1-x^4=(1-x^2)(1+x^2)$
を利用する。

3 まず $\tan\theta$ の値を求める。

4 a は周期からわかる。b はたとえば $\left(\dfrac{\pi}{3},\ 0\right)$ を通ることから求める。

5 虚数解をもつ $\iff$ 判別式 <0

6 $\sin\theta=t$ とおき, 左辺を $f(t)$ とおく。
$\begin{cases} y=a \\ y=f(t) \end{cases}(-1\leqq t\leqq 1)$
が共有点をもてばよい。

7 関数 $y=(\sin x-1)(\cos x-1)$ がある。
(1) $\sin x+\cos x=t$ とおくとき，y を t の式で表せ。
(2) y の最大値，最小値およびそのときの x の値を求めよ。ただし，$0 \leqq x < 2\pi$ とする。

7 (1) まず $\sin x\cos x$ を t で表す。
(2) t の値の範囲に注意する。

8 $0 \leqq x < 2\pi$ のとき，$y=\sin^6 x+\cos^6 x$ の最大値，最小値およびそのときの x の値を求めよ。

8 a^3+b^3
$=(a+b)^3$
$\quad -3ab(a+b)$
となることを利用する。

9 次の関数のグラフをかけ。
(1) $y=2\sin^2 x+\sin 2x$
(2) $y=\cos x+|\cos x|$

9 (1) 角を $2x$ に統一して合成する。
(2) 場合分けする。

10 次の方程式を解け。ただし，$0 \leqq x \leqq \pi$ とする。
(1) $\cos x-\cos 2x=1$
(2) $3\sin^2 x-2\sin x\cos x+\cos^2 x=3$

10 (1) 2倍角の公式を用いて，$\cos x$ の2次方程式になおす。
(2) 角を $2x$ に統一。

11 2次方程式 $2x^2-3x+1=0$ の2つの解を $\tan\alpha$，$\tan\beta$ とするとき，
$3\sin^2(\alpha+\beta)-5\sin(\alpha+\beta)\cos(\alpha+\beta)-2\cos^2(\alpha+\beta)$
の値を求めよ。

11 まず $\tan(\alpha+\beta)$ の値を求める。

12 関数 $y=2\sin^2 x+2\sqrt{3}\sin x\cos x$ について，次の問いに答えよ。
(1) $y=r\sin(2x+\alpha)+c$ の形に変形せよ。
ただし，$r>0$，$-\pi \leqq \alpha < \pi$ とする。
(2) $0 \leqq x < 2\pi$ のとき，y の最大値，最小値およびそのときの x の値を求めよ。

12 (1) 半角の公式，2倍角の公式を使って，$\sin 2x$，$\cos 2x$ で表し合成する。
(2) $2x+\alpha=\theta$ とおき，最大値，最小値を求める。

3章 三角関数

4章 指数関数・対数関数

1節 指数関数

1 累乗根

n 乗して a になる数，すなわち $x^n = a$ を満たす x を a の n 乗根といいます。実数の範囲で考えることにすれば，$x^2 = 3$ の解は $x = \pm\sqrt{3}$ だから，3 の 2 乗根は $\sqrt{3}$ と $-\sqrt{3}$ の 2 つあります。

$x^3 = 8$ の場合，移項した $x^3 - 8 = 0$ の左辺を因数分解して
$$(x-2)(x^2+2x+4) = 0$$
$$x = 2 \quad \text{または} \quad x^2 + 2x + 4 = 0$$
後の 2 次方程式に実数解はないから，8 の 3 乗根は，2 がただ 1 つということになりますね。

では，-3 の 2 乗根，-8 の 3 乗根，16 と -16 の 4 乗根を調べてみましょう。

$x^2 = -3$ は左辺は負にならないから，これには実数解はありませんが。

だから「-3 の 2 乗根で実数のものはない」というのが答え。

だったら，$x^4 = -16$ も左辺は負にならないから実数解はないので，-16 の 4 乗根で実数のものはありません。

$x^3 = -8$ は $x^3 + 8 = 0$ より $(x+2)(x^2-2x+4) = 0$ だから -8 の 3 乗根は -2 ですね。

$x^4 = 16$ は $x^4 - 16 = 0$ より $(x-2)(x+2)(x^2+4) = 0$ だから 16 の 4 乗根は 2 と -2 の 2 つがあります。

そうですね。これらの例から，**a の n 乗根については，a が正か負か，n が奇数か偶数かによって事情が違う**ことが分かります。

← 2 乗根を**平方根**，3 乗根を**立方根**ともいう。2 乗根，3 乗根，4 乗根，…を総称して**累乗根**という。

← $x^3 = 8$, $x^3 = -8$, $x^4 = 16$ のグラフによる解は，下のようになる。（グラフでは実数解だけが現れる。）

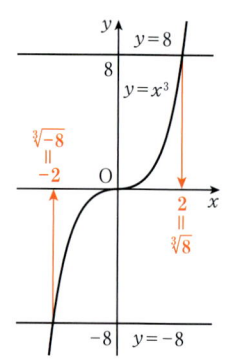

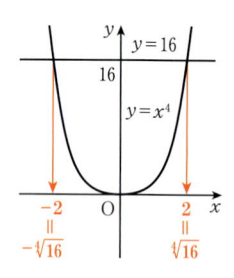

したがって，a の n 乗根のうち実数のものを，次の約束のもとに記号 $\sqrt[n]{}$ を使って表します。

← 特に $n=2$ のときは，$\sqrt[2]{}$ の 2 を省略して $\sqrt{}$ と書く。

[記号 $\sqrt[n]{}$ の約束]
n が奇数のとき　$x^n=a$ の**実数解は 1 つ**ある。それを $\sqrt[n]{a}$ で表す。
n が偶数のとき　❶ $a>0$ ならば $x^n=a$ の**実数解は正負 2 つ**あり，正の方を $\sqrt[n]{a}$，負の方を $-\sqrt[n]{a}$ で表す。
　　　　　　　　❷ $a<0$ ならば $x^n=a$ に実数解はないので，$\sqrt[n]{}$ の記号は使わない。

← n が奇数のときは $a>0$ とすると
$\begin{cases} \sqrt[n]{a}>0 \\ \sqrt[n]{-a}=-\sqrt[n]{a}<0 \end{cases}$

さらに，n 乗根の定義から $(\sqrt[n]{a})^n=\sqrt[n]{a^n}=a$ は明らか。また，累乗根の計算では，次のことが重要なので必ず覚えておくこと。

ポイント　[累乗根の計算規則]　$a>0$, $b>0$ で，m, n が 2 以上の整数のとき
① $\sqrt[n]{a}\sqrt[n]{b}=\sqrt[n]{ab}$
② $\dfrac{\sqrt[n]{a}}{\sqrt[n]{b}}=\sqrt[n]{\dfrac{a}{b}}$
③ $(\sqrt[n]{a})^m=\sqrt[n]{a^m}$
④ $\sqrt[m]{\sqrt[n]{a}}=\sqrt[mn]{a}$

覚え得

基本例題 124　　　累乗根を計算する

次の式を簡単にせよ。
(1) $\sqrt[4]{144}$　　(2) $\sqrt[3]{-81}\sqrt[3]{9}$　　(3) $\sqrt[3]{\sqrt{729}}$

ねらい
累乗根とは何かを確認することと，累乗根の計算規則の適用の方法を学ぶ。

解法ルール　$\sqrt[n]{a}\,(a>0)$ は n 乗すると a になる数を表す。
(1) 144 を素因数分解してみるとわかりやすい。
(2) n が奇数のとき，$\sqrt[n]{-a}=-\sqrt[n]{a}\,(a>0)$ で負の実数となる。
(3) 累乗根の計算規則を適用する。

← 144，729 を素因数分解しておくとよい。
2) 144　　3) 729
2)　72　　3) 243
2)　36　　3)　81
2)　18　　3)　27
3)　 9　　3)　 9
　　 3　　　　 3
よって　$144=2^4\times 3^2$
　　　　$729=3^6$

解答例
(1) $\sqrt[4]{144}=\sqrt{\sqrt{12^2}}=\sqrt{12}=\sqrt{2^2\times 3}=\mathbf{2\sqrt{3}}$　…[答]
(2) $\sqrt[3]{-81}\sqrt[3]{9}=-\sqrt[3]{81}\sqrt[3]{9}=-\sqrt[3]{3^4}\sqrt[3]{3^2}$
$=-\sqrt[3]{3^6}=-\sqrt[3]{(3^2)^3}=-3^2=\mathbf{-9}$　…[答]
(3) $\sqrt[3]{\sqrt{729}}=\sqrt[3]{\sqrt{3^6}}=\sqrt[3\times 2]{3^6}=\sqrt[6]{3^6}=\mathbf{3}$　…[答]

類題 124　次の計算をせよ。
(1) $\sqrt[3]{216}$　　(2) $\sqrt[4]{0.0625}$　　(3) $\sqrt[5]{-1024}$
(4) $\dfrac{\sqrt[3]{375}}{\sqrt[3]{3}}$　　(5) $(\sqrt[8]{100})^4$　　(6) $\sqrt[3]{\sqrt[3]{-512}}$

1 指数関数

2 指数の拡張

整式の乗法のところででてきた，**指数法則**を覚えているかな。右に書いておくよ。
さて，今回は，指数が負の整数や有理数であっても指数法則が矛盾なく成立するように，指数の定義を拡張しよう。
毎年物価が前年の2倍になるというすごいインフレを考える。初めの年の物価が1であるとすると，次のようになる。

（指数法則）
m，n が正の整数のとき
① $a^m \times a^n = a^{m+n}$
② $(a^m)^n = a^{mn}$
③ $(ab)^n = a^n b^n$

$$\begin{array}{cccccc} 1 & 2 & 4 & 8 & 16 & 32 & 64 & \cdots \\ \| & \| & \| & \| & \| & \| & \| \\ & 2^1 & 2^2 & 2^3 & 2^4 & 2^5 & 2^6 & \cdots \quad * \end{array}$$

物価が1であった年の前年の物価，2年前，3年前，…の物価も書き上げると，次のようになるだろう。

$$\cdots \ \frac{1}{16} \ \frac{1}{8} \ \frac{1}{4} \ \frac{1}{2} \ 1 \ 2 \ 4 \ 8 \ 16 \ \cdots$$

$$\cdots \ 2^{\Box} \ 2^{\Box} \ 2^{\Box} \ 2^{\Box} \ 2^{\Box} \ 2^1 \ 2^2 \ 2^3 \ 2^4 \ \cdots$$

上の□の中はどんな数が適当だと思う？

指数は右から順に4, 3, 2, 1 だから，つづきは

$$1 = 2^0, \ \frac{1}{2} = 2^{-1}, \ \frac{1}{4} = 2^{-2}, \ \frac{1}{8} = 2^{-3}, \ \frac{1}{16} = 2^{-4}, \ \cdots$$

としか考えようがありませんね。

← （補足1）指数法則
①が $m=0$ のときも成立するとすると
$a^0 \times a^n = a^{0+n} = a^n$
よって $a^0 = \dfrac{a^n}{a^n} = 1$

①が $m = -n$ のときも成立するとすると
$a^{-n} \times a^n = a^{-n+n}$
$= a^0 = 1$
よって $a^{-n} = \dfrac{1}{a^n}$

その通りなんだ。そこで，**0 や負の整数の指数を，次のように定める。**

ポイント [0 や負の整数の指数] $a \neq 0$，n を正の整数として

$$a^0 = 1 \qquad a^{-n} = \frac{1}{a^n}$$

覚え得

じゃあ物価が前年の $\sqrt{2}$ 倍になるという上の場合よりましなインフレでは

$$\begin{array}{cccccc} 1 & \sqrt{2} & 2 & 2\sqrt{2} & 4 & 4\sqrt{2} & 8 & \cdots \\ \| & \| & \| & \| & \| & \| & \| \\ 2^0 & 2^{\Box} & 2^1 & 2^{\Box} & 2^2 & 2^{\Box} & 2^3 & \cdots \end{array}$$

このときは，上の□の中はどんな数にするとよいと思う？

← （補足2）指数法則
②が $m = \dfrac{1}{n}$ のときも成立するとすると
$(a^{\frac{1}{n}})^n = a^{\frac{1}{n} \times n} = a$
よって $a^{\frac{1}{n}} = \sqrt[n]{a}$
両辺を m 乗すると
$a^{\frac{m}{n}} = (\sqrt[n]{a})^m$
$= \sqrt[n]{a^m}$

＊では指数は1ずつ増えているね。このことは，**ある数に定数を順に掛けていくと指数は等間隔で増える**ことを示す。

それで 0, □, 1, □, 2, □, 3, …と等間隔に増えるのなら

$$\sqrt{2}=2^{\frac{1}{2}}, \quad 2\sqrt{2}=2^{\frac{3}{2}}, \quad 4\sqrt{2}=2^{\frac{5}{2}}$$

でしょうか。

その通り。以上のことから，有理数の指数を次のように定義するんだ。指数関数のところでは，このことを覚えておかないといろんな計算がまったくできない。

← 分数の指数を考えるとき，たとえば $(-2)^{\frac{1}{2}}=\sqrt{-2}$ は実数にはならない。また，0^0 もきまらない。そこで a^x で x に分数を考えるときは，$a>0$ とする。

ポイント

[有理数の指数] $a>0$，m を整数，n を正の整数として

$$a^{\frac{1}{n}}=\sqrt[n]{a} \qquad a^{\frac{m}{n}}=(\sqrt[n]{a})^m=\sqrt[n]{a^m}$$

覚え得

（補足1）や（補足2）でみるように，負の整数や分数の指数を上のように定めれば，これらの指数に対しても指数法則はちゃんと成り立つことが確かめられるだろう。それでは黒板を書き直すよ。

〔指数法則〕
$a>0$，$b>0$ で，p，q が有理数のとき
① $a^p \times a^q = a^{p+q}$
② $(a^p)^q = a^{pq}$
③ $(ab)^p = a^p b^p$

基本例題 125 　　　　　　　　　　　負の指数の計算

次の計算をせよ。ただし，$a \neq 0$，$b \neq 0$ とする。
(1) $a^5 \times a^{-3} \div a^2$ 　　　　　(2) $(a^{-3}b)^{-2}$
(3) $2^{-3} \div (2^{-2})^3$ 　　　　　(4) $6^{-8} \times 24^3$

ねらい
負の整数の指数にも自由に指数法則が適用できること。

解法ルール 割り算は，$\dfrac{a^m}{a^n}=a^{m-n}$ を用いるか，$\dfrac{1}{a^n}=a^{-n}$ として指数法則を適用する。

解答例
(1) $a^5 \times a^{-3} \div a^2 = a^{5+(-3)-2} = a^0 = 1$ …答
(2) $(a^{-3}b)^{-2} = (a^{-3})^{-2}b^{-2} = a^6 b^{-2} = \dfrac{a^6}{b^2}$ …答
(3) $2^{-3} \div (2^{-2})^3 = 2^{-3} \div 2^{-6} = 2^{-3-(-6)} = 2^3 = 8$ …答
(4) $6^{-8} \times 24^3 = (2 \cdot 3)^{-8} \times (2^3 \cdot 3)^3 = 2^{-8} \cdot 3^{-8} \times 2^9 \cdot 3^3$
$\qquad = 2^{-8+9} \cdot 3^{-8+3} = 2 \cdot 3^{-5} = \dfrac{2}{3^5} = \dfrac{2}{243}$ …答

特に指示がなければ，結果は分数で表し，負の指数を用いないことが多い。$a^6 b^{-2}$ を答えとしても，もちろん正解。

類題 125 次の計算をせよ。ただし，$a \neq 0$，$b \neq 0$ とする。
(1) $a^{-3} \times a^{-5}$ 　　　(2) $(a^{-1}b)^3 \times (a^{-2}b)^{-2}$ 　　　(3) $(a^5 b^{-2})^3 \div (a^{-2}b)^{-5}$
(4) $3^{-5} \div (3^{-2})^4$ 　　　(5) $6^3 \div 2^{-5} \times 3^{-3}$ 　　　(6) $2 \times 10^{10} \div (5 \times 10^4)$

1 指数関数

基本例題 126 　　　　　　　　　　　　[有理数の指数にする]

$a>0$ のとき，次の式を a^x の形で表せ。

(1) $\sqrt[3]{a^5}$ 　　　(2) $\sqrt[3]{\dfrac{1}{a^4}}$ 　　　(3) $\dfrac{1}{(\sqrt[5]{a})^2}$

ねらい　$\sqrt[n]{\ }$ を使った式を有理数の指数を使った式に書きかえることをマスターする。

解法ルール　$a>0$ のとき，$\sqrt[n]{a^m}=a^{\frac{m}{n}}$ である。

$\sqrt[n]{\ }$ の n を分母にもってくることに注意しておく。

また，$a^{\frac{m}{n}}$ を $\sqrt[n]{a^m}$ となおせるようにしておく。

解答例
(1) $\sqrt[3]{a^5}=a^{\frac{5}{3}}$ …答

(2) $\sqrt[3]{\dfrac{1}{a^4}}=\sqrt[3]{a^{-4}}=a^{-\frac{4}{3}}$ …答

(3) $\dfrac{1}{(\sqrt[5]{a})^2}=\dfrac{1}{(a^{\frac{1}{5}})^2}=\dfrac{1}{a^{\frac{2}{5}}}=a^{-\frac{2}{5}}$ …答

類題 126　$a>0$ のとき，次の式を根号を用いて表せ。

(1) $a^{\frac{8}{3}}$ 　　　(2) $a^{0.75}$ 　　　(3) $a^{-\frac{7}{2}}$

← 類題 126 は，基本例題 126 とは反対の方向への変形。どちらもできるようにすること。

基本例題 127 　　　　　　　　　　　　[指数法則の適用(1)]

次の計算をせよ。　　　　　　　　　　　　**テストに出るぞ！**

(1) $(81^{\frac{3}{4}})^{-\frac{1}{3}}$ 　　　(2) $9^{1.5}\times 32^{-0.4}$ 　　　(3) $9^{\frac{1}{4}}\times 9^{\frac{1}{3}}\div 9^{\frac{1}{12}}$

ねらい　指数が有理数の場合に，指数法則を使って式を変形すること。

解法ルール　指数法則は，指数が有理数のときも成り立つ。

すなわち，

$a>0$，$b>0$ で，r，s が有理数のとき

$a^r\times a^s=a^{r+s}$，$(a^r)^s=a^{rs}$，$(ab)^r=a^r b^r$

が成り立つ。

解答例
(1) $(81^{\frac{3}{4}})^{-\frac{1}{3}}=\{(3^4)^{\frac{3}{4}}\}^{-\frac{1}{3}}=3^{4\times\frac{3}{4}\times(-\frac{1}{3})}=3^{-1}=\dfrac{1}{3}$ …答

(2) $9^{1.5}\times 32^{-0.4}=(3^2)^{\frac{3}{2}}\times(2^5)^{-\frac{2}{5}}=3^3\times 2^{-2}=\dfrac{3^3}{2^2}=\dfrac{27}{4}$ …答

(3) $9^{\frac{1}{4}}\times 9^{\frac{1}{3}}\div 9^{\frac{1}{12}}=9^{\frac{1}{4}+\frac{1}{3}-\frac{1}{12}}=9^{\frac{1}{2}}=(3^2)^{\frac{1}{2}}=3$ …答

← 小数の指数は分数になおしたほうが，計算しやすい。

類題 127　次の計算をせよ。

(1) $(64^{\frac{2}{3}})^{\frac{1}{2}}$ 　　　(2) $4^{\frac{2}{3}}\div 18^{\frac{1}{3}}\times 72^{\frac{1}{3}}$

4章　指数関数・対数関数

基本例題 128　指数法則の適用(2)

次の式を簡単にせよ。ただし，文字は正の数とする。

(1) $\sqrt[3]{18} \times \sqrt{54} \div \sqrt[6]{96}$　　(2) $\dfrac{\sqrt[3]{a^2}}{a\sqrt[3]{a}}$　　(3) $\sqrt{a\sqrt{a\sqrt{a}}}$

ねらい　累乗根の計算を $\sqrt[n]{}$ の定義にしたがって計算するよりは，有理数の指数の式にして，指数法則を使う方が簡単であることを理解する。

解法ルール　基本例題 124 では，累乗根の計算規則にしたがって累乗根の計算を行ったが，ここでは次のようにする。

$\sqrt[n]{a^m}=a^{\frac{m}{n}}$ として指数法則を利用する。

解答例

(1) $\sqrt[3]{18} \times \sqrt{54} \div \sqrt[6]{96} = (2\cdot 3^2)^{\frac{1}{3}} \times (2\cdot 3^3)^{\frac{1}{2}} \div (2^5\cdot 3)^{\frac{1}{6}}$
$= 2^{\frac{1}{3}} \times 3^{\frac{2}{3}} \times 2^{\frac{1}{2}} \times 3^{\frac{3}{2}} \div (2^{\frac{5}{6}} \times 3^{\frac{1}{6}})$
$= 2^{\frac{1}{3}+\frac{1}{2}-\frac{5}{6}} \times 3^{\frac{2}{3}+\frac{3}{2}-\frac{1}{6}}$
$= 2^{\frac{2}{6}+\frac{3}{6}-\frac{5}{6}} \times 3^{\frac{4}{6}+\frac{9}{6}-\frac{1}{6}}$
$= 2^0 \times 3^2 = \mathbf{9}$　…答

(2) $\dfrac{\sqrt[3]{a^2}}{a\sqrt[3]{a}} = \dfrac{a^{\frac{2}{3}}}{a \times a^{\frac{1}{3}}} = a^{\frac{2}{3}-1-\frac{1}{3}} = a^{-\frac{2}{3}} = \dfrac{\mathbf{1}}{\sqrt[3]{a^2}}$　…答

(3) $\sqrt{a\sqrt{a\sqrt{a}}} = \{a(a \times a^{\frac{1}{2}})^{\frac{1}{2}}\}^{\frac{1}{2}} = a^{\frac{1}{2}} \times a^{\frac{1}{4}} \times a^{\frac{1}{8}}$
$= a^{\frac{1}{2}+\frac{1}{4}+\frac{1}{8}} = a^{\frac{7}{8}} = \sqrt[8]{a^7}$　…答

← (3)は，( ) の中から順に計算して
$\{a(a \times a^{\frac{1}{2}})^{\frac{1}{2}}\}^{\frac{1}{2}}$
$= \{a \times (a^{\frac{3}{2}})^{\frac{1}{2}}\}^{\frac{1}{2}}$
$= (a \times a^{\frac{3}{4}})^{\frac{1}{2}} = (a^{\frac{7}{4}})^{\frac{1}{2}}$
$= a^{\frac{7}{8}}$
としてもよい。

類題 128　次の式を簡単にせよ。ただし，文字は正の数とする。

(1) $\sqrt[3]{7^4} \times \sqrt{7} \times \sqrt[6]{7}$　　(2) $\sqrt{a\sqrt{a\sqrt{a}}} \times \sqrt{\sqrt{\sqrt{a}}}$

応用例題 129　式の値を求める

$a^{\frac{1}{2}}+a^{-\frac{1}{2}}=3$ のとき，次の値を求めよ。ただし，$a>0$ とする。

(1) $a+a^{-1}$　　(2) $a^{\frac{3}{2}}+a^{-\frac{3}{2}}$

テストに出るぞ！

ねらい　式の値を求めるときには，対称式がとりあげられることが多い。和と積で表して値を求める方法をマスターする。

解法ルール　分数指数のままで式の変形がしにくいときは，他の文字でおき換えるとよい。このとき $a^{\frac{1}{2}} \times a^{-\frac{1}{2}}=a^0=1$ となることに注目する。

解答例　$a^{\frac{1}{2}}=x$, $a^{-\frac{1}{2}}=y$ とおくと $x+y=3$, $xy=1$ となる。

(1) $a+a^{-1} = x^2+y^2 = (x+y)^2-2xy = 9-2 = \mathbf{7}$　…答

(2) $a^{\frac{3}{2}}+a^{-\frac{3}{2}} = x^3+y^3 = (x+y)^3-3xy(x+y) = 27-9 = \mathbf{18}$　…答

類題 129　$a>0$, $a^{\frac{1}{2}}-a^{-\frac{1}{2}}=2$ のとき，次の値を求めよ。

(1) $a+a^{-1}$　　(2) a^2+a^{-2}　　(3) $a^{\frac{1}{2}}+a^{-\frac{1}{2}}$

3 指数関数とそのグラフ

指数関数を次のように定める。

> **ポイント** [指数関数の定義]
> a を 1 でない正の定数とするとき
> $$y = a^x$$
> を，a を**底**とする**指数関数**という。

p.140 の，すごいインフレを表す関数 $y=2^x$ のグラフを考えましょう。

まず，$x=-2,\ -\dfrac{3}{2},\ -1,\ -\dfrac{1}{2},\ -\dfrac{1}{4},\ 0,\ \dfrac{1}{4},\ \cdots$

に対する y の値を求めてごらん。電卓を使っていいですよ。

$2^{\frac{1}{2}}=\sqrt{2}\fallingdotseq 1.414,\quad 2^{\frac{3}{2}}=2\sqrt{2}\fallingdotseq 2.828,$

$2^{-\frac{1}{2}}=\dfrac{1}{\sqrt{2}}=\dfrac{\sqrt{2}}{2}\fallingdotseq 0.707,\quad 2^{\frac{1}{4}}=\sqrt{\sqrt{2}}=\sqrt{1.414}\fallingdotseq 1.189,\ \cdots$

として，下の表ができます。

x	-2	$-\dfrac{3}{2}$	-1	$-\dfrac{1}{2}$	$-\dfrac{1}{4}$	0	$\dfrac{1}{4}$	$\dfrac{1}{2}$	1	$\dfrac{3}{2}$	2
y	0.25	0.354	0.5	0.707	0.841	1	1.189	1.414	2	2.828	4

← $2^{\frac{1}{3}}$ を電卓で求めるときは，次のようにする。
($2^{\frac{1}{3}}=x$ とする。)
まず，3 乗して 2 に近い数を見つける。
$1.2^3=1.728$
$1.3^3=2.197$
$1.2<x<1.3$ だから，この区間で比例配分して，
$x=1.2+0.1\times\dfrac{0.272}{0.469}$
$\fallingdotseq 1.257995735$

これらの点を座標平面にプロットしてなめらかな曲線でつなぐと右のようになります。

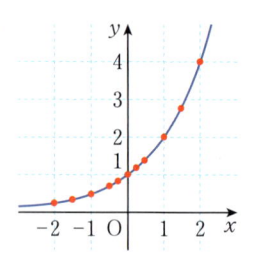

次に $y=\left(\dfrac{1}{2}\right)^x$ のグラフを考えてみましょう。

$\left(\dfrac{1}{2}\right)^{-2}=(2^{-1})^{-2}=2^2=4,\quad \left(\dfrac{1}{2}\right)^{-1}=(2^{-1})^{-1}=2,$

$\left(\dfrac{1}{2}\right)^{-\frac{3}{2}}=(2^{-1})^{-\frac{3}{2}}=2^{\frac{3}{2}}=2\sqrt{2}\fallingdotseq 2.828,\ \cdots$

そうか。上の $y=2^x$ の表の y の値で左右を入れかえればいいんだ。

x	-2	$-\dfrac{3}{2}$	-1	$-\dfrac{1}{2}$	$-\dfrac{1}{4}$	0	$\dfrac{1}{4}$	$\dfrac{1}{2}$	1	$\dfrac{3}{2}$	2
y	4	2.828	2	1.414	1.189	1	0.841	0.707	0.5	0.354	0.25

4章 指数関数・対数関数

そうですね。$y=\left(\dfrac{1}{2}\right)^x=(2^{-1})^x$
$=2^{-x}$ だから，y の値は 2 つの表では左右反対になっています。

したがって，$y=\left(\dfrac{1}{2}\right)^x$ のグラフは右の図のようになります。

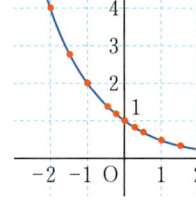

← $y=f(x)$ のグラフと $y=f(-x)$ のグラフは y 軸に関して対称である。よって，$y=2x+1$ と $y=-2x+1$，$y=x^3$ と $y=(-x)^3$ なども，グラフは y 軸に関して対称になる。

基本例題 130　　　　　指数関数のグラフをかく(1)

次の関数について，下の表の x の値に対する y の値を求め，グラフをかけ。

(1) $y=2^{x-2}$　　　(2) $y=4\cdot 2^{-x}$　　　(3) $y=2^{x-2}+1$

x	-2	-1	0	1	2	3	4
y							

ねらい
対応表を作ることによって，指数関数でも，2 次関数と同じ平行移動や対称移動の公式が成立することを確認する。

解法ルール　前ページの対照表の数値を利用できる部分が多い。そのことから，与えられた関数と $y=2^x$ や $y=2^{-x}$ のグラフの位置関係を考える。(2) は $y=4\cdot 2^{-x}=2^2\cdot 2^{-x}=2^{-(x-2)}$ と変形する。

解答例　y の値は次の通り。

	x	-2	-1	0	1	2	3	4
(1)	y	$\dfrac{1}{16}$	$\dfrac{1}{8}$	$\dfrac{1}{4}$	$\dfrac{1}{2}$	1	2	4
(2)	y	16	8	4	2	1	$\dfrac{1}{2}$	$\dfrac{1}{4}$
(3)	y	$\dfrac{17}{16}$	$\dfrac{9}{8}$	$\dfrac{5}{4}$	$\dfrac{3}{2}$	2	3	5

(1) $y=2^x$ のグラフ上の点 $(0,1)$，$(1,2)$ が $y=2^{x-2}$ のグラフ上では点 $(2,1)$，$(3,2)$ に対応する。すなわち $y=2^{x-2}$ のグラフは $y=2^x$ のグラフを右に 2 だけ平行移動したものになる。

　　　右の図の赤線　…答

(2) $y=2^{-x}$ のグラフを右に 2 だけ平行移動したもの。

　　　右の図の青線　…答

(3) (1)のグラフを上に 1 だけ平行移動したもの。

　　　右の図の緑線　…答

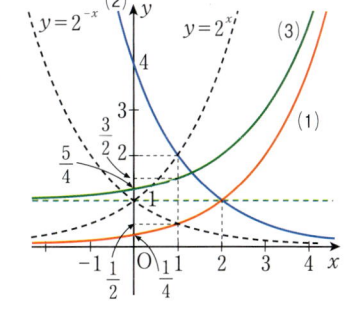

類題 130　対応表を作って，次の関数のグラフをかけ。

(1) $y=2^{x+2}$　　　(2) $y=\dfrac{2^{-x}}{4}$　　　(3) $y=2^{x+2}-2$

1 指数関数

● 平行移動と対称移動

数学Ⅰの2次関数のグラフで学んだ平行移動，対称移動を使おう。

●放物線 $y=ax^2$ において
　x を $x-p$ で，y を $y-q$ でおき換えて得られる $y=a(x-p)^2+q$ のグラフは $y=ax^2$ のグラフを x 軸方向に p，y 軸方向に q だけ平行移動したものである。

●指数関数 $y=a^x$ において
　x を $x-p$ で，y を $y-q$ でおき換えて得られる $y=a^{x-p}+q$ のグラフは $y=a^x$ のグラフを x 軸方向に p，y 軸方向に q だけ平行移動したものである。

ポイント　[平行移動と対称移動]　関数 $y=f(x)$ について

おき換える		得られる関数	もとのグラフとの関係
x	y		
$x-p$	$y-q$	$y-q=f(x-p)$ → $y=f(x-p)+q$	x 軸方向に p，y 軸方向に q だけ平行移動
$-x$		$y=f(-x)$	y 軸に関して対称移動
	$-y$	$-y=f(x)$ → $y=-f(x)$	x 軸に関して対称移動
$-x$	$-y$	$-y=f(-x)$ → $y=-f(-x)$	原点に関して対称移動

応用例題 131　指数関数のグラフをかく(2)

関数 $y=2^x$ のグラフをもとにして，次の関数のグラフをかけ。

(1) $y=-\dfrac{1}{2^x}$　　(2) $y=2^{1-x}$　　(3) $y=\dfrac{2^x}{4}-1$

ねらい　基本となるグラフをもとにして，平行移動や対称移動を使ってグラフをかくことを学ぶ。

解法ルール
(1) $y=-2^{-x}$ だから，原点に関して対称移動する。
(2) $y=2^{-(x-1)}$ だから，y 軸に関して対称移動してから x 軸方向に 1 だけ平行移動する。
(3) $y=2^{x-2}-1$ だから，x 軸方向に 2，y 軸方向に -1 だけ平行移動する。

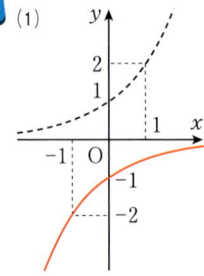

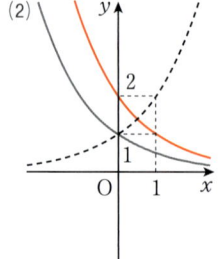

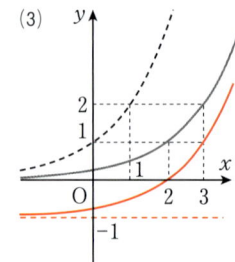

← (1) $\dfrac{1}{a^x}=a^{-x}$
(2) $y=2^{1-x}$ を $y=2^{-(x-1)}$ と変形するのがポイント。すると $y=2^{-x}$ を右に 1 だけの平行移動とわかる。
(3) 指数法則を適用する。$\dfrac{2^x}{4}=\dfrac{2^x}{2^2}=2^{x-2}$

解答例

類題 131 関数 $y=2^x$ のグラフをもとにして，次の関数のグラフをかけ。

(1) $y=2^{-x}-2$ 　　　　　(2) $y=-2^{2-x}+1$

基本例題 132 　　　　　　　　　　数の大小を比較する

次の各組の数を小さい方から順に並べよ。

(1) $\sqrt[3]{9}$, $\sqrt[4]{27}$, $\sqrt[5]{81}$ 　　　　(2) $\sqrt{2}$, $\sqrt[3]{3}$, $\sqrt[6]{6}$

ねらい 指数関数のグラフの特徴をつかんだうえで，指数表示の数の大小を調べる。

解法ルール 指数タイプの 2 つの数の大小比較は

1 底をそろえて指数を比較する。

　$a>1$ のとき 　$p<q \iff a^p<a^q$

　$0<a<1$ のとき 　$p<q \iff a^p>a^q$

2 指数をそろえて底を比較する。

　$a>0$, $b>0$, $x>0$ のとき 　$a<b \iff a^x<b^x$

この問題では，(1) は **1** の方法を，(2) は **2** の方法を使う。

← 大小比較の考え方

たとえば $\dfrac{2}{3}$ と $\dfrac{3}{4}$ の大小を比較するとき

❶ 通分して比較する。

❷ $\dfrac{2}{3}=\dfrac{6}{9}$, $\dfrac{3}{4}=\dfrac{6}{8}$

のように分子をそろえて比較する。

の 2 通りの方法がある。

一般に，$\dfrac{a}{b}$ や a^b のような数の大小は，a をそろえるか b をそろえるかして比較するとよい。

解答例 (1) $\sqrt[3]{9}=(3^2)^{\frac{1}{3}}=3^{\frac{2}{3}}$ 　　$\sqrt[4]{27}=(3^3)^{\frac{1}{4}}=3^{\frac{3}{4}}$

$\sqrt[5]{81}=(3^4)^{\frac{1}{5}}=3^{\frac{4}{5}}$

$\dfrac{2}{3}<\dfrac{3}{4}<\dfrac{4}{5}$ だから 　$\sqrt[3]{9}<\sqrt[4]{27}<\sqrt[5]{81}$ …答

(2) $\sqrt{2}=2^{\frac{1}{2}}=(2^3)^{\frac{1}{6}}=8^{\frac{1}{6}}$ 　　$\sqrt[3]{3}=3^{\frac{1}{3}}=(3^2)^{\frac{1}{6}}=9^{\frac{1}{6}}$

$\sqrt[6]{6}=6^{\frac{1}{6}}$

$6<8<9$ だから 　$\sqrt[6]{6}<\sqrt{2}<\sqrt[3]{3}$ …答

類題 132 次の各組の数を小さい方から順に並べよ。

(1) $4^{-\frac{3}{2}}$, $0.5^{\frac{1}{3}}$, $8^{-\frac{1}{6}}$, $2^{0.3}$ 　　　　(2) $\sqrt{6}$, $\sqrt[3]{15}$, $\sqrt[4]{35}$

これも知っ得 関数 $y=a^x$ の性質

❶ x の変域は実数全体，y の変域は正の数（$y>0$）全体。

❷ グラフは点 $(0, 1)$, $(1, a)$ を通る。

❸ グラフは x 軸（$y=0$）を漸近線とする。
　↳ 曲線がある直線に限りなく近づくときの直線

❹ $a>1$ のとき 　$x_1<x_2 \iff a^{x_1}<a^{x_2}$ （単調増加）

　$0<a<1$ のとき 　$x_1<x_2 \iff a^{x_1}>a^{x_2}$ （単調減少）

❺ 関数 $y=\left(\dfrac{1}{a}\right)^x$ のグラフと y 軸に関して対称である。

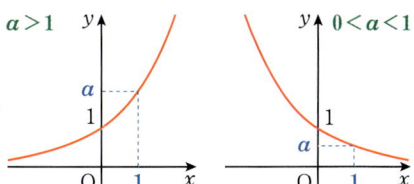

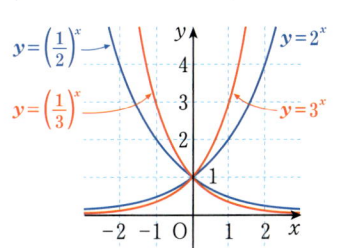

1 指数関数

応用例題 133 　指数式の大小を比較する

$0 < a < b < 1$ とするとき，次の式の大小関係を決定せよ。
$$a^{\frac{1}{a}},\ b^{\frac{1}{b}},\ (ab)^{\frac{1}{ab}},\ (\sqrt{ab})^{\frac{1}{\sqrt{ab}}}$$

ねらい　a と b の大小を比較するのに，その間の大きさをもつ数 c をなかだちにする考え方を学ぶ。

解法ルール　4つの式とも $p^{\frac{1}{p}}$ の形になっていることに注目する。
$0 < p < q < 1$ のとき，$p^{\frac{1}{p}}$ と $q^{\frac{1}{q}}$ の大小関係は $q^{\frac{1}{p}}$ を間にもってくると $p^{\frac{1}{p}} < q^{\frac{1}{q}}$ となることがわかるので，$a,\ b,\ ab,\ \sqrt{ab}$ の大小関係をきめればよいことになる。

解答例　一般に，$0 < p < q < 1$ のとき，

$\dfrac{1}{p} > 0$ だから
$$p^{\frac{1}{p}} < q^{\frac{1}{p}} \quad \cdots\cdots ①$$

また，$0 < q < 1$，$\dfrac{1}{p} > \dfrac{1}{q}$ だから
$$q^{\frac{1}{p}} < q^{\frac{1}{q}} \quad \cdots\cdots ②$$

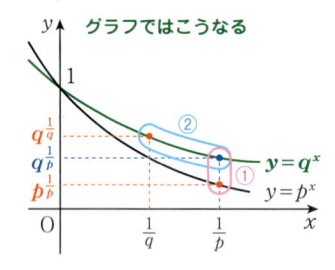

不等号の向きが変わることに注意！

グラフではこうなる

①，②より，$0 < p < q < 1$ のとき
$$p^{\frac{1}{p}} < q^{\frac{1}{q}} \quad \cdots\cdots ③$$

次に，条件より，$0 < a,\ 0 < b < 1$ だから
$$ab < a$$

$0 < a < b$ より，$a^2 < ab < b^2$ が成立するので
$$a < \sqrt{ab} < b$$

これらをまとめて
$$0 < ab < a < \sqrt{ab} < b < 1 \quad \cdots\cdots ④$$

ゆえに，③，④より　$(ab)^{\frac{1}{ab}} < a^{\frac{1}{a}} < (\sqrt{ab})^{\frac{1}{\sqrt{ab}}} < b^{\frac{1}{b}}$ …答

← 公式 $0 < A < B < C$ で $x > 0$ のとき $A^x < B^x < C^x$ において，$A = a^2,\ B = ab,\ C = b^2,\ x = \dfrac{1}{2}$ の場合である。

類題 133　n は1より大きい整数とする。$a > 1$ のとき，次の4つの数の大小関係を決定せよ。
$$\sqrt[n-1]{a^n},\ \sqrt[n]{a^{n-1}},\ \sqrt[n+1]{a^n},\ \sqrt[n]{a^{n+1}}$$

148　4章　指数関数・対数関数

応用例題 134 　指数関数の最大・最小

次の関数の最大値，最小値を求めよ。
(1) $y = 2^{-4-2x} - 3$ 　($|x| \leq 3$)
(2) $y = 3 + 2 \cdot 3^{x+1} - 9^x$

ねらい
指数関数の最大値，最小値を，指数関数のグラフを利用して求めること，およびおき換えを利用して求めること。

解法ルール 関数の最大値，最小値は，**グラフ**がかければすぐにわかる。
(1) 与えられた範囲でグラフをかく。
(2) $9^x = (3^2)^x = (3^x)^2$，$3^{x+1} = 3 \cdot 3^x$ だから，$3^x = t$ とおくと，2次関数の最大・最小の問題となる。

解答例 (1) $y = 2^{-2(x+2)} - 3 = 4^{-(x+2)} - 3$

したがって，グラフは $y = 4^{-x}$ のグラフを
x 軸方向に -2，y 軸方向に -3 だけ平行移動
したもので，右の図のようになる。
ただし，x の変域は $-3 \leq x \leq 3$ である。このグラフより，
$x = -3$ のとき，最大値 $2^2 - 3 = 1$
$x = 3$ のとき，最小値 $2^{-10} - 3 = \dfrac{1}{1024} - 3 = -\dfrac{3071}{1024}$

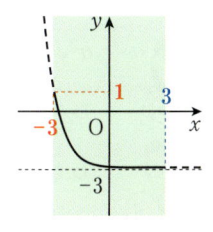

答 $\begin{cases} 最大値 1 \ (x = -3 のとき) \\ 最小値 -\dfrac{3071}{1024} \ (x = 3 のとき) \end{cases}$

(2) $y = -(3^2)^x + 2 \cdot 3 \cdot 3^x + 3$
　　 $= -(3^x)^2 + 6 \cdot 3^x + 3$

ここで，$3^x = t$ とおくと，$t > 0$ で
$y = -t^2 + 6t + 3$
　 $= -(t-3)^2 + 12$

おき換えたときは変域に注意！

$t > 0$ でこのグラフをかくと右の図のようになる。
これより，$t = 3$ のとき最大で，最大値は 12
このとき，$3^x = 3$ より $x = 1$

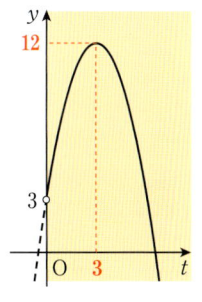

答 $\begin{cases} 最大値 12 \ (x = 1 のとき) \\ 最小値はない \end{cases}$

類題 134 次の関数の最大値，最小値を求めよ。
(1) $y = 1 - 3^{2-x}$ 　($|x| \leq 2$)
(2) $y = 4^x - 2^{x+1} - 2$

1 指数関数　149

4 指数方程式・不等式

まず，次の**指数方程式**を満たす x の値はどうなるかな？
$2^x = 4\sqrt{2}$ ……①

$4\sqrt{2} = 2^2 \cdot 2^{\frac{1}{2}} = 2^{\frac{5}{2}}$ だから，$2^x = 2^{\frac{5}{2}}$ より $x = \dfrac{5}{2}$ となります。

> 条件 $a \neq 1$ がないことに注意！

よろしい。では $a^x = a^2\sqrt{a}$ $(a > 0)$ ……② はどうかな？

$a^2\sqrt{a} = a^2 \cdot a^{\frac{1}{2}} = a^{\frac{5}{2}}$ となるから $a^x = a^{\frac{5}{2}}$

したがって，$x = \dfrac{5}{2}$ となって①と同じになるわ。

ちょっと違うな。$a > 0$，$a \neq 1$ なら $x = \dfrac{5}{2}$ で正しいけれど，**$a = 1$ のとき②は $1^x = 1$ となるから，x はどんな実数でもい**いんだ。指数方程式では，次のことが基本になる。

> [指数方程式のための定理]
> $a > 0$，$a \neq 1$ のとき $\quad a^x = a^p \iff x = p$

← 特に $a = 1$ のとき
$a^x = a^p$
$\iff x$ は任意の実数

続いて，次の不等式を解いてごらん。

$\dfrac{1}{4} < 2^x < 4\sqrt{2}$ ……③ $\dfrac{1}{a^2} < a^x$ $(a > 0, a \neq 1)$ ……④

③を変形して $2^{-2} < 2^x < 2^{\frac{5}{2}}$ より $-2 < x < \dfrac{5}{2}$

④を変形すると $a^{-2} < a^x$ 関数 $y = a^x$ は，
$a > 1$ のときグラフは右上りだから $-2 < x$
$0 < a < 1$ のときグラフは右下りだから $x < -2$

計算だけに頼らず，グラフを考えたのはよいことだね。**指数不等式**では，次のことを覚えておくこと。

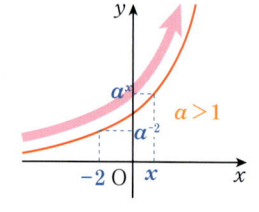

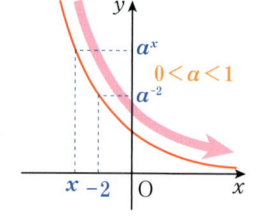

> **ポイント** [指数不等式のための定理]
> $a > 1$ のとき $\quad a^x < a^p \iff x < p$ （不等号は同じ向き）
> $0 < a < 1$ のとき $\quad a^x < a^p \iff x > p$ （不等号は反対向き）
>
> 覚え得

150　4章　指数関数・対数関数

基本例題 135 　　指数方程式を解く(1)

次の方程式を解け。
(1) $2^x = 2\sqrt{2}$
(2) $16 \cdot 8^x = 1$

解法ルール 指数方程式を解くには，次のことが基本となる。

$$a > 0, \ a \neq 1 \text{ のとき } \quad a^x = a^p \iff x = p$$

(1), (2)とも底をそろえることを目標にする。

ねらい 底のそろう指数方程式の解き方を学ぶ。

← 下の関係を用いて $a^\square$ の形の式に変えて，左の定理を適用すればよい。
$1 = a^0$
$a = a^1$
$\dfrac{1}{a^n} = a^{-n}$
$\sqrt[n]{a^m} = a^{\frac{m}{n}}$

解答例
(1) $2\sqrt{2} = 2 \cdot 2^{\frac{1}{2}} = 2^{\frac{3}{2}}$ だから　$2^x = 2^{\frac{3}{2}}$

　　よって　$x = \dfrac{3}{2}$　…答

(2) $16 \cdot 8^x = 2^4 \cdot (2^3)^x = 2^{4+3x}$ だから　$2^{4+3x} = 2^0$　　$4 + 3x = 0$

　　よって　$x = -\dfrac{4}{3}$　…答

類題 135 次の方程式を解け。
(1) $\left(\dfrac{1}{3}\right)^x = \dfrac{1}{81}$
(2) $8^{1-3x} = 4^{x+4}$

基本例題 136 　　指数方程式を解く(2)

方程式 $4^{x+1} + 7 \cdot 2^x - 2 = 0$ を解け。

解法ルール $pa^{2x} + qa^x + r = 0 \ (a \neq 1)$ の形の指数方程式は，$a^x = t$ とおくと

$$\text{2次方程式} \quad pt^2 + qt + r = 0$$

となる。したがって，この2次方程式を $a^x = t > 0$ に注意して解けばよい。

ねらい $a^x = t$ とおき換えることによって，指数方程式を2次方程式になおして解くこと。

解答例 与式より　$4 \cdot (2^2)^x + 7 \cdot 2^x - 2 = 0$
　　　　　　　　　　$4 \cdot (2^x)^2 + 7 \cdot 2^x - 2 = 0$

$2^x = t$ とおくと　$4t^2 + 7t - 2 = 0$　　$(4t - 1)(t + 2) = 0$

ここで，$t = 2^x > 0$ より　$t + 2 \neq 0$

よって，$4t - 1 = 0$ より　$t = \dfrac{1}{4} = 2^{-2}$　すなわち　$2^x = 2^{-2}$

よって　$x = -2$　…答

← 借金＝貸金？
$1 = 1^{\frac{3}{2}} = \{(-1)^2\}^{\frac{3}{2}}$
　$= (-1)^3 = -1$
よって　$1 = -1$
オヤ？どこでまちがえたかな。
これは，指数法則を底が負の数の場合に使ったからである。
$\{(-1)^2\}^{\frac{3}{2}} = (-1)^{2 \times \frac{3}{2}}$
とはできない。
$(a^r)^s = a^{rs}$ は $a > 0$ の場合のみ成り立つ。

類題 136 次の方程式を解け。
(1) $4^x - 3 \cdot 2^{x+1} + 8 = 0$
(2) $3^{2x+1} + 5 \cdot 3^x - 2 = 0$

1　指数関数

基本例題 137 　　　　　　指数不等式を解く(1)

次の不等式を解け。
(1) $3^{2x-1} < 27$ 　　　　　(2) $0.5^{x+6} > 0.125^x$

ねらい　指数不等式の基本的な問題である。底が1より大きい場合と小さい場合について，指数不等式の解き方をマスターする。

解法ルール　指数不等式を解くときには，次のことが基本となる。

$a > 1$ のとき　　　$a^x < a^p \iff x < p$

$0 < a < 1$ のとき　$a^x < a^p \iff x > p$

解答例
(1) 与えられた不等式より　$3^{2x-1} < 3^3$
底は3で，$3 > 1$ だから　$2x - 1 < 3$
これより　$2x < 4$　　$\boldsymbol{x < 2}$　…答

(2) $0.125 = 0.5^3$ だから，与えられた不等式は　$0.5^{x+6} > 0.5^{3x}$
底は0.5で，$0 < 0.5 < 1$ だから　$x + 6 < 3x$
これより　$-2x < -6$　　$\boldsymbol{x > 3}$　…答

← 底が1より大きいときは，不等号の向きは変わらない。

← 底が0と1の間のときは，不等号の向きが変わる。

類題 137　次の不等式を解け。
(1) $3^{1-3x} > \sqrt{3}$ 　　　　(2) $\left(\dfrac{1}{3}\right)^{x+2} < 3\sqrt{3} < \left(\dfrac{1}{9}\right)^x$

応用例題 138 　　　　　　指数不等式を解く(2)

不等式 $3^{2x+1} - 26 \cdot 3^x - 9 \leqq 0$ を解け。

ねらい　$a^x = t$ とおき換えると，指数不等式が2次不等式になるタイプをマスターする。数学Ⅰの2次不等式の解法をもう一度復習しておくこと。

解法ルール　指数方程式の場合と同様に，$3^x = t$ とおくと t の2次不等式となる。この2次不等式を因数分解して解く。

$\alpha < \beta$ のとき $\begin{cases} (x-\alpha)(x-\beta) > 0 \iff x < \alpha,\ \beta < x \\ (x-\alpha)(x-\beta) < 0 \iff \alpha < x < \beta \end{cases}$

解答例　与えられた不等式より　$3 \cdot 3^{2x} - 26 \cdot 3^x - 9 \leqq 0$
$3 \cdot (3^x)^2 - 26 \cdot 3^x - 9 \leqq 0$
$3^x = t$ とおくと　$3t^2 - 26t - 9 \leqq 0$
$(3t + 1)(t - 9) \leqq 0$
$t = 3^x > 0$ より　$3t + 1 > 0$
ゆえに　$t - 9 \leqq 0$
$3^x - 9 \leqq 0$ より　$3^x \leqq 9$
すなわち　$3^x \leqq 3^2$
底は3で，$3 > 1$ だから　$\boldsymbol{x \leqq 2}$　…答

指数計算反則例
次のような計算をする人がいるが，これらは全部まちがい。
$3 \times 2^x = 6^x$
$(a^4)^3 = a^7$
$a^4 \times a^3 = a^{12}$
$a^8 \div a^2 = a^4$
$a^4 + a^3 = a^7$
$a^8 - a^2 = a^6$

類題 138　不等式 $2^{2x+1} + 3 \cdot 2^x - 2 > 0$ を解け。

152　4章　指数関数・対数関数

2節 対数関数

5 対数とその性質

ネイピアが対数についての基本的な考えに到達したのは 17 世紀のことである。対数の発見によって天文学などの計算のわずらわしさは克服された。今ではコンピュータを使うからもっと簡単だが，対数の考え方は重要である。指数をクリアーした君にとって対数は軽い相手だ。外見を恐れずに挑戦しよう。

● 対数はどう定義される？

ゆうべ，地震があったでしょう。恐かったですよね。テレビでは震源地は大島沖でマグニチュード 4 といってたけれど，マグニチュードって何ですか？

今朝(けさ)の新聞によると，震源地から 100 km 離れたところにおかれた地震計で，振動の最大振幅(しんぷく)をマイクロメートル(μm) 単位で測り，それが 1 cm つまり $10^4 \mu$m のときマグニチュード 4 というのよ。したがって，10 cm $= 10^5 \mu$m の幅にゆれた地震はマグニチュード 5 となります。では，2 cm の幅にゆれた地震のマグニチュードはどうなるかな？

2 cm $= 20000 \mu$m だから，$10^k = 20000$ を満たす k を考えればいいんですね。しかし，こんなのどうやって求めるんですか。$10^4 < 20000 < 10^5$ だから，k は 4 と 5 の間の数であることはわかるけど…。

そう。簡単には求められないけど，k はただ 1 つに定まることは確かね。そこで $10^k = 20000$ を満たす k を表す記号を考えて，$k = \log_{10} 20000$ と書きます。一般に，**$\log_a N$** を **a を底とする N の対数** といいます。p. 162 常用対数のところで $\log_{10} 20000 = 4.301$ であることがわかります。

← 1 マイクロメートル(μm) は
$\dfrac{1}{1000000}$ m $= 10^{-6}$ m
のことである。よって，
1 mm は $10^3 \mu$m
1 cm は $10^4 \mu$m
1 m は $10^6 \mu$m となる。

← $\log_a N$ の N を **真数** という。真数は常に正の数である。

ポイント [対数の定義]

$a > 0$，$a \neq 1$，$N > 0$ として $N = a^k \iff k = \log_a N$

● 対数の性質にはどんなものがある？

対数には次のような性質があります。それぞれ指数の定義の式にもどって考えればいいんだけど，証明できるかな？

ポイント [対数の性質] $a>0, b>0, a\neq 1, b\neq 1, M>0, N>0$ とする。

① $\log_a a=1, \log_a 1=0$
② $\log_a MN=\log_a M+\log_a N$
③ $\log_a \dfrac{M}{N}=\log_a M-\log_a N$
④ $\log_a M^r=r\log_a M$
⑤ $\log_a M=\dfrac{\log_b M}{\log_b a}$ （底の変換公式）

[略証]

① $a^1=a$ より $\log_a a=1$ $a^0=1$ より $\log_a 1=0$

$\log_a M=x, \log_a N=y$ とおくと $M=a^x, N=a^y$

② $MN=a^{x+y}$ 定義より $\log_a MN=x+y=\log_a M+\log_a N$
③ $\dfrac{M}{N}=a^{x-y}$ 定義より $\log_a \dfrac{M}{N}=x-y=\log_a M-\log_a N$
④ $M^r=a^{xr}$ 定義より $\log_a M^r=xr=r\log_a M$
⑤ $a^x=M$ で，b を底とする対数をとると $\log_b a^x=\log_b M$

④より $x\log_b a=\log_b M$ よって $\log_a M=x=\dfrac{\log_b M}{\log_b a}$

基本例題 139 指数から対数へ変える

次の等式を対数を使った式に書きなおせ。

(1) $5^0=1$　　(2) $3^{-4}=\dfrac{1}{81}$　　(3) $16^{\frac{1}{4}}=2$

ねらい 指数から対数へ，対数から指数への書きかえが自由自在にできるようになること。

解法ルール 対数の定義にしたがって書きなおせばよい。

$N=a^k \iff k=\log_a N$

指数のときの底と対数にしたときの底は同じものである。

解答例 (1) $0=\log_5 1$ …答　(2) $-4=\log_3 \dfrac{1}{81}$ …答　(3) $\dfrac{1}{4}=\log_{16} 2$ …答

類題 139 次の等式を，指数は対数を使って，対数は指数を使って表せ。

(1) $3^4=81$　　(2) $\log_3 \sqrt{27}=\dfrac{3}{2}$

基本例題 140 対数の計算をする

次の式を簡単にせよ。
(1) $2\log_6 2 - \log_6 144$
(2) $\log_2 \sqrt{3} + 2\log_2 \sqrt[4]{10} - \log_2 \sqrt{15}$

ねらい 対数の計算には，真数をまとめる方向と真数をばらす方向との2つの計算がある。ここでは前者の練習をする。

解法ルール 真数を1つにまとめる方向に計算する。

$$r\log_a M = \log_a M^r \qquad \log_a M + \log_a N = \log_a MN$$

$$\log_a M - \log_a N = \log_a \frac{M}{N}$$

を使えば，$\log_a R$ の形にまとめられる。

解答例
(1) 与式 $= \log_6 2^2 - \log_6 144 = \log_6 \frac{4}{144} = \log_6 \frac{1}{36}$
$= \log_6 6^{-2} = -2\log_6 6 = \boldsymbol{-2}$ …答

(2) 与式 $= \log_2 \sqrt{3} + \log_2 \sqrt[4]{10^2} - \log_2 \sqrt{15}$
$= \log_2 \frac{\sqrt{3}\sqrt{10}}{\sqrt{15}} = \log_2 \sqrt{2} = \log_2 2^{\frac{1}{2}} = \frac{1}{2}\log_2 2 = \boldsymbol{\frac{1}{2}}$ …答

← 対数の式を簡単にする問題では，最後に
$\log_a a = 1$,
$\log_a 1 = 0$
を使うことが多い。

類題 140 次の式を簡単にせよ。
(1) $\frac{1}{3}\log_{10}\frac{27}{8} - \log_{10}\frac{6}{5} + \frac{1}{2}\log_{10}\frac{16}{25}$
(2) $\log_2 \sqrt{\frac{7}{48}} + \log_2 12 - \frac{1}{2}\log_2 42$

基本例題 141 対数を別の対数で表す

$\log_{10} 2 = a$, $\log_{10} 3 = b$ とするとき，次の値を a, b で表せ。
(1) $\log_{10} 120$
(2) $\log_{10} 0.15$

ねらい ここでは前の例題とは逆に，真数をばらす方向で対数計算の練習をする。

解法ルール $\log_{10} 2$ と $\log_{10} 3$ で表すのだから，それぞれの真数を2, 3または10の積・商の形にする。

(1) $120 = 12 \times 10 = 2^2 \times 3 \times 10$

(2) $0.15 = \frac{15}{100} = \frac{3 \times 5}{10^2}$

解答例
(1) 与式 $= \log_{10}(2^2 \times 3 \times 10) = \log_{10} 2^2 + \log_{10} 3 + \log_{10} 10$
$= 2\log_{10} 2 + \log_{10} 3 + 1 = \boldsymbol{2a + b + 1}$ …答

(2) 与式 $= \log_{10}\frac{3 \times 5}{10^2} = \log_{10} 3 + \log_{10} 5 - \log_{10} 10^2$
$= \log_{10} 3 + \log_{10}\frac{10}{2} - 2\log_{10} 10$
$= \log_{10} 3 + \log_{10} 10 - \log_{10} 2 - 2 = \boldsymbol{-a + b - 1}$ …答

$\log_{10} 5 = \log_{10}\frac{10}{2}$
$= 1 - \log_{10} 2$
この変形を覚えておこう

類題 141 $\log_{10} 2 = a$, $\log_{10} 3 = b$ とするとき，次の値を a, b で表せ。
(1) $\log_{10} 1080$
(2) $\log_{10} 0.18$
(3) $\log_{10} 25$

2 対数関数

応用例題 142 — 底が異なる対数の計算

テストに出るぞ!

次の問いに答えよ。

(1) $(\log_2 3 + \log_4 27)\log_9 8$ を簡単にせよ。

(2) $\log_{10} 2 = a$, $\log_{10} 6 = b$ として, $\log_{12} 27$ を a, b で表せ。

ねらい 底が異なる場合の対数計算で, 底の変換公式が自由に使えるようにする。

解法ルール 底が異なっている場合は, 底の変換公式を使ってまず底をそろえる。

底の変換公式 $\log_a M = \dfrac{\log_b M}{\log_b a}$

(1) 底を 2 にそろえる。

(2) $\log_{12} 27$ の**底を 10 に変換**するとよい。

解答例

(1) $(\log_2 3 + \log_4 27)\log_9 8$

$= \left(\log_2 3 + \dfrac{\log_2 27}{\log_2 4}\right) \times \dfrac{\log_2 8}{\log_2 9}$

$= \left(\log_2 3 + \dfrac{3\log_2 3}{2}\right) \times \dfrac{3}{2\log_2 3}$

$= \dfrac{5\log_2 3}{2} \times \dfrac{3}{2\log_2 3}$

$= \dfrac{15}{4}$ …答

(2) $\log_{12} 27 = \dfrac{\log_{10} 27}{\log_{10} 12}$

$= \dfrac{\log_{10} 3^3}{\log_{10}(2^2 \cdot 3)}$

$= \dfrac{3\log_{10} 3}{2\log_{10} 2 + \log_{10} 3}$

ここで $b = \log_{10} 6 = \log_{10}(2 \cdot 3)$

$= \log_{10} 2 + \log_{10} 3$

$= a + \log_{10} 3$

したがって $\log_{10} 3 = b - a$

よって $\log_{12} 27 = \dfrac{3(b-a)}{2a + (b-a)}$

$= \dfrac{3b - 3a}{a + b}$ …答

← 異なる底をそろえる場合, いくつかの底のうち**最小のものにそろえる**と, あとの計算が楽になることが多い。

対数計算反則例

次のような計算をしては絶対にダメ。

$(\log_a x)^2 = 2\log_a x$

$\log_a(x+y) = \log_a x + \log_a y$

$\log_a x - \log_a y = \dfrac{\log_a x}{\log_a y}$

$\log_a \dfrac{x}{y} = \dfrac{\log_a x}{\log_a y}$

類題 142 次の問いに答えよ。

(1) $\log_4 3 \cdot \log_9 25 \cdot \log_5 16$ を簡単にせよ。

(2) $\log_{10} 2 = a$, $\log_{10} 3 = b$ として, $\log_9 \sqrt[3]{240}$ を a, b で表せ。

6 対数関数とそのグラフ

対数関数を次のように定める。

ポイント [対数関数の定義]

$a>0$, $a\neq 1$ のとき，$y=\log_a x$ を，a を**底**とする**対数関数**という。

? $y=\log_a x$ $(a>0, a\neq 1) \iff x=a^y$ ということは，対数関数 $y=\log_a x$ のグラフをかくには，指数関数 $x=a^y$ のグラフをかけばよいということでしょうか。

そう。一般に $y=f(x)$ のグラフと $x=f(y)$ のグラフはどんな位置関係にあるかな。たとえば，直線 $y=2x+1$ と $x=2y+1$ や，放物線 $y=x^2$ と $x=y^2$ の位置関係を調べて，このことから $y=\log_a x$ のグラフを考えてごらん。

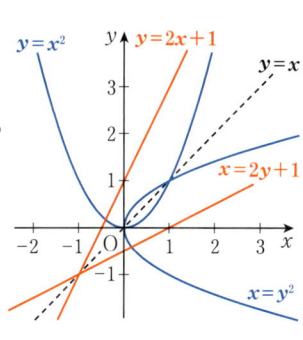

$x=f(y)$ のグラフはもとの関数 $y=f(x)$ のグラフと直線 $y=x$ に関して対称になるんですね。それなら，$y=\log_a x$ のグラフは $y=a^x$ のグラフを図のように右上端と左下端をもって裏返せばいいんだ。

← このように裏返すと x 軸がたて軸に，y 軸が横軸になるので，x, y も入れかえておく。

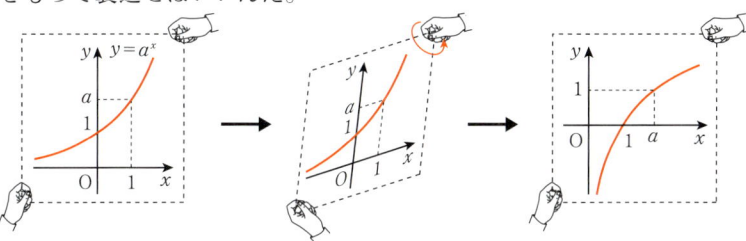

これも知っ得　関数 $y=\log_a x$ の性質

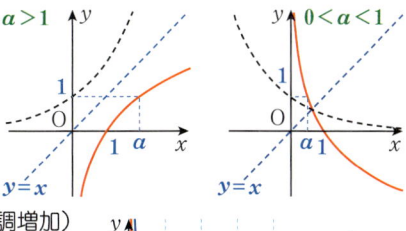

❶ x の変域は正の数全体($x>0$)，y の変域は実数全体。
❷ グラフは点 $(1, 0)$，$(a, 1)$ を通る。
❸ グラフは y 軸($x=0$)を漸近線とする。
❹ $a>1$ のとき　　　$x_1<x_2 \iff \log_a x_1<\log_a x_2$（単調増加）
　 $0<a<1$ のとき　$x_1<x_2 \iff \log_a x_1>\log_a x_2$（単調減少）
❺ $y=\log_{\frac{1}{a}} x = \dfrac{\log_a x}{\log_a \frac{1}{a}} = -\log_a x$ だから $y=\log_{\frac{1}{a}} x$ のグラフと x 軸に関して対称である。

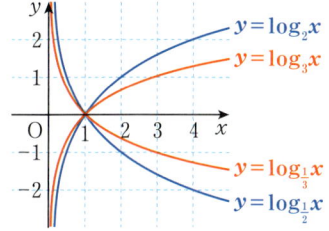

基本例題 143 　対数関数のグラフ

関数 $y=\log_2 x$ のグラフをもとにして，次の関数のグラフをかけ。

(1) $y=\log_2(-x)$ 　(2) $y=\log_2 4x$ 　(3) $y=\log_{\frac{1}{2}}(x-1)$

ねらい　対数の性質を利用して，$y=\log_2 x$ との関係を見つけてグラフをかくことを学ぶ。

解法ルール $y=\log_2 x$ のグラフをどのように移動したものかを考える。

① $y=f(x-a)+b$ → x 軸方向に a，y 軸方向に b だけ平行移動

② $y=f(-x)$ → y 軸に関して対称移動

③ $y=-f(x)$ → x 軸に関して対称移動

④ $y=-f(-x)$ → 原点に関して対称移動

解答例

(1) $y=\log_2 x$ のグラフを y 軸に関して対称移動する。

(2) $y=\log_2 4+\log_2 x=\log_2 x+2$ だから，$y=\log_2 x$ のグラフを y 軸方向に 2 だけ平行移動する。

(3) $y=\log_{\frac{1}{2}}(x-1)=\dfrac{\log_2(x-1)}{\log_2 \frac{1}{2}}=-\log_2(x-1)$ 　←$\log_2 \frac{1}{2}=-\log_2 2$

よって，$y=\log_2 x$ を x 軸に関して対称移動し，x 軸方向に 1 だけ平行移動する。

← $y=\log_2 x$ において，y を $-y$ に，x を $x-1$ に変えた式
$-y=\log_2(x-1)$
から $y=-\log_2(x-1)$ が導かれる。

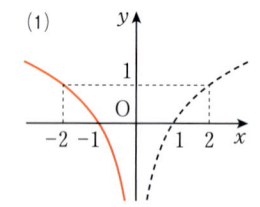

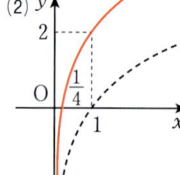

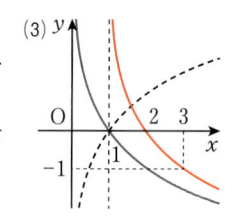

(1) [グラフ] (2) [グラフ] (3) [グラフ]

類題 143 関数 $y=\log_2 x$ のグラフをもとにして，次の関数のグラフをかけ。

(1) $y=\log_2 \dfrac{1}{x}$ 　(2) $y=\log_2 \dfrac{x}{4}$

基本例題 144 　対数の大小を比較する

次の各組の数について，大小関係を調べよ。

(1) $\log_3 7$，$6\log_9 2$，2 　(2) $\log_4 9$，$\log_9 26$，$\dfrac{3}{2}$

テストに出るぞ！

ねらい　対数の大小を比較するときには，まず底が 1 より大きいかどうかを確認することが重要である。そのうえで，ふつうの数を対数で表現することもマスターする。

解法ルール (1) まず，底をそろえてから真数の大小を比較する。

$a>1$ のとき $x_1<x_2 \iff \log_a x_1 < \log_a x_2$

(2) $\dfrac{3}{2}$ と他の 2 数の大小を調べる。

158　4章　指数関数・対数関数

解答例 (1) $6\log_9 2 = \dfrac{6\log_3 2}{\log_3 9} = \dfrac{6\log_3 2}{2\log_3 3} = \dfrac{6\log_3 2}{2} = 3\log_3 2$
$= \log_3 2^3 = \log_3 8$

また $2 = \log_3 3^2 = \log_3 9$

$\log_3 7 < \log_3 8 < \log_3 9$ だから $\log_3 7 < 6\log_9 2 < 2$ …答

← 底を変換することが第一段階である。異なる底はまずそろえる。

(2) $\dfrac{3}{2} = \log_4 4^{\frac{3}{2}} = \log_4 2^3 = \log_4 8 < \log_4 9$

$\dfrac{3}{2} = \log_9 9^{\frac{3}{2}} = \log_9 3^3 = \log_9 27 > \log_9 26$

よって $\log_9 26 < \dfrac{3}{2} < \log_4 9$ …答

← 底をそろえるだけではうまくいかないときは，なかだちになる数をさがす。

類題 144 次の各組の数について，大小関係を調べよ。

(1) $\log_2 5$, $\log_4 17$, $\log_{\frac{1}{2}} \dfrac{1}{7}$ (2) $\log_3 2$, $\log_5 4$, $\dfrac{2}{3}$

応用例題 145 　　　　　　　　　　対数関数の最大・最小

次の問いに答えよ。
(1) $f(x) = \log_3(x+1) + \log_3(5-x)$ の最大値を求めよ。
(2) $1 \leq x \leq 16$ のとき，$y = \log_2 x^4 - (\log_2 x)^2$ の最大値，最小値を求めよ。

ねらい 対数関数の最大値，最小値を求める問題でも，真数をまとめる方向と，おき換えの利用の2通りのパターンがあることを理解する。

解法ルール 底が1より大きい対数関数は，真数が最大のとき最大値を，真数が最小のとき最小値をとる。(1)はこのことを使う。
また，(2)は $\log_2 x = t$ とおくと，t の2次関数になる。

解答例 (1) 真数は正だから $x+1 > 0$, $5-x > 0$ よって $-1 < x < 5$
$f(x) = \log_3(x+1)(5-x) = \log_3(-x^2 + 4x + 5)$
$= \log_3\{9 - (x-2)^2\}$

よって $x=2$ のとき 最大値 $\log_3 9 = 2$ …答

(2) $y = 4\log_2 x - (\log_2 x)^2$ だから，$\log_2 x = t$ とおくと
$y = 4t - t^2 = -(t-2)^2 + 4$ ……①

また，$1 \leq x \leq 16$ だから2を底とする対数をとると
$\log_2 1 \leq \log_2 x \leq \log_2 16$ よって $0 \leq t \leq 4$ ……②

グラフをかくと右の図のようになるので，
$t=2$ すなわち $x=4$ のとき 最大値 4
$t=0$, 4 すなわち $x=1$, 16 のとき 最小値 0 …答

類題 145 $2 \leq x \leq 4$ のとき，$f(x) = (\log_2 x)^2 - \log_2 x^2 + 5$ の最大値，最小値を求めよ。

7 対数方程式・不等式

対数方程式は，次の性質を用いて解きます。
- $\log_a x = \log_a b \iff x = b \ (x > 0)$

また，**対数不等式**を解くときは，次の性質を用います。
- $a > 1$ のとき $\log_a x > \log_a b \iff x > b$ （不等号は同じ向き）
- $0 < a < 1$ のとき $\log_a x > \log_a b \iff 0 < x < b$ （不等号は反対向き）

基本例題 146 対数方程式・不等式(1)

次の方程式，不等式を解け。
(1) $\log_2(x-1) = -2$
(2) $\log_{\frac{1}{2}}(x+4) < \log_{\frac{1}{2}} 3x$

ねらい 基本的な対数方程式，不等式の解き方を学ぶ。すなわち，真数および底の条件を確認してから，log をはずすことをつかむ。

解法ルール 対数の方程式，不等式を解くには，まず**底をそろえる**。次に，真数の方程式，不等式を導く。このとき，**不等式では，底と1との大小関係に注意**すること。

解答例
(1) 真数は正だから $x - 1 > 0$ ゆえに $x > 1$ ……①
この条件のもとで $\log_2(x-1) = -2\log_2 2 = \log_2 2^{-2}$
よって $x - 1 = 2^{-2}$ $x = \dfrac{1}{4} + 1 = \dfrac{5}{4}$
これは①を満たすから解である。 $\boldsymbol{x = \dfrac{5}{4}}$ …**答**

← $\log_a x = b$
$\iff x = a^b$
を利用して
$x - 1 = 2^{-2}$
と直接的に変形してもよい。

(2) 真数は正だから $x + 4 > 0$, $3x > 0$ よって $x > 0$ ……①
底は1より小さいので $x + 4 > 3x$
これを解くと $x < 2$ ①より $\boldsymbol{0 < x < 2}$ …**答**

類題 146 次の方程式，不等式を解け。
(1) $\log_{\frac{1}{2}}(x+2) = -2$
(2) $\log_3(2x-1) < \log_3(5-4x)$

応用例題 147 対数方程式・不等式(2)

次の方程式，不等式を解け。
(1) $\log_2(x-1) = 1 - \log_2(x-2)$
(2) $\log_2(3x-7) < 2 - \log_2(x-1)$

テストに出るぞ！

ねらい $\log_a A = \log_a B$, $\log_a A < \log_a B$ の形にし，次に log をはずす形の方程式，不等式の解き方をマスターする。

解法ルール 真数に文字を含んでいる対数が2つある場合は，**真数をまとめる方向にもっていく**。

160 4章 指数関数・対数関数

このとき，公式 $\log_a M - \log_a N = \log_a \dfrac{M}{N}$ を使うと，真数が分数式になるので，最初に移項しておいて，公式 $\log_a M + \log_a N = \log_a MN$ を使う方がよい。

解答例 (1) 真数は正だから，$x-1>0$，$x-2>0$ より $x>2$ ……①
移項して $\log_2(x-1)+\log_2(x-2)=1$
真数をまとめると $\log_2(x-1)(x-2)=\log_2 2$
これより $(x-1)(x-2)=2$
展開して整理すると $x^2-3x=0$ $x(x-3)=0$
よって $x=0, 3$ ① より $x=3$ …**答**

← $x=0$，$x=3$ をもとの方程式にあてはめて，成り立つかどうかを確かめてもよい。

(2) 真数は正だから $3x-7>0$，$x-1>0$ より $x>\dfrac{7}{3}$ ……①
移項して $\log_2(3x-7)+\log_2(x-1)<2$
$\log_2(3x-7)(x-1)<\log_2 4$
底は1より大きいから $(3x-7)(x-1)<4$
変形して $(3x-1)(x-3)<0$ よって $\dfrac{1}{3}<x<3$ ……②

① ② より $\dfrac{7}{3}<x<3$ …**答**

このままでは答えじゃない！

類題 147 次の方程式，不等式を解け。
(1) $\log_4(x-5)+\log_4(x-2)=1$
(2) $\log_{\frac{1}{2}}x \geqq -3-\log_{\frac{1}{2}}(6-x)$

応用例題 148　　　　　　　　　　対数方程式を解く

方程式 $(\log_2 x)^2 + \log_2 x - 6 = 0$ を解け。

ねらい
$\log_a x = t$ とおくと，t の2次方程式になるタイプの対数方程式の解き方を学ぶ。

解法ルール この方程式の形をよく見ると，$\log_2 x$ についての2次方程式になっている。そこで $\log_2 x = t$ とおき換えてしまうと，t の2次方程式になるので，t の値が簡単に求められる。

解答例 $\log_2 x = t$ とおくと $t^2 + t - 6 = 0$
因数分解して $(t+3)(t-2)=0$ よって $t=-3, 2$
$t=-3$ のとき，$\log_2 x = -3$ より $x = 2^{-3} = \dfrac{1}{8}$
$t=2$ のとき，$\log_2 x = 2$ より $x = 2^2 = 4$
答 $x = \dfrac{1}{8}, 4$

← 対数の定義にもとづいて x の値を求めている。

類題 148 方程式 $(\log_3 x)^2 - 4\log_3 x + 3 = 0$ を解け。

2 対数関数

8 常用対数

この CD には 700 MB（メガバイト）と書いてあるけど，MB ってどういう意味？

あのね，コンピュータのメモリーは，情報を 2 進法の数に変換して記憶しているんだ。たとえば，アルファベット 1 文字は 8 桁の 2 進数，漢字 1 字は 16 桁の 2 進数で記録されている。そこで，8 桁の 2 進数 1 つ分の情報量を単位にとって 1 B（バイト）と呼んでいるんだ。そして，2^{10} B を 1 KB（キロバイト），2^{10} KB を 1 MB（メガバイト），2^{10} MB を 1 GB（ギガバイト）としているんだよ。

← OA 機器は，すべて 2 の累乗の世界である。そして，$2^{10}=1024$ でだいたい 1000 に近いので，メートル法のキロ，メガ，ギガを借用している。

すると 700 MB＝$700\times 2^{10}\times 2^{10}$ B＝700×2^{20} B ね。漢字 1 字が 2 B で書かれるとすると，1 枚のディスクには 700×2^{19} 字分入るわ。360 ページの文庫本なら，1400 冊ぐらい入るわけね。

$700\times 2^{20}\div 2$
$=700\times 2^{20-1}$
$=700\times 2^{19}$

こんなに小さいのにすごいね。非常に大きい数や小さい数の計算にも対数を使うと便利なんだよ。1 GB＝2^{30} B となるけど，2^{30} が何桁の数になるかを調べてみよう。それには $10^n \leqq 2^{30} < 10^{n+1}$ を満たす n を見つければいいんだ。

とりあえず，$x=2^{30}$ とおいて 10 を底とする対数をとると…
$$\log_{10} x = \log_{10} 2^{30} = 30\log_{10} 2 = 30\times 0.3010 = 9.03$$
したがって　$x=10^{9.03}$
すなわち　$2^{30}=10^{9.03}$
これから，2^{30} は $10^9 < 2^{30} < 10^{10}$ となるから，9 桁，いや 10 桁です。

← 10 を底とする対数を**常用対数**という。常用対数表を用いると，いろいろな数の対数が求められる。左の $\log_{10} 2$ の値も常用対数表を見て 0.3010 としている。

そうだね。$10^n \leqq x < 10^{n+1}$ を満たす数 x の整数部分は $(n+1)$ 桁あるんだ。ついでに，$0.1=10^{-1}$，$0.01=10^{-2}$，$0.001=10^{-3}$，…などを考えると次のようになる。

ポイント 〔常用対数と桁数〕　覚え得

① x の整数部分が $(n+1)$ 桁
　　$\iff 10^n \leqq x < 10^{n+1} \iff n \leqq \log_{10} x < n+1$

② x の小数第 n 位にはじめて 0 でない数が現れる
　　$\iff 10^{-n} \leqq x < 10^{-n+1} \iff -n \leqq \log_{10} x < -n+1$

162　4 章　指数関数・対数関数

基本例題 149　桁数と小数の位

5^{30} は何桁の数か。また，$\left(\dfrac{1}{5}\right)^{30}$ を小数で表したとき，小数第何位にはじめて 0 でない数が現れるか。ただし，$\log_{10}2=0.3010$ とする。

ねらい　与えられた数を 10^n の形に表して，桁数やはじめて 0 でない数が現れる小数の位を求める問題を解く。

解法ルール　$10^n \leqq x < 10^{n+1}$ のとき，x の整数部分は $(n+1)$ 桁。
$10^{-n} \leqq x < 10^{-n+1}$ のとき，x の小数第 n 位にはじめて 0 でない数が現れる。
また $\log_{10}5=1-\log_{10}2$ の変形は覚えておくこと。

解答例　$x=5^{30}$ とおいて，両辺の常用対数をとると
$\log_{10}x=30\log_{10}5=30(1-\log_{10}2)=30(1-0.3010)=20.97$
ゆえに　$x=10^{20.97}$　　$10^{20}<5^{30}<10^{21}$
よって，5^{30} は **21 桁の数**。…答

$x=\left(\dfrac{1}{5}\right)^{30}$ とおくと　$\log_{10}x=-30\log_{10}5=-20.97$

ゆえに　$x=10^{-20.97}$　　$10^{-21}<\left(\dfrac{1}{5}\right)^{30}<10^{-20}$

よって，$\left(\dfrac{1}{5}\right)^{30}$ は**小数第 21 位にはじめて 0 でない数が現れる**。…答

← $\log_{10}5=\log_{10}\dfrac{10}{2}$
　$=\log_{10}10-\log_{10}2$
　$=1-\log_{10}2$
この変形はよく使う。

類題 149　3^{20} は何桁の数か。また，$\left(\dfrac{1}{3}\right)^{20}$ を小数で表したとき，小数第何位にはじめて 0 でない数が現れるか。ただし，$\log_{10}3=0.4771$ とする。

応用例題 150　常用対数と指数不等式

不等式 $0.8^n<0.001$ を満たす最小の整数 n を求めよ。
ただし，$\log_{10}2=0.3010$ とする。

テストに出るぞ！

ねらい　$a^x>b$ の形の不等式を，両辺の常用対数をとって
　$\log_{10}a^x>\log_{10}b$
として解く方法をマスターする。

解法ルール　n を求めるのだから，与えられた不等式の両辺の常用対数をとる。

$$a>1\text{ のとき }\quad M<N \iff \log_a M<\log_a N$$

解答例　$0.8^n<10^{-3}$ より　$\log_{10}0.8^n<\log_{10}10^{-3}$
ゆえに　$n\log_{10}0.8<-3$
ここで　$\log_{10}0.8=\log_{10}\dfrac{2^3}{10}=3\log_{10}2-1=-0.097$
ゆえに　$n>\dfrac{3}{0.097}=30.9\cdots$　　よって　$\boldsymbol{n=31}$　…答

類題 150　不等式 $2^n<5^{20}<2^{n+1}$ を満たす整数 n を求めよ。ただし，$\log_{10}2=0.3010$ とする。

2　対数関数　163

Tea Time

対数関数はどんなところに使われている？

星の明るさをきめる

肉眼で見える限界の明るさの星を6等星ときめる。その明るさを a とすると，全天の中で最も明るい20個あまりの星の明るさの平均は，約 $100a$ となるので，6等星の100倍の明るさをもつ星を1等星ときめる。この2つを基準にして，明るさが $ka, k^2a, k^3a,$ …の星を順に5等星，4等星，3等星，…ときめると，1等星は $k^5a=100a$ だから $k=\sqrt[5]{100}$ となる。

したがって，いま明るさが6等星の x 倍である星を n 等星とすると，$xa=k^{6-n}a$ が成り立つ。これより $x=k^{6-n}=(\sqrt[5]{100})^{6-n}$ 対数をとって $\log_{10} x = (6-n)\log_{10} 10^{\frac{2}{5}}$ これを n について解くと，星の等級をきめる公式 $n = 6 - \frac{5}{2} \log_{10} x$ が得られる。

この式によると，太陽のみかけの明るさは -26.7 等星，おおいぬ座のシリウス（最も明るい恒星）は -1.5 等星である。

埋蔵文化財の年代を推定する

たとえば樫（かし）の木で作られた道具が発掘されたとすると，それに含まれている炭素14という物質の量を正確に測定する。炭素14は放射線を出して窒素に変化していき，x 年後の炭素14の量 y は，$y = ka^{-x}$ となる。ここで k は $x=0$ のとき，つまり樫の木が生きていたときの炭素14の量である。炭素14は5730年ではじめの量の半分になることがわかっているので，$\frac{k}{2} = ka^{-5730}$ から

$a = \left(\frac{1}{2}\right)^{-\frac{1}{5730}} = 2^{\frac{1}{5730}}$ となり，

$y = k \cdot 2^{-\frac{x}{5730}}$ が得られる。

この式を $2^{-\frac{x}{5730}} = \frac{y}{k}$ として対数をとると $x = -\frac{5730}{\log_{10} 2} \log_{10} \frac{y}{k}$ となる。

いま遺物の炭素14の量が生木の $\frac{8}{10}$ 倍になって，$\log_{10} 2 = 0.3010$ とすると

$x = -\frac{5730}{\log_{10} 2} \log_{10} \frac{8}{10}$

$= \frac{5730(1 - 3\log_{10} 2)}{\log_{10} 2} \fallingdotseq 1847$

となり，だいたい1850年ぐらい前のものと推定される。

感覚は刺激の対数に比例！

19世紀のドイツの心理学者フェヒナーは，刺激の強さと感覚の強さの関係を，多くの実験によって研究した。その結果，刺激と感覚との間に次の関係があることがわかった。

① 刺激がある限界値 R_0 に達するまでは何も感じない。

② 限界値 R_0 に達した後は，刺激が大きくなるほど感覚も大きくなる。

③ ただし，感覚の大きくなる程度はだんだんおそくなる。

フェヒナーは，これらの事実から R を刺激の強さ，E を感覚の強さ，k を定数として，$E = k \log \frac{R}{R_0}$ という関数を用いることを提唱した。当時は心理学に数学をもちこんだことで，たいへん大きな驚きをもって迎えられたが，その後この法則が心理学や生理学の分野で非常に有用であることが知られてきた。

定期テスト予想問題　解答→p. 39~40

1 次の各組の数を，大きい方から順に並べよ。
(1) 6^{19}, 5^{20}, 2^{50}　ただし，$\log_{10}2=0.3010$, $\log_{10}3=0.4771$
(2) $\log_{\frac{1}{3}}2$, $\log_{\frac{1}{3}}\frac{1}{2}$, $\log_{\frac{1}{2}}3$, $\log_{\frac{1}{2}}\frac{1}{3}$

2 次の式を簡単にせよ。ただし，$a>0$ とする。
(1) $4^{\frac{3}{2}} \times 27^{-\frac{1}{3}} \div \sqrt{64^3}$
(2) $\sqrt{a\sqrt{a^3}} \div \sqrt{a^2\sqrt[3]{a}}$
(3) $\dfrac{3}{2}\log_3 2 + \dfrac{1}{2}\log_3 \dfrac{1}{6} - \log_3 \dfrac{2\sqrt{3}}{3}$
(4) $(\log_2 3 + \log_4 9)(\log_3 4 + \log_9 2)$

3 $a^{2x}=3$, $a>0$ のとき，a^x+a^{-x}, $\dfrac{a^{3x}+a^{-3x}}{a^x+a^{-x}}$ の値を求めよ。

4 n が正の整数で $x=\dfrac{1}{2}(5^{\frac{1}{n}}-5^{-\frac{1}{n}})$ のとき，$(x+\sqrt{x^2+1})^n$ の値を求めよ。

5 $\log_2 3 = a$, $\log_3 5 = b$ とするとき，次の式を a, b で表せ。
(1) $\log_2 \sqrt[3]{90}$　　　　(2) $\log_{10} 12$

6 $\log_{10}2=0.3010$, $\log_{10}3=0.4771$ として，次の問いに答えよ。
(1) 0.25^{30} は小数第何位にはじめて 0 でない数が現れるか。
(2) $1.5^n > 100$ を満たす最小の自然数 n を求めよ。

7 次の方程式を解け。
(1) $2^{2x} - 2^{x+1} - 48 = 0$
(2) $\log_x 9 - \log_3 x = 1$

8 次の不等式を解け。
(1) $9^x \leqq 27^{2-x}$
(2) $\log_2 x + \log_2 (10-x) > 4$

HINT

1 (1) 常用対数を計算して比較する。
(2) 底を 2 にそろえて比較する。

2 (1)(2) 指数の形に変えて，指数法則を適用。
(3) 真数をまとめて 1 つの対数にする。
(4) 底を 2 にそろえる。

3 $a^x = t$ とおいて，それぞれ t で表す。

4 $5^{\frac{1}{n}} = t$ とおくと，$x = \dfrac{t-t^{-1}}{2}$

5 底を 2 にそろえる。まず $\log_2 5$ を a, b で表す。

6 (1) 0.25^{30} の常用対数をとる。
(2) 両辺の常用対数をとる。

7 (1) $2^x = t$ とおく。
(2) 底を 3 にそろえる。

8 (1) 底を 3 にする。
(2) 左辺の真数をまとめる。

定期テスト予想問題　165

9 $f(x)=4^x-2^{x+1}+3$ について，次の問いに答えよ。
(1) $2^x=t$ とおいて，$f(x)$ を t の式で表せ。
(2) $f(x)$ の最小値およびそのときの x の値を求めよ。

10 $3x+y=2$ のとき，$\log_3 x+\log_3 y$ の最大値を求めよ。

11 次の各問いに答えよ。
(1) $2^{\log_{10}x}=x^{\log_{10}2}$ を証明せよ。
(2) $f(x)=2^{\log_{10}x}\cdot x^{\log_{10}2}-4(2^{\log_{10}x}+x^{\log_{10}2})$ の最小値，およびそのときの x の値を求めよ。

12 次のそれぞれの式を満たす x の値を求めよ。
(1) $2^{\log_4 7}=7^x$
(2) $2^{\log_4 x}=x$

13 $2^x=5^y=10^z$ について，次の問いに答えよ。
(1) x, y をそれぞれ $\log_{10}2$ と z で表せ。
(2) $xy-yz-zx$ の値を求めよ。

14 容器にアルコールが 10 kg 入れてある。これから 2 kg をくみ出し，2 kg の水を補う。よく混ぜてからまた 2 kg くみ出し，2 kg の水を補う。
これについて，次の問いに答えよ。
(1) この操作を 3 回繰り返すと，アルコールの濃度（アルコールの重量の全体の重量に対する割合）はいくらになるか。a^m の形に表せ。
(2) この操作を n 回繰り返すと，アルコールの濃度はいくらになるか。
(3) アルコールの濃度が，はじめの濃度の $\frac{1}{20}$ 以下になるのは，この操作を何回繰り返したあとか。
　　$\log_{10}2=0.3010$ として計算せよ。

---

9 (1) $4^x=(2^2)^x$
(2) t の変域に注意して求める。

10 $x>0$, $y>0$ を考慮すること。

11 (1) $2^{\log_{10}x}=t$ とおいて，10 を底とする両辺の対数をとる。
(2) $2^{\log_{10}x}=t$ とおくと，t の2次関数になる。

12 それぞれ 4 を底とする対数をとって考える。

13 (1) 各辺の常用対数をとる。
(2) z の式に変形する。

14 (1) 1 回で残るアルコールの量は，もとの $\frac{8}{10}$ である。これが 1 回後の濃度になる。
(2) 各回とも前回の $\frac{8}{10}$ の濃度になる。
(3) （n 回後の濃度）$\leq \frac{1}{20}$ を解く。

5章
微分法・積分法

1節 微分法

1 瞬間の速さと極限値

● 落下する物の速さはどうなる？

いよいよ，微分・積分の始まりです。さて，高い所から石を落とすとき，落下し始めてから t 秒間に落ちる距離 s m は
$$s=5t^2$$
であることがわかっています。1秒後から3秒後までの平均の速さはいくらかな？

← 物理では $s=4.9t^2$ を使うが，四捨五入して簡単にした。

平均の速さ $= \dfrac{動いた距離}{かかった時間}$ より　$\dfrac{5\cdot 3^2-5\cdot 1^2}{3-1}=\dfrac{40}{2}=20$

20 m/秒ですよ，先生！

その通り！　石は止まることなく落ちているから，1秒後のその瞬間にも速さは考えられますね。それでは，まず1秒後から $(1+h)$ 秒後までの平均の速さを求めてごらん。

$\dfrac{5(1+h)^2-5\cdot 1^2}{1+h-1}=\dfrac{10h+5h^2}{h}=10+5h$

$(10+5h)$ m/秒です。

OK！　$h=2$ のときは最初の答えと一致していますね。
さあ，ここで h をどんどん0に近づけていくと，1秒後における「**瞬間の速さ**」が求められるんです。
つまり，1秒後の瞬間の速さは 10 m/秒 というわけ。
このイメージをつかむことが微分の始まりです。

一般に，関数 $f(x)$ において，x が a と異なる値をとりながら限りなく a に近づくとき，$f(x)$ が限りなく一定の値 α に近づくならば

$x \to a$ のとき $f(x) \to \alpha$ 　または　$\displaystyle\lim_{x \to a} f(x) = \alpha$

と表します。また α を x が a に近づいたときの $f(x)$ の**極限値**といいます。上の例を，この記号を用いて表すと，
$\displaystyle\lim_{h \to 0}(10+5h)=10+5\times 0=10$ （m/秒）　となります。

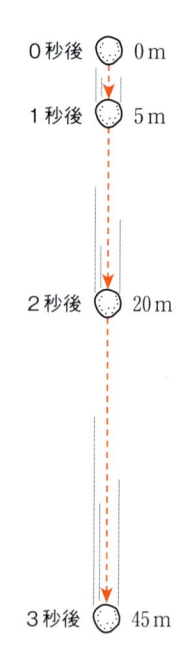

← 記号 lim は極限を意味する limit を略したもの。

0秒後　0 m
1秒後　5 m
2秒後　20 m
3秒後　45 m

168　5章　微分法・積分法

基本例題 151 　　極限値を求める

次の極限値を求めよ。

(1) $\lim_{x \to 1}(x^2+2x-1)$ 　　(2) $\lim_{x \to 2}\dfrac{x^3+1}{x+1}$

ねらい
$\lim_{x \to a} f(x) = f(a)$ となる場合の極限値の計算練習。

解法ルール (1) 整関数

(2) 分数関数だが，$x \to 2$ のとき分母 $\to 0$ にならない。

$$\lim_{x \to a} f(x) = f(a)$$

← 極限値と関数の値が一致する。

解答例 (1) $\lim_{x \to 1}(x^2+2x-1) = 1+2\cdot 1-1 = 2$ …答

(2) $\lim_{x \to 2}\dfrac{x^3+1}{x+1} = \dfrac{8+1}{2+1} = 3$ …答

類題 151 次の極限値を求めよ。

(1) $\lim_{x \to -2}(x^2+7x)$ 　　(2) $\lim_{x \to 1}\dfrac{x^2-1}{x+2}$

基本例題 152 　　不定形の極限値を求める

次の極限値を求めよ。

(1) $\lim_{x \to 2}\dfrac{x^2-5x+6}{x-2}$ 　　(2) $\lim_{h \to 0}\dfrac{(1+h)^3-1}{h}$

テストに出るぞ！

ねらい
不定形の極限値を求める。

解法ルール この場合は分母が 0 に近づくので，**分母・分子の約分**などの工夫が必要。

$\lim_{x \to a}\dfrac{f(x)}{g(x)}$ の形で，$x \to a$ のとき $f(x) \to 0$，$g(x) \to 0$ となるものを**不定形**という。

解答例 (1) $\lim_{x \to 2}\dfrac{x^2-5x+6}{x-2} = \lim_{x \to 2}\dfrac{(x-2)(x-3)}{x-2}$
$= \lim_{x \to 2}(x-3)$
$= 2-3 = -1$ …答

($x-2$ で約分できる)

(2) $\lim_{h \to 0}\dfrac{(1+h)^3-1}{h} = \lim_{h \to 0}\dfrac{3h+3h^2+h^3}{h}$
$= \lim_{h \to 0}(3+3h+h^2) = 3$ …答

(h で約分できる)

● $\lim_{x \to 0}\dfrac{1}{x}$, $\lim_{x \to 1}\dfrac{1}{x-1}$ などはともに分母 $\to 0$，分子 $\to 1$ となる。$\dfrac{1}{0}$ という分数は存在しないから極限値はない。

類題 152 次の極限値を求めよ。

(1) $\lim_{x \to 3}\dfrac{x^2-2x-3}{x-3}$ 　　(2) $\lim_{h \to 0}\dfrac{(2+h)^3-8}{h}$

1 微分法　　**169**

応用例題 153 　極限と定数の決定

次の等式が成り立つように，定数 a, b の値を定めよ。

$$\lim_{x \to 2} \frac{x^2+ax+b}{x-2} = 5$$

ねらい
この例題を通して，どんな状態のときに極限値をもつのかを理解すること。

解法ルール $x \to 2$ のとき分母 $\to 0$ なので，有限な極限値 5 となるためには，
$x \to 2$ のとき分子 $\to 0$ となることが必要である。
このことから，a, b についての関係式が求められる。

← 不定形であること。

解答例 $x \to 2$ のとき　分母 $\to 0$

極限値をもつためには，分子 $\to 0$ でなければならない。

したがって　$\lim_{x \to 2}(x^2+ax+b) = 4+2a+b = 0$
　　　　　　　$b = -2a-4$

このとき　$x^2+ax+b = x^2+ax-2a-4$
　　　　　　　　　　$= x^2-4+a(x-2)$
　　　　　　　　　　$= (x+2)(x-2)+a(x-2)$
　　　　　　　　　　$= (x-2)(x+a+2)$

ゆえに　$\lim_{x \to 2} \frac{x^2+ax+b}{x-2} = \lim_{x \to 2} \frac{(x-2)(x+a+2)}{x-2}$
　　　　　　　　　　　　　　　　　$= \lim_{x \to 2}(x+a+2) = a+4$

極限値が 5 となることから　$a+4 = 5$
　　　　　　　　　よって　$a = 1$

$a = 1$ のとき　$b = -2a-4 = -6$

$a = 1$, $b = -6$ のとき，確かに極限値は 5 となる。

　　　　　　　　　　　　　图　$a = 1$, $b = -6$

分母が 0 なら分子も 0

類題 153 $\lim_{x \to 3} \dfrac{x^2+ax+b}{x^2-2x-3} = \dfrac{1}{2}$ が成り立つように，定数 a, b の値を定めよ。

2 平均変化率と微分係数

● 平均変化率とは？

前項で学んだ平均の速さを，関数 $y=f(x)$ について一般化すると

「x の変化量に対する y の変化量の割合」

とでもいえるかな。これを平均変化率と呼んでいるんだ。

平均の速さ＝$\dfrac{動いた距離}{かかった時間}$　　　平均変化率＝$\dfrac{y の変化量}{x の変化量}$

どうだい，同じだろう。

ポイント [平均変化率]

関数 $y=f(x)$ で，x の値が a から b まで変化するとき，y の値は $f(a)$ から $f(b)$ まで変化する。このとき，$\dfrac{f(b)-f(a)}{b-a}$ ……① を，$f(x)$ の x が a から b まで変化するときの平均変化率という。したがって，x が a から $a+h$ まで変わるときの平均変化率は　$\dfrac{f(a+h)-f(a)}{h}$ ……②

先生！ この平均変化率の図形的な意味なんですが，右の図を参考にすると，直線 AB の傾きを表しているといえませんか。

すごい！ それは平均変化率の大切な性質だよ。数式を学べば，常にその図形的な意味を考えてみるというのは，どんな場合にも大切な心掛けだからね。

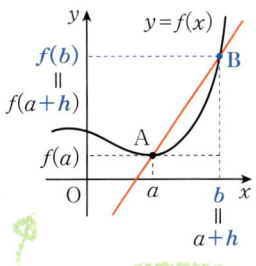

平均変化率は直線 AB の傾き

● 微分係数とは？

さて，平均変化率の式①で，b をどんどん a に近づけたとき，①がある一定の値に限りなく近づくならば，その値を $f(x)$ の $x=a$ における微分係数といい，$f'(a)$ で表します。すなわち，

ポイント [微分係数]

① $f'(a)=\lim\limits_{b \to a}\dfrac{f(b)-f(a)}{b-a}$

この式で $b-a=h$ とおくと $b=a+h$ だから，次のように書ける。

② $f'(a)=\lim\limits_{h \to 0}\dfrac{f(a+h)-f(a)}{h}$

1 微分法　171

基本例題 154 　　　平均変化率と微分係数

関数 $f(x)=x^3+2x$ について
(1) x が 2 から $2+h$ まで変化するときの平均変化率を求めよ。
(2) $x=2$ における微分係数を求めよ。

ねらい 平均変化率と微分係数のちがいをマスターする。

解法ルール 平均変化率は $\dfrac{f(a+h)-f(a)}{h}$

微分係数は $f'(a)=\lim\limits_{h\to 0}\dfrac{f(a+h)-f(a)}{h}$

自然に落下する物体の t 秒後の落下する距離 s m が $s=4.9t^2$ と表せるとき，平均変化率は平均の速さ，微分係数は瞬間の速さを表します。

解答例
(1) $f(2+h)-f(2)=(2+h)^3+2(2+h)-(8+4)$
$=8+12h+6h^2+h^3+4+2h-8-4$
$=h(14+6h+h^2)$

よって $\dfrac{f(2+h)-f(2)}{h}=\dfrac{h(14+6h+h^2)}{h}=\mathbf{14+6h+h^2}$ …答

(2) $f'(2)=\lim\limits_{h\to 0}\dfrac{f(2+h)-f(2)}{h}=\lim\limits_{h\to 0}(14+6h+h^2)=\mathbf{14}$ …答

類題 154 定義にしたがって，次の関数の（ ）内の値における微分係数を求めよ。
(1) $f(x)=x^2-3x$ $(x=2)$ 　　(2) $f(x)=2x^3-x^2-1$ $(x=-3)$

基本例題 155 　　　微分係数の計算

次の関数について，微分係数 $f'(a)$ を求めよ。
(1) $f(x)=2x+3$ 　　(2) $f(x)=x^3-3x^2$

テストに出るぞ！

ねらい 3 次関数までの微分係数は，確実に求められるようになること。

解法ルール $f'(a)=\lim\limits_{h\to 0}\dfrac{f(a+h)-f(a)}{h}$

不定形の極限計算。必ず h で約分できる。

解答例
(1) $f(a+h)-f(a)=2(a+h)+3-(2a+3)$
$=2a+2h+3-2a-3=2h$

よって $f'(a)=\lim\limits_{h\to 0}\dfrac{f(a+h)-f(a)}{h}=\lim\limits_{h\to 0}\dfrac{2h}{h}=\lim\limits_{h\to 0}2=\mathbf{2}$ …答

(2) $f(a+h)-f(a)=(a+h)^3-3(a+h)^2-(a^3-3a^2)$
$=a^3+3a^2h+3ah^2+h^3-3a^2-6ah-3h^2-a^3+3a^2$
$=h(3a^2+3ah+h^2-6a-3h)$

よって $f'(a)=\lim\limits_{h\to 0}\dfrac{f(a+h)-f(a)}{h}=\lim\limits_{h\to 0}\dfrac{h(3a^2+3ah+h^2-6a-3h)}{h}$
$=\lim\limits_{h\to 0}(3a^2+3ah+h^2-6a-3h)=\mathbf{3a^2-6a}$ …答

類題 155 次の関数について，微分係数 $f'(a)$ を求めよ。
(1) $f(x)=2x^3$ 　　(2) $f(x)=(x+2)^2$

微分係数と接線の傾きの関係は？

右の図のように，$y=f(x)$ のグラフ上に x 座標が a，$a+h$ である 2 点 A，B をとる。このとき，直線 AB の傾きは a から $a+h$ までの平均変化率を表していることは前に学習した通りだ（図1）。

いま，h を 0 に近づけていくと，点 B はグラフ上を動きながら，点 A に近づいていく（図2）。そして，直線 AB の傾きは $x=a$ での微分係数 $f'(a)$ に近づくから，直線 AB は傾きが $f'(a)$ である直線 AT に限りなく近づいていく。

この直線 AT を，点 A における曲線 $y=f(x)$ の **接線**といい，点 A を**接点**という。

曲線 $y=f(x)$ 上の点 $(a, f(a))$ における接線の傾きは $f'(a)$ である。

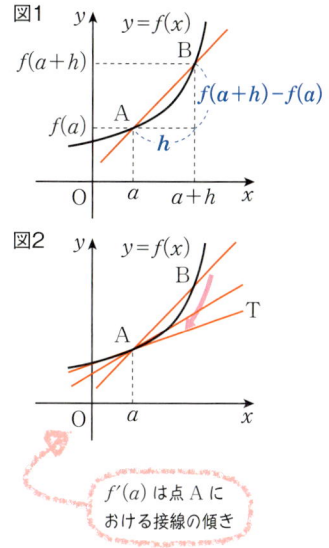

図1
図2

$f'(a)$ は点 A における接線の傾き

基本例題 156 　　　　微分係数と接線の方程式

放物線 $y=x^2-2x$ 上の点 $(-1, 3)$ における，この放物線の接線の方程式を求めよ。

ねらい
微分係数＝接線の傾きを理解すること。

解法ルール 微分係数 $f'(a)$ は，関数 $y=f(x)$ のグラフ上の点 $(a, f(a))$ における接線の傾きを表す。

したがって，**接線の方程式**は
$$y-f(a)=f'(a)(x-a)$$
と表すことができる。

← 点 (a, b) を通り，傾き m の直線の方程式は
$y-b=m(x-a)$

解答例
$f(-1+h)-f(-1)=(-1+h)^2-2(-1+h)-(1+2)$
$\qquad\qquad\qquad =h(h-4)$

$f'(-1)=\lim_{h \to 0}\dfrac{f(-1+h)-f(-1)}{h}$
$\qquad\quad =\lim_{h \to 0}\dfrac{h(h-4)}{h}=\lim_{h \to 0}(h-4)=-4$

これが接線の傾きだ

ゆえに，接線の方程式は　$y-3=-4(x+1)$
　　　　　　よって　$\boldsymbol{y=-4x-1}$　…答

類題 156 次の曲線の示された点における接線の方程式を求めよ。

(1) 曲線 $y=x^3$ 上の点 P$(1, 1)$
(2) 曲線 $y=x^3-x$ 上の点 P$(1, 0)$

3 導関数

関数 $y=f(x)$ の $x=a$ における微分係数 $f'(a)$ において，a がいろいろな値をとると，それに応じて $f'(a)$ の値が定まる。つまり，$f'(a)$ は a の関数だ。
だから，a を x に書きなおすと関数らしくなるね。a を x でおき換えた $f'(x)$ を $f(x)$ の**導関数**という。
$f(x)$ から $f'(x)$ を求めることを $f(x)$ を**微分する**という。

> 微分する
> ⇅
> 導関数を求める

ポイント 〔導関数の定義〕

$$f'(x)=\lim_{h\to 0}\frac{f(x+h)-f(x)}{h}$$

覚え得

上の式で，h は x の変化量，$f(x+h)-f(x)$ は y の変化量を表している。これらをそれぞれ **x の増分**，**y の増分**といい，Δx，Δy で表す。

$\Delta x=h$
$\Delta y=f(x+h)-f(x)$

Δx，Δy を用いると，導関数 $f'(x)$ は次のように表せる。

$$f'(x)=\lim_{\Delta x\to 0}\frac{\Delta y}{\Delta x}$$
$$=\lim_{\Delta x\to 0}\frac{f(x+\Delta x)-f(x)}{\Delta x}$$

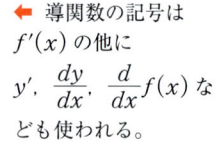

← 導関数の記号は $f'(x)$ の他に y'，$\dfrac{dy}{dx}$，$\dfrac{d}{dx}f(x)$ なども使われる。

関数 $y=x$，$y=x^2$，$y=x^3$ を微分すると，それぞれ $y'=1$，$y'=2x$，$y'=3x^2$ となるから，

$y=x^n$ のとき $y'=nx^{n-1}$

が成り立つんでしょう。

$(x^n)'=nx^{n-1}$ は，n が正の整数のとき成り立つのですが，数学Ⅱでは，ほとんどが $n=1, 2, 3$ の範囲で考える問題です。

その通りだ！
鋭いね。それでは導関数を求めるのに必要な公式をまとめておこう。

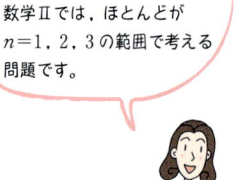

ポイント 〔微分の計算公式〕

① $y=x^n$ のとき $y'=nx^{n-1}$ （n は正の整数）
② $y=c$ のとき $y'=0$ （c は定数）
③ $y=kf(x)$ のとき $y'=kf'(x)$ （k は定数）
④ $y=f(x)\pm g(x)$ のとき $y'=f'(x)\pm g'(x)$ （複号同順）

覚え得

【②の証明】

y が定数 c のとき，y の増分は 0 である。

$$(c)' = \lim_{h \to 0} \frac{c-c}{h} = \lim_{h \to 0} \frac{0}{h} = 0$$

【③の証明】

$$\{kf(x)\}' = \lim_{h \to 0} \frac{kf(x+h)-kf(x)}{h} = k\lim_{h \to 0} \frac{f(x+h)-f(x)}{h}$$
$$= kf'(x)$$

【④の証明】

$$\{f(x)+g(x)\}'$$
$$= \lim_{h \to 0} \frac{\{f(x+h)+g(x+h)\}-\{f(x)+g(x)\}}{h}$$
$$= \lim_{h \to 0} \frac{\{f(x+h)-f(x)\}+\{g(x+h)-g(x)\}}{h}$$
$$= \lim_{h \to 0} \frac{f(x+h)-f(x)}{h} + \lim_{h \to 0} \frac{g(x+h)-g(x)}{h}$$
$$= f'(x)+g'(x) \quad (y=f(x)-g(x) \text{ の場合も同様にすればよい。})$$

← ②は図形的には，x 軸に平行な直線 $y=c$ 上の任意の点で引いた接線は，もとの直線 $y=c$（傾きが0）に一致することを表す。

← $\lim_{x \to a} f(x) = \alpha$, $\lim_{x \to a} g(x) = \beta$ であるとき
$\lim_{x \to a} kf(x) = k\alpha$
$\lim_{x \to a} \{f(x) \pm g(x)\}$
$\quad = \alpha \pm \beta$
すなわち
$\lim_{x \to a} kf(x) = k\lim_{x \to a} f(x)$
$\lim_{x \to a} \{f(x) \pm g(x)\}$
$= \lim_{x \to a} f(x) \pm \lim_{x \to a} g(x)$
が成り立つ（複号同順）。

これも知っ得　面積と曲線，体積と面積

円の面積を微分すると円周になる

面積 S は半径 r の関数なので $S(r)$ と表そう。

$$S'(r) = \lim_{h \to 0} \frac{S(r+h)-S(r)}{h}$$

右辺の $S(r+h)-S(r)$ の面積は，右の図の色の部分を表すから

$2\pi rh \leq S(r+h) - S(r) \leq 2\pi(r+h)h$

各辺を h で割って

$2\pi r \leq \dfrac{S(r+h)-S(r)}{h} \leq 2\pi(r+h)$

$h \to 0$ とすると　$\lim_{h \to 0} \dfrac{S(r+h)-S(r)}{h} = 2\pi r$

よって　$S'(r) = 2\pi r$　←（円周）

h が十分小さいとき，$\dfrac{S(r+h)-S(r)}{h}$ は円周になっている。

球の体積を微分すると表面積になる

体積を $V(r)$ と表そう。

$V(r+h) - V(r)$ は，中空のボールの皮の部分を示している。

表面積を $S(r)$ とおくとき，この体積は皮の厚さが h だから

$S(r) \cdot h \leq V(r+h) - V(r) \leq S(r+h) \cdot h$

よって　$S(r) \leq \dfrac{V(r+h)-V(r)}{h} \leq S(r+h)$

$h \to 0$ とすると

$\lim_{h \to 0} \dfrac{V(r+h)-V(r)}{h} = S(r)$

よって　$V'(r) = S(r)$　←（表面積）

h が十分小さいとき $\dfrac{V(r+h)-V(r)}{h}$ は表面積になっている。

したがって，$S = 4\pi r^2$ の公式は忘れても，球の体積の公式 $V = \dfrac{4}{3}\pi r^3$ を覚えていると，いつでも導き出せる。

基本例題 157 微分の計算(1)

次の関数を微分せよ。
(1) $y=2x^3$
(2) $y=x^3-4x^2+x+2$
(3) $y=(x^2+1)(x-1)$
(4) $y=(x+2)^3$

ねらい　微分の計算は機械的にやれば比較的簡単であるが，油断しないこと。

解法ルール　微分の計算公式 $(x^n)'=nx^{n-1}$，$(c)'=0$ を利用する。
(3)，(4)は式を展開し，**降べきの順に整理してから微分すると**ミスが少なくなる。

解答例
(1) $y'=(2x^3)'=2(x^3)'=2\cdot 3x^2$
    $=6x^2$ …答

(2) $y'=(x^3)'-(4x^2)'+(x)'+(2)'$
    $=3x^2-8x+1$ …答

(3) $y=x^3-x^2+x-1$ だから
    $y'=(x^3)'-(x^2)'+(x)'-(1)'$
    $=3x^2-2x+1$ …答

(4) $y=x^3+6x^2+12x+8$ だから
    $y'=(x^3)'+(6x^2)'+(12x)'+(8)'$
    $=3x^2+12x+12$ …答

まず，降べきの順に整理しよう。

類題 157　次の関数を微分せよ。
(1) $y=5x^3$
(2) $y=3x^2+4$
(3) $y=x^3-3x^2+3x$
(4) $y=-3x^3+5x-7$
(5) $y=x^2(x+2)$
(6) $y=(x+1)(x-2)$
(7) $y=x(x+1)(x+2)$
(8) $y=x(x-2)^2$

基本例題 158 微分の計算(2)

次の関数を〔　〕内に示された文字について微分せよ。
(1) $S=\pi r^2$ 〔r〕
(2) $z=\dfrac{1}{3}a^2 b$ （b は定数）〔a〕

解法ルール　x とちがった文字を変数とする関数の微分である。x と同じように扱えばよい。

ねらい　関数 S を r で微分するときは $\dfrac{dS}{dr}$，関数 z を a で微分するときは $\dfrac{dz}{da}$ のように表す。どの変数で微分するかを正しく判断すること。

176　5章　微分法・積分法

解答例 (1) $\dfrac{dS}{dr}=(\pi r^2)'=\pi \cdot 2r = \boldsymbol{2\pi r}$ …答

(2) $\dfrac{dz}{da}=\left(\dfrac{1}{3}a^2b\right)'=\dfrac{1}{3}b(a^2)'=\dfrac{1}{3}b\cdot 2a=\boldsymbol{\dfrac{2}{3}ab}$ …答

類題 158 次の関数を〔 〕内に示された文字について微分せよ。ただし，h, v_0, g は定数とする。

(1) $V=\pi r^2 h$ 〔r〕 (2) $s=v_0 t - \dfrac{1}{2}gt^2$ 〔t〕

応用例題 159 関数を決定する

4つの条件 $f(1)=0$, $f(-1)=4$, $f'(1)=-4$, $f'(-1)=4$ を満たす3次関数 $f(x)$ を求めよ。

ねらい $f(x)=ax^3+bx^2+cx+d$ ($a\neq 0$) とおき，a, b, c, d についての連立方程式を導く。

解法ルール 3次関数だから

$$f(x)=ax^3+bx^2+cx+d \ (a\neq 0)$$

とおく。

与えられた4つの条件から a, b, c, d の値を求める。

解答例 $f(x)=ax^3+bx^2+cx+d$ ($a\neq 0$) とおく。

$f(1)=0$ だから $a+b+c+d=0$ ……①

$f(-1)=4$ だから $-a+b-c+d=4$ ……②

また $f'(x)=3ax^2+2bx+c$

$f'(1)=-4$ だから $3a+2b+c=-4$ ……③

$f'(-1)=4$ だから $3a-2b+c=4$ ……④

③−④より $b=-2$

よって $3a+c=0$ ……⑤

①−②より $a+c=-2$ ……⑥

⑤−⑥より $a=1$, $c=-3$

①より $d=-1+2+3=4$

答 $\boldsymbol{f(x)=x^3-2x^2-3x+4}$

類題 159 3つの条件 $f(1)=-1$, $f(2)=2$, $f'(1)=0$ を満たす2次関数 $f(x)$ を求めよ。

2節 導関数の応用

4 接線の方程式

曲線 $y=f(x)$ 上の点 $(a, f(a))$ における接線の傾きが $f'(a)$ であることは，p.173 で学んだ。このことから次のことがいえる。

ポイント [曲線上の接線・法線]

曲線 $y=f(x)$ 上の点 $(a, f(a))$ における，

接線の方程式　$y-f(a)=f'(a)(x-a)$

法線の方程式　$y-f(a)=-\dfrac{1}{f'(a)}(x-a)$　$(f'(a) \neq 0)$

基本例題 160　接線・法線の方程式

曲線 $y=x^3-3x^2$ 上の点 $(3, 0)$ における接線と法線の方程式を求めよ。

ねらい　曲線上の点における接線と法線の方程式を求めること。

解法ルール　曲線 $y=f(x)$ 上の点 $(a, f(a))$ を通り傾き m の直線の方程式は

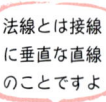

$$y-f(a)=m(x-a)$$

接線：$m=f'(a)$　　法線：$m=-\dfrac{1}{f'(a)}$

法線とは接線に垂直な直線のことですよ

解答例　$f(x)=x^3-3x^2$ とおく。

$f'(x)=3x^2-6x$　　$f'(3)=27-18=9$

接線の傾きが 9 だから，**接線の方程式**は

$y-0=9(x-3)$　　よって　$\boldsymbol{y=9x-27}$　…答

法線の傾きが $-\dfrac{1}{9}$ だから，**法線の方程式**は

$y-0=-\dfrac{1}{9}(x-3)$　　よって　$\boldsymbol{y=-\dfrac{1}{9}x+\dfrac{1}{3}}$　…答

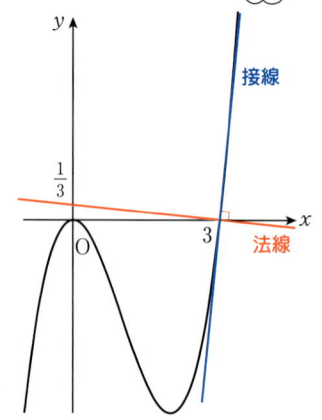

類題 160　曲線 $y=2x^3-5x^2$ 上の点 $(2, -4)$ における接線と法線の方程式を求めよ。

基本例題 161 　　　　接線の方程式(1)

曲線 $y=x^3-2x$ の接線のうち，傾きが 10 である接線の方程式と接点の座標を求めよ。

ねらい 傾きがわかっている場合の接線の方程式を求めること。

解法ルール
1. $f'(a)=10$ を満たす a を求める。
2. 1より接点 $(a, f(a))$ を求める。

解答例 $f(x)=x^3-2x$ とおくと　$f'(x)=3x^2-2$

接点の座標を (a, a^3-2a) とすると，接線の傾きは
$$f'(a)=3a^2-2$$
よって　$3a^2-2=10$　　$3a^2-12=0$
$(a+2)(a-2)=0$　　$a=\pm 2$

$a=2$ のとき，**接点の座標は　(2, 4)**
　　接線の方程式は　$y-4=10(x-2)$　　$\boldsymbol{y=10x-16}$　…答

$a=-2$ のとき，**接点の座標は　(-2, -4)**
　　接線の方程式は　$y+4=10(x+2)$　　$\boldsymbol{y=10x+16}$　…答

類題 161 曲線 $y=-x^3+3x$ の接線のうち，傾きが -9 である接線の方程式と接点の座標を求めよ。

これも知っ得　最短距離と法線

点 A(3, 0) と放物線 $y=x^2$ 上の点 P を結ぶ線分 AP の最短距離を求めてみよう。

放物線 $y=x^2$ 上の点 T における接線と法線を考えるとき，法線上の点 A' と放物線との距離は A'T が最短となる。したがって，点 P における法線が点 A を通るとき，A と放物線との距離が最短である。

曲線上の点 $P(t, t^2)$ における法線の方程式は
$$y-t^2=-\frac{1}{2t}(x-t) \quad \cdots \text{①}$$

①が A(3, 0) を通るから，$-t^2=-\frac{1}{2t}(3-t)$ を解いて

$2t^3+t-3=0$　　$(t-1)(2t^2+2t+3)=0$　　$t=1$

したがって，P(1, 1) で最短距離 $AP=\sqrt{5}$ をとる。

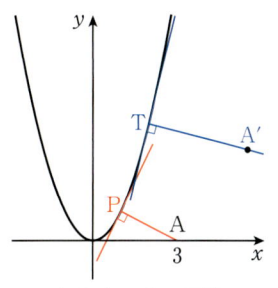

点 A と直線 l の距離

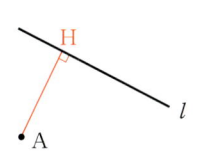

点 A と平面 α の距離

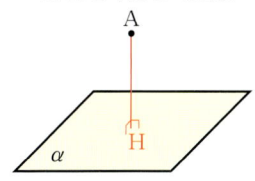

点 A と円 O の距離

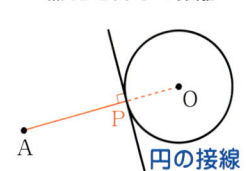

円の接線

2 導関数の応用

基本例題 162 　　接線の方程式(2)

曲線 $y=x^3-3x$ の接線のうち点 $(2, 2)$ を通る接線の方程式と接点の座標を求めよ。

ねらい 点を通る接線を求めること。

解法ルール
1. 接点の座標を (a, a^3-3a) とおくと，接線の方程式は
$$y-(a^3-3a)=f'(a)(x-a)$$
2. この接線が**点 $(2, 2)$ を通る**ように a の値を定める。

解答例 接点の座標を (a, a^3-3a) とする。
$y'=3x^2-3=3(x^2-1)$ より，$x=a$ における接線の傾きは
　$3(a^2-1)$
よって，接線の方程式は，a を用いて
　$y-(a^3-3a)=3(a^2-1)(x-a)$
これが点 $(2, 2)$ を通るから
　$2-(a^3-3a)=3(a^2-1)(2-a)$
　$2-a^3+3a=3(2a^2-a^3-2+a)$
　$2a^3-6a^2+8=0$
　$a^3-3a^2+4=0$
　$(a+1)(a^2-4a+4)=0$
　$(a+1)(a-2)^2=0$ より
　$a=-1$, $a=2$

```
-1 | 1  -3   0   4
   |     -1   4  -4
   | 1  -4   4   0
```

$a=-1$ のとき，**接点の座標は** $(-1, 2)$
このとき，傾きは $3\{(-1)^2-1\}=0$
よって，**接線の方程式は** $y=2$ …答

$a=2$ のとき，**接点の座標は** $(2, 2)$
傾きは $3(2^2-1)=9$
よって，**接線の方程式は**，$y-2=9(x-2)$ より
$$y=9x-16 \quad \text{…答}$$

微分を使って曲線 $y=f(x)$ の接線の方程式を求めるには，まず接点から始めます。接点の座標がわからない場合は「接点の座標を $(a, f(a))$ とおく」がスタート。

類題 162 曲線外の点 $(1, -2)$ から曲線 $y=x^2-2x$ に引いた接線の方程式と接点の座標を求めよ。

5 関数の増減と極大・極小

2次関数 $f(x)=x^2-2x$ は，$f(x)=(x-1)^2-1$ と変形できるから，グラフは頂点 $(1, -1)$ の放物線ですね。
「微分係数 $f'(a)$ はグラフ上の点 $(a, f(a))$ における接線の傾き」を表しているのだから，導関数 $f'(x)$ を計算することで，グラフの概形がつかめるんです。

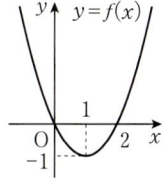

$f'(x)=2x-2=2(x-1)$
$x=1$ のときは $f'(1)=0$ だから，頂点 $(1, -1)$ で引いた接線は，傾き 0 の x 軸に平行な直線ということでしょう。

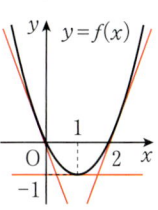

$x>1$ では $f'(x)>0$ だから，接線は右上がり。したがってグラフも右上がりです。……①
また $x<1$ では $f'(x)<0$ だから，接線は右下がり。したがってグラフも右下がりになっています。……②

そうですね。
グラフが①の状態のとき，$f(x)$ は区間 $x>1$ で**増加**する。
グラフが②の状態のとき，$f(x)$ は区間 $x<1$ で**減少**する。
といいます。これを表にすると，右のようになるね。こんな表を**増減表**といいます。

← 変数 x の値の範囲が $x>a$, $a \leqq x \leqq b$, $a<x<b$ などのとき，これらの範囲を**区間**という。

x	…	1	…
$f'(x)$	−	0	+
$f(x)$	↘	−1	↗

↗ は増加，↘ は減少を表している。

ポイント [導関数の符号と関数の増加・減少]　覚え得
① $f'(x)>0$ のとき，$f(x)$ はその区間で増加。
② $f'(x)<0$ のとき，$f(x)$ はその区間で減少。

こんどは 3 次関数 $f(x)=2x^3-6x+5$ について，増減を調べてごらん。

$f'(x)=6x^2-6=6(x^2-1)=6(x+1)(x-1)$　　$f'(x)=0$ より $x=\pm 1$
$f'(x)>0$ を解くと $x<-1$, $1<x$
$f'(x)<0$ を解くと $-1<x<1$
だから，増減表は右のようになります。

x	…	−1	…	1	…
$f'(x)$	+	0	−	0	+
$f(x)$	↗	9	↘	1	↗

よろしい！ 増減表作成はグラフをかくために欠かせないことだから，その作成のコツをまとめておきましょう。

ポイント [関数 $y=f(x)$ の増減表]
① $y'=0$ となる x の値を見つけ，1行目に間をあけて**左から小さい順に書く**。 覚え得
② 2行目の y' の右端の符号は，$f(x)$ の x の最高次の項の符号と同じ。このことを利用して，**交互に正負の符号を入れていく**。(重解の場合は**例外**で，同符号が続く場合もある。)

増減表をもとに $f(x)=2x^3-6x+5$ のとき，$y=f(x)$ のグラフをかくと，右の図のようになります。一般に，関数 $f(x)$ の値が $x=a$ を境目として増加から減少に変わるとき，$f(x)$ は $x=a$ で**極大**になるといい，そのときの値 $f(a)$ を**極大値**といいます。$x=b$ を境目として減少から増加に変わるとき，$f(x)$ は $x=b$ で**極小**になるといい，$f(b)$ を**極小値**といいます。
関数 $f(x)$ が $x=a$ で極値をとるときは，$x=a$ で $f(x)$ の値の増減が入れかわります。

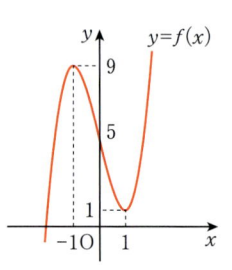

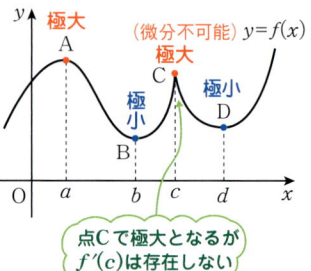

（微分不可能）
点Cで極大となるが $f'(c)$ は存在しない

ポイント [極値の判定] $f'(x)=0$ となる x の値を求め，その前後の $f'(x)$ の符号を調べる。 覚え得
① $f'(x)$ の符号が**正から負**に変わるとき，**極大**。
② $f'(x)$ の符号が**負から正**に変わるとき，**極小**。

基本例題 163　増加関数，減少関数であることの証明

次の関数は常に増加，または常に減少することを示せ。
(1) $y=-x+2$
(2) $y=x^3-3x^2+4x$
(3) $y=-x^3+x^2-2x+4$

ねらい
増加関数であることを示すには $y'>0$，減少関数であることを示すには $y'<0$，をいえばよい。

解法ルール 常に $y'>0$ か，または常に $y'<0$ であることを示す。
　　　　　$y'>0$ ならば**増加**　　$y'<0$ ならば**減少**

解答例
(1) $y'=-1<0$ より，**常に減少**。 終
(2) $y'=3x^2-6x+4=3(x-1)^2+1>0$ より，**常に増加**。 終
(3) $y'=-3x^2+2x-2=-3\left(x-\dfrac{1}{3}\right)^2-\dfrac{5}{3}<0$ より，**常に減少**。 終

1次関数 $y=ax+b$ は $a>0$ ならば増加，$a<0$ ならば減少する。2次関数 $y=x^2$ は区間 $x<0$ で減少し，区間 $x>0$ で増加する。

182　5章　微分法・積分法

類題 163 次の関数は常に増加，または常に減少することを示せ。

(1) $y = x^3 + 3x + 2$
(2) $y = x^3 - 3x^2 + 5x - 5$
(3) $y = -x^3 - x + 2$
(4) $y = -x^3 + 6x^2 - 12x$

基本例題 164　　　　　　　　　3次関数の極値

次の関数の増減を調べ，極値を求めよ。
(1) $f(x) = x^3 - 3x + 2$　　(2) $f(x) = 6x^2 - x^3$

ねらい
微分できる関数の極値を調べるには，$f'(x)$ の符号を調べて増減表をつくるとよい。

解法ルール $f'(x) = 0$ となる x の値を求め，その値の前後で $f'(x)$ の符号が変わるかどうかを調べる。

解答例

(1) $f'(x) = 3x^2 - 3 = 3(x^2 - 1) = 3(x+1)(x-1)$
　　$f'(x) = 0$ とすると　$x = \pm 1$
　　$f(x)$ の増減を表にすると，次のようになる。

x	$\cdots$	-1	$\cdots$	1	$\cdots$
$f'(x)$	$+$	0	$-$	0	$+$
$f(x)$	↗	極大	↘	極小	↗

（x^3 の係数と同符号）

　　$x = -1$ のとき，極大値は　$f(-1) = -1 + 3 + 2 = 4$　…答
　　$x = 1$ のとき，極小値は　$f(1) = 1 - 3 + 2 = 0$　…答

(2) $f'(x) = 12x - 3x^2 = -3x(x-4)$
　　$f'(x) = 0$ とすると　$x = 0, 4$
　　$f(x)$ の増減を表にすると，次のようになる。

x	$\cdots$	0	$\cdots$	4	$\cdots$
$f'(x)$	$-$	0	$+$	0	$-$
$f(x)$	↘	極小	↗	極大	↘

（x^3 の係数と同符号）

　　$x = 4$ のとき，極大値は　$f(4) = 6 \cdot 4^2 - 4^3 = 32$　…答
　　$x = 0$ のとき，極小値は　$f(0) = 0 - 0 = 0$　…答

← 数値を代入して $f'(x)$ の符号をきめる方法もある。たとえば $x < -1$ のとき，これを満たす適当な値，たとえば $x = -2$ を代入して
$f'(-2) = 3(-2)^2 - 3$
$ = 9 > 0$
ゆえに，$x < -1$ のとき $f'(x) > 0$

← $f'(x)$ の右端の符号は $f(x)$ の x の最高次の項の符号と同じである。

類題 164 次の関数の増減を調べ，極値を求めよ。
(1) $f(x) = x^3 - 3x^2 - 9x + 5$
(2) $f(x) = -2x^3 + 3x^2 + 12x$

2　導関数の応用　　183

● グラフのかき方は？

グラフの基本形 $y=x$, $y=x^2$, $y=x^3$ のグラフを同じ座標平面にかいてみると，右のようになる。

1 変域 $0<x<1$, $x>1$ では y の大小関係がまったく逆転している。

2 x が非常に大きいとき，x, x^2, x^3 はそれぞれ比較にならないほど大きさが違う。

2 より，たとえば $y=x^3-2x+1$ では，x が非常に大きいとき x^3 は $2x$ とは比較にならないほど大きい。つまり，**$y=x^3-2x+1$ のグラフの両端は $y=x^3$ のグラフと同じ形をしている**といえる。

[**$y=ax^3+bx^2+cx+d$ のグラフ**]

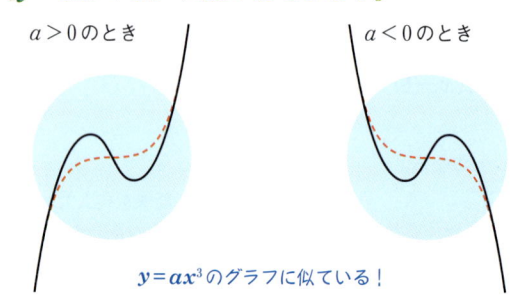

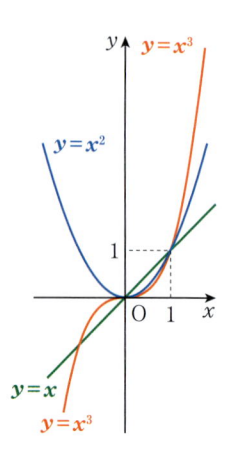

$a>0$ のとき　　　　$a<0$ のとき

$y=ax^3$ のグラフに似ている！

← グラフをかくときは対称性も利用する。たとえば，
$y=ax^3+bx$（奇関数）のグラフは原点に関して対称。
$y=ax^2+b$（偶関数）のグラフは y 軸に関して対称。

ポイント　[関数 $y=f(x)$ のグラフのかき方]　　覚え得
① グラフの両端のようすを**最高次の項やその係数からつかむ**。
② $f'(x)$ を計算し，$f(x)$ の増減を調べる（増減表をつくる）。
③ 必要に応じて，**座標軸との共有点を調べる**。
④ **対称性などを利用**してグラフをかく。

Tea Time　⬢ なめらかな関数

微分できない点とはどのような点でしょうか？ある関数のグラフをかいた場合，角になる点で微分をすることはできません。つまり，どの点でも微分ができる関数は，なめらかなグラフになります。

走っている車が急に角を曲がったとします。しかし，どんなに急に曲がっても，それは（半径の小さい）カーブを描いているのであって，定規で引いたような，キュッとした曲がり方をするわけではありません。ボールを壁に当

184　5章　微分法・積分法

これも知っ得　3次関数のグラフの秘密

$f(x)=ax^3+bx^2+cx+d\ (a>0)$ のとき，関数 $y=f(x)$ のグラフは，次の3つの形のどれかになる。

(i) $f'(x)=0$ が異なる実数解 $\alpha,\ \beta\ (\alpha<\beta)$ をもつとき

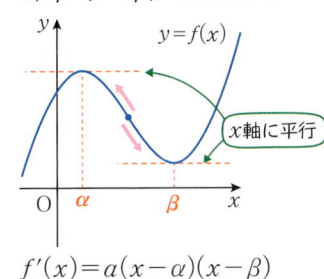

(ii) $f'(x)=0$ が重解 α をもつとき

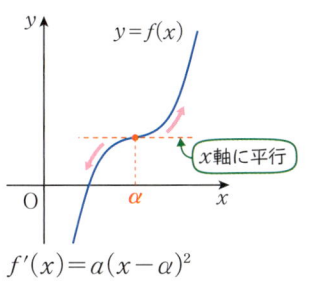

(iii) $f'(x)=0$ が実数解をもたないとき

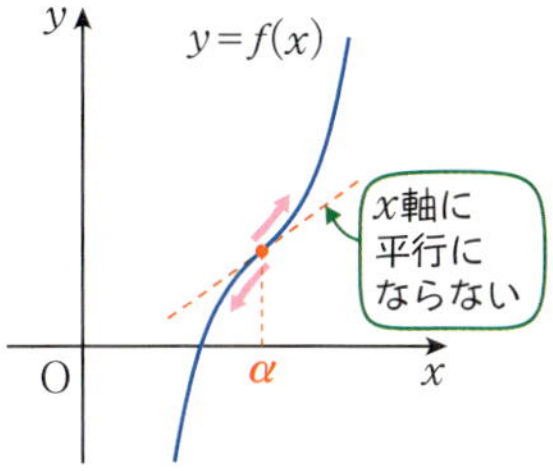

$f'(x)=a(x-\alpha)(x-\beta)$ 　　　$f'(x)=a(x-\alpha)^2$ 　　　$f'(x)=a(x-\alpha)^2+p\ (p>0)$

❶ 極値は，$f'(x)=0$ の判別式 $D>0$ のときだけ存在する。
❷ 3次関数のグラフは，点対称になっている。

(i)の場合　2点 $(\alpha,\ f(\alpha)),\ (\beta,\ f(\beta))$ を結ぶ線分の中点（図の青色の点）に関して対称。グラフの凹凸もこの点で変わる。したがって，この点からかき始めるときれいなグラフがかける。

(ii)の場合　点 $(\alpha,\ f(\alpha))$ に関して対称。この点からかき始めるとよい。

(iii)の場合　点 $(\alpha,\ f(\alpha))$ に関して対称。(ii)とのちがいは，点 $(\alpha,\ f(\alpha))$ で x 軸に平行な接線が引けないことである。

放物線は軸に関して対称だったから，グラフは比較的かきやすかった。3次関数のグラフでも，点対称であることを利用すると，比較的きれいにかくことができる。

てればこのような曲がり方をして戻ってきますが，これは劇的な変化であって，自然に変化するものの中ではこのようなことはありません。

私たちが扱う問題でも，このような劇的な変化を考慮しないといけないところは，特別な点，すなわち「特異点」と考えて，これを考察範囲の端とするようにします。

むしろ，最近の数学では，無限回微分可能な関数がクローズアップされています。微分できるかできないかの問題は，ここではあまり深入りしない方がよいでしょう。

基本例題 165　3次関数のグラフ

次の関数のグラフをかけ。
(1) $f(x) = x^3 - 3x$
(2) $f(x) = -x^2(x+3)$
(3) $f(x) = x^3 - 3x^2 + 3x - 1$

ねらい　3次関数のグラフは，対称性などを利用することがコツ。

(1)は原点，(2)は点$(-1, -2)$，(3)は点$(1, 0)$に関して対称。

解法ルール　$f'(x)$ を計算し，$f'(x)$ の符号から $f(x)$ の増減を調べる。（増減表をつくり極値を求める。）
必要に応じて，座標軸との交点の座標も求めるとよい。

解答例
(1) $f'(x) = 3x^2 - 3 = 3(x+1)(x-1)$
$f(-1) = 2,\ f(1) = -2$
x 軸との交点の x 座標は，$x^3 - 3x = 0$ より　$x = 0,\ \pm\sqrt{3}$

x	$\cdots$	-1	$\cdots$	1	$\cdots$
$f'(x)$	$+$	0	$-$	0	$+$
$f(x)$	↗	極大 2	↘	極小 -2	↗

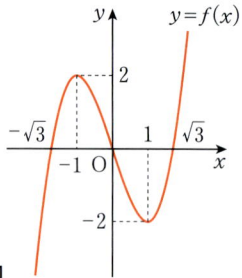

答　右の図

(2) $f(x) = -x^3 - 3x^2$ より　$f'(x) = -3x^2 - 6x = -3x(x+2)$
$f(0) = 0,\ f(-2) = -4$
x 軸との交点の x 座標は，$-x^2(x+3) = 0$ より　$x = 0,\ -3$

x	$\cdots$	-2	$\cdots$	0	$\cdots$
$f'(x)$	$-$	0	$+$	0	$-$
$f(x)$	↘	極小 -4	↗	極大 0	↘

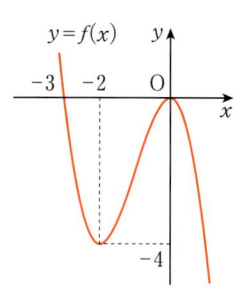

答　右の図

(3) $f'(x) = 3x^2 - 6x + 3 = 3(x-1)^2$
$f(1) = 0$

x	$\cdots$	1	$\cdots$
$f'(x)$	$+$	0	$+$
$f(x)$	↗	0	↗

y 軸との交点の y 座標は　-1

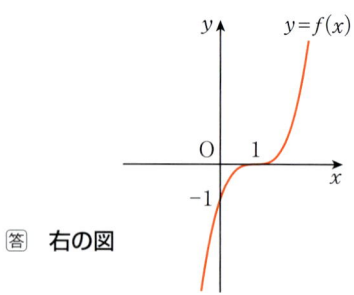

答　右の図

類題 165　次の関数のグラフをかけ。
(1) $y = (x-2)^2(x+4)$
(2) $y = -2x^3 - 3x^2 + 12x$
(3) $y = x^3 - x^2 - x + 1$
(4) $y = x^3 - x^2 + x + 1$
(5) $y = -x^3 + 6x^2 - 12x + 10$

基本例題 166 極大値から関数を決定する

関数 $y=-x^3+2x^2+4x+k$ の極大値が 5 となるような定数 k の値を求めよ。

ねらい 与えられた関数の増減を調べて極大値を求め，それが 5 であることから k の値を出す。基本例題だから確実にマスターすること。

解法ルール $y'=0$ となる x の値を求め，関数 y の増減表をつくり，極大値を求める。

解答例 $y'=-3x^2+4x+4=-(3x+2)(x-2)$

$y'=0$ とすると $x=-\dfrac{2}{3},\ 2$

x	$\cdots$	$-\dfrac{2}{3}$	$\cdots$	2	$\cdots$
y'	$-$	0	$+$	0	$-$
y	↘	極小	↗	極大	↘

増減表から，$x=2$ のとき極大値をもつことがわかる。
$-8+8+8+k=5$
よって $k=-3$ …答

● 3 次関数では
極大値＞極小値
であることを覚えておく。

類題 166 関数 $y=x^3-x^2-x+k$ の極大値が 0 となるような定数 k の値を求めよ。

これも知っ得　4 次関数のグラフをかいてみよう

3 次関数のときと同様に，$f'(x)$ を求め，増減表をかけば，グラフをかくことができる。
$f(x)=x^2(x-2)^2$
のグラフをかいてみよう。

$f(x)=x^4-4x^3+4x^2$ だから
$f'(x)=4x^3-12x^2+8x=4x(x-1)(x-2)$
$f(0)=0,\ f(1)=1,\ f(2)=0$

x	$\cdots$	0	$\cdots$	1	$\cdots$	2	$\cdots$
$f'(x)$	$-$	0	$+$	0	$-$	0	$+$
$f(x)$	↘	極小 0	↗	極大 1	↘	極小 0	↗

$x^2(x-2)^2=0$ より $x=0,\ 2$
x 軸に 2 点で接する。
したがって，右の図のようになる。

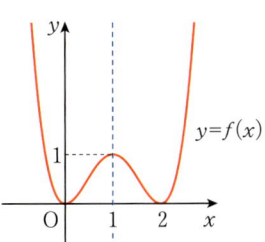

直線 $x=1$ に関して対称

← $x^2(x-2)^2=0$ は 2 重解を 2 つもつので，x 軸に 2 点で接することがわかる。

応用例題 167 極値から関数を決定する

3次関数 $f(x)$ は，$x=1$ で極小値 -8，$x=3$ で極大値 8 をとる。$f(x)$ を求めよ。

解法ルール 関数 $f(x)$ が $x=a$ で極値 b をもつとき
$$f'(a)=0, \quad f(a)=b$$
$f(x)$ が求められたら，増減表で条件を満たすことを確認する。

解答例 $f(x)=ax^3+bx^2+cx+d \ (a\neq 0)$ とおくと
$$f'(x)=3ax^2+2bx+c$$
$x=1$ で極小値 -8 をとるから $f'(1)=3a+2b+c=0$ ……①
$$f(1)=a+b+c+d=-8 \quad \cdots\cdots ②$$
$x=3$ で極大値 8 をとるから $f'(3)=27a+6b+c=0$ ……③
$$f(3)=27a+9b+3c+d=8 \quad \cdots\cdots ④$$
①〜④より $a=-4,\ b=24,\ c=-36,\ d=8$
よって $f(x)=-4x^3+24x^2-36x+8$
$$f'(x)=-12x^2+48x-36=-12(x-1)(x-3)$$
この $f(x)$ は，右の増減表より，題意を満たしている。

【答】 $f(x)=-4x^3+24x^2-36x+8$

ねらい
3次関数 $f(x)=ax^3+bx^2+cx+d$ が $x=\alpha,\ \beta\ (\alpha<\beta)$ で極値をもつならば
① $f'(\alpha)=0$
　$f'(\beta)=0$
② $a>0$ のとき
　$x=\alpha$ で極大，
　$x=\beta$ で極小
　$a<0$ のとき
　$x=\alpha$ で極小，
　$x=\beta$ で極大
となる。

$x=1$ で極小値，$x=3$ で極大値をとる保証はない。増減表で確かめる。

x	$\cdots$	1	$\cdots$	3	$\cdots$
$f'(x)$	$-$	0	$+$	0	$-$
$f(x)$	↘	極小 -8	↗	極大 8	↘

類題 167 3次関数 $f(x)=x^3+ax^2+bx+c$ は，$x=4$ のとき極小値 -32 をとり，$x=-2$ のとき極大値をとる。定数 $a,\ b,\ c,$ および極大値を求めよ。

応用例題 168 増加関数であるための条件

関数 $f(x)=x^3+ax^2+3x+5$ が常に増加するように，定数 a の値の範囲を定めよ。

解法ルール $f'(x)\geq 0 \iff f(x)$ は常に増加
$f'(x)\leq 0 \iff f(x)$ は常に減少

解答例 $f'(x)=3x^2+2ax+3$
常に，$3x^2+2ax+3\geq 0$ が成り立てばよい。
x^2 の係数 $3>0$
$f'(x)=0$ の判別式を D とすると $\dfrac{D}{4}=a^2-9\leq 0$
よって $-3\leq a\leq 3$　…【答】

ねらい
$f(x)$ は3次関数だから $f'(x)$ は2次関数。次のことが使える。
2次不等式
$ax^2+bx+c\geq 0$
が常に成立
$\iff a>0,\ D\leq 0$
$ax^2+bx+c\leq 0$ が常に成立
$\iff a<0,\ D\leq 0$

類題 168 関数 $f(x)=ax^3+3x^2+3ax$ が常に減少するように，定数 a の値の範囲を定めよ。

最大・最小はどうなる？

閉区間 $a \leqq x \leqq b$ での最大・最小

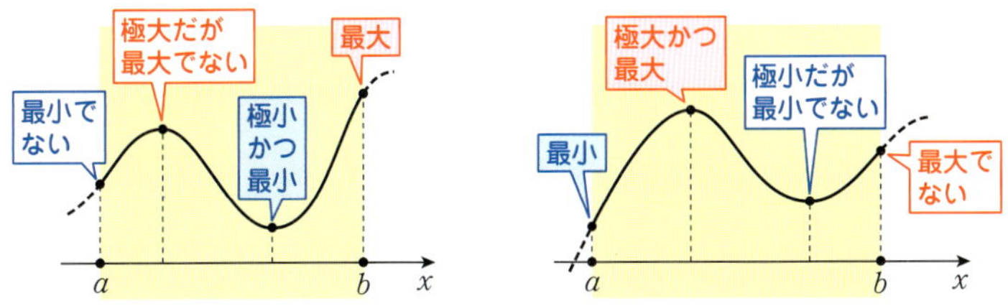

（図：極大だが最大でない、最大、最小でない、極小かつ最小／極大かつ最大、最小、極小だが最小でない、最大でない）

閉区間でない変域での最大・最小

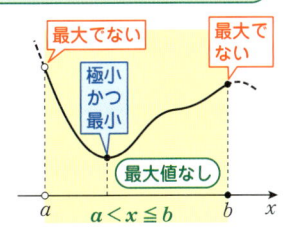

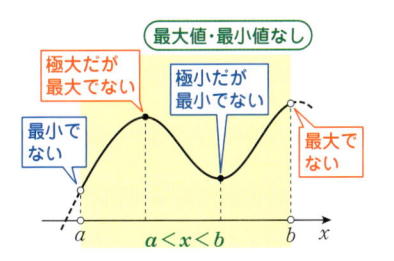

（図：最大でない、極小かつ最小、最大でない、最大値なし／最大値・最小値なし、極大だが最大でない、極小だが最小でない、最小でない、最大でない）

→ 区間 $a \leqq x \leqq b$ を**閉区間**といい，
$[a, b]$
区間 $a < x < b$ を**開区間**といい，
(a, b)
と表すことがある。また，区間 $a < x \leqq b$ は，$(a, b]$ と表す。くわしくは，数学Ⅲで学習する。

基本例題 169　　区間における最大・最小

関数 $f(x) = x^3 - 3x^2 - 9x \ (-3 \leqq x \leqq 4)$ の最大値と最小値を求めよ。

ねらい
与えられた区間における最大値・最小値を求めるには，増減表をつくり，極大値・極小値と端点での値を比較する。ここでは，極大値・極小値が必ずしも最大値・最小値にならないことを理解する。

解法ルール　与えられた区間における増減表をつくる。
極大値と端点での値のうち，最も大きい値が最大値。
極小値と端点での値のうち，最も小さい値が極小値。

解答例　$f'(x) = 3x^2 - 6x - 9 = 3(x+1)(x-3)$

x	-3	$\cdots$	-1	$\cdots$	3	$\cdots$	4
$f'(x)$		$+$	0	$-$	0	$+$	
$f(x)$	-27	↗	極大 5	↘	極小 -27	↗	-20

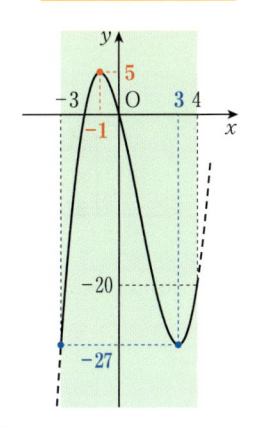

答　$\begin{cases} 最大値 \ \ 5 \ (x=-1) \\ 最小値 \ \ -27 \ (x=-3, \ 3) \end{cases}$

類題 169　関数 $f(x) = x^3 - 6x^2 + 9x \ (-1 \leqq x \leqq 4)$ の最大値と最小値を求めよ。

発展例題 170 　変数のおき換えと最大・最小

次の関数の最大値，最小値と，そのときの x の値を求めよ。
$$y = 4\sin^3 x - 6\sin x - 3\cos^2 x \quad (0 \leq x < 2\pi)$$

ねらい 三角関数の最大・最小を，変数のおき換えによって整関数にして考える問題。新しい変数の変域に注意しよう。

解法ルール $\sin^2 x + \cos^2 x = 1$ を利用して $\cos x$ を $\sin x$ になおし，$\sin x = t$ とおくと t についての3次関数になる。$-1 \leq t \leq 1$ に気をつけよう。

解答例 与式より　$y = 4\sin^3 x - 6\sin x - 3(1-\sin^2 x)$
$\qquad\qquad\qquad = 4\sin^3 x + 3\sin^2 x - 6\sin x - 3$

$\sin x = t$ とおくと　$-1 \leq t \leq 1$

$y = f(t) = 4t^3 + 3t^2 - 6t - 3$ とおく。

$f'(t) = 12t^2 + 6t - 6 = 6(t+1)(2t-1)$

t	-1	$\cdots$	$\dfrac{1}{2}$	$\cdots$	1
$f'(t)$	0	$-$	0	$+$	
$f(t)$	2	↘	極小 $-\dfrac{19}{4}$	↗	-2

よって，

$t = -1$ のとき，最大値　$f(-1) = 2$

$\sin x = -1$ となるのは

$\quad x = \dfrac{3}{2}\pi$ のとき

$t = \dfrac{1}{2}$ のとき，最小値　$f\left(\dfrac{1}{2}\right) = -\dfrac{19}{4}$

$\sin x = \dfrac{1}{2}$ となるのは

$\quad x = \dfrac{\pi}{6},\ \dfrac{5}{6}\pi$ のとき

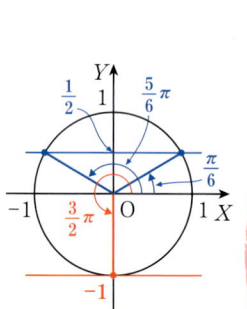

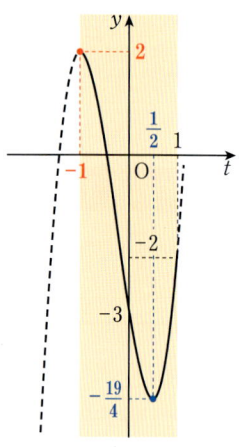

答　$\begin{cases} 最大値 & 2 \ \left(x = \dfrac{3}{2}\pi\right) \\ 最小値 & -\dfrac{19}{4} \ \left(x = \dfrac{\pi}{6},\ \dfrac{5}{6}\pi\right) \end{cases}$

最大・最小は，グラフをかいて，目で見て最上点と最下点をさがすとわかりやすいですよ！

類題 170　$2x + y = 2$，かつ $x \geq 0,\ y \geq 0$ のとき，$2x^3 + y^3$ の最大値と最小値，およびそのときの $x,\ y$ の値を求めよ。

発展例題 171 変域が変わる関数の最大・最小

関数 $f(x) = x^3 - 3x^2 + 4$ の $0 \leq x \leq a$ における最大値を a の値によって分類し答えよ。

ねらい
グラフは固定されているが、a の値によって変域は変わるから、当然最大値も変わってくる。a の値での場合分けがこの問題のポイント。

解法ルール 増減表をつくり、グラフをかく。a の値を変化させていくと、最大値はどのように変わっていくかを調べる。

解答例 $f'(x) = 3x^2 - 6x = 3x(x-2)$
$f(0) = 4$, $f(2) = 0$ より

x	$\cdots$	0	$\cdots$	2	$\cdots$
$f'(x)$	+	0	−	0	+
$f(x)$	↗	4	↘	0	↗

また、$f(x) = 4$ のとき、つまり $x^3 - 3x^2 + 4 = 4$ のとき
$x^3 - 3x^2 = 0$ $x^2(x-3) = 0$ より $x = 0, 3$
よって、$y = f(x)$ のグラフは下の図のようになる。

下の表のように、a の値の範囲によってグラフをかくとわかりやすいよ！！

a の値の範囲	グラフ	最大値	最大値をとるときの x の値
$0 < a < 3$		4	$x = 0$
$a = 3$		4	$x = 0, 3$
$3 < a$		$f(a)$	$x = a$

最大値をとるときの x の値が変わるごとに、表を増やし、グラフをかいて、その場合の a の値の範囲を求める。

答
$\begin{cases} 0 < a < 3 \text{ のとき} \quad 最大値は \quad 4 \quad (x=0) \\ a = 3 \text{ のとき} \quad 最大値は \quad 4 \quad (x=0, 3) \\ 3 < a \text{ のとき} \quad 最大値は \quad a^3 - 3a^2 + 4 \quad (x=a) \end{cases}$

類題 171 $f(x) = ax^3 - 3ax + b$ $(a > 0)$ の $-3 \leq x \leq 2$ における最小値は -16、最大値は 4 である。a, b の値を求めよ。

2 導関数の応用

応用例題 172 　　　　　　　　　　最大・最小の応用題

半径 a の球に内接する直円錐のうち，体積の最大値を求めよ。また，このときの底面の半径と高さを求めよ。

ねらい
変数が与えられていないから，自分で定める必要がある。式が立てやすいように変数を定めることがポイント。

解法ルール 直円錐の底面の半径を r，高さを h とすると

体積　$V = \dfrac{1}{3}\pi r^2 h$

r を h で表せれば r が消去できる。

解答例 右のように，球の中心を O，直円錐の頂点を A，底面の中心を H，周上の1点を B とする。
底面の半径 HB $= r$，高さ AH $= h$ とおくと
$$0 < r \leqq a,\ 0 < h < 2a$$
△OHB において　$(h-a)^2 + r^2 = a^2$
よって　$r^2 = 2ah - h^2$ ……①

よって，体積　$V = \dfrac{\pi}{3}r^2 h = \dfrac{\pi}{3}(2ah - h^2)h = -\dfrac{\pi}{3}h^3 + \dfrac{2a\pi}{3}h^2$

V を h で微分すると
$$V' = -\pi h^2 + \dfrac{4a\pi}{3}h = -\pi h\left(h - \dfrac{4}{3}a\right)$$

h	0	$\cdots$	$\dfrac{4}{3}a$	$\cdots$	$2a$
V'		$+$	0	$-$	
V		↗	極大	↘	

増減表より，$h = \dfrac{4}{3}a$ のとき V は最大。

このとき，**高さは** $\dfrac{4}{3}a$ …**答**

また，①より　$r = \sqrt{2ah - h^2}$
$r = \sqrt{2a \cdot \dfrac{4}{3}a - \dfrac{16}{9}a^2} = \sqrt{\dfrac{8}{9}a^2} = \dfrac{2\sqrt{2}}{3}a$ （**半径**）…**答**

$V = \dfrac{\pi}{3} \cdot \left(\dfrac{2\sqrt{2}}{3}a\right)^2 \cdot \dfrac{4}{3}a = \dfrac{32}{81}\pi a^3$ （**体積**）…**答**

類題 172 1辺の長さ $2a$ cm の正方形の厚紙の4すみから正方形を切り取って箱をつくる。この箱の容積の最大値と，このとき切り取る正方形の1辺の長さを求めよ。

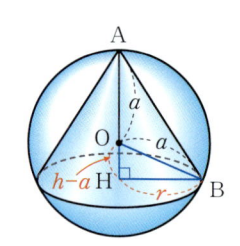

6 方程式・不等式への応用

方程式「$f(x)=0$ の実数解」は，座標平面上では「$y=f(x)$ のグラフと x 軸との共有点の x 座標」，方程式「$f(x)=g(x)$ の実数解」は，座標平面上では「$y=f(x)$ と $y=g(x)$ のグラフの共有点の x 座標」だから，方程式の実数解の個数を調べるには，きちんとしたグラフがかければいいんだ。

また，不等式「$f(x)>g(x)$ を証明」するには「$p(x)=f(x)-g(x)$ とおき，$p(x)>0$ を示す。」といいのだから，関数 $y=p(x)$ のグラフを調べて，「$p(x)$ の最小値 >0 を示す。」と，$p(x)>0$ すなわち $f(x)>g(x)$ を証明したことになる。

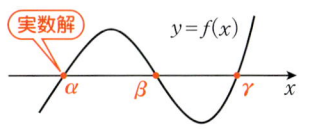

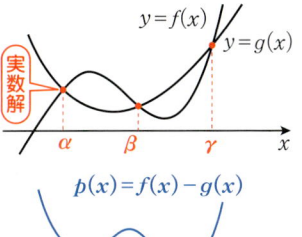

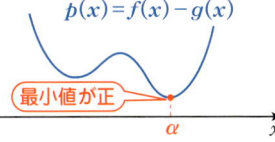

基本例題 173 　方程式の実数解の個数 (1)

次の方程式の実数解の個数を求めよ。
(1) $2x^3-6x^2+3=0$ 　　(2) $x^3+3x+1=0$

ねらい　グラフがかければ必然的に実数解の個数が求められる。
　実数解の個数＝x 軸との共有点の個数

解法ルール　たとえば，(1)は関数 $y=2x^3-6x^2+3$ のグラフをかき，x 軸との共有点の個数を調べる。

解答例
(1) $f(x)=2x^3-6x^2+3$ とおくと
$f'(x)=6x^2-12x=6x(x-2)$

x	$\cdots$	0	$\cdots$	2	$\cdots$
$f'(x)$	$+$	0	$-$	0	$+$
$f(x)$	$\nearrow$	極大 3	$\searrow$	極小 -5	$\nearrow$

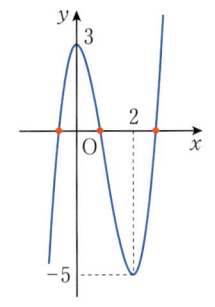

グラフより，$2x^3-6x^2+3=0$ の実数解は，**3個** 　…答

(2) $f(x)=x^3+3x+1$ とおくと
$f'(x)=3x^2+3=3(x^2+1)>0$
ゆえに，$f(x)$ は増加関数で
$f(-1)=-3<0, \; f(0)=1>0$
グラフより，$-1<x<0$ の区間内に1つの実数解をもつ。
答　**1個**

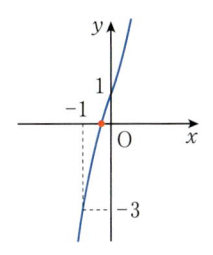

類題 173
次の方程式の実数解の個数を調べよ。
$x^3-6x^2+9x-1=0$

応用例題 174 方程式の実数解の個数(2)

方程式 $x^3-3ax^2+4=0\ (a>0)$ の相異なる実数解の個数を，定数 a の値によって分類せよ。

ねらい 極大値，極小値に着目して，3次方程式の実数解の個数を求めること。

解法ルール 右の図のように，極大値，極小値から判断すると，次のようになる。

1. 極大値が負，または極小値が正のとき，1個。
2. 極大値が正，かつ極小値が負のとき，3個。
3. 極大値，極小値のいずれかが 0 のとき，2個。

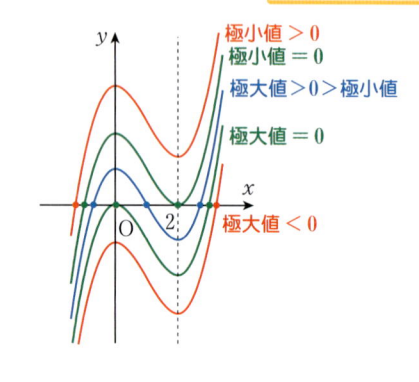

解答例 $f(x)=x^3-3ax^2+4$ とおくと
$f'(x)=3x^2-6ax=3x(x-2a)$
$a>0$ より，増減表は次のようになる。

x	$\cdots$	0	$\cdots$	$2a$	$\cdots$
$f'(x)$	$+$	0	$-$	0	$+$
$f(x)$	↗	極大	↘	極小	↗

極大値 $f(0)=4$，極小値 $f(2a)=-4a^3+4$
$-4a^3+4>0$ を解くと，$a^3-1<0$ より $a<1$

$a^3-1<0$ より
$(a-1)(a^2+a+1)<0$
$a^2+a+1=\left(a+\dfrac{1}{2}\right)^2+\dfrac{3}{4}>0$
だから $a-1<0$

よって $0<a<1$ のとき 解は 1 個
$a=1$ のとき 解は 2 個
$a>1$ のとき 解は 3 個 …答

類題 174 方程式 $2x^3-3ax^2+27=0\ (a>0)$ が相異なる 3 つの実数解をもつような定数 a の値の範囲を求めよ。

応用例題 175 方程式の実数解の個数(3)

方程式 $2x^3-3x^2-12x+5-a=0$ が異なる 2 個の正の解と，負の解を 1 個もつような a の値の範囲を求めよ。

ねらい 方程式 $f(x)-a=0$ の実数解は，曲線 $y=f(x)$ と直線 $y=a$ の共有点の x 座標であることを理解する。

解法ルール $2x^3-3x^2-12x+5=a$ と変形する。
$y=2x^3-3x^2-12x+5$ のグラフをかき，直線 $y=a$ との共有点を調べる。共有点が 3 個で，うち 2 個の x 座標が正になるように a の値の範囲を定める。

解答例 $f(x)=2x^3-3x^2-12x+5$ とおく。

$f'(x)=6x^2-6x-12=6(x+1)(x-2)$

$f(-1)=12$, $f(2)=-15$ より

x	$\cdots$	-1	$\cdots$	2	$\cdots$
$f'(x)$	$+$	0	$-$	0	$+$
$f(x)$	↗	極大 12	↘	極小 -15	↗

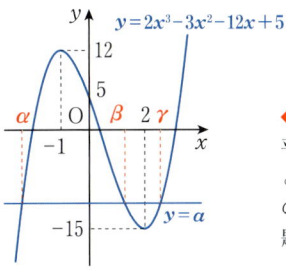

$y=f(x)$ のグラフは右のようになる。

← 直線 $y=a$ は x 軸に平行だから，点 $(0, 5)$ と $(2, -15)$ が $y=a$ の両側に分かれるとき，題意を満たす。

直線 $y=a$ との共有点が 3 個で，そのうち，2 個の x 座標が正となる定数 a の値の範囲は **$-15<a<5$** …答

類題 175 方程式 $2x^3-3x^2-12x+5-a=0$ について，次の各問いに答えよ。

(1) 正の重解と負の解をもつ a の値を求めよ。

(2) 正の解 1 個と，異なる 2 個の虚数解をもつ a の値の範囲を求めよ。

応用例題 176 【2 曲線の共有点】

曲線 $y=x^3-ax^2$ と直線 $y=a^2x-a$ $(a\neq 0)$ が異なる 3 点で交わるような実数 a の値の範囲を求めよ。

ねらい
2 曲線 $y=f(x)$, $y=g(x)$ の共有点の x 座標は，方程式 $f(x)=g(x)$ の実数解であることを理解する。

解法ルール 曲線 $y=x^3-ax^2$ と直線 $y=a^2x-a$ の共有点の x 座標は $x^3-ax^2=a^2x-a$ の解である。

ここでは，曲線 $y=x^3-ax^2-(a^2x-a)$ と x 軸との共有点が 3 個であると考える。

解答例 $x^3-ax^2=a^2x-a$ が異なる 3 つの実数解をもてばよい。

$f(x)=x^3-ax^2-a^2x+a$ とおくと

$f'(x)=3x^2-2ax-a^2=(x-a)(3x+a)$

$a\neq 0$ より，$f(x)$ は $x=a$, $-\dfrac{a}{3}$ で極値をもつ。

$f(x)=0$ が 3 つの実数解をもつとき $f(a)\cdot f\left(-\dfrac{a}{3}\right)<0$

よって $\underbrace{(a^3-a^3-a^3+a)}_{\to -a(a^2-1)}\underbrace{\left(-\dfrac{a^3}{27}-\dfrac{a^3}{9}+\dfrac{a^3}{3}+a\right)}_{\to a\left(\frac{5}{27}a^2+1\right)}<0$

$\underbrace{a^2}_{\to 常に正}(a^2-1)\underbrace{\left(\dfrac{5}{27}a^2+1\right)}_{\to 常に正}>0$ より **$a<-1$, $1<a$** …答

← 3 次方程式が異なる 3 つの実数解をもつ ⟺ 極大値と極小値の積が負

$a>0$ のとき

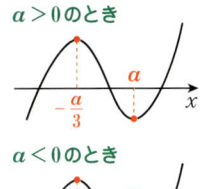

$a<0$ のとき

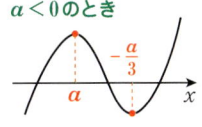

類題 176 2 曲線 $y=2x^3+x^2-12x$, $y=4x^2-k$ が，3 個の共有点をもつような実数 k の値の範囲を求めよ。

基本例題 177 　　　微分法による不等式の証明

次の不等式を証明せよ。また，等号が成り立つときの x の値を求めよ。

(1) $x \geqq 0$ のとき $x^3+4 \geqq 3x^2$

(2) $x \geqq 1$ のとき $x^3 \geqq 3x-2$

ねらい 不等式の証明方法はいろいろあるが，ここでは微分を用いた証明方法を学習する。

解法ルール 左辺≧右辺の証明は

$$f(x)=左辺-右辺$$

とおき，与えられた変域での $f(x)$ の増減を調べ，**最小値が0以上**となることを示す。

解答例

(1) $f(x)=x^3-3x^2+4$ とおく。
$f'(x)=3x^2-6x=3x(x-2)$
$f(0)=4$, $f(2)=0$ より

x	0	…	2	…
$f'(x)$	0	−	0	+
$f(x)$	4	↘	極小 0	↗

$x \geqq 0$ では，$f(x)$ は $x=2$ で極小かつ最小。
$f(2)=0$ より　$f(x) \geqq 0$
よって，$x \geqq 0$ のとき　$x^3+4 \geqq 3x^2$
　　　　等号成立は $x=2$ のとき　　終

← $f(x)=(x+1)(x-2)^2$ より $x \geqq 0$ のとき $f(x) \geqq 0$ として証明することもある。

最小値≧0なら当然 $f(x) \geqq 0$ ですよね

(2) $f(x)=x^3-3x+2$ とおく。
$f'(x)=3x^2-3=3(x-1)(x+1)$
$x \geqq 1$ より　$f'(x) \geqq 0$
よって，$f(x)$ は $x \geqq 1$ で増加。
$f(1)=0$
$f(x)$ は $x=1$ で最小値 0 をとるから，
$x \geqq 1$ で $f(x) \geqq 0$ がいえる。
よって，$x \geqq 1$ のとき　$x^3 \geqq 3x-2$
　　　　等号成立は $x=1$ のとき　　終

x	1	…
$f'(x)$	0	+
$f(x)$	0	↗

← 一般に，$x \geqq a$ で $f'(x) \geqq 0$ なら，左端 ($x=a$) で最小値 $f(a)$ をとる。

類題 177 次の不等式を証明せよ。また，(2)では等号が成り立つときの x の値を求めよ。

(1) $x > -1$ のとき $x^3+9 > 2x^2+4x$

(2) $x \geqq 1$ のとき $2x^3 \geqq 3x^2-1$

応用例題 178 　不等式の成立条件

$x \geqq 0$ のとき，$2x^3+8 \geqq 3kx^2$ が常に成り立つような定数 k の値の範囲を求めよ。

ねらい　文字を含む不等式の取り扱いに慣れること。

解法ルール　$f(x)=2x^3+8-3kx^2$ とおき，

$x \geqq 0$ のとき，$f(x)$ の最小値 $\geqq 0$

となるような定数 k の値の範囲を求めればよい。

解答例　$f(x)=2x^3-3kx^2+8$ とおく。
$f'(x)=6x^2-6kx=6x(x-k)$ 　$f'(x)=0$ から　$x=0,\ k$

(i) 　$k=0$ のとき，$x \geqq 0$ だから $2x^3+8>0$ で成立。

(ii) 　$k<0$ のとき
$f(k)=-k^3+8,\ f(0)=8$ より

x	$\cdots$	k	$\cdots$	0	$\cdots$
$f'(x)$	$+$	0	$-$	0	$+$
$f(x)$	↗	極大 $-k^3+8$	↘	極小 8	↗

← 0 と k の大小によって増減表が異なることに注意。

$x \geqq 0$ において，$f(x)$ は $x=0$ で極小かつ最小。
$f(0)=8>0$ から　$f(x)>0$
よって，$x \geqq 0$ において　$2x^3+8>3kx^2$

(iii) 　$k>0$ のとき

x	$\cdots$	0	$\cdots$	k	$\cdots$
$f'(x)$	$+$	0	$-$	0	$+$
$f(x)$	↗	極大 8	↘	極小 $-k^3+8$	↗

$x \geqq 0$ において，$f(x)$ は $x=k$ で極小かつ最小。
よって，$-k^3+8 \geqq 0$ のとき　$f(x) \geqq 0$
$-k^3+8 \geqq 0$ より　$(k-2)(k^2+2k+4) \leqq 0$
$k^2+2k+4=(k+1)^2+3>0$ だから　$k-2 \leqq 0$
よって　$0<k \leqq 2$

← $a^3-b^3=(a-b)\times(a^2+ab+b^2)$

(i)〜(iii)より　$k \leqq 2$ 　…**答**

類題 178 　次の問いに答えよ。

(1) $x>0$ のとき，不等式 $x^3-9x^2+15x+k>0$ が常に成り立つような定数 k の値の範囲を求めよ。

(2) $x>0$ のとき，不等式 $x^3+3kx^2-9k^2x-11k^3+16>0$ が常に成り立つような定数 k の値の範囲を求めよ。

2　導関数の応用　197

3節 積分法

7 不定積分

直線上を運動している点を考えましょう。その点の速度（瞬間の速さ）v が，時刻 t の関数として $v=t$ と与えられているとき，点の位置 x はどんな式になるでしょう。微分係数が瞬間の速さを表したことを思い出して考えてみましょう。

← この点の加速度 α は $\alpha=\dfrac{dv}{dt}=1$ となるので，この点の運動は**等加速度運動**である。

$x=F(t)$ とすると，速度 v は x を t で微分したものだから，$F'(t)=t$ でしょう。$F'(t)$ が1次式だから，もとの $F(t)$ は t の2次式になるので，$F(t)=t^2$ としてみると $F'(t)=2t$，ウーン，係数の2が余分になるなあ…。

それなら，はじめに $\dfrac{1}{2}$ を掛けておいて，$F(t)=\dfrac{1}{2}t^2$ としておけば，$F'(t)=\dfrac{1}{2}\times 2t=t$ となってうまくいくわ。

そうね。このように速度から位置を求めるような問題では，**微分すると $f(x)$ になるような関数 $F(x)$ を求める**という**微分法の逆の演算**が必要になります。

← 微分すると $f(x)$ になる関数 $F(x)$ を，$f(x)$ の**不定積分**という。**原始関数**ということもある。

ただ，上の例では，もちろん $\dfrac{1}{2}t^2$ でもいいけど，$\dfrac{1}{2}t^2+2$ や $\dfrac{1}{2}t^2-5$ でも微分すると t となるから，正確には

$F(t)=\dfrac{1}{2}t^2+C$ （C は定数）とするべきですね。

← この C を**積分定数**という。以後，この章では，C は積分定数を表すものとする。

一般に，$f(x)$ の不定積分の1つを $F(x)$ とすると，$f(x)$ の任意の不定積分は，C を任意の定数として $F(x)+C$ と表すことができる。$f(x)$ の**不定積分**は記号で $\int f(x)dx$ と表す。すなわち

$$F'(x)=f(x) \iff \int f(x)dx = F(x)+C$$

また，n が0または正の整数のとき，

$$\left(\frac{x^{n+1}}{n+1}\right)' = x^n$$

だから，次の公式が得られるんだ。

$F(x)+C \underset{\text{積分}}{\overset{\text{微分}}{\rightleftarrows}} F'(x)$

← $f(x)$ の不定積分 $\int f(x)dx$ は，「インテグラル $f(x)dx$」と読む。また，$f(x)$ が1のとき，$\int 1 dx$ を $\int dx$ と書いてもよい。

ポイント [x^n の不定積分]

$$\int x^n dx = \frac{x^{n+1}}{n+1} + C \quad (C は積分定数)$$

覚え得

x とか x^2 などは上の公式からすぐに不定積分が求められますが，x^2-4x+2 のような x^n の和や差で表された式の不定積分はどうやって計算すればいいの？

← 不定積分を求めることを**積分する**という。

微分法のところで学んだように，k, l を定数とすれば
$\{kF(x)+lG(x)\}' = kF'(x)+lG'(x)$
が成り立つから，不定積分の計算でも次の性質が成り立つんですよ。

$$\int kf(x)dx = k\int f(x)dx \quad (k は定数)$$

$$\int \{f(x) \pm g(x)\}dx = \int f(x)dx \pm \int g(x)dx$$

（複号同順）

± は同じ順にとるものとする

← この性質を，**不定積分の線形性**という。これは，定積分においてもそのまま成り立つ。

ポイント [不定積分の性質]

$$\int kf(x)dx = k\int f(x)dx \quad (k は定数)$$

$$\int \{f(x) \pm g(x)\}dx = \int f(x)dx \pm \int g(x)dx \quad （複号同順）$$

覚え得

3 積分法

基本例題 179 多項式の不定積分

次の不定積分を求めよ。

(1) $\int (4-3x+5x^2)\,dx$

(2) $\int (x-2)(x-1)\,dx$

ねらい　項別に積分することによって，確実に多項式の積分ができるようにする。

テストに出るぞ！

解法ルール　多項式の不定積分では，各項の不定積分を求めればよい。

これは，k, l を定数とすると，次の性質があるからである。

$$\int \{kf(x)+lg(x)\}\,dx = k\int f(x)\,dx + l\int g(x)\,dx$$

← 左の式で，k, l は x に無関係であれば，どんな数でもよい。

(1)は，この性質がそのまま使える。

(2)は，積分される関数(**被積分関数**という)が積の形になっているので，展開して多項式の形にする。

解答例

(1) 与式 $= 4\int dx - 3\int x\,dx + 5\int x^2\,dx$

$= 4 \cdot x - 3 \cdot \dfrac{x^{1+1}}{1+1} + 5 \cdot \dfrac{x^{2+1}}{2+1} + C$

$= \dfrac{5}{3}x^3 - \dfrac{3}{2}x^2 + 4x + C$　…圏

← 左のように各項ごとに積分しても，積分定数は最後にまとめて C としておけばよい。

(2) 与式 $= \int (x^2-3x+2)\,dx$

$= \int x^2\,dx - 3\int x\,dx + 2\int dx$

$= \dfrac{1}{3}x^3 - 3 \cdot \dfrac{x^2}{2} + 2 \cdot x + C$

$= \dfrac{1}{3}x^3 - \dfrac{3}{2}x^2 + 2x + C$　…圏

← $(x-2)(x-1)$ を展開して整理すると x^2-3x+2 となる。

類題 179　次の不定積分を求めよ。

(1) $\int (2-3x+x^2)\,dx$

(2) $\int (2x+1)(3x-1)\,dx$

(3) $\int (x+3)^2\,dx$

(4) $\int (1-4x)^2\,dx$

応用例題 180 曲線の式を決定する

曲線 $y=f(x)$ 上の点 (x, y) における接線の傾きが，$2x-3$ で表される曲線のうちで，点 $(1, 2)$ を通るものを求めよ。

ねらい　接線の傾きとある点を通ることから，曲線の式を決定する問題をマスターする。

200　5章　微分法・積分法

解法ルール 曲線 $y=f(x)$ 上の点 (x, y) における接線の傾きは $f'(x)$

$$f(x)=\int f'(x)\,dx$$ である。

解答例 曲線 $y=f(x)$ 上の点 (x, y) における接線の傾きは $f'(x)$ だから，題意より　$f'(x)=2x-3$

よって　$f(x)=\int(2x-3)\,dx$
　　　　　　　$=x^2-3x+C$

曲線 $y=f(x)$ が点 $(1, 2)$ を通ることから
　$f(1)=1-3+C=2$
よって　$C=4$
したがって，求める曲線は
　$y=x^2-3x+4$　…答

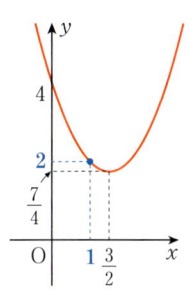

← 接線の傾きが1次式であるから，求める曲線の式は2次式になる。

← 点 $(1, 2)$ を通るということから，積分定数 C の値がきまる。

類題 180 次の問いに答えよ。

(1) $f'(x)=5-6x^2$ で，$f(2)=0$ を満たす関数 $f(x)$ を求めよ。

(2) 曲線 $y=f(x)$ 上の点 (x, y) における接線の傾きが x^2-2x で表される曲線のうちで，点 $(3, 2)$ を通るものを求めよ。

Tea Time

◉ ニュートンとライプニッツ

　ニュートン（1642〜1727）は英国の農家の息子として生まれました。父は彼が生まれる少し前になくなっていたので，14才で中学を卒業すると農夫として働いていましたが，暇があれば数学書を読んでいる彼を見た母は，叔父の援助を得て，彼をケンブリッジ大学に入れました。

　彼の異常なまでの独創性は，すでに大学在学中から発揮され，二項定理の発見，方程式論への貢献，微積分学と万有引力の法則の基礎概念への到達があったといいます。そして，26才のときケンブリッジ大学の教授となり，長くその職にありました。

　ニュートンが運動の問題から微積分学に到達したのに対して，ライプニッツ（1646〜1716）は，幾何学の問題から出発しました。彼は，「曲線に接線を引く問題」と「与えられた直線を接線とする曲線を見つける問題」との関係を調べ，後者が前者の逆であることに注目して，1684年「接線法」（微分），1686年「逆接線法」（積分）の論文を相次いで発表しています。これらの論文の中で，記号 $\dfrac{dy}{dx}$ や $\int f(x)\,dx$ が初めて用いられました。

8 定積分

右の2つの図において，色の部分の面積 $S(x)$ をそれぞれ求めてごらん。

図1の色の部分は台形だから，面積は
$$S(x) = \frac{(2x+2a)(x-a)}{2} = x^2 - a^2$$
となります。

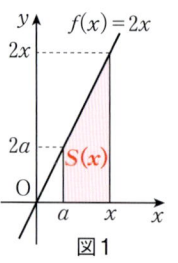

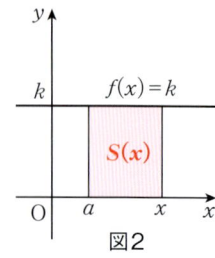

図2の色の部分は長方形だから，面積は
$$S(x) = k(x-a) = kx - ka$$
となります。

そこで，$S(x)$ と関数 $f(x)$ との関係を考えてみると，
$$(x^2 - a^2)' = 2x, \quad (kx - ka)' = k$$
だから，$S(x)$ を微分すると $f(x)$ になることがわかる。
つまり，$S(x)$ は $f(x)$ の不定積分の1つだ。

たとえば図1の場合，$\int 2x\,dx = x^2 + C$ だから，$S(x) = x^2 + C$ とおける。ここで $x = a$ のとき台形の面積は0になるから，$S(a) = a^2 + C = 0$ より $C = -a^2$ となって，$S(x) = x^2 - a^2$ となる。
したがって，右の図3の色の部分の面積 S は，$a = 1$，$x = 4$ の場合だから，$S = 4^2 - 1^2 = 15$ となる。

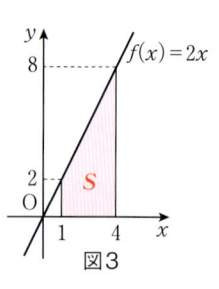

一般に，$\int f(x)\,dx = F(x) + C$ のとき，$F(b) - F(a)$ の値を必要とすることが多い。この $F(b) - F(a)$ の値を $\int_a^b f(x)\,dx$ と書き，$\left[F(x)\right]_a^b$ と表して，$f(x)$ の a から b までの**定積分**という。

← a をこの定積分の**下端**，b を**上端**という。

ポイント ［定積分の定義］

$F'(x) = f(x)$ すなわち $\int f(x)\,dx = F(x) + C$ のとき

$$\int_a^b f(x)\,dx = \left[F(x)\right]_a^b = F(b) - F(a)$$

覚え得

右の図4のように，$f(x)=-2x$ として x 軸の下側に色の部分をつくると，その面積はどうなるかな。まず，機械的に定積分してごらん。

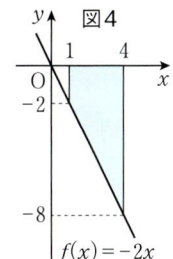

$\int_a^b f(x)dx$ において，$f(x)=-2x$, $a=1$, $b=4$ とすると
$$\int_1^4 (-2x)dx = \left[-x^2\right]_1^4 = -4^2+1^2 = -15$$

あれっ，負になりますよ。

そうなんだ。定積分というのは面積と関係が深いんだけど，面積そのものではなく，符号つきの面積を表しているんだ。それでは $f(x)=2x-4$ の，1から4までの定積分はどうなるかな。

← すなわち，$f(x)=-2x$ のグラフが x 軸より下にある場合は，色の部分の実際の面積に，マイナスをつけた値になる。

$$\int_1^4 (2x-4)dx = \left[x^2-4x\right]_1^4 = (4^2-4\cdot 4)-(1^2-4\cdot 1)$$
$$= 0-(-3) = 3$$

となりますが，この3は何を表しているのですか。

$f(x)=2x-4$ の $1\leqq x \leqq 4$ の部分は，図5のように x 軸の上下にまたがってくる。図5で，
$$S_1 = \int_1^2 (2x-4)dx = \left[x^2-4x\right]_1^2 = -1$$
$$S_2 = \int_2^4 (2x-4)dx = \left[x^2-4x\right]_2^4 = 4$$

となるから，$\int_1^4 (2x-4)dx$ は符号つき面積 S_1, S_2 の和 S_1+S_2 が3に等しいことを表しているんだ。

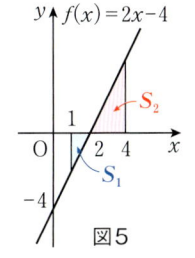

また，不定積分の計算からわかるように，定積分においても次の性質がある。さらに，定積分は上端と下端の値によってきまるので，積分変数は何であってもかまわないよ。

ポイント [定積分の性質]

$$\int_a^b kf(x)dx = k\int_a^b f(x)dx \quad (k \text{ は定数})$$

$$\int_a^b f(x)dx = \int_a^b f(t)dt$$

$$\int_a^b \{f(x) \pm g(x)\}dx = \int_a^b f(x)dx \pm \int_a^b g(x)dx \quad (\text{複号同順})$$

覚え得

3 積分法

基本例題 181 　　　　　　　　　　　定積分を求める

次の定積分を求めよ。

(1) $\int_2^4 t^3 dt$ 　　　　(2) $\int_1^2 (x^2-x-2)dx$

(3) $\int_{-1}^1 (3x-1)^2 dx$

ねらい
不定積分を求め，それに上端と下端の値を代入して，定積分の値が求められるようにする。また，上端の値と下端の値の差の計算方法もいろいろ工夫する。

解法ルール $\int_a^b f(x)dx$ を求めるときは，$\int f(x)dx = F(x)+C$ となる $F(x)$ を求めて，$F(b)-F(a)$ を計算すればよい。

$$\int_a^b f(x)dx = \Big[F(x)\Big]_a^b = F(b)-F(a)$$

解答例

(1) $\int_2^4 t^3 dt = \left[\dfrac{t^4}{4}\right]_2^4 = \dfrac{4^4}{4} - \dfrac{2^4}{4} = 64-4 = \mathbf{60}$ …答

(2) $\int_1^2 (x^2-x-2)dx = \int_1^2 x^2 dx - \int_1^2 x\,dx - 2\int_1^2 dx$

$= \left[\dfrac{x^3}{3}\right]_1^2 - \left[\dfrac{x^2}{2}\right]_1^2 - 2\Big[x\Big]_1^2$

$= \dfrac{1}{3}(2^3-1) - \dfrac{1}{2}(2^2-1) - 2(2-1) = -\dfrac{7}{6}$ …答

(3) $\int_{-1}^1 (3x-1)^2 dx = \int_{-1}^1 (9x^2-6x+1)dx$

$= \Big[3x^3-3x^2+x\Big]_{-1}^1$

$= (3-3+1) - (-3-3-1) = \mathbf{8}$ …答

← 定積分では，積分変数は何であってもよいから
$\int_2^4 t^3 dt = \int_2^4 x^3 dx$

← まとめて
$\left[\dfrac{x^3}{3} - \dfrac{x^2}{2} - 2x\right]_1^2$
と求めてもよい。

← $9\int_{-1}^1 x^2 dx$
$-6\int_{-1}^1 x\,dx + \int_{-1}^1 dx$
として求めてもよい。

類題 181 次の定積分を求めよ。

(1) $\int_{-2}^1 x^2 dx$ 　　(2) $\int_{-1}^2 (t^3+3t-6)dt$ 　　(3) $\int_0^1 (1-2t)^2 dt$

基本例題 182 　　　　　　　　　両端が同じ定積分の差

次の定積分を求めよ。

$$\int_{-1}^3 (2x^2-x)dx - 2\int_{-1}^3 (x^2+3x)dx$$

ねらい
両端が同じ定積分の和や差は1つにまとめられる。被積分関数を簡単にしてから定積分を求める方法を学ぶ。

解法ルール 2つの定積分を別々に求めて，差を計算してもよいが，上端，下端が等しいことに目をつけて

$$k\int_a^b f(x)dx + l\int_a^b g(x)dx = \int_a^b \{kf(x)+lg(x)\}dx$$

の公式を使うとよい。

204　5章　微分法・積分法

解答例
$$\int_{-1}^{3}(2x^2-x)dx - 2\int_{-1}^{3}(x^2+3x)dx$$
$$=\int_{-1}^{3}\{(2x^2-x)-2(x^2+3x)\}dx$$
$$=\int_{-1}^{3}(2x^2-x-2x^2-6x)dx$$
$$=\int_{-1}^{3}(-7x)dx=-7\int_{-1}^{3}x\,dx=-7\left[\frac{x^2}{2}\right]_{-1}^{3}$$
$$=-\frac{7}{2}(3^2-1)=-28 \quad \cdots \text{答}$$

← 被積分関数を1つにまとめたほうがよいのは，同類項がある場合である。もし，同類項がなければ，1つにまとめる必要はない。

類題 182 次の定積分を求めよ。
$$\int_{-2}^{2}(3x+2)^2 dx - \int_{-2}^{2}(3x-2)^2 dx$$

応用例題 183 　1次関数を決定する

関数 $f(x)=ax+b$ について
$$\int_{-1}^{1}f(x)dx=-2 \qquad \int_{-1}^{1}xf(x)dx=2$$
を満たすように，定数 a, b の値を定めよ。

ねらい 定積分の値から，関数を決定する問題の解き方をマスターする。

テストに出るぞ！

解法ルール $\int_{-1}^{1}f(x)dx$, $\int_{-1}^{1}xf(x)dx$ は x についての定積分だから，これから

　　　a, b についての方程式

が得られる。

解答例
$$\int_{-1}^{1}f(x)dx=\int_{-1}^{1}(ax+b)dx=\left[\frac{a}{2}x^2+bx\right]_{-1}^{1}$$
$$=\left(\frac{a}{2}+b\right)-\left(\frac{a}{2}-b\right)=2b$$
$$\int_{-1}^{1}xf(x)dx=\int_{-1}^{1}(ax^2+bx)dx=\left[\frac{a}{3}x^3+\frac{b}{2}x^2\right]_{-1}^{1}$$
$$=\left(\frac{a}{3}+\frac{b}{2}\right)-\left(-\frac{a}{3}+\frac{b}{2}\right)=\frac{2}{3}a$$
$2b=-2$, $\dfrac{2}{3}a=2$ より　$a=3$, $b=-1$ 　$\cdots$答

← a, b の値をきめればよいので，a, b についての連立方程式をつくればよい。条件が2つあるので，a, b の式が2つできることを見ぬく。

類題 183 関数 $f(x)=3x^2+ax+b$ について
$$\int_{-1}^{1}f(x)dx=4 \qquad \int_{-1}^{1}xf(x)dx=5$$
を満たすように，定数 a, b の値を定めよ。

9 定積分の計算

$\int_1^2 x^2 dx$ と $\int_2^1 x^2 dx$ の値をそれぞれ求めて，比較してごらん。
上端と下端が入れかわるとどうなるかな。

$\int_1^2 x^2 dx = \left[\dfrac{x^3}{3}\right]_1^2 = \dfrac{2^3-1}{3} = \dfrac{7}{3}$．$\int_2^1 x^2 dx = \left[\dfrac{x^3}{3}\right]_2^1 = \dfrac{1-2^3}{3} = -\dfrac{7}{3}$

となって，符号だけ変化します。

（上端の値から下端の値を引く）

そうですね。一般に $a \leqq x \leqq b$ で $f(x) \geqq 0$ のとき，$\int_a^b f(x) dx$ は負でなく，そのまま面積を表すけど，$\int_b^a f(x) dx$ は正でない面積になるんです。

ポイント ［定積分の性質］ （覚え得）

① $\int_b^a f(x) dx = -\int_a^b f(x) dx$ ② $\int_a^a f(x) dx = 0$

③ $\int_a^c f(x) dx + \int_c^b f(x) dx = \int_a^b f(x) dx$

$f(x)$ の不定積分の1つを $F(x)$ として，①を計算で証明してみると，

左辺 $= \left[F(x)\right]_b^a = F(a) - F(b) = -\{F(b) - F(a)\} = -\left[F(x)\right]_a^b =$ 右辺

②は $F(a) - F(a) = 0$ となることから当然です。

③は $\left[F(x)\right]_a^c + \left[F(x)\right]_c^b = \{F(c) - F(a)\} + \{F(b) - F(c)\}$

$= F(b) - F(a) = \left[F(x)\right]_a^b$

次に $\int_{-a}^a x^2 dx$ と $\int_{-a}^a x^3 dx$ のように，積分区間が $-a \leqq x \leqq a$ のものを考えてみましょう。

$\int_{-a}^a x^2 dx = \left[\dfrac{x^3}{3}\right]_{-a}^a = \dfrac{a^3 - (-a)^3}{3} = \dfrac{a^3 + a^3}{3}$

$= \dfrac{2}{3} a^3$

$\int_{-a}^a x^3 dx = \left[\dfrac{x^4}{4}\right]_{-a}^a = \dfrac{a^4 - (-a)^4}{4} = \dfrac{a^4 - a^4}{4}$

$= 0$

あれ！ x^3 の方は 0 になった。

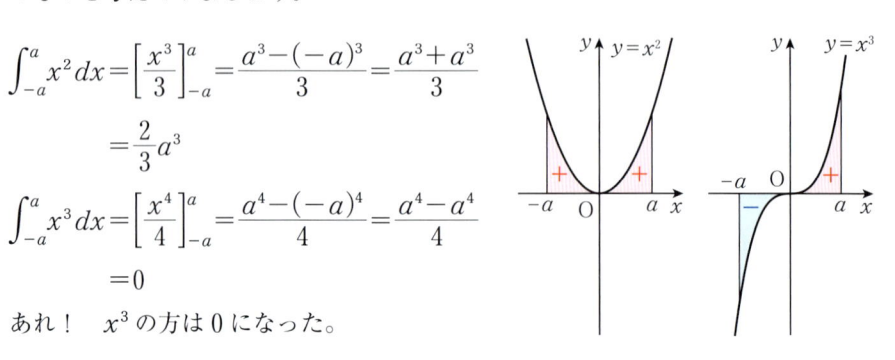

図形的意味を考えると，

$y=x^2$ は y 軸に関して対称だから $\int_{-a}^{a} x^2 dx = 2\int_{0}^{a} x^2 dx$

$y=x^3$ は原点対称だから $\int_{-a}^{a} x^3 dx = \int_{-a}^{0} x^3 dx + \int_{0}^{a} x^3 dx = 0$

2つの定積分は，絶対値は等しいが異符号。

ポイント 　[$-a \leqq x \leqq a$ での定積分]

n が偶数のとき 　$\int_{-a}^{a} x^n dx = 2\int_{0}^{a} x^n dx$

n が奇数のとき 　$\int_{-a}^{a} x^n dx = 0$

覚え得

基本例題 184 　　　区間がつながる定積分

次の定積分を求めよ。

(1) $\int_{1}^{2}(3x-1)^3 dx + \int_{2}^{1}(3x-1)^3 dx$

(2) $\int_{-1}^{3}(3x^2-4)dx - \int_{-1}^{-2}(3x^2-4)dx$

ねらい 被積分関数が同じ定積分では，上端と下端の数値に着目すれば，計算が簡単になるようにまとめられることがある。ここでは，そのための公式適用のしかたを学ぶ。

解法ルール $\int_{b}^{a} f(x)dx = -\int_{a}^{b} f(x)dx$,

$\int_{a}^{c} f(x)dx + \int_{c}^{b} f(x)dx = \int_{a}^{b} f(x)dx$

(1)は上側の公式が，(2)は下側の公式が適用できる。

解答例 (1) 与式 $= \int_{1}^{2}(3x-1)^3 dx - \int_{1}^{2}(3x-1)^3 dx = 0$ …**答**

← $\int_{1}^{2} + \int_{2}^{1} = \int_{1}^{1} = 0$ としてもよい。

(2) 与式 $= \int_{-1}^{3}(3x^2-4)dx + \int_{-2}^{-1}(3x^2-4)dx$

$= \int_{-2}^{-1}(3x^2-4)dx + \int_{-1}^{3}(3x^2-4)dx$

$= \int_{-2}^{3}(3x^2-4)dx$ 　← $\int_{a}^{c} f(x)dx + \int_{c}^{b} f(x)dx = \int_{a}^{b} f(x)dx$

$= \Big[x^3-4x\Big]_{-2}^{3} = (27-12)-(-8+8) = \mathbf{15}$ …**答**

類題 184 次の定積分を求めよ。

$\int_{0}^{1}(4x^3-2x)dx + \int_{1}^{2}(4x^3-2x)dx - \int_{0}^{-2}(4x^3-2x)dx$

3 積分法

基本例題 185 　　$-a \leq x \leq a$ での定積分

定積分 $\displaystyle\int_{-2}^{2}(3x-1)(x-2)dx$ を求めよ。

ねらい 積分区間が $-a \leq x \leq a$ のときは，x^{2n+1} の項の定積分はすべて 0 になるので，計算は x^{2n} の項についてのみ行えばよい。実際の計算の要領をマスターすること。

解法ルール 積分区間が $-2 \leq x \leq 2$ だから，次の関係を使うと計算が簡単になる。(n は 0 または正の整数)

$$\int_{-a}^{a} x^{2n} dx = 2\int_{0}^{a} x^{2n} dx \qquad \int_{-a}^{a} x^{2n+1} dx = 0$$

解答例
$$\int_{-2}^{2}(3x-1)(x-2)dx = \int_{-2}^{2}(3x^2 - 7x + 2)dx$$
$$= 2\int_{0}^{2}(3x^2 + 2)dx$$
$$= 2\Big[x^3 + 2x\Big]_{0}^{2}$$
$$= 2(8+4) = \mathbf{24} \quad \cdots\text{答}$$

$\begin{cases} \displaystyle\int_{-2}^{2} 3x^2 dx = 2\int_{0}^{2} 3x^2 dx \\ \displaystyle\int_{-2}^{2}(-7x)dx = 0 \\ \displaystyle\int_{-2}^{2} 2 dx = 2\int_{0}^{2} 2 dx \end{cases}$

類題 185 次の定積分を求めよ。

(1) $\displaystyle\int_{-2}^{2}(-6x^2 + 5x - 3)dx$ 　　(2) $\displaystyle\int_{-1}^{1}(t^2 - 4t + 3)dt$

これも知っ得 便利な公式

$y = (x-\alpha)(x-\beta)$ を $x=\alpha$ から $x=\beta$ まで積分することがよくある。このときには，次の公式が使える。

$$\int_{\alpha}^{\beta}(x-\alpha)(x-\beta)dx = -\frac{(\beta-\alpha)^3}{6}$$

この公式は，右の図のように，$y=(x-\alpha)(x-\beta)$ と x 軸とで囲まれた部分の面積を求めるときに役立つ。以下に，この公式の証明をしておく。

〔証明〕
$$\int_{\alpha}^{\beta}(x-\alpha)(x-\beta)dx = \int_{\alpha}^{\beta}\{x^2 - (\alpha+\beta)x + \alpha\beta\}dx$$
$$= \int_{\alpha}^{\beta} x^2 dx - (\alpha+\beta)\int_{\alpha}^{\beta} x dx + \alpha\beta \int_{\alpha}^{\beta} dx$$
$$= \Big[\frac{x^3}{3}\Big]_{\alpha}^{\beta} - (\alpha+\beta)\Big[\frac{x^2}{2}\Big]_{\alpha}^{\beta} + \alpha\beta\Big[x\Big]_{\alpha}^{\beta}$$
$$= \frac{\beta^3 - \alpha^3}{3} - (\alpha+\beta)\times\frac{\beta^2 - \alpha^2}{2} + \alpha\beta(\beta-\alpha)$$
$$= \frac{\beta-\alpha}{6}\{2(\beta^2 + \alpha\beta + \alpha^2) - 3(\alpha+\beta)^2 + 6\alpha\beta\}$$
$$= -\frac{\beta-\alpha}{6}(\alpha^2 - 2\alpha\beta + \beta^2) = -\frac{\beta-\alpha}{6}(\alpha-\beta)^2$$
$$= -\frac{(\beta-\alpha)^3}{6}$$

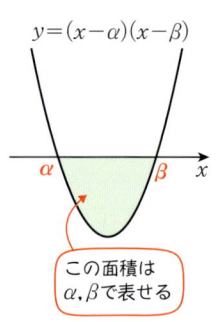

この面積は α, β で表せる

応用例題 186 2つの解の間の定積分

次の定積分を求めよ。

(1) $\int_{-1}^{2}(x+1)(x-2)dx$ (2) $\int_{2-\sqrt{5}}^{2+\sqrt{5}}(x^2-4x-1)dx$

ねらい 被積分関数を0にする値が積分の上端,下端にきているときは,特別な計算方法があることを学ぶ。

解法ルール
(1) $(x+1)(x-2)$ を展開して積分すればよい。
(2) $2+\sqrt{5}$, $2-\sqrt{5}$ は $x^2-4x-1=0$ の解になっている。そのまま計算するとたいへんなので,$2-\sqrt{5}=\alpha$,$2+\sqrt{5}=\beta$ とおいて計算し,**最後に数値におき換える。**

- $\int_{\alpha}^{\beta}(x-\alpha)(x-\beta)dx = -\dfrac{(\beta-\alpha)^3}{6}$

  p.208 これも知っ得参照。

  できればこの公式は覚えておく

を使ってもよい。

← この計算テクニックは覚えておくとよい。複雑な数値をそのまま計算していくのはまちがいのもと。文字でおき換えてしまって,最後に数値計算をするとよい。

解答例
(1) $\int_{-1}^{2}(x+1)(x-2)dx = \int_{-1}^{2}(x^2-x-2)dx$

$= \int_{-1}^{2}x^2 dx - \int_{-1}^{2}x dx - 2\int_{-1}^{2}dx$

$= \left[\dfrac{x^3}{3}\right]_{-1}^{2} - \left[\dfrac{x^2}{2}\right]_{-1}^{2} - 2\left[x\right]_{-1}^{2}$

$= \dfrac{8+1}{3} - \dfrac{4-1}{2} - 2(2+1) = -\dfrac{9}{2}$ …**答**

（別解） 公式を使うと $\alpha=-1$,$\beta=2$

よって $-\dfrac{\{2-(-1)\}^3}{6} = -\dfrac{9}{2}$

(2) $2-\sqrt{5}=\alpha$,$2+\sqrt{5}=\beta$ とおくと,$\alpha+\beta=4$,$\alpha\beta=-1$ だから

与式 $= \int_{\alpha}^{\beta}\{x^2-(\alpha+\beta)x+\alpha\beta\}dx$

$= \int_{\alpha}^{\beta}x^2 dx - (\alpha+\beta)\int_{\alpha}^{\beta}x dx + \alpha\beta\int_{\alpha}^{\beta}dx$

$= \left[\dfrac{x^3}{3}\right]_{\alpha}^{\beta} - (\alpha+\beta)\left[\dfrac{x^2}{2}\right]_{\alpha}^{\beta} + \alpha\beta\left[x\right]_{\alpha}^{\beta}$

$= \dfrac{\beta^3-\alpha^3}{3} - \dfrac{(\alpha+\beta)(\beta^2-\alpha^2)}{2} + \alpha\beta(\beta-\alpha) = -\dfrac{(\beta-\alpha)^3}{6}$

$\beta-\alpha=2\sqrt{5}$ だから 与式 $= -\dfrac{(2\sqrt{5})^3}{6} = -\dfrac{20\sqrt{5}}{3}$ …**答**

（別解） 与式 $= \int_{2-\sqrt{5}}^{2+\sqrt{5}}\{x-(2-\sqrt{5})\}\{x-(2+\sqrt{5})\}dx$

よって $-\dfrac{\{(2+\sqrt{5})-(2-\sqrt{5})\}^3}{6} = -\dfrac{(2\sqrt{5})^3}{6} = -\dfrac{20\sqrt{5}}{3}$

類題 186 次の定積分を求めよ。

(1) $\int_{-2}^{\frac{1}{2}}(x+2)(2x-1)dx$ (2) $\int_{1-\sqrt{2}}^{1+\sqrt{2}}(x^2-2x-1)dx$

3 積分法

基本例題 187 絶対値記号を含む定積分 (1)

関数 $f(x)=|x-1|-x$ のグラフをかけ。
また，定積分 $\int_{-1}^{2} f(x)dx$ を求めよ。

ねらい 絶対値記号を含む関数のグラフをかいて，その定積分を求める。

解法ルール 絶対値記号がある場合は，その中の正負で場合分けする。

$$|a|=\begin{cases} a & (a \geqq 0 \text{ のとき}) \\ -a & (a<0 \text{ のとき}) \end{cases}$$

ここでは，$x-1 \geqq 0$ と $x-1<0$ に分けて絶対値記号をはずす。そのうえで，それぞれのグラフをかけばよい。
また，積分は絶対値記号をつけたままではできないので，**絶対値記号の中を 0 にする値で積分区間を分けて，別々に積分する。**

← $x \geqq 0$ と $x<0$ に分けるまちがいが多い。

解答例 $x-1 \geqq 0$ つまり $x \geqq 1$ のとき
$\quad |x-1|=x-1$
$x-1<0$ つまり $x<1$ のとき
$\quad |x-1|=-(x-1)=-x+1$
よって $f(x)=\begin{cases} -1 & (x \geqq 1 \text{ のとき}) \\ -2x+1 & (x<1 \text{ のとき}) \end{cases}$
グラフは右の図のようになる。 …答

← グラフは点 $(1, -1)$ で折れまがっていることに注意する。

次に，$-1 \leqq x \leqq 2$ における定積分は，区間を $-1 \leqq x \leqq 1$ と $1 \leqq x \leqq 2$ に分けると，
$-1 \leqq x \leqq 1$ で $f(x)=-2x+1$, $1 \leqq x \leqq 2$ で $f(x)=-1$ だから
$\int_{-1}^{2} f(x)dx = \int_{-1}^{1}(-2x+1)dx + \int_{1}^{2}(-1)dx$
$\quad = -2\underbrace{\int_{-1}^{1} x\,dx}_{0} + \int_{-1}^{1} dx - \int_{1}^{2} dx$
$\quad = 2\int_{0}^{1} dx - \int_{1}^{2} dx$
$\quad = 2\Big[x\Big]_{0}^{1} - \Big[x\Big]_{1}^{2}$
$\quad = 2-1=1$ …答

← 下の図の色の部分を見ながら，積分計算をすすめるとよい。

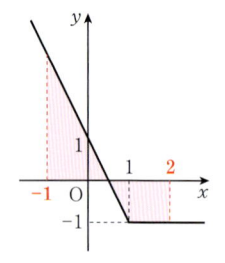

類題 187 次の定積分を求めよ。

(1) $\int_{0}^{2}|2x-1|dx$

(2) $\int_{-2}^{1}(x+2|x+1|)dx$

応用例題 188 絶対値記号を含む定積分(2)

関数 $f(x)=|x^2+x-2|$ のグラフをかけ。
また，定積分 $\int_0^2 f(x)dx$ を求めよ。

ねらい
絶対値記号の中が2次式の場合について，そのグラフをかいて定積分を求める。

解法ルール x^2+x-2 の正負で場合分けをする。そのために x^2+x-2 を因数分解する。

$\alpha<\beta$ のとき

$$|(x-\alpha)(x-\beta)|=\begin{cases}(x-\alpha)(x-\beta) & (x\leq\alpha,\ \beta\leq x\text{ のとき})\\-(x-\alpha)(x-\beta) & (\alpha<x<\beta\text{ のとき})\end{cases}$$

← $|ax^2+bx+c|$ の絶対値記号をはずすためには，2次不等式 $ax^2+bx+c\geq 0$ を解けばよい。

また，$y=f(x)$ のグラフをかくときには，絶対値記号の中を 0 にする点で別の曲線に接続することに注意する。
$f(x)$ を積分するときは，このグラフを見ながら積分するとわかりやすい。

解答例 $x^2+x-2=(x-1)(x+2)$ だから，$x^2+x-2\geq 0$ となるのは $x\leq -2,\ 1\leq x$ のときである。
したがって，$f(x)$ は

$$f(x)=\begin{cases}x^2+x-2 & (x\leq -2,\ 1\leq x\text{ のとき})\\-x^2-x+2 & (-2<x<1\text{ のとき})\end{cases}$$

これより，グラフは右の図のようになる。…答
次に，$0\leq x\leq 2$ における定積分は，

$$\begin{cases}0\leq x\leq 1 \text{ で } f(x)=-x^2-x+2\\1\leq x\leq 2 \text{ で } f(x)=x^2+x-2\end{cases}$$

よって $\int_0^2 f(x)dx$

$$=\int_0^1 (-x^2-x+2)dx+\int_1^2 (x^2+x-2)dx$$

$$=-\int_0^1 (x^2+x-2)dx+\int_1^2 (x^2+x-2)dx$$

$$=-\left[\frac{x^3}{3}+\frac{x^2}{2}-2x\right]_0^1+\left[\frac{x^3}{3}+\frac{x^2}{2}-2x\right]_1^2$$

$$=-\left(\frac{1}{3}+\frac{1}{2}-2\right)+\left(\frac{8}{3}+\frac{4}{2}-4\right)-\left(\frac{1}{3}+\frac{1}{2}-2\right)$$

$$=3 \quad \text{…答}$$

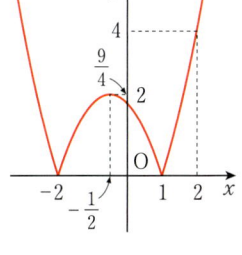

← 絶対値記号のついた関数の定積分を求めるときには，絶対値記号の中を 0 にする点で積分区間を分け，$\int_a^b=\int_a^c+\int_c^b$ を使うのが鉄則。

類題 188 次の定積分を求めよ。

(1) $\int_{-2}^1 |x^2-2x-3|dx$

(2) $\int_0^4 (|x^2-3x|-x)dx$

3 積分法 **211**

これも知っ得 定積分の図形的意味

下の図の A, A_1, A_2 は面積を表し,正とする。

(i) 区間 $[a, b]$ において $f(x) \geqq 0$ のとき
$$\int_a^b f(x)\,dx = A$$

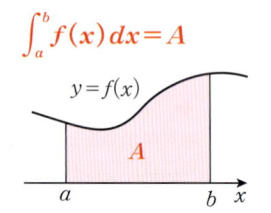

(ii) 区間 $[a, b]$ において $f(x) \leqq 0$ のとき
$$\int_a^b f(x)\,dx = -A$$

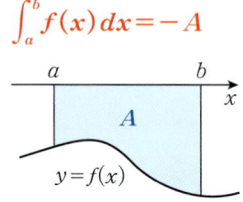

(iii) 区間 $[a, b]$ において $f(x)$ が x 軸と交わるとき
$$\int_a^b f(x)\,dx = -A_1 + A_2$$

(i)の場合 $a \leqq x \leqq b$ において $y=f(x)$ のグラフは x 軸の上側にある。区間 $[a, b]$ 内に任意の x をとり,a から x までの間で,この曲線と x 軸との間にある部分の面積を $S(x)$ とする。

まず,この $S(x)$ が $S'(x) = f(x)$ ……① を満たすことを示す。

右の図において,x と $x+h$ の間の図形 ABCD と等しい面積をもつ長方形 ABC'D' をつくる。

長方形の上辺 C'D' と曲線との交点の x 座標を x_1 とすると,この長方形の面積は $hf(x_1)$ である。

すなわち $S(x+h) - S(x) = $ 図形 ABCD $=$ 長方形 ABC'D' $= hf(x_1)$

ここで $h \to 0$ とすると $x_1 \to x$ となるから

$$S'(x) = \lim_{h \to 0} \frac{S(x+h) - S(x)}{h} = \lim_{h \to 0} f(x_1) = f(x)$$

> ピンクの部分の面積と,長方形の面積は同じ

したがって,①が成り立つことがわかる。

ゆえに,$\int f(x)\,dx = F(x) + C$ とすると $S(x) = F(x) + C$

ところが,$x=a$ のとき $S(x)=0$ となるので,$S(a) = F(a) + C = 0$ よって $C = -F(a)$

したがって $S(x) = F(x) - F(a)$ ……②

$x=a$ から $x=b$ までの面積を A とすると,$A = S(b)$ だから,②より

$$A = S(b) = F(b) - F(a) = \int_a^b f(x)\,dx$$

(ii)の場合 $y=f(x)$ のグラフは x 軸の下側にある。

$y=f(x)$ のグラフを x 軸に関して対称移動すると,式は $y=-f(x)$ となる。これと x 軸との間の面積を求めればよい。

$y=-f(x)$ は x 軸の上側にあるので,(i)の結果を用いると

$$A = \int_a^b \{-f(x)\}\,dx = -\int_a^b f(x)\,dx$$ すなわち

$$\int_a^b f(x)\,dx = -A$$

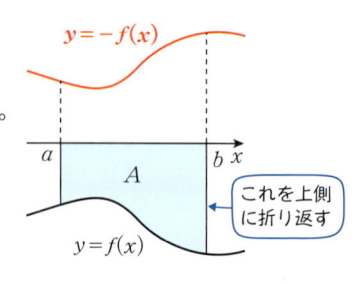

> これを上側に折り返す

(iii)の場合 $[a, c]$ においては(ii)のパターン。$[c, b]$ においては(i)のパターン。したがって

$$\int_a^b f(x)\,dx = \int_a^c f(x)\,dx + \int_c^b f(x)\,dx = -A_1 + A_2$$

10 定積分で表された関数

$F(x)=\int_1^x (4t-3)dt$ を微分する問題を考えよう。これは x の値を定めるとそれに応じて値が1つ定まるので，x の関数だ。そこでこの導関数を求めてみよう。

← たとえば，$\int_1^2 (4t-3)dt$ は定数だから，微分すれば0になる。これと上端を x にした場合の区別をしっかりつけること。

それでは，まず積分して
$$F(x)=\int_1^x (4t-3)dt=\Big[2t^2-3t\Big]_1^x=(2x^2-3x)-(2-3)$$
$$=2x^2-3x+1$$
これを x で微分して $F'(x)=4x-3$
あれっ？ $4t-3$ の t を x に変えた式になったぞ。

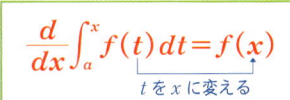

$$\frac{d}{dx}\int_a^x f(t)dt = f(x)$$
　　　　　　　　t を x に変える

そうなんだ。積分してから微分するので，$4t-3$ の t を x に変えた式にもどるんだ。一般に，$f(t)$ の不定積分を $F(t)$ とすると
$$\frac{d}{dx}\int_a^x f(t)dt = \frac{d}{dx}\{F(x)-F(a)\}=F'(x)=f(x)$$
となる。

こんどは $G(x)=\int_x^1 (4t-3)dt$ の導関数を考えてごらん。

x が下端にきているので，上端と下端を入れかえると
$$G(x)=-\int_1^x (4t-3)dt=-F(x)$$
したがって，$G'(x)=-F'(x)=-4x+3$ となります。

← 上端と下端を入れかえた公式
$$\int_a^b = -\int_b^a$$
を使う。

$G'(x)$ は $4t-3$ の t を x に変えて，全体に $-$ の符号をつけたものになるんだ。しかし，下端に変数を含む場合は，きちんと積分してから微分した方がまちがいが少ない。

ポイント [定積分で表された関数の性質]

① $\int_a^x f(t)dt$ は x の関数

② $F(x)=\int_a^x f(t)dt$ とすると $F(a)=0$ ←明らかな性質だが，必要となることが多いので覚えておく。

③ $F'(x)=\dfrac{d}{dx}\int_a^x f(t)dt=f(x)$

覚え得

基本例題 189　定積分で表された関数(1)

関数 $F(x)=\int_0^x (t-2)(3t+2)dt$ の極値を求め，そのグラフをかけ。

ねらい　極値を求めたり，グラフをかいたりすることは微分法のところで学んだ。ここでは積分形で与えられた関数について，極値を求めてグラフをかくことを学ぶ。

解法ルール　x の関数 $F(x)$ が，$F(x)=\int_a^x f(t)dt$ で与えられたとき，極値を与える x は

$$F'(x)=\frac{d}{dx}\int_a^x f(t)dt=f(x)$$

よりわかるが，極値を求めたりグラフをかくときは実際に積分しなければならない。

解答例　与式から　$F'(x)=(x-2)(3x+2)$

これより増減表は次のようになる。

x	$\cdots$	$-\dfrac{2}{3}$	$\cdots$	2	$\cdots$
$F'(x)$	$+$	0	$-$	0	$+$
$F(x)$	↗	極大	↘	極小	↗

また　$F(x)=\int_0^x (t-2)(3t+2)dt$

$= \int_0^x (3t^2-4t-4)dt$

$= \left[t^3-2t^2-4t\right]_0^x$

$= x^3-2x^2-4x$

ゆえに　**極大値は**　$F\left(-\dfrac{2}{3}\right)=-\dfrac{8}{27}-\dfrac{8}{9}+\dfrac{8}{3}=\dfrac{40}{27}$　…答

極小値は　$F(2)=8-8-8=-8$　…答

したがって，**グラフは右の図**のようになる。　…答

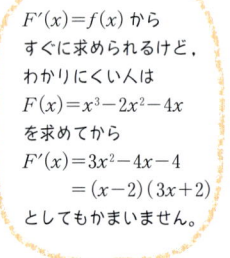

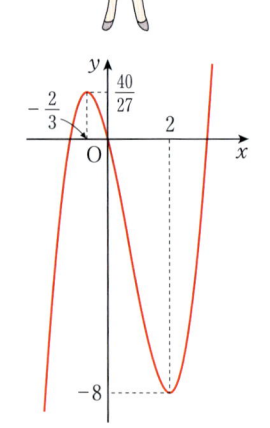

$F'(x)=f(x)$ からすぐに求められるけど，わかりにくい人は $F(x)=x^3-2x^2-4x$ を求めてから $F'(x)=3x^2-4x-4=(x-2)(3x+2)$ としてもかまいません。

類題 189

次の関数の極値を求め，そのグラフをかけ。

(1) $f(x)=\int_0^x t(t-1)dt$

(2) $f(x)=\int_{-1}^x (3t^2-6t-9)dt$

基本例題 190 定積分で表された関数(2)

関数 $F(x)=\int_{-1}^{2}(4t^3+3xt^2-x^2)dt$ を x の式で表せ。

ねらい 被積分関数に2つの変数 x, t を含む場合は，x で積分するか t で積分するかによって，それぞれ t の関数，x の関数になることを理解する。

解法ルール x, t を含んだ関数 $f(x, t)$ を積分すると，$\int_a^b f(x, t)dx$ は t の関数，$\int_a^b f(x, t)dt$ は x の関数となる。

それぞれ**どの文字について積分するか**を考え，**その文字以外は定数とみなせばよい**。

解答例
$$F(x)=\int_{-1}^{2}(4t^3+3xt^2-x^2)dt=\left[t^4+xt^3-x^2t\right]_{-1}^{2}$$
$$=(16+8x-2x^2)-(1-x+x^2)$$
$$=\boldsymbol{-3x^2+9x+15} \quad \cdots \text{答}$$

← 2，−1を代入するのは t の方である。x の方に代入したらまちがい！

類題 190 次の関数 $f(x)$ を x の式で表せ。

(1) $f(x)=\int_0^1 (x^2t+xt^2)dt$

(2) $f(x)=\int_{-2}^{2}(2t-x)^3 dt$

応用例題 191 定積分で表された関数(3)

関数 $f(x)$ が等式 $\int_1^x f(t)dt=x^3+ax-3$ を満たすとき，関数 $f(x)$ と定数 a の値をそれぞれ求めよ。

ねらい 定積分の形で定義された関数の形を決定する。これは積分方程式の1つで，微分すれば解ける型の問題である。

解法ルール 与えられた等式の両辺を x で微分すると，$f(x)$ が得られる。

$$\frac{d}{dx}\int_a^x f(t)dt=f(x)$$

与式は x の恒等式だから，x のどんな値についても成立。

← 一般に，未知の関数を含む等式を関数方程式という。この問題は積分形で与えられているので，**積分方程式**という。

解答例 $x=1$ とおくと，$\int_1^1 f(t)dt=0$ だから
$1+a-3=0$ よって $a=2$
これより，与式は $\int_1^x f(t)dt=x^3+2x-3$
この両辺を x で微分して $f(x)=3x^2+2$
答 $\boldsymbol{f(x)=3x^2+2, \ a=2}$

← 先に x で微分して $f(x)=3x^2+a$ 次に，$x=1$ として $a=2$ としても同じである。

類題 191 関数 $f(x)$ が次の式を満たすとき，関数 $f(x)$ と定数 a の値をそれぞれ求めよ。

(1) $\int_a^x f(t)dt=x^3-3x^2+x+1$

(2) $\int_2^x f(t)dt=x^3-2ax+5a$

11 面積

曲線と x 軸の間の面積はどうなる？

定積分を用いて面積を求める問題を分類してみよう。
区間 $[a, b]$ で $f(x) \geqq 0$ のとき，曲線 $y=f(x)$ と x 軸および 2 直線 $x=a$, $x=b$ で囲まれた部分の面積は

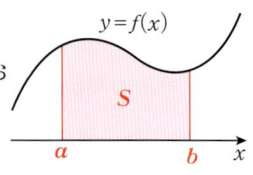

$$S=\int_a^b f(x)\,dx$$

となります。$f(x) \leqq 0$ のときはどうだったかな？

区間 $[a, b]$ で $f(x) \leqq 0$ のときは，$y=f(x)$ のかわりに，x 軸について対称移動した $y=-f(x)(\geqq 0)$ について求めればよいから，次のようになります。

$$S=\int_a^b \{-f(x)\}\,dx = -\int_a^b f(x)\,dx$$

この曲線をx軸に関して対称移動する

区間 $[a, b]$ で $f(x)>0$ にも $f(x)<0$ にもなる場合は，たとえば $[a, c]$ で $f(x) \geqq 0$，$[c, b]$ で $f(x) \leqq 0$ とすると，曲線 $y=f(x)$ と x 軸，2 直線 $x=a$, $x=b$ で囲まれた部分の面積は，区間 $[a, c]$ の部分と区間 $[c, b]$ の部分を加えて

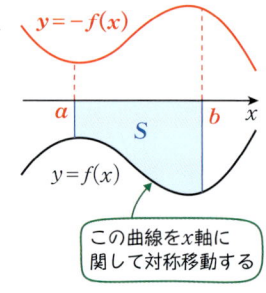

$$S=\int_a^c f(x)\,dx + \int_c^b \{-f(x)\}\,dx = \int_a^b |f(x)|\,dx$$

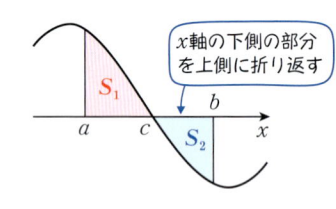

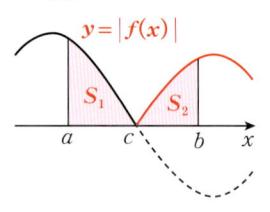

x軸の下側の部分を上側に折り返す

ポイント [x 軸との間の面積]

曲線 $y=f(x)$ と x 軸および $x=a$, $x=b$ $(a<b)$ で囲まれた部分の面積は $\displaystyle S=\int_a^b |f(x)|\,dx$

覚え得

基本例題 192 曲線と x 軸との間の面積(1)

次の曲線と直線で囲まれた図形の面積を求めよ。
(1) 放物線 $y=x^2-2x+3$ と直線 $x=0$, $x=2$ と x 軸
(2) 放物線 $y=2x^2+x-3$ と x 軸

ねらい 求める図形が x 軸の一方の側にある場合の面積の求め方を学ぶ。

解法ルール まず，グラフをかく。←だいたいでよい。形から x 軸との位置関係をつかむことが重要。

求める部分が x 軸の上にあるときは $S=\int_a^b f(x)dx$

下にあるときは $S=-\int_a^b f(x)dx$

解答例
(1) $y=x^2-2x+3=(x-1)^2+2$ より，求める部分は右の図の色の部分である。これは x 軸より上側だから，面積 S は

$$S=\int_0^2 (x^2-2x+3)dx$$
$$=\left[\frac{x^3}{3}-x^2+3x\right]_0^2$$
$$=\frac{8}{3}-4+6=\frac{14}{3} \quad \cdots\text{答}$$

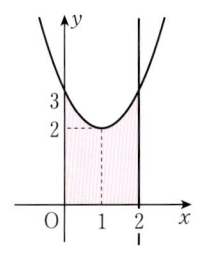

(2) $y=2x^2+x-3=(x-1)(2x+3)$ より，求める部分は右の図の色の部分である。これは x 軸より下側だから，面積 S は

$$S=-\int_{-\frac{3}{2}}^1 (2x^2+x-3)dx$$
$$=-\left[\frac{2x^3}{3}+\frac{x^2}{2}-3x\right]_{-\frac{3}{2}}^1$$
$$=-\left(\frac{2}{3}+\frac{1}{2}-3\right)+\left(-\frac{9}{4}+\frac{9}{8}+\frac{9}{2}\right)$$
$$=\frac{125}{24} \quad \cdots\text{答}$$

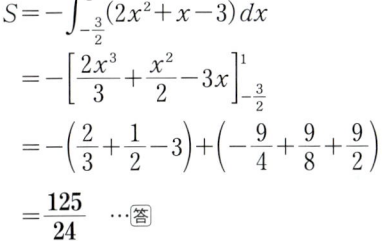

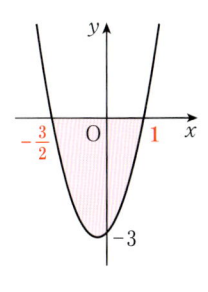

類題 192 次の曲線や直線によって囲まれた部分の面積を求めよ。
(1) $y=(2x-1)^2$, x 軸, y 軸
(2) $y=4x^2-4x-3$, x 軸

3 積分法

応用例題 193 曲線と x 軸との間の面積(2)

曲線 $y=x^3-2x^2-x+2$ と x 軸で囲まれた部分の面積を求めよ。

ねらい 図形が x 軸の上下にある場合の面積の求め方を学ぶ。

解法ルール グラフをかいて，x 軸より上にある部分と，下にある部分に分けて考える。

解答例 $y=x^3-2x^2-x+2=x^2(x-2)-(x-2)=(x^2-1)(x-2)$
したがって $y=(x+1)(x-1)(x-2)$
よって，グラフは右の図のようになる。これより，$-1 \leq x \leq 1$ のとき $y \geq 0$，$1 \leq x \leq 2$ のとき $y \leq 0$ だから，求める面積は

$$S=\int_{-1}^{1}(x^3-2x^2-x+2)dx-\int_{1}^{2}(x^3-2x^2-x+2)dx$$

$$=2\left[-\frac{2}{3}x^3+2x\right]_0^1-\left[\frac{x^4}{4}-\frac{2}{3}x^3-\frac{x^2}{2}+2x\right]_1^2$$

$$=2\left(-\frac{2}{3}+2\right)-\left\{\left(4-\frac{16}{3}-2+4\right)-\left(\frac{1}{4}-\frac{2}{3}-\frac{1}{2}+2\right)\right\}$$

$$=\frac{8}{3}+\frac{5}{12}=\frac{37}{12} \quad \cdots \text{答}$$

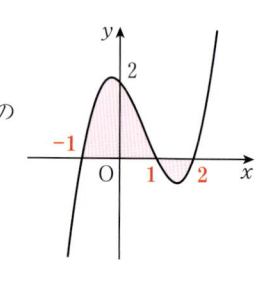

● 2 曲線の間の面積はどうなる？

こんどは 2 曲線 $y=f(x)$ と $y=g(x)$ および 2 直線 $x=a$，$x=b$ で囲まれた図形の面積の求め方を調べましょう。

まず，区間 $[a, b]$ で $0 \leq g(x) \leq f(x)$ （図1）のときは，
$S=$ 図形 ABFE $-$ 図形 ABDC より

$$S=\int_a^b f(x)dx-\int_a^b g(x)dx=\int_a^b\{f(x)-g(x)\}dx$$

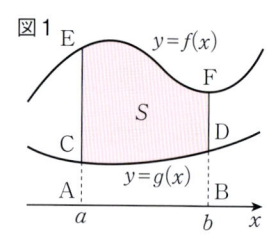

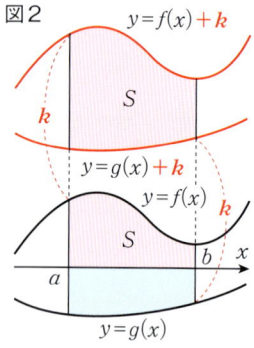

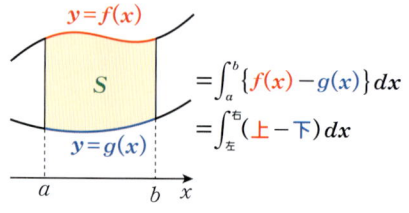

となります。それでは，求める部分が x 軸の下側にもある場合（図2下の水色の部分）はどうしたらいいでしょう。

区間 $[a, b]$ で，$g(x) \leq f(x)$ だけれど $g(x)$ や $f(x)$ が負の値もとる場合ですね。この場合は 2 曲線 $y=f(x)$ と $y=g(x)$ が x 軸の上側にくるように，y 軸方向に k だけ平行移動しても面積は変わらない（図2上）ので，

$$S=\int_a^b\{f(x)+k\}dx-\int_a^b\{g(x)+k\}dx$$

$$=\int_a^b\{f(x)-g(x)\}dx$$

$$=\int_a^b\{f(x)-g(x)\}dx$$

$$=\int_{左}^{右}(上-下)dx$$

では，区間 $[a, b]$ で2曲線 $y=f(x)$ と $y=g(x)$ が交わって，上下が入れかわる場合はどうなるでしょう。

右の図のような場合，$S=S_1+S_2$ だから
$$S=\int_a^c \{f(x)-g(x)\}dx + \int_c^b \{g(x)-f(x)\}dx$$
$$=\int_a^c |f(x)-g(x)|dx + \int_c^b |f(x)-g(x)|dx$$
$$=\int_a^b |f(x)-g(x)|dx$$
です。

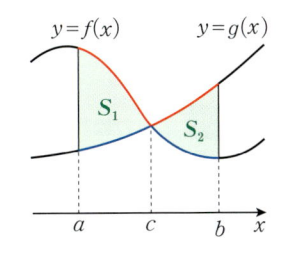

ポイント [2曲線間の面積]

曲線 $y=f(x)$ と $y=g(x)$，直線 $x=a$，$x=b$ $(a<b)$ で囲まれた部分の面積は

$$S=\int_a^b |f(x)-g(x)|\,dx$$

基本例題 194 曲線と直線で囲まれた図形の面積

放物線 $y=x^2+2x$ と直線 $y=x+2$ とで囲まれた部分の面積を求めよ。

ねらい 曲線と直線で囲まれた部分の面積の求め方をマスターする。この場合には，曲線と直線の上下関係をはっきりつかむことが重要である。

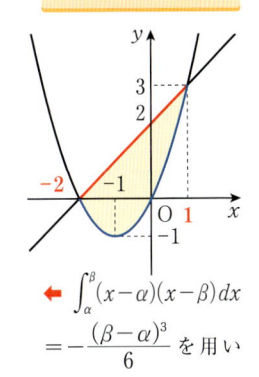

解法ルール
1. 囲まれた部分がどういう形になるかをつかむ。
2. 面積 S を，$S=\int_{左}^{右}\{(上の式)-(下の式)\}dx$ で求める。

解答例 放物線と直線のグラフをかくと，右の図のようになる。
 交点の x 座標は $x^2+2x=x+2$
 すなわち $x^2+x-2=0$ を解いて $x=-2, 1$
 したがって，求める面積 S は
$$S=\int_{-2}^1 \{x+2-(x^2+2x)\}dx = \int_{-2}^1 (-x^2-x+2)dx$$
$$=\left[-\frac{x^3}{3}-\frac{x^2}{2}+2x\right]_{-2}^1 = \frac{9}{2} \quad \cdots \text{答}$$

← $\int_\alpha^\beta (x-\alpha)(x-\beta)dx$
$=-\dfrac{(\beta-\alpha)^3}{6}$ を用いて求めてもよい。

類題 194 次の放物線と直線とで囲まれた部分の面積を求めよ。

(1) $y=x^2+3x$, $y=x+3$
(2) $y=4-x^2$, $y=3x$

3 積分法

応用例題 195 　2つの放物線で囲まれた図形の面積

放物線 $y=x^2-4$ と $y=-x^2+2x$ で囲まれた部分の面積を求めよ。

ねらい　2つの放物線によって囲まれた図形の面積の求め方になれること。

解法ルール　2つの放物線で囲まれた部分が，どんな形になるかをまず確かめる。次に，2つの放物線の交点を求めて積分する。

解答例　2つの放物線の交点の x 座標は　$x^2-4=-x^2+2x$
$2x^2-2x-4=0$　　$2(x-2)(x+1)=0$　　よって　$x=2, -1$
求める部分は右の図の色の部分のようになるので，面積 S は
$$S=\int_{-1}^{2}\{(-x^2+2x)-(x^2-4)\}dx=\int_{-1}^{2}(-2x^2+2x+4)dx$$
$$=\left[-\frac{2}{3}x^3+x^2+4x\right]_{-1}^{2}=9 \quad \cdots \text{答}$$

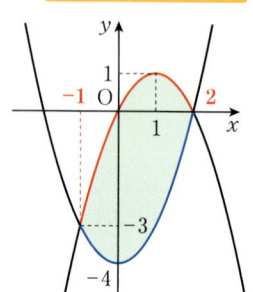

類題 195　次の図形の面積を求めよ。
(1) 放物線 $y=(x-1)^2$ と $y=-(x-1)^2+2$ で囲まれた図形
(2) 放物線 $y=(x+2)^2$ と $y=10-x^2$ で囲まれた図形

応用例題 196 　面積を2等分する直線

放物線 $y=4x-x^2$ と直線 $y=x$ とで囲まれた部分の面積が，直線 $y=ax$ で2等分されるとき，a の値を求めよ。

ねらい　面積を2等分する直線の方程式の求め方を理解する。面積を2等分するという条件の使い方をマスターすること。

解法ルール　まず，放物線 $y=4x-x^2$ と直線 $y=x$ で囲まれた図形がどうなるかを考える。この図を見ながら，直線 $y=ax$ と放物線 $y=4x-x^2$ で囲まれた部分の面積を a で表す。

解答例　図のように，直線 $y=ax$ と放物線 $y=4x-x^2$ で囲まれた部分の面積を S，2直線 $y=ax$，$y=x$，放物線 $y=4x-x^2$ で囲まれた部分の面積を T とする。 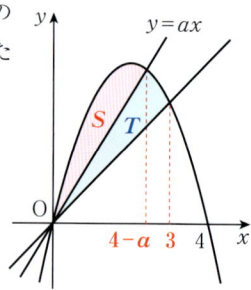
直線 $y=ax$ と放物線 $y=4x-x^2$ より　$4x-x^2=ax$
$x(x-4+a)=0$　　交点の x 座標は　$x=0, 4-a$
$$S=\int_{0}^{4-a}(4x-x^2-ax)dx=\int_{0}^{4-a}\{(4-a)x-x^2\}dx$$
$$=\left[\frac{(4-a)x^2}{2}-\frac{x^3}{3}\right]_{0}^{4-a}=\frac{(4-a)^3}{6}$$

とくに，$a=1$ の場合は直線 $y=x$ となるので　$S+T=\dfrac{3^3}{6}$

2等分するためには $2S=S+T$ であればよいので
$\dfrac{(4-a)^3}{6}\times 2=\dfrac{3^3}{6}$　　これより　$a=4-\dfrac{3\sqrt[3]{4}}{2}$　…答

← $S+T$ を求めるときに $\int_{0}^{3}(4x-x^2-x)dx$ を計算しないですませている。

類題 196　放物線 $y=2x-x^2$ と x 軸とで囲まれた部分の面積が，原点を通る直線で2等分されるとき，その方程式を求めよ。

定期テスト予想問題　解答→p. 49~52

1 次の等式が成り立つように定数 a, b の値を定めよ。
$$\lim_{x \to 2} \frac{x^2 - ax + b}{x - 2} = 3$$

2 関数 $f(x) = x^2 + px + q$ において，次の問いに答えよ。
(1) x が a から b まで変化するときの平均変化率を求めよ。
(2) $f'(c)$ が(1)の平均変化率と等しいとき，c を a, b で表せ。このことは，関数 $y = f(x)$ のグラフ上では，どのようなことを表しているか。

3 $f(x) = \{f'(x)\}^2$ を満足する整式 $f(x)$ について，次の問いに答えよ。ただし，$f(x)$ は定数でないものとする。
(1) $f(x)$ は何次式か。
(2) $f(0) = 4$ であるとき，$f(x)$ を求めよ。

4 3次関数 $y = ax^3 + bx^2 + cx$ のグラフ上の2点 $(1, 3)$, $(2, 0)$ における接線の傾きが等しいとき，定数 a, b, c の値を求めよ。

5 関数 $f(x) = x^3 - 3a^2 x$ の極大値と極小値の差が 32 となるように定数 a の値を定めよ。

6 関数 $f(x) = x^3 + kx^2 + 3kx + 2$ が極値をもたないような k の値の範囲を求めよ。

7 $y = 2(\sin^3 x + \cos^3 x) + 6 \sin x \cos x (\sin x + \cos x - 1)$
$(0 \leq x \leq \pi)$ に対して
(1) $t = \sin x + \cos x$ とおくとき，t の値の範囲を求めよ。
(2) y を t で表せ。
(3) y の最大値および最小値と，それらを与える x の値を求めよ。

8 $a > 0$ とする。関数 $f(x) = x^3 - 3a^2 x + 2a^3$ の区間 $0 \leq x \leq 1$ における最小値を求めよ。

HINT

1 $x \to 2$ のとき，分母 $\to 0$ だから，分子 $\to 0$ であることが必要。

2 (1) $\dfrac{f(b) - f(a)}{b - a}$ を用いる。

3 (1) $f(x)$ を x の n 次式と考えると，$\{f'(x)\}^2$ は $2(n-1)$ 次式。

4 グラフが点 $(1, 3)$, $(2, 0)$ を通ることに注意。

5 a の正負によって極大値と極小値が変わる。

6 $f'(x) = 0$ の判別式 $D \leq 0$

7 (1) 三角関数の合成である。

8 $y = f(x)$ の増減表をかいて考える。a の値により場合分けが必要。

9 関数 $f(x)=2x^3-3x^2-36x$ について
(1) $f(x)$ の増減を調べ，$y=f(x)$ のグラフをかけ。
(2) 3次方程式 $2x^3-3x^2-36x-a=0$ が異なる 2 つの正の解と 1 つの負の解をもつように，実数 a の値の範囲を定めよ。

10 次の条件を満たす 2 次関数 $f(x)$ を求めよ。
$$f(1)=4,\ f(-1)=-6,\ \int_{-1}^{1}f(x)dx=-10$$

11 関数 $f(x)=\int_{x-2}^{x}(t^2+t-1)dt$ の最小値とそのときの x の値を求めよ。

12 関数 $f(x)=\int_{0}^{x}3(t-1)(t+3)dt$ の極値を求めよ。

13 次の等式を満たす関数 $f(x)$，および定数 a の値を求めよ。
$$\int_{a}^{x}f(t)dt=x^3-2x^2+a$$

14 次の関数で表される 2 つのグラフで囲まれた部分の面積を求めよ。
(1) $y=-x^2+3x,\ y=x$
(2) $y=|x^2-x-2|,\ y=x+1$

15 放物線 $y=x^2+x-a^2+a\ (a>1)$ と x 軸および直線 $x=a$ とで囲まれた 2 つの部分の面積が等しくなるときの a の値を求めよ。また，このとき 1 つ分の面積はいくらか。

16 放物線 $y=x^2-x$ ……① に点 $(1,\ -1)$ を通る 2 本の接線を引く。その接点を A，B とするとき，次の問いに答えよ。
(1) 2 本の接線と放物線①で囲まれる部分の面積 S_1 を求めよ。
(2) 直線 AB と放物線①で囲まれる部分の面積を S_2 とするとき，$S_1:S_2$ を求めよ。

---

9 (2)は(1)のグラフを利用。

10 $f(x)=ax^2+bx+c(a\neq 0)$ とおいて，$a,\ b,\ c$ の値を求める。

11 まず定積分を計算して $f(x)$ を求める。

12 $f(x)=\int_{a}^{x}g(t)dt$ のとき $f'(x)=g(x)$

13 ● $\dfrac{d}{dx}\int_{a}^{x}f(t)dt=f(x)$
● $x=a$ を両辺に代入

14 2 曲線の交点と上下関係に注意して正確なグラフをかいてから面積を求める。

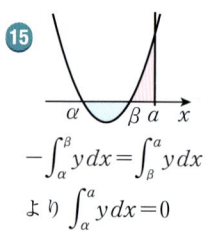

15
$-\int_{\alpha}^{\beta}ydx=\int_{\beta}^{a}ydx$
より $\int_{\alpha}^{a}ydx=0$

16 (1) S_1 は 0~1 と 1~2 に分けて計算する。

222　5章　微分法・積分法

さくいん

あ

- アポロニウスの円 …… 82
- 余り …… 14
- 1の3乗根(立方根) …… 51
- 一般角 …… 96
- 一般項 …… 10
- 因数定理 …… 44, 45, 46, 47
- x切片 …… 63
- n乗根 …… 138
- 円と直線の共有点 …… 74
- 円の接線の方程式 …… 76
- 円の内部と外部 …… 85
- 円の方程式 …… 71
- おうぎ形の弧の長さ …… 100
- おうぎ形の面積 …… 100

か

- 外心 …… 65
- 解と係数の関係 …… 39
- 解の存在範囲 …… 43
- 外分点 …… 56
- 下端 …… 202
- 加法定理 …… 124, 125
- 奇関数 …… 113
- 軌跡 …… 81
- 既約分数式 …… 16
- 共役な複素数 …… 31
- 極限値 …… 168
- 極小 …… 182
- 極小値 …… 182
- 極大 …… 182
- 極大値 …… 182
- 極値の判定 …… 182
- 虚数 …… 31
- 虚数解 …… 37
- 虚数単位 …… 31
- 虚部 …… 31
- 距離の比が一定な点の軌跡 …… 82
- 偶関数 …… 113
- 区間における最大・最小 …… 189

- 組立除法 …… 50
- 係数の変化につれて動く点の軌跡 …… 84
- 係数比較法 …… 21
- 原始関数 …… 198
- 高次方程式 …… 44, 48
- 恒等式 …… 20
- 恒等式の係数決定 …… 21, 22, 23
- 弧度 …… 98
- 弧度法 …… 98
- 弧度法の一般角 …… 107

さ

- 三角関数 …… 101
- 三角関数のグラフ …… 112
- 三角関数の合成 …… 132
- 三角関数の性質 …… 108
- 三角関数の相互関係 …… 104
- 三角形の面積 …… 69
- 三角不等式 …… 119
- 三角方程式 …… 118
- 3次関数のグラフ …… 185, 186
- 3次式の因数分解 …… 47
- 3次式の因数分解公式 …… 7
- 3次の乗法公式 …… 7
- 3重解 …… 49
- 3乗根(立方根) …… 51, 138
- 指数関数 …… 144
- 指数関数のグラフ …… 144, 145, 146
- 指数関数の最大・最小 …… 149
- 指数の拡張 …… 140
- 指数不等式 …… 150
- 指数方程式 …… 150
- 実部 …… 31
- 重解(重複解) …… 37
- 瞬間の速さ …… 168
- 純虚数 …… 31
- 商 …… 14
- 上端 …… 202
- 常用対数 …… 162
- 剰余の定理 …… 44, 45, 46

- 真数 …… 153
- 垂心 …… 66
- 数値代入法 …… 22
- 整式の除法 …… 14
- 積分定数 …… 198
- 積を和・差に変える公式 …… 134
- 接線 …… 173
- 接線の方程式 …… 178
- 接点 …… 173
- 漸近線 …… 116, 147
- 相加平均 …… 28, 29
- 増減表 …… 181
- 相乗平均 …… 28, 29

た

- 対称点の座標 …… 67
- 対数 …… 153
- 対数関数 …… 157
- 対数関数のグラフ …… 157, 158
- 対数関数の最大・最小 …… 159
- 対数の性質 …… 154
- 対数不等式 …… 160
- 対数方程式 …… 160
- 多項定理 …… 12, 13
- 単位円 …… 101
- 中線定理 …… 61
- 直線の方程式 …… 62, 63
- 底 …… 144, 153, 157
- 定積分 …… 202
- 定積分で表された関数 …… 213
- 定積分の計算 …… 206
- 定積分の図形的意味 …… 212
- 定積分の性質 …… 203
- 点と直線の距離 …… 68
- 導関数 …… 174
- 動径 …… 96
- 等式の証明 …… 24, 25
- 動点につれて動く点の軌跡 …… 83
- 特別な角の三角関数 …… 102

な

- 内分点 …………………… 56
- 2円の位置関係 …………… 79
- 2曲線の間の面積 ………… 218
- 二項係数 …………………… 10
- 二項定理 ………………… 9, 10
- 2重解 ……………………… 49
- 2数を解とする方程式 …… 42
- 2直線の交点を通る直線 … 70
- 2直線の垂直条件 ………… 64
- 2直線のなす角 …………… 127
- 2直線の平行条件 ………… 64
- 2点間の距離 …………… 56, 58
- 2倍角の公式 ……………… 128

は

- パスカルの三角形 ………… 10
- 半角の公式 ……………… 129
- 判別式 ……………………… 37
- 微分係数 ………………… 171
- 複素数 ……………………… 31
- 複素数の相等 ……………… 34
- 不定積分 ………………… 198
- 不定積分の性質 ………… 199
- 不等式の表す領域 ………… 85
- 不等式の証明 … 26, 27, 28, 30
- 分数式 ……………………… 16
- 分数式の加法 ……………… 18
- 分数式の減法 ……………… 18
- 分数式の乗法 ……………… 17

- 分数式の除法 ……………… 17
- 分点の座標 ……………… 56, 58
- 平均変化率 ……………… 171
- 法線 ……………………… 179
- 方程式 ……………………… 20

ま・や・ら・わ

- 面積 ……………………… 216
- 4次関数のグラフ ………… 187
- ラジアン …………………… 98
- 領域における最大・最小 … 90
- 累乗根 …………………… 138
- y切片 ……………………… 63
- 和・差を積に変える公式 … 134

■ 本書を作るにあたって、次の方々にたいへんお世話になりました。
- 執筆　飯田俊雄　堀内秀紀　松田親典
- 図版　ふるはしひろみ　よしのぶもとこ　㈲Y-Yard

シグマベスト
これでわかる数学Ⅱ

本書の内容を無断で複写(コピー)・複製・転載することは，著作者および出版社の権利の侵害となり，著作権法違反となりますので，転載等を希望される場合は前もって小社あて許諾を求めてください。

© 松田親典　2013　　Printed in Japan

編　者　文英堂編集部
発行者　益井英博
印刷所　日本写真印刷株式会社
発行所　株式会社　文英堂
　〒601-8121　京都市南区上鳥羽大物町28
　〒162-0832　東京都新宿区岩戸町17
　（代表）03-3269-4231

● 落丁・乱丁はおとりかえします。

Σ BEST
シグマベスト

これでわかる
数学 II

正解答集

文英堂

☆類題番号のデザインの区別は下記の通りです。
■…対応する本冊の例題が，基本例題のもの。
■…対応する本冊の例題が，応用例題のもの。
□…対応する本冊の例題が，発展例題のもの。

1章 式と証明・方程式

類題の解答 　　　　　　本冊→p. 6〜51

1 (1) $(a-b)^3 = (a-b)(a-b)^2$
$= (a-b)(a^2-2ab+b^2)$
$= a^3-2a^2b+ab^2-a^2b+2ab^2-b^3$
$= a^3-3a^2b+3ab^2-b^3$

(2) $(a-b)(a^2+ab+b^2)$
$= a^3+a^2b+ab^2-a^2b-ab^2-b^3$
$= a^3-b^3$

2 (1) $27x^3+27x^2y+9xy^2+y^3$
(2) $27x^3-54x^2y+36xy^2-8y^3$
(3) x^3+27 　　　(4) $8x^3-27y^3$

解き方 (1) $(3x+y)^3$
$= (3x)^3+3\cdot(3x)^2\cdot y+3\cdot 3x\cdot y^2+y^3$
$= 27x^3+27x^2y+9xy^2+y^3$

(2) $(3x-2y)^3$
$= (3x)^3-3\cdot(3x)^2\cdot 2y+3\cdot 3x(2y)^2-(2y)^3$
$= 27x^3-54x^2y+36xy^2-8y^3$

(3) $(x+3)(x^2-3x+3^2) = x^3+3^3$
$= x^3+27$

(4) $(2x-3y)\{(2x)^2+2x\cdot 3y+(3y)^2\}$
$= (2x)^3-(3y)^3 = 8x^3-27y^3$

3 (1) $(x-1)^3$ 　　(2) $(2x+y)^3$
(3) $(x+3)(x^2-3x+9)$
(4) $(x-4)(x^2+4x+16)$

解き方 (1) x^3-3x^2+3x-1
$= x^3-3\cdot x^2\cdot 1+3\cdot x\cdot 1^2-1^3 = (x-1)^3$

(2) $8x^3+12x^2y+6xy^2+y^3$
$= (2x)^3+3\cdot(2x)^2\cdot y+3\cdot(2x)\cdot y^2+y^3$
$= (2x+y)^3$

(3) $x^3+27 = x^3+3^3$
$= (x+3)(x^2-3x+9)$

(4) $x^3-64 = x^3-4^3$
$= (x-4)(x^2+4x+16)$

4 (1) $xy(x-y)(x^2+xy+y^2)$
(2) $(x+2y)(x-2y)(x^2-2xy+4y^2)$
$\quad \times (x^2+2xy+4y^2)$

解き方 (1) $x^4y-xy^4 = xy(x^3-y^3)$
$= xy(x-y)(x^2+xy+y^2)$

(2) $x^6-64y^6 = (x^3+8y^3)(x^3-8y^3)$
$= (x+2y)(x^2-2xy+4y^2)(x-2y)$
$\quad \times (x^2+2xy+4y^2)$

5 (1) $16a^4+32a^3+24a^2+8a+1$
(2) $x^6-6x^5+15x^4-20x^3+15x^2-6x+1$
(3) $32x^5-80x^4y+80x^3y^2-40x^2y^3$
$\quad +10xy^4-y^5$

解き方 (1) $(2a+1)^4$
$= {}_4C_0(2a)^4+{}_4C_1(2a)^3+{}_4C_2(2a)^2+{}_4C_3(2a)+{}_4C_4$
$= 16a^4+32a^3+24a^2+8a+1$

(2) $(x-1)^6 = {}_6C_0x^6+{}_6C_1x^5(-1)+{}_6C_2x^4(-1)^2$
$\quad +{}_6C_3x^3(-1)^3+{}_6C_4x^2(-1)^4$
$\quad +{}_6C_5x(-1)^5+{}_6C_6(-1)^6$
$= x^6-6x^5+15x^4-20x^3+15x^2-6x+1$

(3) $(2x-y)^5 = {}_5C_0(2x)^5+{}_5C_1(2x)^4(-y)$
$\quad +{}_5C_2(2x)^3(-y)^2+{}_5C_3(2x)^2(-y)^3$
$\quad +{}_5C_4(2x)(-y)^4+{}_5C_5(-y)^5$
$= 32x^5-80x^4y+80x^3y^2-40x^2y^3+10xy^4-y^5$

6 $\dfrac{20}{27}$

解き方 $\left(2x^2+\dfrac{1}{3x}\right)^6$ の展開式の一般項は

${}_6C_r(2x^2)^{6-r}\left(\dfrac{1}{3x}\right)^r = {}_6C_r 2^{6-r}\left(\dfrac{1}{3}\right)^r x^{12-2r}\dfrac{1}{x^r}$
$\qquad = {}_6C_r \dfrac{2^{6-r}}{3^r} \times \dfrac{x^{12-2r}}{x^r}$

定数項であることから，$12-2r = r$ より $r = 4$

したがって ${}_6C_4 \dfrac{2^2}{3^4} = \dfrac{20}{27}$

7-1 (1) 420　　(2) -3240

解き方 (1) $(a+b+c)^8=\{(a+b)+c\}^8$ の展開式で，
c^2 の項は ${}_8C_2(a+b)^6c^2$
$(a+b)^6$ の展開式で，a^4b^2 の項は ${}_6C_2a^4b^2$
よって，$a^4b^2c^2$ の係数は ${}_8C_2\times{}_6C_2=420$

(2) $(x+3y-2z)^6=\{(x+3y)+(-2z)\}^6$ の展開式で，z の項は ${}_6C_1(x+3y)^5(-2z)$
$(x+3y)^5$ の展開式で，x^2y^3 の項は ${}_5C_3x^2(3y)^3$
よって，x^2y^3z の項は
$\quad {}_6C_1\{{}_5C_3x^2(3y)^3\}(-2z)$
$\quad ={}_6C_1\times{}_5C_3\times 3^3\times(-2)\times x^2y^3z$
よって，x^2y^3z の係数は -3240

7-2 (1) 420　　(2) -3240

解き方 (1) $\dfrac{8!}{4!2!2!}=\dfrac{8\cdot7\cdot6\cdot5}{2\cdot2}=420$

(2) $\dfrac{6!}{2!3!1!}x^2\times(3y)^3\times(-2z)^1$
$=\dfrac{6!}{2!3!}\times 3^3\times(-2)x^2y^3z$
$=-\dfrac{6\cdot5\cdot4\cdot3\cdot2\cdot3^3\cdot2}{2\cdot3\cdot2}x^2y^3z=-3240x^2y^3z$

8 (1) $3x^3-2x^2+1$
　　$=(x+1)(3x^2-5x+5)-4$
(2) $4x^3-3x+2=(2x+3)(2x^2-3x+3)-7$

解き方 (1)
```
           3x² -5x +5    ←商
     x+1 )3x³ -2x²    +1
         3x³ +3x²
             -5x²
             -5x² -5x
                  5x +1
                  5x +5
                     -4  ←余り
```

(2)
```
           2x² -3x +3          ←商
     2x+3 )4x³     -3x +2
          4x³ +6x²
              -6x² -3x
              -6x² -9x
                   6x +2
                   6x +9
                      -7  ←余り
```

9 (1) 商 $3x+y+4$，余り 0
(2) 商 $2x+y+3$，余り $y+1$

解き方 (1)
```
                 3x +(y+4)
     x-(2y+3) )3x² -5(y+1)x -(2y²+11y+12)
              3x² -3(2y+3)x
                  (y+4)x -(2y²+11y+12)
                  (y+4)x -(2y²+11y+12)
                                     0
```

(2)
```
                 2x +(y+3)
     2x-(3y-1) )4x² -4(y-2)x -(3y²+7y-4)
               4x² -2(3y-1)x
                   2(y+3)x -(3y²+7y-4)
                   2(y+3)x -(3y²+8y-3)
                                    y+1
```

10 $a=-5$, $b=4$

解き方 $(x^3-3x^2+ax+b)\div(x^2+x-1)$ の割り算を実行すると

```
                x -4
     x²+x-1 )x³ -3x²      +ax +b
            x³ + x²       -x
               -4x² +(a+1)x +b
               -4x²         -4x +4
                         (a+5)x +(b-4)
```

余りは $(a+5)x+(b-4)$
割り切れる条件は，余り$=0$ より
　$a+5=0$, $b-4=0$
よって $a=-5$, $b=4$

13 (1) $\dfrac{x^2+x+1}{x-2}$　　(2) $\dfrac{2x+1}{x^2+3x+9}$

解き方 (1) $\dfrac{x+2}{x-1}\times\dfrac{x^3-1}{x^2-4}$
$=\dfrac{(x+2)(x-1)(x^2+x+1)}{(x-1)(x+2)(x-2)}$
$=\dfrac{x^2+x+1}{x-2}$

(2) $\dfrac{x^2-2x-3}{x^2+3x+2}\times\dfrac{2x^2+5x+2}{x^3-27}$
$=\dfrac{(x-3)(x+1)(x+2)(2x+1)}{(x+1)(x+2)(x-3)(x^2+3x+9)}$
$=\dfrac{2x+1}{x^2+3x+9}$

14 (1) $\dfrac{(x+2)(x+4)}{x^2+x+1}$

(2) $\dfrac{(x-3y)(x^2-xy+y^2)}{x-y}$

解き方 (1) $\dfrac{2x^2+7x-4}{x^3-1} \div \dfrac{2x-1}{x^2+x-2}$

$= \dfrac{(2x-1)(x+4)}{(x-1)(x^2+x+1)} \times \dfrac{(x+2)(x-1)}{2x-1}$

$= \dfrac{(x+4)(x+2)}{x^2+x+1}$

(2) まず $x^4+x^2y^2+y^4$ を因数分解すると

$x^4+x^2y^2+y^4 = (x^2+y^2)^2-x^2y^2$

$= \{(x^2+y^2)+xy\}\{(x^2+y^2)-xy\}$

$= (x^2+xy+y^2)(x^2-xy+y^2)$

よって

$\dfrac{x^2-2xy-3y^2}{x^3-y^3} \div \dfrac{x+y}{x^4+x^2y^2+y^4}$

$= \dfrac{(x-3y)(x+y)}{(x-y)(x^2+xy+y^2)}$

$\times \dfrac{(x^2+xy+y^2)(x^2-xy+y^2)}{x+y}$

$= \dfrac{(x-3y)(x^2-xy+y^2)}{x-y}$

15 (1) $\dfrac{4x}{(x-3)(x+3)}$ (2) $\dfrac{x-2}{x(x-1)}$

解き方 (1) 与式

$= \dfrac{x+1}{(x-1)(x-3)} + \dfrac{3x+1}{(x+3)(x-1)}$

$= \dfrac{(x^2+4x+3)+(3x^2-8x-3)}{(x-1)(x-3)(x+3)}$

$= \dfrac{4x(x-1)}{(x-1)(x-3)(x+3)}$

$= \dfrac{4x}{(x-3)(x+3)}$

(2) 与式 $= \dfrac{2x-1}{(x-1)(x-2)} - \dfrac{x+4}{x(x-2)}$

$= \dfrac{(2x^2-x)-(x^2+3x-4)}{x(x-1)(x-2)}$

$= \dfrac{(x-2)^2}{x(x-1)(x-2)}$

$= \dfrac{x-2}{x(x-1)}$

16 (1) $\dfrac{6x}{(x-1)(x-2)(x+1)(x+2)}$

(2) $-\dfrac{1}{x-1}$

解き方 (1) 各項は (分子の次数) ≧ (分母の次数) なので，それぞれ割り算をする。

与式

$= \left(1+\dfrac{1}{x-2}\right) - \left(2+\dfrac{1}{x-1}\right)$

$\qquad - \left(2+\dfrac{1}{x+1}\right) + \left(3+\dfrac{1}{x+2}\right)$

$= \dfrac{1}{x-2} - \dfrac{1}{x-1} - \dfrac{1}{x+1} + \dfrac{1}{x+2}$

$= \dfrac{1}{(x-1)(x-2)} - \dfrac{1}{(x+1)(x+2)}$

$= \dfrac{6x}{(x-1)(x-2)(x+1)(x+2)}$

(2) より小さい分母から消していく。

与式 $= 1 - \dfrac{1}{\dfrac{x-1}{x}} = 1 - \dfrac{x}{x-1} = \dfrac{-1}{x-1}$

分母，分子に x を掛ける

18 (1) $a=1$, $b=-1$, $c=2$

(2) $a=1$, $b=3$, $c=3$, $d=1$

(3) $a=1$, $b=2$, $c=0$

解き方 (1) 左辺

$= (a+b+c)x^2 - (a+3b+2c)x + 2b$

右辺の式と係数を比較して

$a+b+c=2$, $a+3b+2c=2$, $2b=-2$

これを解いて $a=1$, $b=-1$, $c=2$

(2) 右辺 $= ax^3+(-3a+b)x^2+(3a-2b+c)x$

$\qquad -a+b-c+d$

左辺の式と係数を比較して

$a=1$, $-3a+b=0$, $3a-2b+c=0$,

$-a+b-c+d=0$

これを解いて $a=1$, $b=3$, $c=3$, $d=1$

(3) 右辺を展開して，式を整理すると

右辺 $= x^2+2xy+(b+1)y^2+ax+(a+c)y$

左辺の式と係数を比較して

$b+1=3$, $a=1$, $a+c=1$

これを解いて $a=1$, $b=2$, $c=0$

この解き方を，係数比較法という。

19 $a=1$, $b=3$, $c=7$, $d=8$

解き方 3次の恒等式なので，x に4つの異なる値を代入して，4つの等式をつくる。この解き方を数値代入法という。

$x=0$ を代入して　$2b-2c+d=0$
$x=1$ を代入して　$-c+d=1$
$x=2$ を代入して　$d=8$
$x=-1$ を代入して　$-6a+6b-3c+d=-1$

これを解いて　$a=1$, $b=3$, $c=7$, $d=8$

このとき
　右辺
　$=x(x-1)(x-2)+3(x-1)(x-2)+7(x-2)+8$
　$=x^3=$ 左辺

a, b, c, d を求めたあと，それらを代入して，恒等式となることを確かめておくこと。

20 $a=1$, $b=2$

解き方 右辺を通分して
$$\frac{3x+4}{(x+1)(x+2)}=\frac{a}{x+1}+\frac{b}{x+2}$$
$$=\frac{a(x+2)+b(x+1)}{(x+1)(x+2)}$$
$$=\frac{(a+b)x+(2a+b)}{(x+1)(x+2)}$$

両辺の係数を比較して
$a+b=3$, $2a+b=4$
これを解いて　$a=1$, $b=2$

21 $a=\dfrac{1}{3}$, $b=-\dfrac{1}{3}$, $c=-\dfrac{2}{3}$

解き方 右辺を通分して
$$\frac{1}{x^3-1}=\frac{a}{x-1}+\frac{bx+c}{x^2+x+1}$$
$$=\frac{a(x^2+x+1)+(bx+c)(x-1)}{x^3-1}$$
$$=\frac{(a+b)x^2+(a-b+c)x+a-c}{x^3-1}$$

両辺の係数を比較して
$a+b=0$, $a-b+c=0$, $a-c=1$
これを解いて　$a=\dfrac{1}{3}$, $b=-\dfrac{1}{3}$, $c=-\dfrac{2}{3}$

22 $x=1$, $y=2$

解き方 どのような a に対しても等式が成立するから，a についての恒等式である。a について整理すると
$(2x-y)a+x+2y-5=0$
よって　$2x-y=0$, $x+2y-5=0$
これを解くと　$x=1$, $y=2$

23 左辺 $=(x+y)^3+(x-y)^3$
$=x^3+3x^2y+3xy^2+y^3$
$\quad +x^3-3x^2y+3xy^2-y^3$
$=2x^3+6xy^2$

右辺 $=2x\{(x+y)^2+(x-y)^2-(x^2-y^2)\}$
$=2x(x^2+2xy+y^2+x^2-2xy+y^2-x^2+y^2)$
$=2x(x^2+3y^2)$
$=2x^3+6xy^2$

よって　$(x+y)^3+(x-y)^3$
$=2x\{(x+y)^2+(x-y)^2-(x^2-y^2)\}$

24 $c=-a-b$ を等式の左辺に代入して
左辺 $=a^2\{b+(-a-b)\}+b^2\{(-a-b)+a\}$
$\quad +(-a-b)^2(a+b)+3ab(-a-b)$
$=-a^3-b^3+(a+b)^3-3a^2b-3ab^2$
$=-a^3-b^3+a^3+3a^2b+3ab^2+b^3$
$\qquad\qquad\qquad -3a^2b-3ab^2$
$=0$
よって　左辺＝右辺

25 $a:b=c:d$ より，$\dfrac{a}{b}=\dfrac{c}{d}=k$ とおくと
$a=bk$, $c=dk$
左辺 $=\dfrac{a+c}{b+d}=\dfrac{bk+dk}{b+d}=\dfrac{(b+d)k}{b+d}=k$
右辺 $=\dfrac{a+2c}{b+2d}=\dfrac{bk+2dk}{b+2d}=\dfrac{(b+2d)k}{b+2d}=k$
よって　左辺＝右辺

27 左辺－右辺$=xy+1-(x+y)$
$\qquad =x(y-1)-(y-1)$
$\qquad =(x-1)(y-1)$
一方，$|x|<1$ より $-1<x<1$
ゆえに $x-1<0$
$|y|<1$ より $-1<y<1$
ゆえに $y-1<0$
したがって $(x-1)(y-1)>0$ ←負×負→正
よって $xy+1>x+y$

28 (1) 左辺$=x^2+4x+4=(x+2)^2 \geqq 0$
よって，$x^2+4x+4 \geqq 0$ が成り立つ。
等号は $x=-2$ のとき成り立つ。

(2) 左辺$=a^2+ab+b^2$
$\qquad =\left\{a^2+2\times a\times \dfrac{b}{2}+\left(\dfrac{b}{2}\right)^2\right\}-\left(\dfrac{b}{2}\right)^2+b^2$
$\qquad =\left(a+\dfrac{b}{2}\right)^2+\dfrac{3b^2}{4} \geqq 0$
ゆえに 左辺$\geqq 0$
よって，$a^2+ab+b^2 \geqq 0$ が成り立つ。
等号は $a=b=0$ のとき成り立つ。

(3) 左辺－右辺$=x^2+y^2-xy=x^2-xy+y^2$
$\qquad =\left(x-\dfrac{y}{2}\right)^2+\dfrac{3y^2}{4} \geqq 0$
よって 左辺$\geqq$右辺
等号は $x=y=0$ のとき成り立つ。

(4) 左辺－右辺
$=x^2+y^2+z^2-xy-yz-zx$
$=\dfrac{1}{2}\{(x^2-2xy+y^2)+(y^2-2yz+z^2)$
$\qquad +(z^2-2zx+x^2)\}$
$=\dfrac{1}{2}\{(x-y)^2+(y-z)^2+(z-x)^2\} \geqq 0$
よって 左辺$\geqq$右辺
等号は $x=y=z$ のとき成り立つ。

29 $a \geqq b \geqq 0$ より $\sqrt{a}-\sqrt{b} \geqq 0$, $\sqrt{a-b} \geqq 0$
(右辺)^2－(左辺)$^2=(\sqrt{a-b})^2-(\sqrt{a}-\sqrt{b})^2$
$=a-b-(a-2\sqrt{a}\sqrt{b}+b)$
$=2\sqrt{a}\sqrt{b}-2b=2\sqrt{b}(\sqrt{a}-\sqrt{b})$
$\sqrt{b} \geqq 0$, $\sqrt{a}-\sqrt{b} \geqq 0$ より
$2\sqrt{b}(\sqrt{a}-\sqrt{b}) \geqq 0$
よって $(\sqrt{a-b})^2 \geqq (\sqrt{a}-\sqrt{b})^2$
$\sqrt{a}-\sqrt{b} \geqq 0$, $\sqrt{a-b} \geqq 0$ だから
$\sqrt{a-b} \geqq \sqrt{a}-\sqrt{b}$
すなわち $\sqrt{a}-\sqrt{b} \leqq \sqrt{a-b}$
等号は $b=0$ または $a=b$ のとき成り立つ。

31 (1) $a>0$, $\dfrac{1}{a}>0$ より $a+\dfrac{1}{a} \geqq 2\sqrt{a\times \dfrac{1}{a}}=2$
等号は，$a=\dfrac{1}{a}$，$a>0$ より $a=1$ のとき成立。

(2) $ab>0$, $\dfrac{4}{ab}>0$ より
$ab+\dfrac{4}{ab} \geqq 2\sqrt{ab\times \dfrac{4}{ab}}=4$
等号は，$ab=\dfrac{4}{ab}$，$ab>0$ より $ab=2$ のとき成立。

(3) 左辺$=\left(\dfrac{b}{a}+\dfrac{d}{c}\right)\left(\dfrac{a}{b}+\dfrac{c}{d}\right)$
$=1+\dfrac{bc}{ad}+\dfrac{ad}{bc}+1=\dfrac{bc}{ad}+\dfrac{ad}{bc}+2$
$\dfrac{bc}{ad}>0$, $\dfrac{ad}{bc}>0$ より
左辺$\geqq 2\sqrt{\dfrac{bc}{ad}\times \dfrac{ad}{bc}}+2=4$
等号は，$\dfrac{bc}{ad}=\dfrac{ad}{bc}$ より $ad=bc$ のとき成立。

(4) $a>0$, $b>0$, $c>0$ より
$a+b \geqq 2\sqrt{ab}$, $b+c \geqq 2\sqrt{bc}$, $c+a \geqq 2\sqrt{ca}$
よって $(a+b)(b+c)(c+a)$
$\qquad \geqq 2\sqrt{ab}\times 2\sqrt{bc}\times 2\sqrt{ca}=8abc$
等号は，$a=b=c$ のとき成立。

32 (1) $|a+b| \leq |a|+|b|$ の a に $a-b$ を代入すると
$$|a-b+b| \leq |a-b|+|b|$$
$$|a| \leq |a-b|+|b|$$
よって $|a|-|b| \leq |a-b|$

(2) (右辺)² − (左辺)² $= |1+xy|^2 - |x+y|^2$
$= (1+xy)^2 - (x+y)^2 = x^2y^2 - x^2 - y^2 + 1$
$= x^2(y^2-1) - (y^2-1) = (x^2-1)(y^2-1)$

$0 \leq |x| < 1$ より
$|x|^2 < 1 \quad x^2 < 1 \quad x^2-1 < 0$

同様に, $0 \leq |y| < 1$ より $y^2-1 < 0$

したがって $(x^2-1)(y^2-1) > 0$

ゆえに $|1+xy|^2 > |x+y|^2$

$|x+y| \geq 0$, $|1+xy| \geq 0$ なので
$|1+xy| > |x+y|$

すなわち $|x+y| < |1+xy|$

33-1 (1) -1 (2) $-12i$

(3) 74 (4) $-\dfrac{13}{25} + \dfrac{9}{25}i$

解き方 (1) 与式 $= (-5+4) + (3-3)i = -1$

(2) 与式 $= (2-2) - (7+5)i = -12i$

(3) 与式 $= 49 - 25i^2 = 49 + 25 = 74$
　　　　　　　　$\lfloor i^2 = -1$

(4) 与式 $= \dfrac{(-1+3i)(4+3i)}{(4-3i)(4+3i)} = \dfrac{-13+9i}{16+9}$
$= -\dfrac{13}{25} + \dfrac{9}{25}i$

33-2 (1) 2 (2) $-9+46i$

(3) $1-i$ (4) $\dfrac{2}{13}$

解き方 (1) $(a+b)^2 + (a-b)^2 = 2(a^2+b^2)$ を使う。
与式 $= 2\{2^2 + (\sqrt{3}i)^2\} = 2(4-3) = 2$

(2) **$(a+b)^3 = a^3 + 3a^2b + 3ab^2 + b^3$ を使う。**
与式 $= 3^3 + 3 \times 3^2 \times 2i + 3 \times 3 \times (2i)^2 + (2i)^3$
$= 27 + 54i + 36i^2 + 8i^3$
$= 27 + 54i - 36 - 8i$
$= -9 + 46i$

(3) $i^4 = (i^2)^2 = (-1)^2 = 1$, $i^3 = i^2 \times i = -i$
$\dfrac{1}{i} = \dfrac{i}{i^2} = \dfrac{i}{-1} = -i$
与式 $= 1 - i - 1 + i + 1 - i = 1 - i$

(4) 与式 $= \dfrac{(1+i)(3+2i) + (1-i)(3-2i)}{(3-2i)(3+2i)}$
$= \dfrac{(3+5i+2i^2) + (3-5i+2i^2)}{9-4i^2}$
$= \dfrac{3+5i-2+3-5i-2}{9+4}$
$= \dfrac{2}{13}$

34-1 (1) $2\sqrt{3}i$ (2) $\dfrac{\sqrt{21}}{3}i$

(3) 3 (4) $-\dfrac{1}{3} - \dfrac{2\sqrt{2}}{3}i$

解き方 (1) 与式 $= \sqrt{3} \times 2i = 2\sqrt{3}i$

(2) 与式 $= \sqrt{7}i \div \sqrt{3} = \dfrac{\sqrt{7}i}{\sqrt{3}} = \dfrac{\sqrt{21}}{3}i$

(3) 与式 $= 3\sqrt{2}i \div \sqrt{2}i = \dfrac{3\sqrt{2}i}{\sqrt{2}i} = 3$

(4) 与式 $= \dfrac{(1-\sqrt{2}i)^2}{(1+\sqrt{2}i)(1-\sqrt{2}i)}$
$= \dfrac{1-2\sqrt{2}i+2i^2}{1-2i^2}$
$= \dfrac{1-2\sqrt{2}i-2}{1+2} = \dfrac{-1-2\sqrt{2}i}{3}$
$= -\dfrac{1}{3} - \dfrac{2\sqrt{2}}{3}i$

34-2 (1) 成り立つ (2) 成り立たない

(3) 成り立たない (4) 成り立つ

(5) 成り立つ

解き方 左辺と右辺を別々に計算して比較する。

(1) 左辺 $= \sqrt{2} \times \sqrt{3}i = \sqrt{6}i$　右辺 $= \sqrt{-6} = \sqrt{6}i$

(2) 左辺 $= \sqrt{2}i \times \sqrt{3}i = \sqrt{6}i^2 = -\sqrt{6}$　右辺 $= \sqrt{6}$

(3) 左辺 $= \dfrac{\sqrt{2}}{\sqrt{3}i} = \dfrac{\sqrt{6}i}{3i^2} = -\dfrac{\sqrt{6}}{3}i$

右辺 $= \sqrt{\dfrac{2}{3}}i = \dfrac{\sqrt{2}}{\sqrt{3}}i = \dfrac{\sqrt{6}}{3}i$

(4) 左辺 $= \dfrac{\sqrt{2}i}{\sqrt{3}} = \dfrac{\sqrt{6}}{3}i$　右辺 $= \sqrt{\dfrac{2}{3}}i = \dfrac{\sqrt{6}}{3}i$

(5) 左辺 $= \dfrac{\sqrt{2}i}{\sqrt{3}i} = \dfrac{\sqrt{6}}{3}$　右辺 $= \sqrt{\dfrac{2}{3}} = \dfrac{\sqrt{6}}{3}$

35 (1) $x=1, y=0$　　(2) $x=1, y=0$

(3) $x=-\dfrac{3}{5}, y=\dfrac{4}{5}$

解き方 (1) $x+y-1=0, x+2y-1=0$
これを解いて　$x=1, y=0$
(2) 左辺$=x(1+2i-1)+y(1-i)=y+(2x-y)i$
だから　$y=0, 2x-y=2$
これを解いて　$x=1, y=0$
(3) 左辺$=x+yi-2xi-2yi^2$
$\qquad =(x+2y)+(y-2x)i$
だから　$x+2y=1, -2x+y=2$
これを解いて　$x=-\dfrac{3}{5}, y=\dfrac{4}{5}$

36 (1) $x=-\dfrac{1}{2}, 1$　　(2) $x=0, \dfrac{3}{4}$

(3) $x=-1\pm\sqrt{5}$　　(4) $x=1, \dfrac{5}{3}$

(5) $x=\dfrac{1\pm\sqrt{14}i}{3}$　　(6) $x=\pm 2\sqrt{2}i$

(7) $x=\dfrac{3\pm\sqrt{7}i}{4}$　　(8) $x=\dfrac{-5\pm\sqrt{3}i}{2}$

解き方 (1), (2), (4)は因数分解。(6)は平方根。その他は解の公式利用。

(1) $(2x+1)(x-1)=0$　　$x=-\dfrac{1}{2}, 1$

(2) $x(4x-3)=0$　　$x=0, \dfrac{3}{4}$

(3) 両辺を10倍して　$x^2+2x-4=0$
解の公式より　$x=-1\pm\sqrt{1-(-4)}=-1\pm\sqrt{5}$
(4) 両辺を3倍して　$3x^2-8x+5=0$
$(3x-5)(x-1)=0$　　$x=\dfrac{5}{3}, 1$

(5) 分母を払って　$3x^2+3=2x-2$
 ―両辺を6倍する
$3x^2-2x+5=0$
解の公式より　$x=\dfrac{1\pm\sqrt{1-15}}{3}=\dfrac{1\pm\sqrt{14}i}{3}$

(6) $x^2=-8$　　$x=\pm\sqrt{-8}=\pm 2\sqrt{2}i$

(7) 展開して整理すると　$2x^2-3x+2=0$
解の公式より　$x=\dfrac{3\pm\sqrt{9-16}}{4}=\dfrac{3\pm\sqrt{7}i}{4}$

(8) 展開して整理すると　$x^2+5x+7=0$
解の公式より　$x=\dfrac{-5\pm\sqrt{25-28}}{2}=\dfrac{-5\pm\sqrt{3}i}{2}$

37 (1) 異なる2つの実数解　　(2) 重解(実数解)

(3) 異なる2つの虚数解

解き方 判別式の正負を調べる。
2次方程式の判別式をDとする。

(1) $\dfrac{D}{4}=(-2)^2-3\times 1=4-3=1>0$

(2) $\dfrac{D}{4}=(\sqrt{5})^2-1\times 5=5-5=0$

(3) $\dfrac{D}{4}=(-3)^2-1\times 10=9-10=-1<0$

38 $a=2$のとき　$x=1$,
$a=3$のとき　$x=2$

解き方 2次方程式の判別式をDとする。
$\dfrac{D}{4}=(a-1)^2-(3a-5)$
$\quad =a^2-5a+6$
$\quad =(a-2)(a-3)$
$\dfrac{D}{4}=0$より　$a=2, 3$
　　　　　　―重解をもつ条件

重解は$x=-\dfrac{-2(a-1)}{2\times 1}=a-1$だから
$a=2$のとき　$x=1$, $a=3$のとき　$x=2$

39 (1) 和 2, 積 $\dfrac{3}{5}$　　(2) 和 -5, 積 0

(3) 和 -6, 積 -15

解き方 解と係数の関係を利用する。2つの解をα, βとすると

(1) $\alpha+\beta=-\dfrac{-10}{5}=2$, $\alpha\beta=\dfrac{3}{5}$

(2) $\alpha+\beta=-5$, $\alpha\beta=0$

(3) 両辺を3倍して　$x^2+6x-15=0$
$\alpha+\beta=-6$, $\alpha\beta=-15$

40 (1) -2　　(2) $-\dfrac{1}{3}$　　(3) $\pm\dfrac{4\sqrt{3}}{3}$

(4) $\dfrac{2}{3}$　　(5) -10　　(6) $\pm\dfrac{52\sqrt{3}}{9}$

(7) 30　　(8) $\dfrac{26}{23}$

解き方 (1) $\alpha+\beta=-\dfrac{6}{3}=-2$

(2) $\alpha\beta=-\dfrac{1}{3}$

(3) $(\alpha-\beta)^2=(\alpha+\beta)^2-4\alpha\beta=(-2)^2-4\left(-\dfrac{1}{3}\right)$
$=\dfrac{16}{3}$

$\alpha-\beta=\pm\sqrt{\dfrac{16}{3}}=\pm\dfrac{4\sqrt{3}}{3}$

(4) $\alpha^2\beta+\alpha\beta^2=\alpha\beta(\alpha+\beta)=-\dfrac{1}{3}(-2)=\dfrac{2}{3}$

(5) $\alpha^3+\beta^3=(\alpha+\beta)(\alpha^2-\alpha\beta+\beta^2)$
$=(\alpha+\beta)\{(\alpha+\beta)^2-3\alpha\beta\}$
$=-2\left\{(-2)^2-3\left(-\dfrac{1}{3}\right)\right\}=-10$

(6) $\alpha^3-\beta^3=(\alpha-\beta)(\alpha^2+\alpha\beta+\beta^2)$
$=(\alpha-\beta)\{(\alpha+\beta)^2-\alpha\beta\}$
　　　　└(3)利用
$=\pm\dfrac{4\sqrt{3}}{3}\left\{(-2)^2-\left(-\dfrac{1}{3}\right)\right\}=\pm\dfrac{52\sqrt{3}}{9}$

(7) $\dfrac{\beta^2}{\alpha}+\dfrac{\alpha^2}{\beta}=\dfrac{\beta^3+\alpha^3}{\alpha\beta}=\dfrac{\alpha^3+\beta^3}{\alpha\beta}$　←(5)利用
$=\dfrac{-10}{-\dfrac{1}{3}}=30$

(8) $\dfrac{\beta}{\alpha-2}+\dfrac{\alpha}{\beta-2}=\dfrac{\beta(\beta-2)+\alpha(\alpha-2)}{(\alpha-2)(\beta-2)}$
$=\dfrac{\alpha^2+\beta^2-2(\alpha+\beta)}{\alpha\beta-2(\alpha+\beta)+4}$
$=\dfrac{(\alpha+\beta)^2-2\alpha\beta-2(\alpha+\beta)}{\alpha\beta-2(\alpha+\beta)+4}$
$=\dfrac{(-2)^2-2\left(-\dfrac{1}{3}\right)-2(-2)}{\left(-\dfrac{1}{3}\right)-2(-2)+4}=\dfrac{26}{23}$

41 (1) $3\left(x+\dfrac{2-\sqrt{7}}{3}\right)\left(x+\dfrac{2+\sqrt{7}}{3}\right)$

(2) $2\left(x-\dfrac{1-\sqrt{5}i}{2}\right)\left(x-\dfrac{1+\sqrt{5}i}{2}\right)$

解き方 (1) $x=\dfrac{-2\pm\sqrt{4+3}}{3}=\dfrac{-2\pm\sqrt{7}}{3}$

(2) $x=\dfrac{1\pm\sqrt{1-6}}{2}=\dfrac{1\pm\sqrt{5}i}{2}$

42-1 (1) $x^2+4x+13=0$

(2) $\dfrac{5+\sqrt{13}}{2}$ と $\dfrac{5-\sqrt{13}}{2}$

解き方 (1) 2数の和$=-4$, 2数の積$=13$ だから
$x^2-(-4)x+13=0$

(2) $x^2-5x+3=0$ を解く。
$x=\dfrac{5\pm\sqrt{25-12}}{2}=\dfrac{5\pm\sqrt{13}}{2}$

42-2 $x^2-x-2=0$

解き方 解と係数の関係より
$\alpha+\beta=-1$, $\alpha\beta=2$
和：$\alpha+\beta+\alpha\beta=-1+2=1$
積：$(\alpha+\beta)\alpha\beta=(-1)\times 2=-2$
よって　$x^2-x-2=0$

43 (1) $-2<a<-1$　　(2) $a<-2$

解き方 $x^2-2ax+a+2=0$ の解を α, β とし, 判別式を D とする。

(1) α, β は相異なる実数解だから
$\dfrac{D}{4}=a^2-(a+2)=a^2-a-2>0$
$(a-2)(a+1)>0$ を解いて
$a<-1$, $a>2$ …①
$\alpha<0$, $\beta<0$ より
$\alpha+\beta=2a<0$　　$a<0$ …②
$\alpha\beta=a+2>0$　　$a>-2$ …③

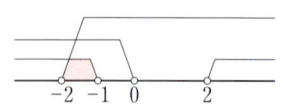

①, ②, ③を同時に満たす範囲は　$-2<a<-1$

(2) α, β は異符号だから
$\alpha\beta=a+2<0$　　$a<-2$

45 (1) 0　(2) 24　(3) 0　(4) $\dfrac{45}{4}$

解き方 (1) $P(3)=3^2-4\cdot 3+3=0$
(2) $P(-3)=(-3)^2-4(-3)+3=24$
(3) $P(1)=1^2-4\cdot 1+3=0$
(4) $P\left(-\dfrac{3}{2}\right)=\left(-\dfrac{3}{2}\right)^2-4\left(-\dfrac{3}{2}\right)+3=\dfrac{45}{4}$

46 $a=1$, $b=1$

解き方 $P(x)=3x^3+ax^2+bx-2$ とおく。
$x+1$ で割ると -5 余るから　$P(-1)=-5$
よって　$P(-1)=-3+a-b-2=-5$　…①
$3x-2$ で割ると割り切れるから　$P\left(\dfrac{2}{3}\right)=0$
よって　$P\left(\dfrac{2}{3}\right)=\dfrac{8}{9}+\dfrac{4a}{9}+\dfrac{2b}{3}-2=0$　…②
①，②を a, b について解くと　$a=1$, $b=1$

47 $2x+3$

解き方 $P(x)$ を $x-1$, $x+2$ で割った余りがそれぞれ 5, -1 だから
　$P(1)=5$　…①
　$P(-2)=-1$　…②
一方，$P(x)$ を 2 次式 x^2+x-2 で割った余りを $ax+b$，商を $Q(x)$ とすると
　$P(x)=(x^2+x-2)Q(x)+ax+b$
　　　　$=(x-1)(x+2)Q(x)+ax+b$
①の関係より　$P(1)=a+b=5$　…③
②の関係より　$P(-2)=-2a+b=-1$　…④
③，④を a, b について解くと　$a=2$, $b=3$
よって，余りは　$2x+3$

48 因数であるもの……(1)，(2)，(4)
　　　因数でないもの……(3)

解き方 $P(x)=3x^3+x^2-3x-1$ とおき，
(1)は $P(-1)$, (2)は $P(1)$, (3)は $P(2)$, (4)は $P\left(-\dfrac{1}{3}\right)$
が 0 になるかどうか調べる。0 になれば因数。
つまり，$P(x)=(x+1)(x-1)(3x+1)$ と因数分解できる。

50 (1) $x=1$, $\dfrac{-1\pm\sqrt{3}i}{2}$

(2) $x=\pm 1$, $\pm i$

(3) $x=\pm\sqrt{6}$, $\pm i$

(4) $x=\dfrac{-1\pm\sqrt{3}i}{2}$, $\dfrac{1\pm\sqrt{3}i}{2}$

(5) $x=1$, -1（2 重解）

解き方　各項を左辺に集めて因数分解する。
(1) $x^3-1=(x-1)(x^2+x+1)$
(2) $x^4-1=(x^2+1)(x+1)(x-1)$
(3) $(x^2)^2-5x^2-6=(x^2-6)(x^2+1)$
(4) $x^4+x^2+1=(x^4+2x^2+1)-x^2$
　　　$=(x^2+1)^2-x^2=(x^2+x+1)(x^2-x+1)$
(5) $x^3+x^2-x-1=x^2(x+1)-(x+1)$
　　　$=(x+1)(x^2-1)=(x-1)(x+1)^2$

（**参考**）(1)の $x^3=1$ の解を 1 の 3 乗根という。その虚数解の 1 つを ω（オメガ）とすると，もう 1 つの虚数解は ω^2 で表される。3 つの解 1, ω, ω^2 について，$\omega^3=1$, $\omega^2+\omega+1=0$ が成り立つ。

51 (1) $x=-1$, $\dfrac{-3\pm\sqrt{17}}{4}$

(2) $x=-2$, 3, $\pm i$

解き方 (1) $P(x)=2x^3+5x^2+2x-1$ とおくと
　$P(-1)=0$
　$P(x)=(x+1)(2x^2+3x-1)$
(2) $P(x)=x^4-x^3-5x^2-x-6$ とおくと
　$P(-2)=0$
　$P(x)=(x+2)(x^3-3x^2+x-3)$
　　　　$=(x+2)(x-3)(x^2+1)$

52 $a=0$, $b=2$　　他の解　$x=-1$, $1-i$

解き方 1 つの解が $1+i$ だから，方程式の x に $1+i$ を代入したとき等式が成り立つ。代入して整理すると
　$(a+b-2)+ai=0$
a, b が実数だから，$a+b-2$ も実数。
　よって　$a+b-2=0$, $a=0$
これを解くと　$a=0$, $b=2$
ゆえに，方程式は　$x^3-x^2+2=0$
　$P(x)=x^3-x^2+2$ とおくと　$P(-1)=0$

よって　$P(x)=(x+1)(x^2-2x+2)$
　$P(x)=0$ の解は　$x=-1,\ 1\pm i$

(参考) 実数係数の方程式で $1+i$ が解のとき，これと共役な $1-i$ も解である。したがって，
因数　$\{x-(1+i)\}\{x-(1-i)\}$
　　　$=\{(x-1)-i\}\{(x-1)+i\}=(x-1)^2+1$
　　　$=x^2-2x+2$
をもつ。x^3-x^2+ax+b は x^2-2x+2 で割り切れるとして，a, b および実数解を求めると

$$\begin{array}{r}x+1\\x^2-2x+2\overline{)x^3-\ x^2+ax+b}\\\underline{x^3-2x^2+2x}\\x^2+(a-2)x+b\\\underline{x^2-2x+2}\\ax+(b-2)\end{array}$$

よって，余りは　$ax+(b-2)$
割り切れるためには，余り $=0$ だから
　$a=0$, $b-2=0$ より
　$a=0$, $b=2$
このとき
　$P(x)=(x^2-2x+2)(x+1)$ となり
　$P(x)=0$ の解は　$x=-1,\ 1\pm i$

53　(1) 0　　　　　　　(2) -1

解き方　$\omega^3=1$, $\omega^2+\omega+1=0$ を活用する。
(1) $\omega^6+\omega^7+\omega^8=(\omega^3)^2+(\omega^3)^2\cdot\omega+(\omega^3)^2\cdot\omega^2$
　　　　　　　　　　$=1+\omega+\omega^2=0$
(2) $\dfrac{1}{\omega}-\dfrac{1}{\omega+1}=\dfrac{\omega+1-\omega}{\omega(\omega+1)}$
　　　　　　　$=\dfrac{1}{\omega^2+\omega}=\dfrac{1}{-1}=-1$

定期テスト予想問題 の解答 —— 本冊→p.52〜54

❶ (1) $8x^3-12x^2y+6xy^2-y^3$
　(2) x^3+8　　　　　(3) $8x^3-y^3$

解き方 (1) $(2x-y)^3$
　　$=(2x)^3-3\cdot(2x)^2\cdot y+3\cdot 2x\cdot y^2-y^3$
　　$=8x^3-12x^2y+6xy^2-y^3$
(2) $(x+2)(x^2-2x+4)$
　　$=(x+2)(x^2-x\cdot 2+2^2)=x^3+8$
(3) $(2x-y)(4x^2+2xy+y^2)$
　　$=(2x-y)\{(2x)^2+(2x)\cdot y+y^2\}=8x^3-y^3$

❷ (1) $(x-3)^3$　(2) $(x+2y)(x^2-2xy+4y^2)$
　(3) $(2x+y)(2x-y)(4x^2-2xy+y^2)$
　　　　　　　　　　　　　$\times(4x^2+2xy+y^2)$

解き方 (1) $x^3-9x^2+27x-27$
　　$=x^3-3\cdot x^2\cdot 3+3\cdot x\cdot 3^2-3^3=(x-3)^3$
(2) $x^3+8y^3=x^3+(2y)^3$
　　$=(x+2y)\{x^2-x\cdot 2y+(2y)^2\}$
　　$=(x+2y)(x^2-2xy+4y^2)$
(3) $64x^6-y^6=(8x^3)^2-(y^3)^2=(8x^3+y^3)(8x^3-y^3)$
　　$=(2x+y)(4x^2-2xy+y^2)$
　　　　　　　　　　$\times(2x-y)(4x^2+2xy+y^2)$
　　$=(2x+y)(2x-y)(4x^2-2xy+y^2)$
　　　　　　　　　　$\times(4x^2+2xy+y^2)$

❸ (1) 720　(2) 945　(3) -6720

解き方 (1) x^3y^2 の項は　${}_5C_2(2x)^3(-3y)^2$
　　$=8\cdot 9\cdot\dfrac{5\cdot 4}{2\cdot 1}x^3y^2=720x^3y^2$　　係数は　720
(2) 一般項は　${}_7C_r(x^2)^{7-r}\left(\dfrac{3}{x}\right)^r={}_7C_r\cdot 3^r\cdot\dfrac{x^{14-2r}}{x^r}$
　　$\dfrac{x^{14-2r}}{x^r}=x^5$ のとき　$x^{14-2r}=x^5\times x^r$
　　すなわち　$x^{14-2r}=x^{5+r}$
　　$14-2r=5+r$ より　$r=3$
　　よって，係数は　${}_7C_3\cdot 3^3=\dfrac{7\cdot 6\cdot 5}{3\cdot 2\cdot 1}\times 27=945$
(3) 多項定理を使って，x^4y^3z の項は
　　$\dfrac{8!}{4!3!1!}(x)^4(-2y)^3(3z)^1$
　　よって，係数は　$(-2)^3\cdot 3\cdot\dfrac{8!}{4!3!1!}=-6720$

4 (1) $4x^3+6x^2+3x+2$
$=(2x+1)\left(2x^2+2x+\dfrac{1}{2}\right)+\dfrac{3}{2}$

(2) $4x^3-x+7=(x^2-x+2)(4x+4)-5x-1$

解き方

(1)
$$\begin{array}{r}2x^2+2x\ +\dfrac{1}{2} \\ 2x+1\overline{)4x^3+6x^2+3x+2} \\ \underline{4x^3+2x^2} \\ 4x^2+3x \\ \underline{4x^2+2x} \\ x+2 \\ x+\dfrac{1}{2} \\ \hline \dfrac{3}{2}\end{array}$$
← 商

← 余り

(2)
$$\begin{array}{r}4x\ +4 \\ x^2-x+2\overline{)4x^3-x+7} \\ \underline{4x^3-4x^2+8x} \\ 4x^2-9x+7 \\ \underline{4x^2-4x+8} \\ -5x-1\end{array}$$

5 x^2-2x-2

解き方 $A-R=x^3-4x^2+3x+1-(x-3)$
　　　　　└余り
　└与えられた整式
$=x^3-4x^2+2x+4$
$B=(x^3-4x^2+2x+4)\div(x-2)$

$$\begin{array}{r}x^2-2x\ -2 \\ x-2\overline{)x^3-4x^2+2x+4} \\ \underline{x^3-2x^2} \\ -2x^2+2x \\ \underline{-2x^2+4x} \\ -2x+4 \\ \underline{-2x+4} \\ 0\end{array}$$

6 $a=4,\ b=-1$

解き方 割り算すると

$$\begin{array}{r}3x^2-\ x\ +1 \\ 2x^2+3x-1\overline{)6x^4+7x^3-4x^2+ax+b} \\ \underline{6x^4+9x^3-3x^2} \\ -2x^3-\ x^2+ax \\ \underline{-2x^3-3x^2+x} \\ 2x^2+(a-1)x+b \\ \underline{2x^2+3x-1} \\ (a-4)x+(b+1)\end{array}$$

余り $(a-4)x+(b+1)$
余り $=0$ より　$a-4=0,\ b+1=0$
よって　$a=4,\ b=-1$

7 (1) 1　　(2) $\dfrac{3}{x-4}$

(3) $-\dfrac{2}{x+1}$　　(4) $-x+1$

解き方 (1) 与式 $=\dfrac{(\cancel{x-2})(\cancel{x-3})}{(\cancel{x-1})(\cancel{x-3})}\times\dfrac{(\cancel{x-1})(x+1)}{(\cancel{x-2})(x+1)}$

$=1$

(2) 与式 $=\dfrac{2x+4+x-1}{(x-1)(x+2)}\times\dfrac{(x+2)(x-1)}{x^2-x-2x-4}$

$=\dfrac{3x+3}{(x-1)(x+2)}\times\dfrac{(x+2)(x-1)}{x^2-3x-4}$

$=\dfrac{3(x+1)}{(x-1)(x+2)}\times\dfrac{(x+2)(x-1)}{(x-4)(x+1)}=\dfrac{3}{x-4}$

(3) 与式
$=\left(x+1+\dfrac{1}{x-1}\right)-\left(x+\dfrac{1}{x+1}\right)-\left(1+\dfrac{2x}{x^2-1}\right)$

$=\dfrac{1}{x-1}-\dfrac{1}{x+1}-\dfrac{2x}{x^2-1}=\dfrac{x+1-x+1-2x}{x^2-1}$

$=\dfrac{2-2x}{x^2-1}=\dfrac{-2(x-1)}{(x-1)(x+1)}=-\dfrac{2}{x+1}$

(4) 与式 $=\dfrac{\left(x-\dfrac{2}{x+1}\right)\times(x+1)}{\left(\dfrac{x}{x+1}-2\right)\times(x+1)}=\dfrac{x(x+1)-2}{x-2(x+1)}$

$=\dfrac{(x+2)(x-1)}{-(x+2)}=-x+1$

本冊 p. 52 の解答　　13

8 (1) $a=-7$, $b=15$, $c=-13$
(2) $a=-1$, $b=2$, $c=3$

解き方 (1) x^3+2x^2-4
$=x^3+(9+a)x^2+(27+6a+b)x$
$\qquad\qquad\qquad +(27+9a+3b+c)$
係数を比較して
$\quad 9+a=2 \quad \cdots ①$
$\quad 27+6a+b=0 \quad \cdots ②$
$\quad 27+9a+3b+c=-4 \quad \cdots ③$
①, ②, ③を解いて
$\quad a=-7$, $b=15$, $c=-13$

(別解) $x+3=t$ とおくと
右辺$=t^3+at^2+bt+c$
$x=t-3$ を左辺に代入して
$(t-3)^3+2(t-3)^2-4$
$=t^3-7t^2+15t-13$
よって, 係数を比較して
$\quad a=-7$, $b=15$, $c=-13$

(2) $\dfrac{x^2+3x-1}{x(x+1)^2} = \dfrac{(a+b)x^2+(2a+b+c)x+a}{x(x+1)^2}$
分子の係数を比較して
$\quad a+b=1 \quad \cdots ①$
$\quad 2a+b+c=3 \quad \cdots ②$
$\quad a=-1 \quad \cdots ③$
①, ②, ③を解いて
$\quad a=-1$, $b=2$, $c=3$

9 $a+b+c=0$ より
$b+c=-a$, $c+a=-b$, $a+b=-c$
これを左辺に代入する。
左辺 $=\dfrac{b+c}{a}+\dfrac{c+a}{b}+\dfrac{a+b}{c}$
$\quad =\dfrac{-a}{a}+\dfrac{-b}{b}+\dfrac{-c}{c}$
$\quad =-1+(-1)+(-1)=-3=$右辺

10 (1) $a+b=1$ より $b=1-a$
左辺$-$右辺 $=a^3+b^3-\dfrac{1}{4}=a^3+(1-a)^3-\dfrac{1}{4}$
$=1-3a+3a^2-\dfrac{1}{4}=3\left(a^2-a+\dfrac{1}{4}\right)$
$=3\left(a-\dfrac{1}{2}\right)^2\geqq 0 \quad$ よって $\quad a^3+b^3\geqq \dfrac{1}{4}$
等号は $a=b=\dfrac{1}{2}$ のとき成立する。

(2) (右辺)$^2-$(左辺)^2
$=(\sqrt{a^2p+b^2q})^2-|ap+bq|^2$
$=a^2p+b^2q-(a^2p^2+2abpq+b^2q^2)$
$=a^2p(1-p)-2abpq+b^2q(1-q)$
$=a^2pq-2abpq+b^2qp$
$\qquad\qquad (1-p=q, \ 1-q=p \ より)$
$=pq(a^2-2ab+b^2)=pq(a-b)^2\geqq 0$
よって $(\sqrt{a^2p+b^2q})^2\geqq |ap+bq|^2$
$|ap+bq|\geqq 0, \ \sqrt{a^2p+b^2q}\geqq 0$ だから
$\sqrt{a^2p+b^2q}\geqq |ap+bq|$
すなわち $|ap+bq|\leqq \sqrt{a^2p+b^2q}$
等号は $p=0$ または $q=0$ または $a=b$ のとき成立する。

(3) $\left(a+\dfrac{1}{b}\right)\left(b+\dfrac{4}{a}\right)=ab+4+1+\dfrac{4}{ab}$
$\qquad\qquad\qquad\qquad =ab+\dfrac{4}{ab}+5$
$ab>0, \ \dfrac{4}{ab}>0$ より
与式 $\geqq 2\sqrt{ab\cdot\dfrac{4}{ab}}+5=9$
$\qquad\qquad\qquad\quad\underline{\qquad\qquad}$ 相加平均$\geqq$相乗平均
等号は, $ab=\dfrac{4}{ab}$ より $ab=2$ のとき成立。

11 (1) 13 $\qquad\qquad$ (2) $-\dfrac{\sqrt{6}}{2}i$
(3) $\dfrac{3i-1}{2}$ $\qquad\qquad$ (4) $\dfrac{4}{13}$

解き方 (1) $(3+2i)(3-2i)=3^2-(2i)^2$
$=9-4i^2=9-4(-1)=13$

(2) $\dfrac{\sqrt{3}}{\sqrt{-2}} = \dfrac{\sqrt{3}}{\sqrt{2}i} = \dfrac{\sqrt{3}\cdot\sqrt{2}i}{(\sqrt{2}i)^2} = \dfrac{\sqrt{6}i}{2i^2} = -\dfrac{\sqrt{6}}{2}i$

(3) $\dfrac{i}{1+i} - \dfrac{1+i}{i} = \dfrac{i(1-i)}{(1+i)(1-i)} - \dfrac{(1+i)i}{i^2}$
$= \dfrac{i-i^2}{1-i^2} - \dfrac{i+i^2}{i^2} = \dfrac{i+1}{1+1} - \dfrac{i-1}{-1}$
$= \dfrac{i+1}{2} + \dfrac{2i-2}{2} = \dfrac{3i-1}{2}$

(4) $\dfrac{1}{2+3i} + \dfrac{1}{2-3i} = \dfrac{2-3i+2+3i}{(2+3i)(2-3i)} = \dfrac{4}{4-9i^2}$
$= \dfrac{4}{4+9} = \dfrac{4}{13}$

⓬ $3+i$

解き方 $x^2 = (1+i)^2 = 1+2i-1 = 2i$
$x^3 = x^2 \times x = 2i(1+i) = 2(i-1)$
$P(1+i) = 3\times 2(i-1) - 5(2i) + 5(1+i) + 4 = 3+i$
(別解) $x = 1+i$ より $x-1 = i$
両辺を2乗して整理すると $x^2-2x+2 = 0$
$P(x)$ を x^2-2x+2 で割ると
　商 $3x+1$, 余り $x+2$
よって $P(x) = (x^2-2x+2)(3x+1)+x+2$
$P(1+i) = (1+i)+2 = 3+i$

⓭ (1) $x = \dfrac{\sqrt{2}}{2},\ -1$　(2) $x = -1,\ 1-a$

(3) $x = -1,\ 2,\ -\dfrac{1}{2}$

解き方 (1) $(\sqrt{2}x-1)(x+1) = 0$
(2) $(x+1)(x-1+a) = 0$
(3) $P(x) = 2x^3-x^2-5x-2$ とおくと $P(-1) = 0$
$2x^3-x^2-5x-2$ を $x+1$ で割ると, 商は
$2x^2-3x-2$
よって $(x+1)(x-2)(2x+1) = 0$

⓮ $p = 5,\ -\dfrac{5}{16}$

解き方 解の比が $1:4$ だから, 2つの解を $\alpha,\ 4\alpha$ とおくと, 解と係数の関係より
$\alpha + 4\alpha = 2p$ …①　$\alpha \cdot 4\alpha = 3p+1$ …②
①, ②より α を消去すると $4\left(\dfrac{2}{5}p\right)^2 = 3p+1$
整理して $16p^2-75p-25 = 0$
$(p-5)(16p+5) = 0$
よって $p = 5,\ -\dfrac{5}{16}$

⓯ $a = 1,\ b = 1,\ \alpha^3 = -1,\ \beta^3 = -1$

解き方 $x^2-ax+b = 0$ の解が $\alpha,\ \beta$ だから
$\alpha+\beta = a$ …①　$\alpha\beta = b$ …②
$x^2+bx+a = 0$ の解が $\alpha-1,\ \beta-1$ だから
$(\alpha-1)+(\beta-1) = -b$ …③
$(\alpha-1)(\beta-1) = a$ …④
①を③に代入して $a+b = 2$ …⑤
①, ②を④に代入して $2a-b = 1$ …⑥
⑤, ⑥を解いて $a = 1,\ b = 1$
①, ②に代入して $\alpha+\beta = 1,\ \alpha\beta = 1$
よって, $\alpha,\ \beta$ は $x^2-x+1 = 0$ の解である。
$x^2-x+1 = 0$ より $x^2-x = -1$
また, $x^2 = x-1$ だから
$x^3 = (x^2)x = (x-1)x = x^2-x = -1$
よって $x^3 = -1$
$\alpha,\ \beta$ は $x^3 = -1$ の解だから $\alpha^3 = -1,\ \beta^3 = -1$

⓰ $a = 3,\ b = 2,\ c = 1$

解き方 $P(x)$ を $x+2$ で割ると 38 余るから
剰余の定理より $P(-2) = 38$
よって $8a-4b+3c = 19$ …①
$P(x)$ を $(x+1)^2 = x^2+2x+1$ で割ると, 余りは
$-(4a-3b+2c)x - (3a-2b)$ となる。
余りは $-8x-5$ だから
$4a-3b+2c = 8$ …②　$3a-2b = 5$ …③
①, ②, ③の連立方程式を解くと
$a = 3,\ b = 2,\ c = 1$

⓱ $1-\sqrt{7} < s < 1+\sqrt{7}$

解き方 2次方程式が実数解をもたない, つまり虚数解をもつ条件は 判別式 $D < 0$
$\dfrac{D}{4} = s^2-(2s+6) = s^2-2s-6 < 0$ を解く。

⓲ $k = 2$ のとき, $(x+1)^2$

解き方 $x^2+kx+(k-1) = (x-p)^2$ となればよいので, $x^2+kx+(k-1) = 0$ が重解をもてばよい。
$x^2+kx+(k-1) = 0$ の判別式を D とすると
$D = k^2-4(k-1) = (k-2)^2 = 0$　$k = 2$
$k = 2$ のとき $x^2+2x+1 = (x+1)^2$

⑲ (1) $(x^2-5)(x^2+2)$
(2) $(x+\sqrt{5})(x-\sqrt{5})(x^2+2)$
(3) $(x+\sqrt{5})(x-\sqrt{5})(x+\sqrt{2}i)(x-\sqrt{2}i)$

解き方 (1) $x^4-3x^2-10=(x^2-5)(x^2+2)$
(2) $x^2-5=x^2-(\sqrt{5})^2=(x+\sqrt{5})(x-\sqrt{5})$
(3) $x^2+2=x^2-(\sqrt{2}i)^2=(x+\sqrt{2}i)(x-\sqrt{2}i)$

⑳ $3x-1$

解き方 $P(x)$ を $(x+1)(x-2)$ で割ったときの商を $Q(x)$, 余りを $ax+b$ とおくと
$P(x)=(x+1)(x-2)Q(x)+ax+b$ …①
また, $(x-1)(x-2)$ で割ったときの商を $R(x)$, $(x+1)(x-3)$ で割ったときの商を $S(x)$ とおくと
$P(x)=(x-1)(x-2)R(x)+2x+1$ …②
$P(x)=(x+1)(x-3)S(x)+x-3$ …③
①=② とし, $x=2$ を代入すると
$P(2)=2a+b=5$ …④
①=③ とし, $x=-1$ を代入すると
$P(-1)=-a+b=-4$ …⑤
④, ⑤を解いて $a=3, b=-1$
よって, 余りは $3x-1$

㉑ (1) $x=1, \dfrac{1\pm\sqrt{3}i}{2}$ (2) $x=-2, -1\pm\sqrt{2}$

解き方 (1) $P(x)=x^3-2x^2+2x-1$ とおくと
$P(1)=1-2+2-1=0$ より, $P(x)$ は $x-1$ で割り切れる。

$$\begin{array}{r|rrrr} 1 & 1 & -2 & 2 & -1 \\ & & 1 & -1 & 1 \\ \hline & 1 & -1 & 1 & 0 \end{array}$$

$P(x)=(x-1)(x^2-x+1)=0$
$x^2-x+1=0$ より $x=\dfrac{1\pm\sqrt{1-4}}{2}=\dfrac{1\pm\sqrt{3}i}{2}$
よって, $P(x)=0$ の解は $x=1, \dfrac{1\pm\sqrt{3}i}{2}$

(2) $P(x)=x^3+4x^2+3x-2$ とおく
$P(-2)=-8+16-6-2=0$ より, $P(x)$ は $x+2$ で割り切れる。

$$\begin{array}{r|rrrr} -2 & 1 & 4 & 3 & -2 \\ & & -2 & -4 & 2 \\ \hline & 1 & 2 & -1 & 0 \end{array}$$

$P(x)=(x+2)(x^2+2x-1)=0$
$x^2+2x-1=0$ より
$x=-1\pm\sqrt{1+1}=-1\pm\sqrt{2}$
よって, $P(x)=0$ の解は $x=-2, -1\pm\sqrt{2}$

㉒ $a=1, b=5$, 他の解は $x=-1, 2-i$

解き方 $x^3-3x^2+ax+b=0$ の解が $x=2+i$ だから
$(2+i)^3-3(2+i)^2+a(2+i)+b=0$
$8+12i+6i^2+i^3-3(4+4i+i^2)+2a+ai+b=0$
$8+12i-6-i-12-12i+3+2a+ai+b=0$
$(2a+b-7)+(a-1)i=0$
a, b は実数だから
$2a+b-7=0$ …①
$a-1=0$ …②
①, ②より $a=1, b=5$
$P(x)=x^3-3x^2+x+5$ とおく。
$P(-1)=-1-3-1+5=0$ より, $P(x)$ は $x+1$ で割り切れる。

$$\begin{array}{r|rrrr} -1 & 1 & -3 & 1 & 5 \\ & & -1 & 4 & -5 \\ \hline & 1 & -4 & 5 & 0 \end{array}$$

$P(x)=(x+1)(x^2-4x+5)$
$x^2-4x+5=0$ より $x=2\pm\sqrt{4-5}=2\pm i$
$P(x)=0$ の解は $x=-1, 2\pm i$

(別解)
実数係数の方程式では $2+i$ が解であれば $2-i$ も解である。
$2\pm i$ を解とする2次方程式は
$x^2-\{(2+i)+(2-i)\}x+(2+i)(2-i)=0$
すなわち $x^2-4x+5=0$

$$\begin{array}{r} x+1 \\ x^2-4x+5 \overline{) x^3-3x^2+ax+b} \\ \underline{x^3-4x^2+5x} \\ x^2+(a-5)x+b \\ \underline{x^2-4x+5} \\ (a-1)x+(b-5) \end{array}$$

割り切れるためには $a=1, b=5$

2章 図形と方程式

類題 の解答 ── 本冊→p.57〜92

54 (1) 6　　(2) C(1)

解き方 (1) $AB = 4-(-2) = 6$

(2) $C(x)$ とすると　$AC = |x+2|$, $BC = |x-4|$
$AC = BC$ より $AC^2 = BC^2$ だから
$|x+2|^2 = |x-4|^2$　　$|a|^2 = a^2$ を使う
$(x+2)^2 = (x-4)^2$ を解いて　$x=1$

55 (1) $P\left(-\dfrac{1}{3}\right)$　　(2) $Q(-11)$

解き方 (1) $\dfrac{2 \times (-3) + 1 \times 5}{1+2} = -\dfrac{1}{3}$

(2) $\dfrac{(-2) \times (-3) + 1 \times 5}{1-2} = -11$

56-1 $P(-2, -1)$

解き方 点Pは直線 $y = 2x+3$ 上の点だから,
$P(t, 2t+3)$ とおける。
$AP = BP$ より $AP^2 = BP^2$ だから
$(t-1)^2 + (2t+3+2)^2 = (t+1)^2 + (2t+3-2)^2$
これを解くと　$t = -2$　よって　$P(-2, -1)$

56-2 (1) $A(1, -1)$, $B(3, 2)$, $C(6, 0)$ とすると
$AB = \sqrt{2^2+3^2} = \sqrt{13}$, $AC = \sqrt{5^2+1^2} = \sqrt{26}$,
$BC = \sqrt{3^2+(-2)^2} = \sqrt{13}$
$AB^2 + BC^2 = 13 + 13 = 26$　　$AC^2 = 26$ より
$AB^2 + BC^2 = AC^2$ が成り立つから　$\angle B = 90°$
よって, $\triangle ABC$ は $\angle B = 90°$ の直角二等辺三角形である。

(2) 直角二等辺三角形

解き方 (2) $P(-1, 0)$, $Q(1, 2)$, $R(-1, 4)$ とする。
$PQ = \sqrt{2^2+2^2} = 2\sqrt{2}$, $PR = 4$,
$QR = \sqrt{(-2)^2+2^2} = 2\sqrt{2}$　　ゆえに　$PQ = QR$
$PQ^2 + QR^2 = 8 + 8 = 16$　　$PR^2 = 16$ より
$PQ^2 + QR^2 = PR^2$ が成り立つから　$\angle Q = 90°$
よって, $\triangle PQR$ は直角二等辺三角形である。

57-1 $C(-5, 0)$

解き方 $P(1, 2)$ が, 3点 $A(0, 0)$, $B(8, 6)$, $C(\alpha, \beta)$ を頂点とする三角形の重心だから,
x 座標：$1 = \dfrac{0+8+\alpha}{3}$, y 座標：$2 = \dfrac{0+6+\beta}{3}$
よって　$\alpha = -5$, $\beta = 0$

57-2 $D\left(\dfrac{19}{2}, 9\right)$, $E\left(\dfrac{9}{2}, 2\right)$

解き方 E は対角線 AC の中点だから
E の x 座標：$\dfrac{0+9}{2} = \dfrac{9}{2}$, y 座標：$\dfrac{0+4}{2} = 2$
$D(x, y)$ とすると, 対角線 BD の中点が E だから
x 座標：$\dfrac{-\frac{1}{2}+x}{2} = \dfrac{9}{2}$, y 座標：$\dfrac{-5+y}{2} = 2$
これより x, y を求める。

58 図のように, 座標平面上に $\triangle ABC$ の3点を
$A(a, b)$
$B(-c, 0)$
$C(2c, 0)$
ととると
$D(0, 0)$ となる。 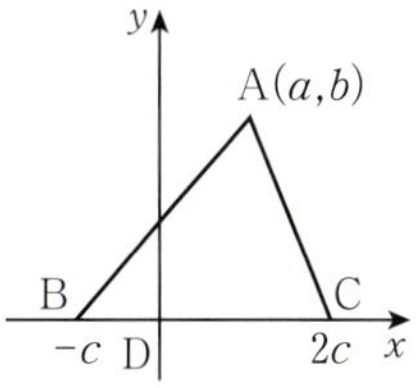
ここで
左辺 $= 2AB^2 + AC^2$
$= 2\{(a+c)^2 + b^2\} + \{(a-2c)^2 + b^2\}$
$= 2(a^2 + 2ac + c^2 + b^2)$
$\qquad + (a^2 - 4ac + 4c^2 + b^2)$
$= 3a^2 + 3b^2 + 6c^2$
$= 3(a^2 + b^2 + 2c^2)$
右辺 $= 3(AD^2 + 2BD^2)$
$= 3\{(a^2+b^2) + 2c^2\}$
$= 3(a^2 + b^2 + 2c^2)$
したがって
$2AB^2 + AC^2 = 3(AD^2 + 2BD^2)$

59 (1) $y=2x-7$　　(2) $x=-2$

解き方 (1) $y+3=2(x-2)$ より　$y=2x-7$
(2) x 座標が2点とも -2 だから　$x=-2$

60 $y=-\dfrac{3}{2}x+3$

解き方 $\dfrac{x}{2}+\dfrac{y}{3}=1$ より　$y=-\dfrac{3}{2}x+3$
　　　　　└─切片方程式

61 平行：$m=-\dfrac{12}{5}$，垂直：$m=-4$，1

解き方 $y=\dfrac{m}{4}x-\dfrac{1}{2}$，$y=-(m+3)x-1$
　　　　　　　　　　　　　　　　└─ $y=ax+b$ の形にする

平行 $\iff \dfrac{m}{4}=-(m+3)$　　よって　$m=-\dfrac{12}{5}$
　　　　　└─傾きが等しい

垂直 $\iff \dfrac{m}{4}\times\{-(m+3)\}=-1$ より
　　　　　└─傾きの積は -1
$m(m+3)=4$　　$m^2+3m-4=0$
$(m+4)(m-1)=0$　　よって　$m=-4$，1

62 (1) $y=\dfrac{1}{2}x-\dfrac{1}{2}$　　(2) $(1, 0)$

解き方 (1) AB の中点は　M$(3, 1)$ ←$\left(\dfrac{5+1}{2}, \dfrac{-3+5}{2}\right)$

直線 AB の傾きは　$\dfrac{5+3}{1-5}=-2$

線分 AB の垂直二等分線は，M$(3, 1)$ を通る傾き $\dfrac{1}{2}$ の直線より　$y-1=\dfrac{1}{2}(x-3)$

よって　$y=\dfrac{1}{2}x-\dfrac{1}{2}$

(2) BC の中点は　N$(-1, 4)$ ←$\left(\dfrac{1-3}{2}, \dfrac{5+3}{2}\right)$

直線 BC の傾きは　$\dfrac{3-5}{-3-1}=\dfrac{1}{2}$

線分 BC の垂直二等分線は，N$(-1, 4)$ を通る傾き -2 の直線より　$y-4=-2(x+1)$

ゆえに　$y=-2x+2$

これと(1)で求めた直線 $y=\dfrac{1}{2}x-\dfrac{1}{2}$ の交点が外心。

$-2x+2=\dfrac{1}{2}x-\dfrac{1}{2}$

よって　$x=1$，$y=-2+2=0$

(参考) AC の中点は $(1, 0)$ で外心と一致する。この △ABC は ∠B が直角の直角三角形で，外心は斜辺 AC の中点である。

63 正三角形 ABC で，BC の垂直二等分線は A を通るから，直線 BC を x 軸，線分 BC の垂直二等分線を y 軸と決め，

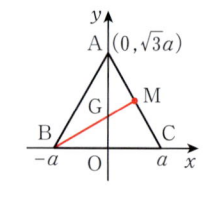

B$(-a, 0)$，C$(a, 0)$，A$(0, \sqrt{3}a)$ とする。

線分 AC の中点は　M$\left(\dfrac{a}{2}, \dfrac{\sqrt{3}a}{2}\right)$

直線 BM の傾きは　$\dfrac{\dfrac{\sqrt{3}a}{2}}{\dfrac{a}{2}+a}=\dfrac{\sqrt{3}}{3}=\dfrac{1}{\sqrt{3}}$

直線 AC の傾きは　$\dfrac{0-\sqrt{3}a}{a-0}=-\sqrt{3}$

ゆえに　BM⊥AC

よって，直線 BM は線分 AC の垂直二等分線である。

したがって，BM と y 軸の交点 G は，垂線の交点で垂心，垂直二等分線の交点で外心であり，重心である。
(内心でもある。)

64 (1) $(-4, 4)$
(2) P(b, a)，Q$(-b, -a)$

解き方 (1) P$(5, 1)$ とし，P の対称点を Q(a, b) とする。PQ の中点 H$\left(\dfrac{a+5}{2}, \dfrac{b+1}{2}\right)$ は直線上にあるから　$\dfrac{b+1}{2}=3\times\dfrac{a+5}{2}+1$

ゆえに　$-3a+b=16$　…①

直線 PQ は直線 $y=3x+1$ と垂直だから

$\dfrac{b-1}{a-5}\times 3=-1$　ゆえに　$a+3b=8$　…②

①，②を連立方程式として解くと　$a=-4$，$b=4$

(2) 直線 $y=x$ に垂直で A(a, b) を通る直線の方程式は　$y-b=-(x-a)$

ゆえに　$y=-x+a+b$

この直線と直線 $y=x$ の交点は，

$x=-x+a+b$ を解いて　$x=y=\dfrac{a+b}{2}$

P(x, y) とすると，AP の中点が 2 直線の交点より

$\dfrac{x+a}{2}=\dfrac{a+b}{2}$, $\dfrac{y+b}{2}=\dfrac{a+b}{2}$

ゆえに $x=b$, $y=a$ よって P(b, a)

点 Q も同様に求められる。

直線 $y=-x$ に垂直で A(a, b) を通る直線の方程式は $y=x-a+b$

この直線と直線 $y=-x$ の交点は

$x=\dfrac{a-b}{2}$, $y=-\dfrac{a-b}{2}$

Q(x, y) とすると，AQ の中点が 2 直線の交点より $x=-b$, $y=-a$

65 $\dfrac{6}{5}$

解き方 点 $(1, 2)$ から直線 $3x+4y-5=0$ までの距離は $\dfrac{|3\times 1+4\times 2-5|}{\sqrt{3^2+4^2}}=\dfrac{|6|}{5}=\dfrac{6}{5}$

└─点と直線の距離の公式にあてはめる

66 (1) 4 (2) $\dfrac{15}{2}$

解き方 O$(0, 0)$, A(x_1, y_1), B(x_2, y_2) のとき

$\triangle$OAB の面積 $=\dfrac{1}{2}|x_1y_2-x_2y_1|$

(1) $S=\dfrac{1}{2}|8\times 1-1\times 0|=\dfrac{|8|}{2}=4$

(2) 点 $(1, 2)$ を原点に移すには，x 軸方向に -1，y 軸方向に -2 平行移動すればよい。この平行移動で，点 $(2, 6) \to (1, 4)$，点 $(5, 3) \to (4, 1)$ に移る。

$S=\dfrac{1}{2}|1\times 1-4\times 4|=\dfrac{|-15|}{2}=\dfrac{15}{2}$

67 (1) 順に $(-2, -2)$, $(4, 2)$
(2) $15x-19y+27=0$

解き方 (1) $(2k-3)x+(k+4)y+6k+2=0$ より $(2x+y+6)k-3x+4y+2=0$

k についての恒等式とみると

$2x+y+6=0$ かつ $-3x+4y+2=0$

よって $x=-2$, $y=-2$

$(2k+1)x+(k-2)y-10k=0$ より $(2x+y-10)k+x-2y=0$

k についての恒等式とみると

$2x+y-10=0$ かつ $x-2y=0$

よって $x=4$, $y=2$

(2) 交点を通る直線の方程式は

$x+2y-1+k(2x-3y+4)=0$ …①

これが点 $(2, 3)$ を通るから

$2+2\times 3-1+k(2\times 2-3\times 3+4)=0$

よって $k=7$

$k=7$ を①に代入すると

$x+2y-1+7(2x-3y+4)=0$

よって $15x-19y+27=0$

68 (1) $(x-1)^2+(y-2)^2=9$
(2) $(x-2)^2+y^2=5$
(3) $(x-1)^2+(y-2)^2=10$
(4) $(x+2)^2+(y+\sqrt{3})^2=4$
(5) $(x-\sqrt{3})^2+(y-2)^2=4$

解き方 (1) $(x-1)^2+(y-2)^2=3^2$ ←公式にあてはめる

(2) 中心は $\left(\dfrac{1+3}{2}, \dfrac{2-2}{2}\right)$ より $(2, 0)$

半径は $\sqrt{(1-2)^2+(2-0)^2}=\sqrt{5}$

したがって $(x-2)^2+y^2=(\sqrt{5})^2$

(3) 半径は $\sqrt{(2-1)^2+(-1-2)^2}=\sqrt{10}$

したがって $(x-1)^2+(y-2)^2=(\sqrt{10})^2$

(4) 半径は $|-2|=2$

したがって $(x+2)^2+(y+\sqrt{3})^2=2^2$

(5) 半径は 2

したがって $(x-\sqrt{3})^2+(y-2)^2=2^2$

69 順に 1, 2, -5, $\sqrt{2}$

解き方 $x^2-2x+y^2-4y=-8-c$

$(x-1)^2+(y-2)^2=-3-c$ …①

中心は $(1, 2)$ である。

また①は点 $(2, 1)$ を通るから

$(2-1)^2+(1-2)^2=-3-c$

ゆえに $c=-5$

①より (半径)^2 は $-3-c=2$

よって 半径は $\sqrt{2}$

70-1 $x^2+y^2-7x-y+4=0$

解き方 求める方程式は，3点を通る円の方程式のこと。
円の方程式を $x^2+y^2+lx+my+n=0$ とおく。
A(1, 2)を通るから $5+l+2m+n=0$ …①
B(2, 3)を通るから $13+2l+3m+n=0$ …②
C(5, 3)を通るから $34+5l+3m+n=0$ …③
①，②，③の連立方程式を解くと
 $l=-7$, $m=-1$, $n=4$

70-2 (1) $a=\pm 1$

(2) $a=1$ のとき 中心 $\left(\dfrac{1}{2},\ -2\right)$, 半径 $\dfrac{1}{2}$

 $a=-1$ のとき 中心 $\left(-\dfrac{1}{2},\ -2\right)$, 半径 $\dfrac{1}{2}$

解き方 (1) $x^2-ax+y^2+4y=-3-a^2$ ←一般形
よって $\left(x-\dfrac{a}{2}\right)^2+(y+2)^2=\dfrac{4-3a^2}{4}$ ←標準形

y 軸に接するから $\left|\dfrac{a}{2}\right|=\sqrt{\dfrac{4-3a^2}{4}}$

→中心の x 座標から y 軸までの距離は半径に等しい

両辺を2乗して整理すると $a^2=4-3a^2$
 $a^2=1$ よって $a=\pm 1$
(2) 中心 $\left(\dfrac{a}{2},\ -2\right)$, 半径 $\left|\dfrac{a}{2}\right|$ に $a=\pm 1$ を代入。

71 $-5\sqrt{10}<k<5\sqrt{10}$

解き方 円の中心は $(0,\ 0)$, 半径は 5
$(0,\ 0)$ から直線 $3x-y+k=0$ までの距離が5より小さいとき，円と直線は異なる2点で交わるから
$\dfrac{|k|}{\sqrt{3^2+(-1)^2}}<5$ ゆえに $|k|<5\sqrt{10}$

(別解) $y=3x+k$ を $x^2+y^2=25$ に代入すると
 $x^2+(3x+k)^2=25$
整理して $10x^2+6kx+k^2-25=0$
異なる2点で交わる条件は 判別式 $D>0$
$\dfrac{D}{4}=9k^2-10(k^2-25)=-k^2+250>0$
 $k^2-250<0$ $(k+5\sqrt{10})(k-5\sqrt{10})<0$
よって $-5\sqrt{10}<k<5\sqrt{10}$

72 (1) $(1,\ 2)$, $(-2,\ -1)$

(2) $-5<k<5$
(3) $k=5$, 接点 $(2,\ -1)$
   $k=-5$, 接点 $(-2,\ 1)$

解き方 (1) $y=x+1$ を $x^2+y^2=5$ に代入すると
 $x^2+(x+1)^2=5$
これを解くと $x=-2,\ 1$
 $y=x+1$ に代入し
  $x=-2,\ y=-1$; $x=1,\ y=2$
(2) $y=2x-k$ を $x^2+y^2=5$ に代入して整理すると
 $5x^2-4kx+k^2-5=0$ …①
異なる2点で交わるための条件は 判別式 $D>0$
$\dfrac{D}{4}=4k^2-5(k^2-5)=-k^2+25$ …②
 $-k^2+25>0$ $k^2-25<0$
よって $-5<k<5$
(3) 接するための条件は 判別式 $D=0$
よって，②より $-k^2+25=0$ $k=\pm 5$
①の重解は $x=-\dfrac{-4k}{2\times 5}=\dfrac{2k}{5}$

 $y=2x-k=\dfrac{4k}{5}-k=-\dfrac{k}{5}$

これに，$k=5$, $k=-5$ を代入して接点を求める。

73 (1) $x-\sqrt{3}y=2$

(2) $y=1$

解き方 円上の点における接線の方程式にあてはめる。

(1) 点 $\left(\dfrac{1}{2},\ -\dfrac{\sqrt{3}}{2}\right)$ における接線だから，
$\dfrac{1}{2}x-\dfrac{\sqrt{3}}{2}y=1$ より $x-\sqrt{3}y=2$

(2) 点 $(0,\ 1)$ における接線だから
$0\cdot x+1\cdot y=1$ より $y=1$

74 接線 $x=1$, 接点 $(1,\ 0)$

接線 $-3x+4y=5$, 接点 $\left(-\dfrac{3}{5},\ \dfrac{4}{5}\right)$

解き方 接点を (x_1, y_1) とおくと，この点は円周上にあるから $x_1^2 + y_1^2 = 1$ …①
接線の方程式は $x_1 x + y_1 y = 1$
この直線が $(1, 2)$ を通るから $x_1 + 2y_1 = 1$ …②
②より $x_1 = 1 - 2y_1$ これを①に代入して
$(1 - 2y_1)^2 + y_1^2 = 1$ $5y_1^2 - 4y_1 = 0$
$y_1(5y_1 - 4) = 0$ $y_1 = 0, \dfrac{4}{5}$
これを②に代入して
$x_1 = 1, y_1 = 0 ; x_1 = -\dfrac{3}{5}, y_1 = \dfrac{4}{5}$
接点 $(1, 0)$ のとき，接線の方程式は $x = 1$
接点 $\left(-\dfrac{3}{5}, \dfrac{4}{5}\right)$ のとき，接線の方程式は，
$-\dfrac{3}{5}x + \dfrac{4}{5}y = 1$ より $-3x + 4y = 5$

75 $m = \pm 1$

解き方 円 $x^2 + y^2 = 1$ の中心は 原点 $O(0, 0)$
O から直線 $y = mx - m$ に引いた垂線と直線の交点を H とすると，H は弦 PQ を 2 等分するから，
△OPH は直角三角形で，三平方の定理により
$OH = \sqrt{OP^2 - PH^2} = \sqrt{1^2 - \left(\dfrac{\sqrt{2}}{2}\right)^2} = \dfrac{\sqrt{2}}{2}$
$O(0, 0)$ から $mx - y - m = 0$ までの距離は
$OH = \dfrac{|m|}{\sqrt{m^2 + 1}} = \dfrac{\sqrt{2}}{2}$ 両辺を 2 乗して整理し
$m^2 = 1$ よって $m = \pm 1$
(注意) $y = mx - m = m(x - 1)$ だから，この直線は点 $(1, 0)$ を通り傾きが m の直線。

76 (1) $0 < a \leqq \dfrac{3\sqrt{5}}{10}$

(2) $a = \dfrac{3\sqrt{5}}{10}$, 接点の座標 $\left(\dfrac{3\sqrt{5}}{5}, -\dfrac{6\sqrt{5}}{5}\right)$

解き方 (1) 円 $O' : (x - a)^2 + (y + 2a)^2 = 5a^2$ より，
中心 $(a, -2a)$, 半径 $\sqrt{5}a$ $(a > 0$ より$)$
円 O は 中心 $(0, 0)$, 半径 3
中心間の距離 $OO' = \sqrt{a^2 + (-2a)^2} = \sqrt{5}a$
よって，円 O' が円 O に含まれる条件は
$OO' = \sqrt{5}a \leqq 3 - \sqrt{5}a$
よって $a \leqq \dfrac{3}{2\sqrt{5}} = \dfrac{3\sqrt{5}}{10}$

(2) 内接するのは $a = \dfrac{3\sqrt{5}}{10}$ のとき。
よって，円 O' の中心 $O'\left(\dfrac{3\sqrt{5}}{10}, -\dfrac{3\sqrt{5}}{5}\right)$
直線 OO' $y = -2x$ …①
円 O $x^2 + y^2 = 9$ …②
①，②の共有点が 2 円の接点となる。
①，②を解いて $x = \pm \dfrac{3\sqrt{5}}{5}$
$a > 0$ より，$x > 0$ だから $x = \dfrac{3\sqrt{5}}{5}, y = -\dfrac{6\sqrt{5}}{5}$

77 (1) $(3, 1), \left(\dfrac{17}{5}, \dfrac{1}{5}\right)$

(2) $2x + y - 7 = 0$

(3) 中心 $\left(\dfrac{12}{7}, -\dfrac{1}{7}\right)$, 半径 $\dfrac{\sqrt{145}}{7}$

解き方 (1) $x^2 + y^2 - 4x + 2 = 0$ …①
$x^2 + y^2 + 2y - 12 = 0$ …②
①−②より $-4x - 2y + 14 = 0$
ゆえに $y = -2x + 7$ …③
③を①に代入して整理すると
$5x^2 - 32x + 51 = 0$ $(x - 3)(5x - 17) = 0$
よって $x = 3, \dfrac{17}{5}$
③に代入して $x = 3, y = 1 ; x = \dfrac{17}{5}, y = \dfrac{1}{5}$

(2) 2 円の交点を通る図形の方程式は
$k(x^2 + y^2 - 4x + 2) + x^2 + y^2 + 2y - 12 = 0$ で，
$k = -1$ のときこの図形は直線を表す。
よって
 $-(x^2 + y^2 - 4x + 2) + x^2 + y^2 + 2y - 12 = 0$
ゆえに $2x + y - 7 = 0$

(3) 2 円の交点を通る円は
$k(x^2 + y^2 - 4x + 2) + x^2 + y^2 + 2y - 12 = 0$,
$k \neq -1$ とおける。
原点を通るから $2k - 12 = 0$
ゆえに $k = 6$
よって $6(x^2 + y^2 - 4x + 2) + x^2 + y^2 + 2y - 12 = 0$
$7x^2 + 7y^2 - 24x + 2y = 0$
$x^2 - \dfrac{24}{7}x + y^2 + \dfrac{2}{7}y = 0$
よって $\left(x - \dfrac{12}{7}\right)^2 + \left(y + \dfrac{1}{7}\right)^2 = \dfrac{145}{7^2}$

78-1 中心 $(-3, -2)$, 半径 $2\sqrt{5}$ の円

解き方 $P(x, y)$ とする。$AP:BP=1:2$ だから
$2AP=BP$ より $4AP^2=BP^2$
よって $4\{(x+1)^2+(y+1)^2\}=(x-5)^2+(y-2)^2$
展開して整理すると $(x+3)^2+(y+2)^2=20$

78-2 直線 $4x-5y-2=0$

解き方 $P(x, y)$ とする。$AP^2-BP^2=7$ だから
$(x+3)^2+(y-2)^2-\{(x-1)^2+(y+3)^2\}=7$
これを展開して整理すると $4x-5y-2=0$

79-1 中心 $\left(\dfrac{3}{2}, 0\right)$, 半径 1 の円

解き方 $Q(s, t)$ は円 $x^2+y^2=4$ 上にあるから
$s^2+t^2=4$ …①
$R(x, y)$ とすると, R は PQ の中点だから
$x=\dfrac{s+3}{2}$, $y=\dfrac{t}{2}$ より $s=2x-3$, $t=2y$
これらを①に代入して $(2x-3)^2+(2y)^2=4$
したがって $\left(x-\dfrac{3}{2}\right)^2+y^2=1$

79-2 $y=\dfrac{3}{2}x^2-3x-\dfrac{1}{6}$

解き方 $Q(s, t)$ は $y=x^2-4x+3$ 上にあるから
$t=s^2-4s+3$ …①
$R(x, y)$ とすると, R は PQ を $2:1$ に内分する点だから
$x=\dfrac{2s-1}{3}$, $y=\dfrac{2t-3}{3}$ より
$s=\dfrac{3x+1}{2}$, $t=\dfrac{3y+3}{2}$
これらを①に代入して
$\dfrac{3y+3}{2}=\left(\dfrac{3x+1}{2}\right)^2-4\cdot\dfrac{3x+1}{2}+3$
4倍して $6y+6=9x^2+6x+1-24x-8+12$
$6y=9x^2-18x-1$
ゆえに $y=\dfrac{3}{2}x^2-3x-\dfrac{1}{6}$

80-1 $y=x^2-2x$ $(0\leqq x\leqq 1)$
右の図

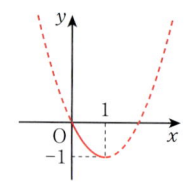

解き方 $y=x^2-2ax+2a^2-2a$
$=(x-a)^2+a^2-2a$
頂点の座標を (x, y) とすると
$x=a$, $y=a^2-2a$
$a=x$ を代入して $y=x^2-2x$
また, $0\leqq a\leqq 1$ より $0\leqq x\leqq 1$

80-2 放物線 $y=x^2$

解き方 2直線の交点は $tx=(t+1)x-t$ より
$x=t$, $y=t^2$ 交点を $P(x, y)$ とすると,
$x=t$, $y=t^2$ より $y=x^2$

81 下の図

(1) 境界線を含む
(2) 境界線は含まない
(3) 境界線を含む
(4) 境界線は含まない
(5) 境界線を含む
(6) 境界線を含む

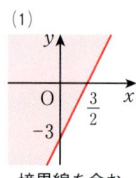

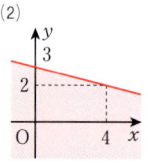

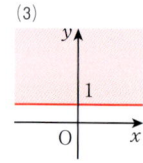

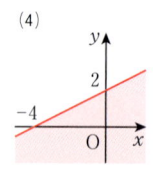

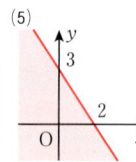

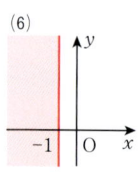

解き方 (1) $y=2x-3$ とその上側
(2) $y=-\dfrac{1}{4}x+3$ の下側
(3) $y=1$ とその上側
(4) $y=\dfrac{1}{2}x+2$ の下側
(5) $y=-\dfrac{3}{2}x+3$ とその下側
(6) $x=-1$ とその左側

82 下の図

(1) 境界線は含まない
(2) 境界線は含まない
(3) 境界線を含む
(4) y 軸上は除く 境界線は含まない

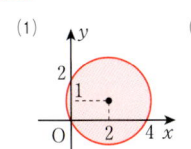

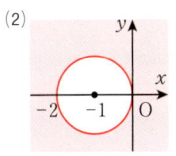

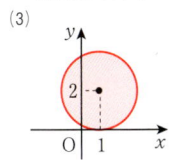

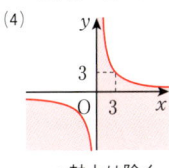

解き方 (1) $(x-2)^2+(y-1)^2=5$ の内部
(2) $(x+1)^2+y^2=1$ の外部
(3) $(x-1)^2+(y-2)^2=4$ とその内部
(4) $y=\dfrac{9}{x}$ の下側

83 下の図

(1) 境界線は含まない
(2) 境界線を含む

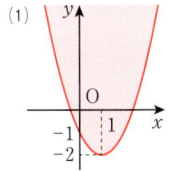

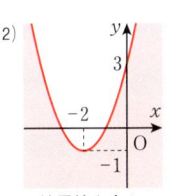

解き方 (1) $y>(x-1)^2-2$ だから放物線の上側
(2) $y\leq(x+2)^2-1$ だから放物線の下側

84-1 右の図
境界線は，実線は含み点線は含まない。

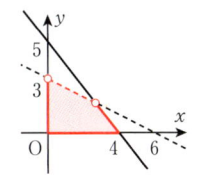

84-2 右の図
境界線を含む。

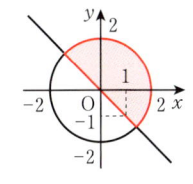

85 下の図

(1) 境界線を含む
(2) 境界線は含まない

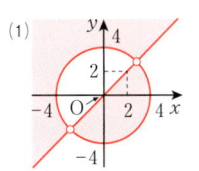

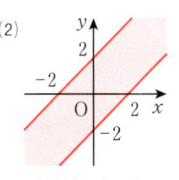

解き方 (1) $x-y>0$ かつ $x^2+y^2-16<0$
または $x-y<0$ かつ $x^2+y^2-16>0$
(2) $|x-y|\leq 2 \Longleftrightarrow -2\leq x-y\leq 2$
$\Longleftrightarrow y\leq x+2,\ y\geq x-2$

86 $x^2+(y-1)^2<1$ の表す領域を A，$x^2+y^2<4$ の表す領域を B とすると，右の図より
$A\subset B$
よって，$x^2+(y-1)^2<1$ ならば $x^2+y^2<4$ である。

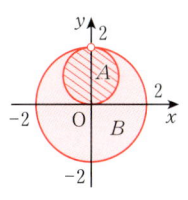

87 $x=y=4$ のとき，最大値 28，
$x=y=0$ のとき，最小値 0

解き方 $3x+4y=k$ とおく。 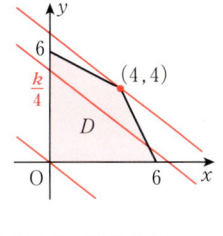
直線 $y=-\dfrac{3}{4}x+\dfrac{k}{4}$
を，領域 D と共有点をもつように平行移動すると，
点 $(4, 4)$ を通るとき k は最大 $(3\times4+4\times4=28)$，
点 $(0, 0)$ を通るとき k は最小 $(0+0=0)$ となる。

88 A 3g，B 10g

解き方 A を x g，B を y g とすると $x\geq 0,\ y\geq 0$ 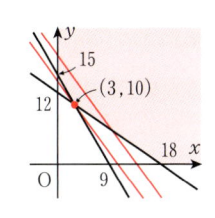
成分 $\alpha：5x+3y\geq 45$
成分 $\beta：2x+3y\geq 36$
費用 $20x+15y=k$

不等式の表す領域と共有点をもちながら，直線 $y=-\dfrac{4}{3}x+\dfrac{k}{15}$ を平行移動させる。
k を最小にするのは境界の交点 $(3, 10)$ を通るとき。

本冊 p. 87～92 の解答　23

定期テスト予想問題 の解答 ——— 本冊→p.93〜94

❶ $\left(\dfrac{5}{2},\ 0\right)$

解き方 求める点を $(a,\ 0)$ とする。
与えられた2点から等距離にあるので
$(-1-a)^2+2^2=(3-a)^2+4^2$
これを解いて $a=\dfrac{5}{2}$

❷ $P\left(-\dfrac{1}{3},\ 2\right)$, $Q(-7,\ 14)$

解き方 $P:\left(\dfrac{1\times 3+2\times(-2)}{2+1},\ \dfrac{1\times(-4)+2\times 5}{2+1}\right)$
$=\left(-\dfrac{1}{3},\ 2\right)$
$Q:\left(\dfrac{-1\times 3+2\times(-2)}{2-1},\ \dfrac{-1\times(-4)+2\times 5}{2-1}\right)$
$=(-7,\ 14)$

❸ $B(5,\ -2)$, $\triangle OAB=6$

解き方 $B(x,\ y)$ とすると，重心が $(2,\ 0)$ だから
$\dfrac{x+0+1}{3}=2,\ \dfrac{y+0+2}{3}=0$
これを解くと $x=5,\ y=-2$
$A(1,\ 2),\ B(5,\ -2)$ だから
$\triangle OAB=\dfrac{1}{2}|1\times(-2)-5\times 2|=\dfrac{|-12|}{2}=6$

❹ $y=2x$

解き方 AB の中点は $\left(\dfrac{3+1}{2},\ \dfrac{7+1}{2}\right)=(2,\ 4)$
この点と原点を通る直線の傾きは $\dfrac{4}{2}=2$

❺ $y=-\dfrac{5}{3}x+3$

解き方 $5x+3y=10$ で $y=0$ とすると $x=2$
点 $(2,\ 0)$ を，x 軸方向に -2, y 軸方向に 3 平行移動
すると $(0,\ 3)$
　　　　　↑
　　　　$(2-2,\ 0+3)$

求める直線は点 $(0,\ 3)$ を通り，傾き $-\dfrac{5}{3}$ の直線。

よって $y-3=-\dfrac{5}{3}x$

(別解) 曲線 $f(x,\ y)=0$ を，x 軸方向に p,
y 軸方向に q だけ平行移動した曲線は
$f(x-p,\ y-q)=0$
したがって，求める直線は $5(x+2)+3(y-3)=10$
よって $5x+3y=9$

❻ (1) $y=-3x+1$

(2) 中心 $\left(-\dfrac{1}{4},\ \dfrac{7}{4}\right)$，半径 $\dfrac{5\sqrt{2}}{4}$

解き方 (1) AB の中点
$\left(\dfrac{1-2}{2},\ \dfrac{3+2}{2}\right)=\left(-\dfrac{1}{2},\ \dfrac{5}{2}\right)$
直線 AB の傾き $\dfrac{2-3}{-2-1}=\dfrac{1}{3}$
よって，垂直二等分線の傾きは -3 で，
$\left(-\dfrac{1}{2},\ \dfrac{5}{2}\right)$ を通るから $y-\dfrac{5}{2}=-3\left(x+\dfrac{1}{2}\right)$

(2) OB の垂直二等分線は，
$\left(\dfrac{0-2}{2},\ \dfrac{0+2}{2}\right)=(-1,\ 1)$ を通る，
傾き $-\dfrac{1}{\dfrac{0-2}{0-(-2)}}=1$ の直線。

$y-1=x-(-1)$ より $y=x+2$
これと $y=-3x+1$ の交点 P が外接円の中心。
半径は OP の長さに等しい。
$x+2=-3x+1\quad x=-\dfrac{1}{4}$
$y=-\dfrac{1}{4}+2=\dfrac{7}{4}$　よって $P\left(-\dfrac{1}{4},\ \dfrac{7}{4}\right)$
$OP=\sqrt{\left(-\dfrac{1}{4}\right)^2+\left(\dfrac{7}{4}\right)^2}=\dfrac{5\sqrt{2}}{4}$

❼ $(x+1)^2+\left(y-\dfrac{5}{2}\right)^2=\dfrac{25}{4}$

解き方 中心は AB の中点より $\left(-1,\ \dfrac{k+1}{2}\right)$
円が x 軸に接するから 半径＝|中心の y 座標|
よって $\sqrt{(1+1)^2+\left(1-\dfrac{k+1}{2}\right)^2}=\left|\dfrac{k+1}{2}\right|$
両辺を2乗して整理すると $4k=16\quad k=4$
よって，中心は $\left(-1,\ \dfrac{5}{2}\right)$，半径は $\dfrac{5}{2}$

⑧ $y=-3x+10$, $y=\dfrac{1}{3}x$

解き方 $(x-1)^2+(y+3)^2=10$
点 $(3, 1)$ を通る直線を $y-1=m(x-3)$ とする。
中心 $(1, -3)$ から直線 $mx-y-3m+1=0$ までの
距離が，半径 $\sqrt{10}$ に等しいとき円に接するから
$$\dfrac{|m-(-3)-3m+1|}{\sqrt{m^2+(-1)^2}}=\sqrt{10}$$
この両辺を 2 乗して整理すると
$3m^2+8m-3=0$　ゆえに　$m=-3, \dfrac{1}{3}$
よって　$y-1=-3(x-3)$, $y-1=\dfrac{1}{3}(x-3)$

⑨ $(-1, 1)$, $4\sqrt{2}$

解き方 2 交点を求める方法では計算が複雑になる。
「解き方」のような解法を覚えておこう。
円の中心は原点。原点を通り，直線 $y=x+2$ に垂直
な直線は　$y=-x$
この 2 直線の交点は　$(-1, 1)$
また，中心からこの点までの距離は　$\sqrt{2}$
三平方の定理より，弦の長さは
$2\sqrt{(\sqrt{10})^2-(\sqrt{2})^2}=4\sqrt{2}$

⑩ $a=11+6\sqrt{2}$　または　$a=11-6\sqrt{2}$

解き方 円 $(x-1)^2+(y-2)^2=9$ の中心を A とすると
　A$(1, 2)$, 半径 3
円 $x^2+(y-1)^2=a$ の中心を B とすると
　B$(0, 1)$, 半径 $\sqrt{a}$　($a>0$ より)
点 B が円 A の中にあるから，2 円は内接する。
　中心間の距離は　$\sqrt{1^2+(2-1)^2}=\sqrt{2}$
これが円 A と B の半径の差に一致する。
$|3-\sqrt{a}|=\sqrt{2}$　よって　$3-\sqrt{a}=\pm\sqrt{2}$
$\sqrt{a}=3\pm\sqrt{2}$ を 2 乗して　$a=11\pm6\sqrt{2}$

⑪ $x^2+y^2+7x+9y=0$

解き方 円と直線の交点を通る円は
　$x^2+y^2+2x+4y-20+k(x+y+4)=0$ を満たす。
原点を通るから　$-20+4k=0$　ゆえに　$k=5$
よって　$x^2+y^2+2x+4y-20+5(x+y+4)=0$
したがって　$x^2+y^2+7x+9y=0$

⑫ 直線 $y=(-1\pm\sqrt{2})x$

解き方 円の中心を P(X, Y) とする。
P から x 軸までの距離は　$|Y|$
P から直線 $x-y=0$ までの距離は
　$\dfrac{|X-Y|}{\sqrt{1^2+(-1)^2}}$　ゆえに　$\dfrac{|X-Y|}{\sqrt{2}}=|Y|$
$|X-Y|=\sqrt{2}|Y|$　$X-Y=\pm\sqrt{2}Y$
よって　$(1\pm\sqrt{2})Y=X$
両辺に $(1\mp\sqrt{2})$ を掛け，X を x, Y を y におき換え
ると　$y=-(1\mp\sqrt{2})x$

⑬ 放物線 $y=\dfrac{1}{6}x^2+\dfrac{1}{2}$

解き方 P(X, Y) とする。 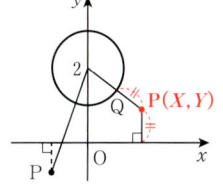
点 P が第 3, 4 象限のとき，
条件に適さないから $Y\geqq 0$
としてよい。
円の中心は　$(0, 2)$,
半径は　1
Q は，円の中心と P を結ぶ直線と円の交点。
よって　$Y=\sqrt{X^2+(Y-2)^2}-1$
　$(Y+1)^2=X^2+(Y-2)^2$
整理して，X を x, Y を y におき換えると
$$y=\dfrac{1}{6}x^2+\dfrac{1}{2}$$

⑭ $-5\leqq y-3x \leqq -1$

解き方 $y-3x=k$ とおく。
直線 $y=3x+k$ は，k が増加
すると上方に動く。
点 B$(3, 4)$ を通るとき，
$k=4-3\times 3=-5$ は最小となり，
点 A$(1, 2)$ を通るとき，
$k=2-3\times 1=-1$ は最大となる。

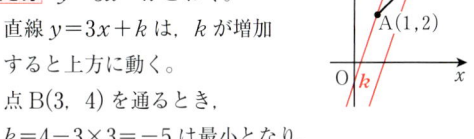

⑮ (1) 右の図
(2) $0\leqq k \leqq 5$

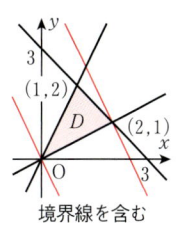

解き方 (2) 直線 $y=-2x+k$ は，
k が増加すれば上方に動く。
点 $(0, 0)$ を通るとき k は最小
　└ $y=2x$ と $y=\dfrac{1}{2}x$ との交点
となり，
点 $(2, 1)$ を通るとき k は最大となる。
　└ $y=\dfrac{1}{2}x$ と $x+y=3$ との交点

境界線を含む

⑯ 最大値 5, 最小値 $8-4\sqrt{2}$

[解き方] 領域 D は右の図のようになる。
$x+y=k$ とおく。
直線 $y=-x+k$ が $(3, 2)$ を通るとき k は最大となり
$$k=3+2=5$$
直線 $y=-x+k$ が領域 D で円に接するとき k は最小となる。このとき円の中心 $(4, 4)$ から直線 $x+y-k=0$ までの距離は，半径 4 に等しいから
$$\frac{|4+4-k|}{\sqrt{1^2+1^2}}=4 \quad よって \quad |8-k|=4\sqrt{2}$$
$$8-k=\pm 4\sqrt{2} \quad k=8\pm 4\sqrt{2}$$
図より $k=8-4\sqrt{2}$

⑰ 右の図
$a \geqq 9+4\sqrt{5}$

[解き方] 変形すると
$(x-1)^2+(y-2)^2<4$ は，中心 $(1, 2)$，半径 2 の円の内部。
$x^2+y^2<a$ は，原点中心，半径 $\sqrt{a}$ の円の内部。
内接するとき，a は最小となる。
中心間の距離は $\sqrt{1^2+2^2}=\sqrt{5}$
$\sqrt{5} \leqq \sqrt{a}-2 \quad \sqrt{a} \geqq \sqrt{5}+2$
よって $a \geqq 9+4\sqrt{5}$

⑱ 飼料 X を 1 g，飼料 Y を 3 g 与えるとよい。

[解き方] X を x g，Y を y g 与えるとすると
$x \geqq 0, \ y \geqq 0$
栄養素 A：$x+y \geqq 4$，栄養素 B：$x+3y \geqq 6$，
栄養素 C：$6x+y \geqq 9$　これらを満たす領域で，
$3x+2y=k$ を最小にする x, y を求める。
直線 $y=-\dfrac{3}{2}x+\dfrac{k}{2}$ は傾き $-\dfrac{3}{2}$ で，k が減少すると y 切片 $\dfrac{k}{2}$ が下方に動くから，図より点 $(1, 3)$ を通るとき，k は最小となる。

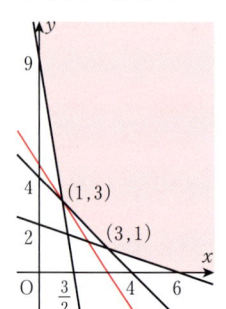

3章 三角関数

類題 の解答 ——— 本冊→p.96〜134

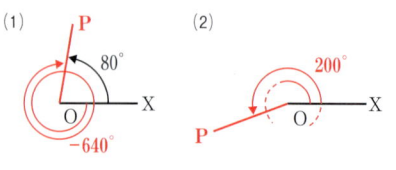

89 (1) [図: 80°, −640°, P, O, X]　(2) [図: 200°, P, O, X]

[解き方] (1) $-640°=80°+360°\times(-2)$
(2) 正の向きに n 回転と，さらに 200°

90 (1) $140°+360°\times n$　(2) $225°+360°\times n$
(3) $320°+360°\times n$

[解き方] (1) $360°-220°=140°$
(2) $180°+\dfrac{90°}{2}=225°$　(3) $360°-40°=320°$

91 (1) $90°$　(2) $330°$　(3) $\dfrac{\pi}{6}$　(4) $\dfrac{3}{4}\pi$

[解き方] (1) $\dfrac{1}{2}\pi \times \dfrac{180°}{\pi}=90°$
(2) $\dfrac{11}{6}\pi \times \dfrac{180°}{\pi}=330°$
(3) $30° \times \dfrac{\pi}{180°}=\dfrac{\pi}{6}$
(4) $135° \times \dfrac{\pi}{180°}=\dfrac{3}{4}\pi$

92 (1) $l=\dfrac{2}{3}\pi r, \ S=\dfrac{\pi}{3}r^2$
(2) $l=\dfrac{3}{2}\pi, \ S=\dfrac{9}{4}\pi$

[解き方] おうぎ形の弧の長さ $=r\theta$
おうぎ形の面積 $=\dfrac{r^2\theta}{2}$

(1) $l=\dfrac{2}{3}\pi r, \ S=\dfrac{1}{2}\cdot r^2 \cdot \dfrac{2}{3}\pi=\dfrac{\pi}{3}r^2$
(2) $l=3\cdot\dfrac{\pi}{2}=\dfrac{3}{2}\pi, \ S=\dfrac{1}{2}\cdot 3^2 \cdot \dfrac{\pi}{2}=\dfrac{9}{4}\pi$

26　本冊 p.94〜100 の解答

93 (1) $\sin\dfrac{5}{4}\pi=-\dfrac{\sqrt{2}}{2}$, $\cos\dfrac{5}{4}\pi=-\dfrac{\sqrt{2}}{2}$,

$\tan\dfrac{5}{4}\pi=1$

(2) $\sin\dfrac{5}{6}\pi=\dfrac{1}{2}$, $\cos\dfrac{5}{6}\pi=-\dfrac{\sqrt{3}}{2}$,

$\tan\dfrac{5}{6}\pi=-\dfrac{\sqrt{3}}{3}$

(3) $\sin\left(-\dfrac{1}{3}\pi\right)=-\dfrac{\sqrt{3}}{2}$, $\cos\left(-\dfrac{1}{3}\pi\right)=\dfrac{1}{2}$,

$\tan\left(-\dfrac{1}{3}\pi\right)=-\sqrt{3}$

解き方 本冊 p. 102 の図から座標を読む。

(1) 第 3 象限の 4 等分線
(2) 第 2 象限の 6 等分線
(3) 第 4 象限の 3 等分線

94 (1) $\theta=\dfrac{5}{4}\pi$, $\dfrac{7}{4}\pi$

(2) $\theta=\dfrac{1}{6}\pi$, $\dfrac{11}{6}\pi$ (3) $\theta=\dfrac{2}{3}\pi$, $\dfrac{5}{3}\pi$

解き方 本冊 p. 102 の図から角を読む。

(1) 第 3, 4 象限の 4 等分線
(2) 第 1, 4 象限の 6 等分線
(3) 第 2, 4 象限の 3 等分線

95 $\sin\theta=\dfrac{2}{\sqrt{5}}$, $\cos\theta=-\dfrac{1}{\sqrt{5}}$

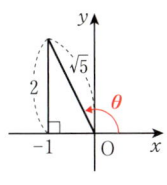

解き方 $1+\tan^2\theta=\dfrac{1}{\cos^2\theta}$ より

$\cos^2\theta=\dfrac{1}{1+(-2)^2}=\dfrac{1}{5}$

θ は第 2 象限の角だから $\cos\theta<0$

よって $\cos\theta=-\dfrac{1}{\sqrt{5}}$

$\dfrac{\sin\theta}{\cos\theta}=\tan\theta$ より $\sin\theta=(-2)\left(-\dfrac{1}{\sqrt{5}}\right)=\dfrac{2}{\sqrt{5}}$

(別解) θ は第 2 象限の角だから,

$\tan\theta=\dfrac{2}{-1}$ で

$r=\sqrt{(-1)^2+2^2}=\sqrt{5}$

図より

$\sin\theta=\dfrac{2}{\sqrt{5}}$, $\cos\theta=-\dfrac{1}{\sqrt{5}}$

96 $\dfrac{1}{\cos\theta}$

解き方 与式 $=\dfrac{\cos\theta}{1-\sin\theta}-\dfrac{\sin\theta}{\cos\theta}$

$=\dfrac{\cos^2\theta-\sin\theta+\sin^2\theta}{(1-\sin\theta)\cos\theta}$

$=\dfrac{1-\sin\theta}{(1-\sin\theta)\cos\theta}$

$=\dfrac{1}{\cos\theta}$

97 左辺

$=\dfrac{(1+\cos\theta)(1+\sin\theta)-(1-\cos\theta)(1-\sin\theta)}{(1-\sin\theta)(1+\sin\theta)}$

$=\dfrac{1+\sin\theta+\cos\theta+\cos\theta\sin\theta-(1-\sin\theta-\cos\theta+\cos\theta\sin\theta)}{1-\sin^2\theta}$

$=\dfrac{2(\sin\theta+\cos\theta)}{\cos^2\theta}$

$=\dfrac{2(\tan\theta+1)}{\cos\theta}$

$=$ 右辺

98 (1) $\dfrac{-t^3+3t}{2}$ (2) $\pm\sqrt{1+2s}$

解き方 (1) $(\sin\theta+\cos\theta)^2=1+2\sin\theta\cos\theta$

$t^2=1+2\sin\theta\cos\theta$

$\sin\theta\cos\theta=\dfrac{t^2-1}{2}$

$\sin^3\theta+\cos^3\theta$
 ← $a^3+b^3=(a+b)(a^2-ab+b^2)$ を使う

$=(\sin\theta+\cos\theta)(\sin^2\theta-\sin\theta\cos\theta+\cos^2\theta)$
 ← $1-\sin\theta\cos\theta$

$=t\left(1-\dfrac{t^2-1}{2}\right)=\dfrac{t(-t^2+3)}{2}$

$=\dfrac{-t^3+3t}{2}$

(2) $A=\sin\theta+\cos\theta$ とおく。

$A^2=1+2\sin\theta\cos\theta=1+2s$

よって $A=\pm\sqrt{1+2s}$

99 $k=\dfrac{7}{8}$, $\sin^3\theta+\cos^3\theta=-\dfrac{117}{128}$

解き方 解と係数の関係より

$$\sin\theta+\cos\theta=-\dfrac{3}{4} \quad \cdots ① \qquad \sin\theta\cos\theta=-\dfrac{k}{4}$$

①の両辺を2乗して $1+2\left(-\dfrac{k}{4}\right)=\dfrac{9}{16}$

よって $k=\dfrac{7}{8}$

$\sin^3\theta+\cos^3\theta=(\sin\theta+\cos\theta)(1-\sin\theta\cos\theta)$

　　　　　　　　　　　　　　　　└ 類題98(1)参照

$$=-\dfrac{3}{4}\left(1+\dfrac{7}{32}\right)=-\dfrac{117}{128}$$

100 $\sin\theta$

解き方 与式$=\cos\theta+\sin\theta-\cos\theta=\sin\theta$

　　　　　$\sin\left\{\pi+\left(\dfrac{\pi}{2}-\theta\right)\right\}=-\sin\left(\dfrac{\pi}{2}-\theta\right)=-\cos\theta$

101 (1) $-\dfrac{1}{2}$　(2) $\dfrac{\sqrt{3}}{2}$　(3) 値なし

解き方 (1) 与式$=\sin\left(-4\pi+\dfrac{11}{6}\pi\right)=\sin\dfrac{11}{6}\pi$

　　　　　　　　$=-\dfrac{1}{2}$

(2) 与式$=\cos\left(2\pi+\dfrac{\pi}{6}\right)=\cos\dfrac{\pi}{6}=\dfrac{\sqrt{3}}{2}$

(3) 与式$=\tan\left(3\pi+\dfrac{\pi}{2}\right)=\tan\dfrac{\pi}{2}$

102 下の図

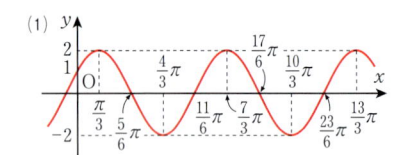

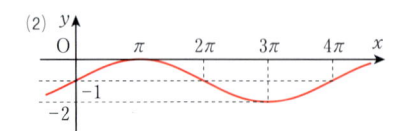

(1)

(2)

解き方 (1) $y=\sin x$ のグラフを，y 軸方向に2倍に拡大し，x 軸方向に $-\dfrac{\pi}{6}$ だけ平行移動したもの。

(2) $y+1=\sin\dfrac{x}{2}$

$y=\sin x$ のグラフを，x 軸方向に2倍(周期4π)に拡大し，y 軸方向に -1 だけ平行移動したもの。

103 下の図

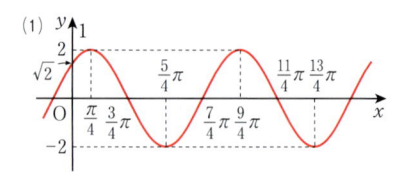

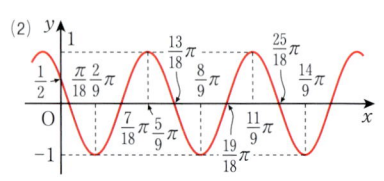

(1)

(2)

解き方 (1) $y=\cos x$ のグラフを，y 軸方向に2倍に拡大し，x 軸方向に $\dfrac{\pi}{4}$ だけ平行移動したもの。

(2) $y=\cos x$ のグラフを，$\dfrac{1}{3}$ 倍$\left(周期\dfrac{2\pi}{3}\right)$に縮小し，$x$ 軸方向に $-\dfrac{\pi}{9}$ だけ平行移動したもの。

104 下の図

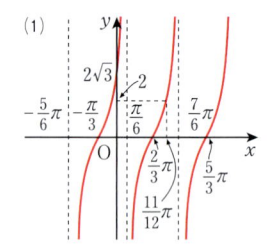

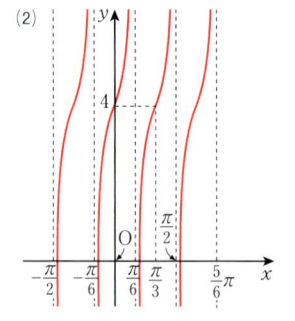

(1)

(2)

解き方 (1) $y=\tan x$ のグラフを，y 軸方向に2倍し，x 軸方向に $-\dfrac{\pi}{3}$ だけ平行移動したもの。

(2) $y-4=\tan 3\left(x+\dfrac{\pi}{3}\right)$

$y=\tan x$ のグラフを，x 軸方向に $\dfrac{1}{3}$ 倍$\left(周期\dfrac{\pi}{3}\right)$

に縮小し，x 軸方向に $-\dfrac{\pi}{3}$，y 軸方向に 4 だけ平行移動したもの。

105 (1) $x = \dfrac{5}{4}\pi, \dfrac{7}{4}\pi$　　(2) $x = \dfrac{3}{4}\pi, \dfrac{7}{4}\pi$

解き方 (1) 第 3，4 象限の 4 等分線。
(2) 第 2，4 象限の 4 等分線。

106 (1) $x = \dfrac{17}{24}\pi, \dfrac{23}{24}\pi, \dfrac{41}{24}\pi, \dfrac{47}{24}\pi$

(2) $x = \dfrac{4}{3}\pi$

解き方 (1) $2x + \dfrac{\pi}{3} = \theta$ …① とおくと

$\cos\theta = \dfrac{\sqrt{2}}{2}$ …②

$0 \leqq x < 2\pi$ だから　$\dfrac{\pi}{3} \leqq \theta < \dfrac{13}{3}\pi$ …③

③ の範囲で②を解くと

$\theta = \dfrac{7}{4}\pi, \dfrac{9}{4}\pi, \dfrac{15}{4}\pi, \dfrac{17}{4}\pi$

① より　$x = \dfrac{1}{2}\left(\theta - \dfrac{\pi}{3}\right)$

x の解を求めると

$x = \dfrac{17}{24}\pi, \dfrac{23}{24}\pi, \dfrac{41}{24}\pi, \dfrac{47}{24}\pi$

(2) $\dfrac{x}{2} - \pi = \theta$ とおくと　$\tan\theta = -\sqrt{3}$

$0 \leqq x < 2\pi$ だから　$-\pi \leqq \theta < 0$

この範囲で解くと　$\theta = -\dfrac{\pi}{3}$

$x = 2(\pi + \theta)$ だから　$x = \dfrac{4}{3}\pi$

107 (1) $0 \leqq x < \dfrac{\pi}{6}, \dfrac{5}{6}\pi < x < 2\pi$

(2) $\dfrac{\pi}{3} < x < \dfrac{5}{3}\pi$

解き方 (1) $0 \leqq x < 2\pi$ で

$\sin x = \dfrac{1}{2}$ を解くと

$x = \dfrac{\pi}{6}, \dfrac{5}{6}\pi$

└ 第 1，2 象限の 6 等分線 ┘

求める解は　$0 \leqq x < \dfrac{\pi}{6}, \dfrac{5}{6}\pi < x < 2\pi$

(2) $0 \leqq x < 2\pi$ で

$\cos x = \dfrac{1}{2}$ を解くと

$x = \dfrac{\pi}{3}, \dfrac{5}{3}\pi$

└ 第 1，4 象限の 3 等分線 ┘

求める解は　$\dfrac{\pi}{3} < x < \dfrac{5}{3}\pi$

108 (1) $\dfrac{\pi}{24} \leqq x < \dfrac{\pi}{6}, \dfrac{13}{24}\pi \leqq x < \dfrac{2}{3}\pi$

(2) $\dfrac{\pi}{2} \leqq x \leqq \dfrac{3}{2}\pi$

解き方 (1) $2x + \dfrac{\pi}{6} = \theta$ とおくと　$\tan\theta \geqq 1$

$0 \leqq x < \pi$ だから　$\dfrac{\pi}{6} \leqq \theta < \dfrac{13}{6}\pi$

この範囲で解くと　$\dfrac{\pi}{4} \leqq \theta < \dfrac{\pi}{2}, \dfrac{5}{4}\pi \leqq \theta < \dfrac{3}{2}\pi$

$\dfrac{\pi}{4} \leqq 2x + \dfrac{\pi}{6} < \dfrac{\pi}{2}, \dfrac{5}{4}\pi \leqq 2x + \dfrac{\pi}{6} < \dfrac{3}{2}\pi$ だから

$\dfrac{\pi}{24} \leqq x < \dfrac{\pi}{6}, \dfrac{13}{24}\pi \leqq x < \dfrac{2}{3}\pi$

(2) $\sin^2 x = 1 - \cos^2 x$ だから，

与えられた不等式は　$1 - \cos^2 x \geqq 1 + \cos x$

$\cos x(\cos x + 1) \leqq 0$ より　$-1 \leqq \cos x \leqq 0$

$0 \leqq x < 2\pi$ で，$-1 \leqq \cos x \leqq 1$ だから

$-1 \leqq \cos x \leqq 0$ を解くと　$\dfrac{\pi}{2} \leqq x \leqq \dfrac{3}{2}\pi$

109 $x = \dfrac{3}{4}\pi$ のとき　最大値 3

$x = 0$ のとき　最小値 $1 - \sqrt{2}$

解き方 $x - \dfrac{\pi}{4} = \theta$ とおくと　$y = 2\sin\theta + 1$

$0 \leqq x \leqq \pi$ より　$-\dfrac{\pi}{4} \leqq \theta \leqq \dfrac{3}{4}\pi$

したがって，$-\dfrac{\sqrt{2}}{2} \leqq \sin\theta \leqq 1$ より

最大値：$y = 2 \cdot 1 + 1 = 3$

$\theta = \dfrac{\pi}{2}$ のとき　$x = \dfrac{3}{4}\pi$

最小値：$y = 2\left(-\dfrac{\sqrt{2}}{2}\right) + 1 = -\sqrt{2} + 1$

$\theta = -\dfrac{\pi}{4}$ のとき　$x = 0$

110 $x=\dfrac{7}{6}\pi,\ \dfrac{11}{6}\pi$ のとき，最大値 $\dfrac{11}{2}$

$x=\dfrac{\pi}{2}$ のとき，最小値 1

解き方
$$y=2(1-\sin^2 x)-2\sin x+3$$
$$=-2\sin^2 x-2\sin x+5$$
$\sin x=t$ とおくと，$0\le x<2\pi$ だから $-1\le t\le 1$
このとき $y=-2t^2-2t+5$
$$=-2\left(t+\dfrac{1}{2}\right)^2+\dfrac{11}{2}$$

よって $t=-\dfrac{1}{2}$，つまり
$x=\dfrac{7}{6}\pi,\ \dfrac{11}{6}\pi$ のとき，
最大値 $\dfrac{11}{2}$

$t=1$，つまり $x=\dfrac{\pi}{2}$ のとき，
最小値 1

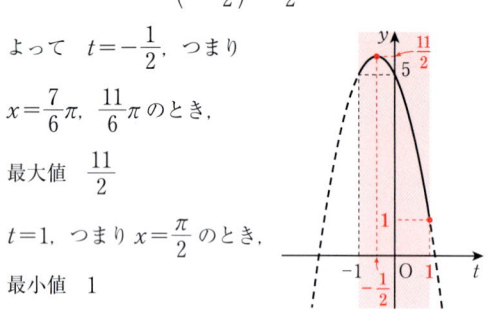

111 (1) $\dfrac{\sqrt{6}-\sqrt{2}}{4}$ 　(2) $-\dfrac{\sqrt{6}+\sqrt{2}}{4}$

(3) $2+\sqrt{3}$

解き方 (1) 与式 $=\sin(45°-30°)$
　　　　　　　　　 $\llcorner 60°-45°$ でもよい
$$=\sin 45°\cos 30°-\cos 45°\sin 30°$$
$$=\dfrac{1}{\sqrt{2}}\times\dfrac{\sqrt{3}}{2}-\dfrac{1}{\sqrt{2}}\times\dfrac{1}{2}=\dfrac{\sqrt{6}-\sqrt{2}}{4}$$

(2) 与式 $=\cos(135°+30°)$
　　　　　　　　 $\llcorner 120°+45°$ でもよい
$$=\cos 135°\cos 30°-\sin 135°\sin 30°$$
$$=-\dfrac{\sqrt{2}}{2}\times\dfrac{\sqrt{3}}{2}-\dfrac{\sqrt{2}}{2}\times\dfrac{1}{2}=-\dfrac{\sqrt{6}+\sqrt{2}}{4}$$

(3) 与式 $=\tan(45°+30°)$
　　　　　　　　 $\llcorner 120°-45°$ でもよい
$$=\dfrac{\tan 45°+\tan 30°}{1-\tan 45°\tan 30°}=\dfrac{1+\dfrac{1}{\sqrt{3}}}{1-1\times\dfrac{1}{\sqrt{3}}}$$
$$=\dfrac{\sqrt{3}+1}{\sqrt{3}-1}=2+\sqrt{3}$$
$\llcorner \dfrac{(\sqrt{3}+1)^2}{(\sqrt{3}-1)(\sqrt{3}+1)}=\dfrac{4+2\sqrt{3}}{3-1}=2+\sqrt{3}$

112 順に $-\dfrac{2\sqrt{2}+\sqrt{15}}{12}$，$\dfrac{32\sqrt{2}-9\sqrt{15}}{7}$

解き方 α は鈍角なので
$$\cos\alpha=-\sqrt{1-\left(\dfrac{1}{4}\right)^2}=-\dfrac{\sqrt{15}}{4}$$

β は鋭角なので $\sin\beta=\sqrt{1-\left(\dfrac{1}{3}\right)^2}=\dfrac{2\sqrt{2}}{3}$

$$\cos(\alpha+\beta)=\cos\alpha\cos\beta-\sin\alpha\sin\beta$$
$$=-\dfrac{\sqrt{15}}{4}\times\dfrac{1}{3}-\dfrac{1}{4}\times\dfrac{2\sqrt{2}}{3}=-\dfrac{2\sqrt{2}+\sqrt{15}}{12}$$

$\tan(\alpha+\beta)=\dfrac{\sin(\alpha+\beta)}{\cos(\alpha+\beta)}$ より求める。

$$\sin(\alpha+\beta)=\sin\alpha\cos\beta+\cos\alpha\sin\beta$$
$$=\dfrac{1}{4}\times\dfrac{1}{3}+\left(-\dfrac{\sqrt{15}}{4}\right)\times\dfrac{2\sqrt{2}}{3}$$
$$=\dfrac{1-2\sqrt{30}}{12}$$

$$\tan(\alpha+\beta)=\dfrac{\dfrac{1-2\sqrt{30}}{12}}{-\dfrac{2\sqrt{2}+\sqrt{15}}{12}}=\dfrac{2\sqrt{30}-1}{2\sqrt{2}+\sqrt{15}}$$
$$=\dfrac{(2\sqrt{30}-1)(2\sqrt{2}-\sqrt{15})}{8-15}\quad\cdots(\ast)$$
$$=\dfrac{32\sqrt{2}-9\sqrt{15}}{7}$$

$\tan(\alpha+\beta)$ については，$\tan\alpha$，$\tan\beta$ を用いる公式から求めてもよいが，式を整理するときの計算が複雑になる。ちなみに($\ast$)の分子の計算は
　　$4\sqrt{30}\times 2-2\sqrt{30}\times 15-2\sqrt{2}+\sqrt{15}$
　$=8\sqrt{15}-30\sqrt{2}-2\sqrt{2}+\sqrt{15}$
となる。

113 左辺 $=(\cos\alpha\cos\beta-\sin\alpha\sin\beta)$
　　　　　　$\times(\cos\alpha\cos\beta+\sin\alpha\sin\beta)$
$=\cos^2\alpha\cos^2\beta-\sin^2\alpha\sin^2\beta=P$
とおくと
$P=\cos^2\alpha(1-\sin^2\beta)-(1-\cos^2\alpha)\sin^2\beta$
　$=\cos^2\alpha-\sin^2\beta$　←真ん中の辺
$P=(1-\sin^2\alpha)\cos^2\beta-\sin^2\alpha(1-\cos^2\beta)$
　$=\cos^2\beta-\sin^2\alpha$　←右辺

114 $45°$

解き方 直線の傾き $(\tan\theta)=$直線が x 軸となす角

$\tan\theta_1=3$, $\tan\theta_2=-2$ とすると
（はじめの直線の傾き／あとの直線の傾き）

$$\tan(\theta_2-\theta_1)=\frac{-2-3}{1+(-2)\times 3}=\frac{-5}{-5}=1$$

115 $-\dfrac{3}{8}$

解き方 $(\sin x+\sin y)^2+(\cos x+\cos y)^2$
$=(\sin^2 x+\cos^2 x)+(\sin^2 y+\cos^2 y)$
$\quad+2(\sin x\sin y+\cos x\cos y)$
$=1^2+\left(\dfrac{1}{2}\right)^2$ より $2+2\cos(x-y)=\dfrac{5}{4}$

$\cos(x-y)=\dfrac{1}{2}\left(\dfrac{5}{4}-2\right)=-\dfrac{3}{8}$

116 $\tan 2\theta=-\dfrac{3}{4}$, $\cos 2\theta=-\dfrac{4}{5}$, $\sin 2\theta=\dfrac{3}{5}$

解き方 $1+\tan^2\theta=\dfrac{1}{\cos^2\theta}$ より

$1+9=\dfrac{1}{\cos^2\theta}$ $\cos^2\theta=\dfrac{1}{10}$

θ は第 3 象限の角だから $\cos\theta=-\dfrac{1}{\sqrt{10}}$

このとき $\sin\theta=\tan\theta\cdot\cos\theta=-\dfrac{3}{\sqrt{10}}$

$\tan 2\theta=\dfrac{2\times 3}{1-3^2}=-\dfrac{3}{4}$

$\cos 2\theta=2\cos^2\theta-1=2\times\left(-\dfrac{1}{\sqrt{10}}\right)^2-1=-\dfrac{4}{5}$

$\sin 2\theta=2\sin\theta\cos\theta=2\times\left(-\dfrac{3}{\sqrt{10}}\right)\times\left(-\dfrac{1}{\sqrt{10}}\right)$

$\qquad=\dfrac{3}{5}$

117 $\sin\dfrac{\alpha}{2}=\dfrac{\sqrt{30}\pm 2\sqrt{5}}{10}$, $\tan\dfrac{\alpha}{2}=5\pm 2\sqrt{6}$

(複号同順)

解き方 $\cos^2\alpha=1-\left(\dfrac{1}{5}\right)^2=\dfrac{24}{25}$ より $\cos\alpha=\pm\dfrac{2\sqrt{6}}{5}$

$\sin^2\dfrac{\alpha}{2}=\dfrac{1-\cos\alpha}{2}=\dfrac{5\mp 2\sqrt{6}}{10}=\dfrac{(\sqrt{3}\mp\sqrt{2})^2}{10}$

$0\leqq\dfrac{\alpha}{2}<\dfrac{\pi}{2}$ だから $\sin\dfrac{\alpha}{2}>0$

$\sin\dfrac{\alpha}{2}=\dfrac{\sqrt{3}\pm\sqrt{2}}{\sqrt{10}}=\dfrac{\sqrt{30}\pm 2\sqrt{5}}{10}$

$\tan^2\dfrac{\alpha}{2}=\dfrac{1-\cos\alpha}{1+\cos\alpha}=\dfrac{1\mp\dfrac{2\sqrt{6}}{5}}{1\pm\dfrac{2\sqrt{6}}{5}}$

$\qquad=\dfrac{5\mp 2\sqrt{6}}{5\pm 2\sqrt{6}}=(5\mp 2\sqrt{6})^2$

$\tan\dfrac{\alpha}{2}>0$ だから $\tan\dfrac{\alpha}{2}=5\pm 2\sqrt{6}$

118 $\dfrac{\sqrt{2+\sqrt{2}}}{2}$

解き方 $\cos^2 22.5°=\cos^2\dfrac{45°}{2}=\dfrac{1+\cos 45°}{2}=\dfrac{2+\sqrt{2}}{4}$

$\cos 22.5°>0$ だから $\cos 22.5°=\dfrac{\sqrt{2+\sqrt{2}}}{2}$

119 左辺 $=\dfrac{1+2\sin\dfrac{\theta}{2}\cos\dfrac{\theta}{2}-\left(1-2\sin^2\dfrac{\theta}{2}\right)}{1+2\sin\dfrac{\theta}{2}\cos\dfrac{\theta}{2}+\left(2\cos^2\dfrac{\theta}{2}-1\right)}$

$=\dfrac{2\sin\dfrac{\theta}{2}\left(\cos\dfrac{\theta}{2}+\sin\dfrac{\theta}{2}\right)}{2\cos\dfrac{\theta}{2}\left(\sin\dfrac{\theta}{2}+\cos\dfrac{\theta}{2}\right)}=\dfrac{\sin\dfrac{\theta}{2}}{\cos\dfrac{\theta}{2}}=\tan\dfrac{\theta}{2}$

$=$ 右辺

120 (1) $x=\dfrac{\pi}{4}$, $\dfrac{3}{4}\pi$

(2) $0\leqq x\leqq\dfrac{\pi}{6}$, $x=\dfrac{\pi}{2}$, $\dfrac{5}{6}\pi\leqq x<\pi$

解き方 (1) $2\sin^2 x-(1-2\sin^2 x)=1$

$\sin^2 x=\dfrac{1}{2}$ $0\leqq x<\pi$ より $\sin x=\dfrac{1}{\sqrt{2}}$

(2) $1-2\sin^2 x\leqq 2-3\sin x$

$(2\sin x-1)(\sin x-1)\geqq 0$

よって $\sin x\leqq\dfrac{1}{2}$, $\sin x\geqq 1$

$0\leqq x<\pi$ で $0\leqq\sin x\leqq 1$ だから

$0\leqq\sin x\leqq\dfrac{1}{2}$ または $\sin x=1$

121 (1) $\sqrt{2}\sin\left(x-\dfrac{3}{4}\pi\right)$ (2) $\sin\left(x-\dfrac{\pi}{6}\right)$

解き方 (1) 図より

与式 $=\sqrt{2}\sin\left(x-\dfrac{3}{4}\pi\right)$

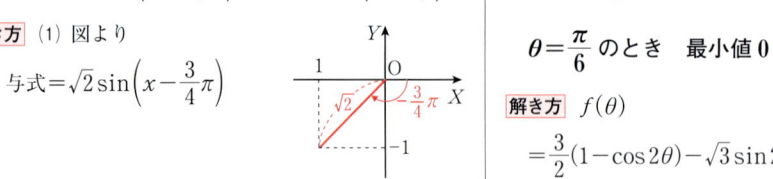

(2) 与式 $=\sin x\cos\dfrac{\pi}{6}+\cos x\sin\dfrac{\pi}{6}-\cos x$

$=\dfrac{\sqrt{3}}{2}\sin x-\dfrac{1}{2}\cos x$

よって，図より

$\sin\left(x-\dfrac{\pi}{6}\right)$

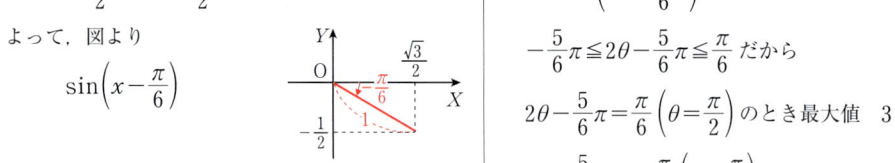

122 (1) $x=0,\ \dfrac{4}{3}\pi$

(2) $0\leqq x\leqq\dfrac{\pi}{6},\ \dfrac{7}{6}\pi\leqq x<2\pi$

解き方 (1) 図より

$2\sin\left(x+\dfrac{5}{6}\pi\right)=1$

$x+\dfrac{5}{6}\pi=\dfrac{5}{6}\pi,\ \dfrac{13}{6}\pi$

よって $x=0,\ \dfrac{4}{3}\pi$

(2) $\sqrt{3}\sin x-\cos x\leqq 0$

図より

$2\sin\left(x-\dfrac{\pi}{6}\right)\leqq 0$ よって

$-\dfrac{\pi}{6}\leqq x-\dfrac{\pi}{6}\leqq 0 \longrightarrow 0\leqq x\leqq\dfrac{\pi}{6}$

$\pi\leqq x-\dfrac{\pi}{6}<\dfrac{11}{6}\pi \longrightarrow \dfrac{7}{6}\pi\leqq x<2\pi$

123 $\theta=\dfrac{\pi}{2}$ のとき 最大値 3,

$\theta=\dfrac{\pi}{6}$ のとき 最小値 0

解き方 $f(\theta)$

$=\dfrac{3}{2}(1-\cos 2\theta)-\sqrt{3}\sin 2\theta+\dfrac{1+\cos 2\theta}{2}$

$=-\sqrt{3}\sin 2\theta-\cos 2\theta+2$

$=2\sin\left(2\theta-\dfrac{5}{6}\pi\right)+2$

$-\dfrac{5}{6}\pi\leqq 2\theta-\dfrac{5}{6}\pi\leqq\dfrac{\pi}{6}$ だから

$2\theta-\dfrac{5}{6}\pi=\dfrac{\pi}{6}\left(\theta=\dfrac{\pi}{2}\right)$ のとき最大値 3

$2\theta-\dfrac{5}{6}\pi=-\dfrac{\pi}{2}\left(\theta=\dfrac{\pi}{6}\right)$ のとき最小値 0

定期テスト予想問題 の解答 —— 本冊→p.135〜136

❶ 順に $\dfrac{33}{65}$, $-\dfrac{56}{65}$

解き方 $\cos^2\alpha = 1-\sin^2\alpha = 1-\left(\dfrac{3}{5}\right)^2 = \dfrac{16}{25}$

α は第1象限の角だから $\cos\alpha > 0$

ゆえに $\cos\alpha = \dfrac{4}{5}$

$\sin^2\beta = 1-\cos^2\beta = 1-\left(-\dfrac{5}{13}\right)^2 = \dfrac{144}{169}$

β は第3象限の角だから $\sin\beta < 0$

ゆえに $\sin\beta = -\dfrac{12}{13}$

よって $\sin(\alpha-\beta) = \sin\alpha\cos\beta - \cos\alpha\sin\beta$

$= \dfrac{3}{5}\cdot\left(-\dfrac{5}{13}\right) - \dfrac{4}{5}\cdot\left(-\dfrac{12}{13}\right) = \dfrac{33}{65}$

$\cos(\alpha-\beta) = \cos\alpha\cos\beta + \sin\alpha\sin\beta$

$= \dfrac{4}{5}\cdot\left(-\dfrac{5}{13}\right) + \dfrac{3}{5}\cdot\left(-\dfrac{12}{13}\right) = -\dfrac{56}{65}$

❷ (1) **0**　　(2) **1**

解き方 (1) 与式

分母と分子に $\cos\theta$ を掛ける

$= \dfrac{\cos^2\theta - \sin^2\theta}{(\sin\theta + \cos\theta)^2} - \dfrac{\cos\theta - \sin\theta}{\cos\theta + \sin\theta}$

$1 = \sin^2\theta + \cos^2\theta$

$= \dfrac{\cos\theta - \sin\theta}{\sin\theta + \cos\theta} - \dfrac{\cos\theta - \sin\theta}{\cos\theta + \sin\theta} = 0$

(2) 与式 $= \tan^2\theta + (1-\tan^2\theta)(1+\tan^2\theta)\cos^2\theta$

$= \tan^2\theta + (1-\tan^2\theta)\times\dfrac{1}{\cos^2\theta}\times\cos^2\theta$

$= 1$

❸ $\pm\dfrac{\sqrt{6}}{4}$

解き方 $\cos\theta = 0$ は適さないので, 左辺の分母と分子を $\cos\theta$ で割る。

$\dfrac{\tan\theta + 1}{\tan\theta - 1} = 4 + \sqrt{15}$ より $\tan\theta = \dfrac{\sqrt{15}}{3}$

$\cos^2\theta = \dfrac{1}{1+\tan^2\theta} = \dfrac{3}{8}$

よって $\cos\theta = \pm\dfrac{\sqrt{6}}{4}$

❹ $a = \dfrac{3}{2}$, $b = \dfrac{\pi}{2}$, $A = 3$, $B = -3$, $C = \dfrac{5}{3}\pi$

解き方 $-3 \leqq y \leqq 3$ より $A = 3$, $B = -3$

また, 周期は $2\left(\pi - \dfrac{\pi}{3}\right) = \dfrac{4}{3}\pi$ だから,

$\dfrac{2\pi}{a} = \dfrac{4}{3}\pi$ より $a = \dfrac{3}{2}$

図より $C = \dfrac{\pi}{3} + \dfrac{4}{3}\pi = \dfrac{5}{3}\pi$

グラフが $\left(\dfrac{\pi}{3},\ 0\right)$ を通り符号が正→負となるので,

$3\sin\left(\dfrac{3}{2}\times\dfrac{\pi}{3} + b\right) = 0$ より $\sin\left(\dfrac{\pi}{2} + b\right) = 0$

よって $\cos b = 0$　$b = \dfrac{\pi}{2}$

❺ $-\dfrac{\pi}{3} < \theta < \dfrac{\pi}{3}$

解き方 $x^2 + 2(\sin\theta)x + \cos\theta + \cos^2\theta = 0$ の判別式を D とすると,

$\dfrac{D}{4} = \sin^2\theta - (\cos\theta + \cos^2\theta) < 0$ となればよい。

$1-\cos^2\theta$

$1 - \cos^2\theta - \cos\theta - \cos^2\theta < 0$

$(2\cos\theta - 1)(\cos\theta + 1) > 0$

$\cos\theta < -1,\ \cos\theta > \dfrac{1}{2}$

また $-1 \leqq \cos\theta \leqq 1$

これより $\cos\theta > \dfrac{1}{2}$

したがって $-\dfrac{\pi}{3} < \theta < \dfrac{\pi}{3}$

❻ $-2 \leqq a \leqq \dfrac{25}{12}$

解き方 $\sin\theta = t$ とおくと,

$t^2 + t - 2(1-t^2) + a = 0$ より

$a = -3t^2 - t + 2$

よって

$y = -3t^2 - t + 2$

$= -3\left(t + \dfrac{1}{6}\right)^2 + \dfrac{25}{12}$

と $y = a$ が $-1 \leqq t \leqq 1$ で共有点をもてばよいので,

図より $-2 \leqq a \leqq \dfrac{25}{12}$

❼ (1) $y=\dfrac{1}{2}t^2-t+\dfrac{1}{2}$

(2) $x=\dfrac{5}{4}\pi$ のとき　最大値 $\dfrac{3}{2}+\sqrt{2}$,

$x=0,\ \dfrac{\pi}{2}$ のとき　最小値 0

解き方 (1) $t^2=(\sin x+\cos x)^2=1+2\sin x\cos x$

より　$\sin x\cos x=\dfrac{t^2-1}{2}$

$y=\sin x\cos x-(\sin x+\cos x)+1$

$=\dfrac{t^2-1}{2}-t+1=\dfrac{1}{2}t^2-t+\dfrac{1}{2}$

(2) $t=\sqrt{2}\sin\left(x+\dfrac{\pi}{4}\right)$ より　$-\sqrt{2}\leqq t\leqq\sqrt{2}$

$y=\dfrac{1}{2}(t-1)^2$ のグラフから, $t=-\sqrt{2}$ つまり

$x=\dfrac{5}{4}\pi$ のとき最大値

$y=\dfrac{3}{2}+\sqrt{2}$ をとり,

$t=1$ つまり $x=0,\ \dfrac{\pi}{2}$

のとき最小値0をとる。

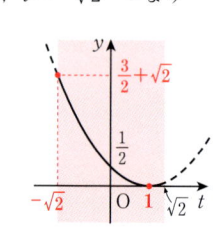

❽ $x=0,\ \dfrac{\pi}{2},\ \pi,\ \dfrac{3}{2}\pi$ のとき, 最大値　1

$x=\dfrac{\pi}{4},\ \dfrac{3}{4}\pi,\ \dfrac{5}{4}\pi,\ \dfrac{7}{4}\pi$ のとき, 最小値　$\dfrac{1}{4}$

解き方 $y=(\sin^2 x+\cos^2 x)^3$
$\quad\quad\quad -3\sin^2 x\cos^2 x(\sin^2 x+\cos^2 x)$
$\quad\quad=1-3\sin^2 x\cos^2 x$

$\sin^2 x=t$ とおくと, $0\leqq t\leqq 1$で

$y=1-3t(1-t)=3\left(t-\dfrac{1}{2}\right)^2+\dfrac{1}{4}$

よって, $t=0,\ 1$のとき,
最大値　1
このとき, $\sin x=0,\ \pm1$より

$x=0,\ \dfrac{\pi}{2},\ \pi,\ \dfrac{3}{2}\pi$

$t=\dfrac{1}{2}$ のとき最小値 $\dfrac{1}{4}$　このとき, $\sin x=\pm\dfrac{1}{\sqrt{2}}$

より　$x=\dfrac{\pi}{4},\ \dfrac{3}{4}\pi,\ \dfrac{5}{4}\pi,\ \dfrac{7}{4}\pi$

(別解) $\sin 2x=t$ とおくと, $-1\leqq t\leqq 1$で

$y=1-\dfrac{3}{4}t^2$ となるから

$t=0$ のとき, 最大値　1
$t=\pm 1$ のとき, 最小値　$\dfrac{1}{4}$

❾ 下の図

(1)

(2)

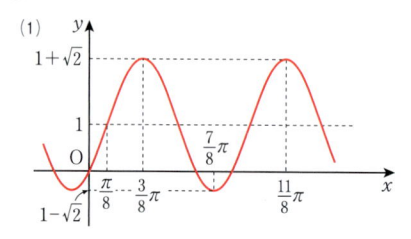

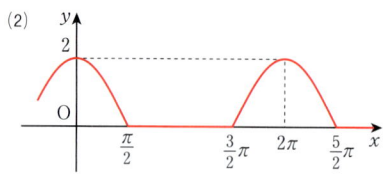

解き方 (1) $y=1-\cos 2x+\sin 2x$

$=\sqrt{2}\sin\left(2x-\dfrac{\pi}{4}\right)+1=\sqrt{2}\sin\left\{2\left(x-\dfrac{\pi}{8}\right)\right\}+1$

$y=\sin x$ のグラフを, x軸方向に $\dfrac{1}{2}$ 倍に縮小し,

y軸方向に $\sqrt{2}$ 倍に拡大したものを, x軸方向に $\dfrac{\pi}{8}$,

y軸方向に1だけ平行移動する。

(2) $\cos x\geqq 0$ のとき　$y=\cos x+\cos x=2\cos x$
$\cos x<0$ のとき　$y=\cos x-\cos x=0$

❿ (1) $x=\dfrac{\pi}{3},\ \dfrac{\pi}{2}$　(2) $x=\dfrac{\pi}{2},\ \dfrac{3}{4}\pi$

解き方 (1) $\cos x-(2\cos^2 x-1)=1$

$2\cos^2 x-\cos x=0$　$\cos x(2\cos x-1)=0$

よって　$\cos x=0$ または $2\cos x-1=0$

$0\leqq x\leqq\pi$ だから, $\cos x=0$ より　$x=\dfrac{\pi}{2}$

$\cos x=\dfrac{1}{2}$ より　$x=\dfrac{\pi}{3}$

(2) $\dfrac{3(1-\cos 2x)}{2}-\sin 2x+\dfrac{1+\cos 2x}{2}=3$

$\sin 2x+\cos 2x=-1$

$\sqrt{2}\sin\left(2x+\dfrac{\pi}{4}\right)=-1$

$\sin\left(2x+\dfrac{\pi}{4}\right)=-\dfrac{1}{\sqrt{2}}$

$\dfrac{\pi}{4} \leqq 2x+\dfrac{\pi}{4} \leqq \dfrac{9}{4}\pi$ より $2x+\dfrac{\pi}{4}=\dfrac{5}{4}\pi, \dfrac{7}{4}\pi$

⓫ 1

解き方 解と係数の関係より

$\tan\alpha+\tan\beta=\dfrac{3}{2}, \tan\alpha\tan\beta=\dfrac{1}{2}$

よって $\tan(\alpha+\beta)=\dfrac{\dfrac{3}{2}}{1-\dfrac{1}{2}}=3$

$1+\tan^2(\alpha+\beta)=\dfrac{1}{\cos^2(\alpha+\beta)}$ より

$\cos^2(\alpha+\beta)=\dfrac{1}{1+9}=\dfrac{1}{10}$

与式
$=\cos^2(\alpha+\beta)\{3\tan^2(\alpha+\beta)-5\tan(\alpha+\beta)-2\}$
$=\dfrac{1}{10}(3\times 3^2-5\times 3-2)=1$

⓬ (1) $y=2\sin\left(2x-\dfrac{\pi}{6}\right)+1$

(2) $x=\dfrac{\pi}{3}, \dfrac{4}{3}\pi$ のとき 最大値 3

$x=\dfrac{5}{6}\pi, \dfrac{11}{6}\pi$ のとき 最小値 -1

解き方 (1) $y=2\sin^2 x+2\sqrt{3}\sin x\cos x$

$=2\cdot\dfrac{1-\cos 2x}{2}+\sqrt{3}\sin 2x$

$=\sqrt{3}\sin 2x-\cos 2x+1$

$=2\sin\left(2x-\dfrac{\pi}{6}\right)+1$

(2) $2x-\dfrac{\pi}{6}=\theta$ とおくと $-\dfrac{\pi}{6}\leqq\theta<\dfrac{23}{6}\pi$

$-1\leqq\sin\theta\leqq 1$ より $-1\leqq 2\sin\theta+1\leqq 3$

$\theta=\dfrac{\pi}{2}, \dfrac{5}{2}\pi$, すなわち $x=\dfrac{\pi}{3}, \dfrac{4}{3}\pi$ のとき
最大値 3 をとり,

$\theta=\dfrac{3}{2}\pi, \dfrac{7}{2}\pi$, すなわち $x=\dfrac{5}{6}\pi, \dfrac{11}{6}\pi$ のとき
最小値 -1 をとる。

4章 指数関数・対数関数

類題 の解答 ━━━━━━━ 本冊→p.139〜163

124 (1) 6 (2) 0.5 (3) -4
(4) 5 (5) 10 (6) -2

解き方 (1) 与式$=\sqrt[3]{6^3}=6$
(2) 与式$=\sqrt[4]{0.5^4}=0.5$
(3) 与式$=-\sqrt[5]{1024}=-\sqrt[5]{4^5}=-4$
(4) 与式$=\sqrt[3]{\dfrac{375}{3}}=\sqrt[3]{5^3}=5$
(5) 与式$=\sqrt[8]{100^4}=\sqrt[8]{10^8}=10$
(6) 与式$=\sqrt[9]{-512}=-\sqrt[9]{2^9}=-2$

125 (1) $\dfrac{1}{a^8}$ (2) ab (3) $\dfrac{a^5}{b}$
(4) 27 (5) 256 (6) 400000

解き方 (1) 与式$=a^{-3-5}=a^{-8}$
(2) 与式$=(a^{-1})^3 b^3\times(a^{-2})^{-2}b^{-2}=a^{-3}b^3\times a^4 b^{-2}$
$=a^{-3+4}b^{3-2}=ab$
(3) 与式$=a^{15}b^{-6}\div a^{10}b^{-5}=a^{15-10}b^{-6+5}=a^5 b^{-1}$
(4) 与式$=3^{-5}\div 3^{-8}=3^{-5+8}=3^3$
(5) 与式$=(2\cdot 3)^3\div 2^{-5}\times 3^{-3}=2^3\times 3^3\div 2^{-5}\times 3^{-3}$
$=2^{3-(-5)}\cdot 3^{3-3}=2^8$
(6) 与式$=2\times 10^6\div 5=2\times 2\times 10^5=2^2\cdot 10^5$

126 (1) $\sqrt[3]{a^8}$ (2) $\sqrt[4]{a^3}$ (3) $\dfrac{1}{\sqrt{a^7}}$

解き方 (2) 与式$=a^{\frac{3}{4}}=\sqrt[4]{a^3}$
(3) 与式$=\dfrac{1}{a^{\frac{7}{2}}}=\dfrac{1}{\sqrt{a^7}}$

127 (1) 4 (2) 4

解き方 (1) 与式$=\{(2^6)^{\frac{2}{3}}\}^{\frac{1}{2}}=2^{6\times\frac{2}{3}\times\frac{1}{2}}=2^2=4$
(2) 与式$=(2^2)^{\frac{2}{3}}\div(2\cdot 3^2)^{\frac{1}{3}}\times(2^3\cdot 3^2)^{\frac{1}{3}}$
$=2^{\frac{4}{3}-\frac{1}{3}+1}\times 3^{-\frac{2}{3}+\frac{2}{3}}=2^2=4$

128 (1) 49 (2) a

解き方 (1) 与式$=7^{\frac{4}{3}}\times 7^{\frac{1}{2}}\times 7^{\frac{1}{6}}=7^2=49$
(2) 与式$=\{a(a\cdot a^{\frac{1}{2}})^{\frac{1}{2}}\}^{\frac{1}{2}}\times\{(a^{\frac{1}{2}})^{\frac{1}{2}}\}^{\frac{1}{2}}=a^{\frac{7}{8}}\times a^{\frac{1}{8}}$
$=a$

本冊 p.136〜143 の解答 35

129 (1) 6　　(2) 34　　(3) $2\sqrt{2}$

解き方　$a^{\frac{1}{2}}=x$, $a^{-\frac{1}{2}}=y$ とおくと　$x-y=2$,
$xy=a^{\frac{1}{2}}\times a^{-\frac{1}{2}}=a^{\frac{1}{2}-\frac{1}{2}}=a^0=1$

(1) 与式 $=x^2+y^2=(x-y)^2+2xy=4+2=6$

(2) 与式 $=x^4+y^4=(x^2+y^2)^2-2x^2y^2=36-2=34$

(3) $x>0$, $y>0$ より　$x+y>0$ だから
$x+y=\sqrt{(x+y)^2}=\sqrt{(x-y)^2+4xy}=2\sqrt{2}$

130

x	-4	-3	-2	-1	0	1	2
(1)	$\frac{1}{4}$	$\frac{1}{2}$	1	2	4	8	16
(2)	4	2	1	$\frac{1}{2}$	$\frac{1}{4}$	$\frac{1}{8}$	$\frac{1}{16}$
(3)	$-\frac{7}{4}$	$-\frac{3}{2}$	-1	0	2	6	14

グラフは右の図

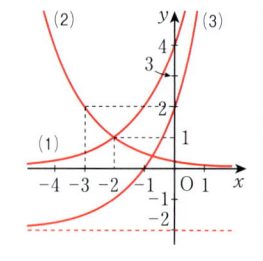

解き方　(1) $y=2^x$ のグラフを x 軸方向に -2 だけ平行移動したもの。

(2) $y=2^{-x}\cdot 2^{-2}$
$=2^{-(x+2)}$
となる。
$y=2^{-x}$ のグラフを x 軸方向に -2 だけ平行移動したもの。

(3) $y=2^x$ のグラフを x 軸方向に -2, y 軸方向に -2 だけ平行移動したもの。

131 右の図

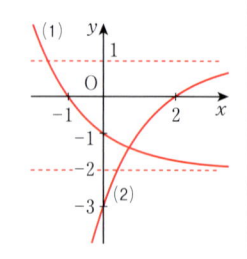

解き方　(1) $y=2^x$ のグラフを, y 軸に関して対称移動してから y 軸方向に -2 だけ平行移動する。

(2) $y=2^x$ のグラフを, 原点に関して対称移動し, x 軸方向に 2, y 軸方向に 1 だけ平行移動する。

132 (1) $4^{-\frac{3}{2}}<8^{-\frac{1}{6}}<0.5^{\frac{1}{3}}<2^{0.3}$

(2) $\sqrt[4]{35}<\sqrt{6}<\sqrt[3]{15}$

解き方　(1) $4^{-\frac{3}{2}}=2^{-3}$, $0.5^{\frac{1}{3}}=2^{-\frac{1}{3}}$, $8^{-\frac{1}{6}}=2^{-\frac{1}{2}}$

(2) $\sqrt{6}=(6^2)^{\frac{1}{4}}=\sqrt[4]{36}>\sqrt[4]{35}$
$\sqrt{6}=(6^3)^{\frac{1}{6}}=\sqrt[6]{216}<\sqrt[6]{15^2}=\sqrt[3]{15}$

133 $\sqrt[n]{a^{n-1}}<\sqrt[n+1]{a^n}<\sqrt[n]{a^{n+1}}<\sqrt[n-1]{a^n}$

解き方　$\dfrac{n}{n-1}-\dfrac{n+1}{n}=\dfrac{1}{n(n-1)}>0$ より
$\dfrac{n-1}{n}<\dfrac{n}{n+1}<1<\dfrac{n+1}{n}<\dfrac{n}{n-1}$
$a>1$ だから　$a^{\frac{n-1}{n}}<a^{\frac{n}{n+1}}<a^{\frac{n+1}{n}}<a^{\frac{n}{n-1}}$

134 (1) $x=2$ のとき, 最大値　0,
　　　　$x=-2$ のとき, 最小値　-80

(2) $x=0$ のとき, 最小値　-3, 最大値はなし

解き方　(1) $y=3^{-x}$ のグラフを, x 軸に関して対称移動し, x 軸方向に 2, y 軸方向に 1 だけ平行移動すればグラフがかける。
最大値は $x=2$ のとき　0
最小値は $x=-2$ のとき
　-80

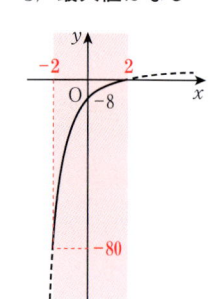

(2) $2^x=t$ とおくと,
$t>0$ で　$y=t^2-2t-2=(t-1)^2-3$
したがって, 最大値なし
$t=1$ すなわち $x=0$ のとき, 最小値　-3

135 (1) $x=4$　　(2) $x=-\dfrac{5}{11}$

解き方　(1) $3^{-x}=3^{-4}$ より　$x=4$

(2) $2^{3(1-3x)}=2^{2(x+4)}$ より　$3(1-3x)=2(x+4)$
よって　$x=-\dfrac{5}{11}$

136 (1) $x=1, 2$　　(2) $x=-1$

解き方 (1) $2^x=t$ とおくと　$t^2-6t+8=0$
$t=2, 4$ より　$x=1, 2$
(2) $3^x=t$ とおくと　$3t^2+5t-2=0$
$t>0$ より　$t=\dfrac{1}{3}=3^{-1}$　よって　$x=-1$

137 (1) $x<\dfrac{1}{6}$　　(2) $-\dfrac{7}{2}<x<-\dfrac{3}{4}$

解き方 (1) $3^{1-3x}>3^{\frac{1}{2}}$, 底 $3>1$ より　$1-3x>\dfrac{1}{2}$
$3x<1-\dfrac{1}{2}$　$x<\dfrac{1}{6}$
(2) $3^{-(x+2)}<3\cdot 3^{\frac{1}{2}}<3^{-2x}$
$3^{-x-2}<3^{\frac{3}{2}}<3^{-2x}$, 底 $3>1$ より
$-x-2<\dfrac{3}{2}<-2x$
$-x-2<\dfrac{3}{2}$ より　$x>-\dfrac{7}{2}$
$\dfrac{3}{2}<-2x$ より　$x<-\dfrac{3}{4}$

138 $x>-1$

解き方 $2^x=t$ とおくと, $2t^2+3t-2>0$ より
$(2t-1)(t+2)>0$
$t>0$ だから　$t+2>0$
したがって　$2t-1>0$　$t>\dfrac{1}{2}$　$2^x>2^{-1}$
底 $2>1$ より　$x>-1$

139 (1) $4=\log_3 81$　　(2) $3^{\frac{3}{2}}=\sqrt{27}$

140 (1) 0　　(2) $-\dfrac{1}{2}$

解き方 (1) 与式 $=\log_{10}\left(\sqrt[3]{\dfrac{27}{8}}\times\dfrac{5}{6}\times\sqrt{\dfrac{16}{25}}\right)$
$=\log_{10}\left(\dfrac{3}{2}\times\dfrac{5}{6}\times\dfrac{4}{5}\right)$
$=\log_{10} 1=0$
(2) 与式 $=\dfrac{1}{2}\log_2\dfrac{7}{48}+\dfrac{1}{2}\log_2 12^2-\dfrac{1}{2}\log_2 42$
$=\dfrac{1}{2}\log_2\dfrac{7\cdot 12^2}{48\cdot 42}=\dfrac{1}{2}\log_2\dfrac{1}{2}=-\dfrac{1}{2}$

141 (1) $2a+3b+1$　　(2) $a+2b-2$
(3) $2-2a$

解き方 (1) 与式 $=\log_{10}(2^2\cdot 3^3\cdot 10)$
$=2\log_{10} 2+3\log_{10} 3+1$
(2) 与式 $=\log_{10}\dfrac{2\cdot 3^2}{10^2}$
$=\log_{10} 2+2\log_{10} 3-2$
(3) 与式 $=\log_{10} 5^2$
$=\log_{10}\left(\dfrac{10}{2}\right)^2$
$=\log_{10}\dfrac{10^2}{2^2}$
$=2-2\log_{10} 2$

142 (1) 2　　(2) $\dfrac{3a+b+1}{6b}$

解き方 (1) 底を 2 にそろえる。
与式 $=\dfrac{\log_2 3}{\log_2 4}\times\dfrac{\log_2 25}{\log_2 9}\times\dfrac{\log_2 16}{\log_2 5}$
$=\dfrac{\log_2 3\times 2\log_2 5\times 4}{2\times 2\log_2 3\times \log_2 5}$
$=2$
(2) 底が 10 の対数を用いて表す。
与式 $=\dfrac{\log_{10} 240}{3\log_{10} 9}$
$=\dfrac{\log_{10} 2^3+\log_{10} 3+1}{6\log_{10} 3}$
$=\dfrac{3a+b+1}{6b}$

143 右の図

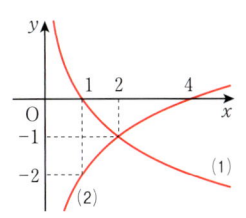

解き方 (1) $y=\log_2 x^{-1}=-\log_2 x$
$y=\log_2 x$ のグラフを x 軸に関して対称移動したもの。
(2) $y=\log_2 x-\log_2 4=\log_2 x-2$
　　　　　　　　　$\log_2 2^2=2$
$y=\log_2 x$ のグラフを y 軸方向に -2 だけ平行移動したもの。

144 (1) $\log_4 17 < \log_2 5 < \log_{\frac{1}{2}} \frac{1}{7}$

(2) $\log_3 2 < \frac{2}{3} < \log_5 4$

解き方 (1) 底を 2 にそろえて，真数の大小を比較する。
$$\log_4 17 = \frac{\log_2 17}{\log_2 4} = \frac{\log_2 17}{2} = \log_2 \sqrt{17}$$

$$\log_{\frac{1}{2}} \frac{1}{7} = \frac{\log_2 \frac{1}{7}}{\log_2 \frac{1}{2}} = \frac{-\log_2 7}{-1} = \log_2 7$$

$\sqrt{17} < 5 < 7$ より $\log_4 17 < \log_2 5 < \log_{\frac{1}{2}} \frac{1}{7}$

(2) 各数を 3 倍して比較する。
$3\log_3 2 = \log_3 2^3 = \log_3 8$ 　底を 3 にそろえて比較する
$3\log_5 4 = \log_5 4^3 = \log_5 64$ 　底を 5 にそろえて比較する
$2 = \log_3 3^2 = \log_3 9 = \log_5 5^2 = \log_5 25$

よって $3\log_3 2 < 2 < 3\log_5 4$

145 $x=4$ のとき　最大値 5,
$x=2$ のとき　最小値 4

解き方 $\log_2 x = t$ とおくと，
$2 \leqq x \leqq 4$ より，$1 \leqq t \leqq 2$ で
$f(x) = t^2 - 2t + 5 = (t-1)^2 + 4$
$t=2$ のとき，最大値　5
$t=2$ より　$\log_2 x = 2$ 　$x=4$
$t=1$ のとき，最小値　4
$t=1$ より　$\log_2 x = 1$ 　$x=2$

146 (1) $x=2$ 　　(2) $\frac{1}{2} < x < 1$

解き方 (1) $x+2 = \left(\frac{1}{2}\right)^{-2} = 4$ 　よって　$x=2$

(2) 真数は正だから，$2x-1>0$, $5-4x>0$ より
$\frac{1}{2} < x < \frac{5}{4}$ 　…①

また，底は $3>1$ だから　$2x-1 < 5-4x$
$6x < 6$ より　$x < 1$ 　…②
①，②より　$\frac{1}{2} < x < 1$

147 (1) $x=6$ 　　(2) $0 < x \leqq 2$, $4 \leqq x < 6$

解き方 (1) 真数は正だから，$x-5>0$, $x-2>0$ より
$x > 5$ 　…①
$\log_4 (x-5)(x-2) = 1$
$(x-5)(x-2) = 4$ より　$x^2 - 7x + 6 = 0$
$(x-6)(x-1) = 0$ 　$x>5$ より　$x=6$

(2) 真数は正だから，$x>0$, $6-x>0$ より
$0 < x < 6$ 　…①
$\log_{\frac{1}{2}} x + \log_{\frac{1}{2}} (6-x) \geqq -3$
$\log_{\frac{1}{2}} x(6-x) \geqq -3$
また，底は $\frac{1}{2}$ で，$0 < \frac{1}{2} < 1$ だから，
$x(6-x) \leqq \left(\frac{1}{2}\right)^{-3}$ より
$x^2 - 6x + 8 \geqq 0$ 　$(x-2)(x-4) \geqq 0$
よって　$x \leqq 2$, $x \geqq 4$ 　…②
①，②より　$0 < x \leqq 2$, $4 \leqq x < 6$

148 $x=3$, 27

解き方 $\log_3 x = t$ とおくと　$t^2 - 4t + 3 = 0$
$(t-3)(t-1) = 0$ 　よって　$t=1$, 3
$t=1$ より　$x=3$, $t=3$ より　$x=27$

149 順に，10 桁，小数第 10 位

解き方 $\log_{10} 3^{20} = 20 \times 0.4771 = 9.542$ より
$10^9 < 3^{20} < 10^{10}$
$\log_{10} \left(\frac{1}{3}\right)^{20} = \log_{10} 3^{-20} = -9.542$ より
$10^{-10} < \left(\frac{1}{3}\right)^{20} < 10^{-9}$

150 $n=46$

解き方 各辺の 10 を底とする対数をとる。
$n \log_{10} 2 < 20 \log_{10} 5 < (n+1) \log_{10} 2$
$n \log_{10} 2 < 20 \left(\log_{10} \frac{10}{2}\right) < (n+1) \log_{10} 2$
$n \log_{10} 2 < 20 (1 - \log_{10} 2) < (n+1) \log_{10} 2$
よって　$\frac{20(1-\log_{10} 2)}{\log_{10} 2} - 1 < n < \frac{20(1-\log_{10} 2)}{\log_{10} 2}$

$\frac{20(1-0.3010)}{0.3010} - 1 < n < \frac{20(1-0.3010)}{0.3010}$

$45.44\cdots < n < 46.44\cdots$

定期テスト予想問題 の解答 — 本冊→p. 165〜166

❶ (1) $2^{50} > 6^{19} > 5^{20}$

(2) $\log_{\frac{1}{2}} \frac{1}{3} > \log_{\frac{1}{3}} \frac{1}{2} > \log_{\frac{1}{3}} 2 > \log_{\frac{1}{2}} 3$

解き方 (1) $\log_{10} 6^{19} = 19(\log_{10} 2 + \log_{10} 3) = 14.7839$
$\log_{10} 5^{20} = 20(1 - \log_{10} 2) = 13.98$
$\log_{10} 2^{50} = 50 \log_{10} 2 = 15.05$ より
$\log_{10} 2^{50} > \log_{10} 6^{19} > \log_{10} 5^{20}$

(2) $\log_{\frac{1}{3}} 2 = \dfrac{\log_2 2}{\log_2 \frac{1}{3}} = -\dfrac{1}{\log_2 3}$

同様に $\log_{\frac{1}{3}} \frac{1}{2} = \dfrac{1}{\log_2 3}$, $\log_{\frac{1}{2}} 3 = -\log_2 3$,

$\log_{\frac{1}{2}} \frac{1}{3} = \log_2 3$ $\log_2 3 > 1$ よりわかる。

❷ (1) $\dfrac{1}{192}$ (2) $\sqrt[12]{a}$ (3) 0 (4) 5

解き方 (1) 与式 $= (2^2)^{\frac{3}{2}} \times (3^3)^{-\frac{1}{3}} \div \{(2^6)^3\}^{\frac{1}{2}}$
$= 2^3 \times 3^{-1} \div 2^9 = \dfrac{2^3}{3 \times 2^9} = \dfrac{1}{3 \times 2^6} = \dfrac{1}{192}$

(2) 与式 $= \{a(a^3)^{\frac{1}{2}}\}^{\frac{1}{2}} \div (a^2 \times a^{\frac{1}{3}})^{\frac{1}{2}}$
$= a^{\frac{1}{2}} \times a^{\frac{3}{4}} \div (a \times a^{\frac{1}{6}}) = a^{\frac{1}{2} + \frac{3}{4} - 1 - \frac{1}{6}} = a^{\frac{1}{12}} = \sqrt[12]{a}$

(3) 与式 $= \dfrac{1}{2}\left(3\log_3 2 + \log_3 \dfrac{1}{6} - 2\log_3 \dfrac{2\sqrt{3}}{3}\right)$
$= \dfrac{1}{2}\left\{\log_3 2^3 + \log_3 \dfrac{1}{6} - \log_3 \left(\dfrac{2\sqrt{3}}{3}\right)^2\right\}$
$= \dfrac{1}{2} \log_3 \dfrac{2^3 \times 1 \times 3^2}{6 \times 4 \times 3} = \dfrac{1}{2} \log_3 1 = 0$

(4) 与式 $= \left(\log_2 3 + \dfrac{2\log_2 3}{2}\right)\left(\dfrac{2}{\log_2 3} + \dfrac{1}{2\log_2 3}\right)$
（$\log_2 9$, $\log_2 2$, $\log_2 4$ の書き込み）
$= 2\log_2 3 \times \dfrac{5}{2\log_2 3} = 5$

❸ 順に, $\dfrac{4\sqrt{3}}{3}$, $\dfrac{7}{3}$

解き方 $a^x = t$ とおくと, $t^2 = 3$ より $t = \sqrt{3}$
$a^x + a^{-x} = t + \dfrac{1}{t} = \sqrt{3} + \dfrac{1}{\sqrt{3}} = \sqrt{3} + \dfrac{\sqrt{3}}{3} = \dfrac{4\sqrt{3}}{3}$

$\dfrac{a^{3x} + a^{-3x}}{a^x + a^{-x}} = \dfrac{(a^x)^3 + (a^{-x})^3}{a^x + a^{-x}}$
$= \dfrac{(a^x + a^{-x})\{(a^x)^2 - a^x \cdot a^{-x} + (a^{-x})^2\}}{a^x + a^{-x}}$
$= (a^x)^2 - 1 + (a^{-x})^2 = 3 - 1 + \dfrac{1}{3} = \dfrac{7}{3}$

❹ 5

解き方 $5^{\frac{1}{n}} = t$ とおくと $x = \dfrac{t - t^{-1}}{2}$
$x^2 + 1 = \dfrac{(t - t^{-1})^2 + 4}{4} = \dfrac{(t + t^{-1})^2}{4}$ より
$(x + \sqrt{x^2 + 1})^n = \left(\dfrac{t - t^{-1}}{2} + \dfrac{t + t^{-1}}{2}\right)^n = t^n = 5$

❺ (1) $\dfrac{1 + 2a + ab}{3}$ (2) $\dfrac{2 + a}{1 + ab}$

解き方 $\log_3 5 = \dfrac{\log_2 5}{\log_2 3}$ より $\log_2 5 = ab$

(1) 与式 $= \dfrac{1}{3} \log_2 (2 \cdot 3^2 \cdot 5)$
$= \dfrac{1}{3}(1 + 2\log_2 3 + \log_2 5) = \dfrac{1}{3}(1 + 2a + ab)$

(2) $\log_{10} 12 = \dfrac{\log_2 12}{\log_2 10} = \dfrac{2\log_2 2 + \log_2 3}{\log_2 2 + \log_2 5} = \dfrac{2 + a}{1 + ab}$

❻ (1) 小数第 19 位   (2) $n = 12$

解き方 (1) $\log_{10} 0.25^{30} = \log_{10} (2^{-2})^{30}$
$= -60 \log_{10} 2 = -18.06$
よって $10^{-19} < 0.25^{30} < 10^{-18}$

(2) 常用対数をとると $n \log_{10} 1.5 > 2$
$n(\log_{10} 3 - \log_{10} 2) > 2$ $0.1761 n > 2$
$n > 11.35 \cdots$ よって $n = 12$

❼ (1) $x = 3$ (2) $x = 3, \dfrac{1}{9}$

解き方 (1) $2^x = t$ とおくと $t^2 - 2t - 48 = 0$
$(t - 8)(t + 6) = 0$ $t > 0$ より $t = 8$
$2^x = 8$ より $2^x = 2^3$ よって $x = 3$

(2) 底，真数の条件より $x > 0$, $x \neq 1$ …①
与式より $\dfrac{\log_3 9}{\log_3 x} - \log_3 x = 1$
$\log_3 x = t$ とおいて分母を払うと
$t^2 + t - 2 = 0$ $(t + 2)(t - 1) = 0$
$\log_3 x = 1, -2$ より $x = 3, \dfrac{1}{9}$ （①を満たす）

❽ (1) $x \leq \dfrac{6}{5}$　　　　(2) $2 < x < 8$

解き方 (1) $3^{2x} \leq 3^{3(2-x)}$ で，底 $3 > 1$ より

$2x \leq 3(2-x)$　$5x \leq 6$　よって　$x \leq \dfrac{6}{5}$

(2) 真数条件より　$x > 0$, $10 - x > 0$

ゆえに　$0 < x < 10$ …①

$\log_2 x(10-x) > \log_2 2^4$ で，底 $2 > 1$ より

$x(10-x) > 16$　$x^2 - 10x + 16 < 0$

$(x-8)(x-2) < 0$

よって　$2 < x < 8$（①を満たす）

❾ (1) $f(x) = t^2 - 2t + 3$

(2) $x = 0$ のとき，最小値 2

解き方 (1) $f(x) = (2^2)^x - 2 \cdot 2^x + 3$
$= (2^x)^2 - 2 \cdot 2^x + 3 = t^2 - 2t + 3$

(2) $f(x) = (t-1)^2 + 2$ で，$t > 0$ だから，$t = 1$, すなわち $x = 0$ のとき最小値 2 をとる。

❿ 最大値 -1 $\left(x = \dfrac{1}{3}, y = 1\right)$

解き方 $x > 0$, $y > 0$, $y = 2 - 3x$ より

$0 < x < \dfrac{2}{3}$ …①

このとき　$\log_3 x + \log_3 y = \log_3 x(2-3x)$

$= \log_3 \left\{ \dfrac{1}{3} - 3\left(x - \dfrac{1}{3}\right)^2 \right\}$

①より，$x = \dfrac{1}{3}$ のとき，最大値　$\log_3 \dfrac{1}{3} = -1$

このとき y は　$y = 2 - 3 \times \dfrac{1}{3} = 1$

⓫ (1) $2^{\log_{10} x} = t$ とおいて，10 を底とする両辺の対数をとると　$\log_{10} 2^{\log_{10} x} = \log_{10} t$

$\log_{10} x \cdot \log_{10} 2 = \log_{10} t$

ゆえに　$\log_{10} t = \log_{10} 2 \cdot \log_{10} x = \log_{10} x^{\log_{10} 2}$

よって　$t = x^{\log_{10} 2}$　ゆえに　$2^{\log_{10} x} = x^{\log_{10} 2}$

(2) $x = 100$ のとき最小値 -16

解き方 (2) $2^{\log_{10} x} = t$ とおくと，$t > 0$ で，(1)より

$f(x) = t \cdot t - 4(t + t) = t^2 - 8t = (t-4)^2 - 16$

よって，$t = 4$ のとき最小値 -16 をとる。

$2^{\log_{10} x} = 4 = 2^2$ より　$\log_{10} x = 2$

よって　$x = 10^2 = 100$

⓬ (1) $\dfrac{1}{2}$　　　　(2) 1

解き方 (1) 4 を底とする対数をとると

$\log_4 2^{\log_4 7} = \log_4 7^x$　$x \log_4 7 = \log_4 7 \cdot \log_4 2$

よって　$x = \log_4 2 = \dfrac{\log_2 2}{\log_2 4} = \dfrac{1}{2 \log_2 2} = \dfrac{1}{2}$

(2) 4 を底とする対数をとると

$\log_4 2^{\log_4 x} = \log_4 x$　　$\log_4 2 \cdot \log_4 x = \log_4 x$

$\dfrac{1}{2} \log_4 x = \log_4 x$　　$\log_4 x = 0$

よって　$x = 1$

⓭ (1) $x = \dfrac{z}{\log_{10} 2}$, $y = \dfrac{z}{1 - \log_{10} 2}$　　(2) 0

解き方 (1) $\log_{10} 2^x = \log_{10} 5^y = \log_{10} 10^z$

$x \log_{10} 2 = y \log_{10} 5 = z$

よって　$x = \dfrac{z}{\log_{10} 2}$, $y = \dfrac{z}{\log_{10} 5} = \dfrac{z}{1 - \log_{10} 2}$

(2) $xy - yz - zx$

$= \dfrac{z^2}{\log_{10} 2(1 - \log_{10} 2)} - \dfrac{z^2}{1 - \log_{10} 2} - \dfrac{z^2}{\log_{10} 2}$

$= \dfrac{z^2(1 - \log_{10} 2 - 1 + \log_{10} 2)}{\log_{10} 2(1 - \log_{10} 2)} = 0$

⓮ (1) $\left(\dfrac{4}{5}\right)^3$　　(2) $\left(\dfrac{4}{5}\right)^n$　　(3) 14 回

解き方 (1) もとのアルコールの量を 1 とすると，

1 回目の操作後のアルコールの量は　$\dfrac{8}{10}$

2 回目の操作後のアルコールの量は

$\dfrac{8}{10} \times \dfrac{8}{10} = \left(\dfrac{8}{10}\right)^2$

3 回目の操作後のアルコールの量は

$\dfrac{8}{10} \times \dfrac{8}{10} \times \dfrac{8}{10} = \left(\dfrac{8}{10}\right)^3$ となる。

(2) n 回操作を繰り返すと，濃度は $\left(\dfrac{8}{10}\right)^n$ になる。

(3) $\left(\dfrac{8}{10}\right)^n \leq \dfrac{1}{20}$ を満たす最小の整数 n を求める。

常用対数をとると　$n(\log_{10} 8 - 1) \leq -\log_{10} 20$

$n(3 \log_{10} 2 - 1) \leq -(\log_{10} 2 + 1)$ ← $3\log_{10} 2 - 1$
$= -0.097 < 0$

よって　$n \geq \dfrac{\log_{10} 2 + 1}{1 - 3 \log_{10} 2} = 13.4\cdots$

これを満たす最小の整数は　$n = 14$

5章 微分法・積分法

類題 の解答 ────── 本冊→p. 169〜220

151 (1) -10　　(2) 0

解き方 (1) 与式 $=(-2)^2+7(-2)=-10$
(2) 与式 $=\dfrac{1^2-1}{1+2}=0$

152 (1) 4　　(2) 12

解き方 (1) 与式 $=\lim\limits_{x\to 3}(x+1)=4$
(2) 与式 $=\lim\limits_{h\to 0}(12+6h+h^2)=12$

153 $a=-4$, $b=3$

解き方 $x\to 3$ のとき分母→0 だから，分子→0
ゆえに　$9+3a+b=0$　　$b=-3a-9$
$\lim\limits_{x\to 3}\dfrac{(x-3)(x+a+3)}{(x-3)(x+1)}=\lim\limits_{x\to 3}\dfrac{x+a+3}{x+1}=\dfrac{a+6}{4}$
$\dfrac{a+6}{4}=\dfrac{1}{2}$ から　$a=-4$
よって　$b=3$

154 (1) 1　　(2) 60

解き方 (1) $f'(2)=\lim\limits_{h\to 0}\dfrac{f(2+h)-f(2)}{h}$
$=\lim\limits_{h\to 0}\dfrac{(2+h)^2-3(2+h)-(2^2-3\cdot 2)}{h}$
$=\lim\limits_{h\to 0}\dfrac{4+4h+h^2-6-3h+2}{h}$
$=\lim\limits_{h\to 0}\dfrac{h(h+1)}{h}=\lim\limits_{h\to 0}(h+1)=1$
(2) $f'(-3)=\lim\limits_{h\to 0}\dfrac{f(-3+h)-f(-3)}{h}$
$=\lim\limits_{h\to 0}\dfrac{2(-3+h)^3-(-3+h)^2-1-\{2(-3)^3-(-3)^2-1\}}{h}$
$=\lim\limits_{h\to 0}\dfrac{2(-27+27h-9h^2+h^3)-(9-6h+h^2)-1-(-54-9-1)}{h}$
$=\lim\limits_{h\to 0}\dfrac{h(2h^2-19h+60)}{h}$
$=\lim\limits_{h\to 0}(2h^2-19h+60)=60$

155 (1) $6a^2$　　(2) $2(a+2)$

解き方 (1) $f'(a)=\lim\limits_{h\to 0}\dfrac{2(a+h)^3-2a^3}{h}$
$=\lim\limits_{h\to 0}\dfrac{h(6a^2+6ah+2h^2)}{h}$
$=\lim\limits_{h\to 0}(6a^2+6ah+2h^2)=6a^2$
(2) $f'(a)=\lim\limits_{h\to 0}\dfrac{(a+h+2)^2-(a+2)^2}{h}$
$=\lim\limits_{h\to 0}\dfrac{\{(a+2)+h\}^2-(a+2)^2}{h}$
$=\lim\limits_{h\to 0}\dfrac{h\{2(a+2)+h\}}{h}=\lim\limits_{h\to 0}\{2(a+2)+h\}$
$=2(a+2)$

156 (1) $y=3x-2$　　(2) $y=2x-2$

解き方 (1) $f'(1)=3$ より　$y-1=3(x-1)$
よって　$y=3x-2$
(2) $f'(1)=2$ より　$y-0=2(x-1)$
よって　$y=2x-2$

157 (1) $y'=15x^2$　　(2) $y'=6x$
(3) $y'=3x^2-6x+3$　　(4) $y'=-9x^2+5$
(5) $y'=3x^2+4x$　　(6) $y'=2x-1$
(7) $y'=3x^2+6x+2$　　(8) $y'=3x^2-8x+4$

解き方 (5) $y=x^3+2x^2$
(6) $y=x^2-x-2$　　(7) $y=x^3+3x^2+2x$
(8) $y=x^3-4x^2+4x$

158 (1) $\dfrac{dV}{dr}=2\pi rh$　　(2) $\dfrac{ds}{dt}=v_0-gt$

159 $f(x)=3x^2-6x+2$

解き方 $f(x)=ax^2+bx+c$ $(a\neq 0)$ とおくと
$f'(x)=2ax+b$
$f(1)=-1$ より　$a+b+c=-1$
$f(2)=2$ より　$4a+2b+c=2$
$f'(1)=0$ より　$2a+b=0$
以上より　$a=3$, $b=-6$, $c=2$

160 接線：$y=4x-12$　法線：$y=-\dfrac{1}{4}x-\dfrac{7}{2}$

解き方　$f(x)=2x^3-5x^2$ とおく。
$f'(x)=6x^2-10x$　$f'(2)=24-20=4$
よって，接線の方程式は，
$y-(-4)=4(x-2)$ より　$y=4x-12$
法線の傾きは $-\dfrac{1}{4}$ なので，
法線の方程式は　$y-(-4)=-\dfrac{1}{4}(x-2)$
$y=-\dfrac{1}{4}x-\dfrac{7}{2}$

161 接点$(2, -2)$, 接線：$y=-9x+16$
接点$(-2, 2)$, 接線：$y=-9x-16$

解き方　$f(x)=-x^3+3x$ とおくと
$f'(x)=-3x^2+3$
接点の座標を$(a, -a^3+3a)$とすると
接線の傾きは　$f'(a)=-3a^2+3$
傾きが -9 なので　$-3a^2+3=-9$
よって　$a=\pm 2$
$a=2$ のとき，接点の座標は $(2, -2)$
接線の方程式は　$y-(-2)=-9(x-2)$
$y=-9x+16$
$a=-2$ のとき，接点の座標は $(-2, 2)$
接線の方程式は　$y-2=-9(x+2)$
$y=-9x-16$

162 接点$(0, 0)$, 接線：$y=-2x$
接点$(2, 0)$, 接線：$y=2x-4$

解き方　接点の座標を(a, a^2-2a) とする。
$y'=2x-2$
$x=a$ における接線の傾きは $2a-2$ だから，
接線の方程式は　$y-(a^2-2a)=(2a-2)(x-a)$
これが点$(1, -2)$を通るから
$-2-(a^2-2a)=(2a-2)(1-a)$
$-2-a^2+2a=2a-2a^2-2+2a$
$a^2-2a=0$　$a(a-2)=0$ より　$a=0, 2$
$a=0$ のとき，接点の座標は $(0, 0)$
傾きは -2 だから，接線の方程式は　$y=-2x$
$a=2$ のとき，接点の座標は $(2, 0)$
傾きは 2 だから，接線の方程式は　$y=2(x-2)=2x-4$

163 (1) $y'=3x^2+3>0$ から常に増加
(2) $y'=3x^2-6x+5=3(x-1)^2+2>0$ から常に増加
(3) $y'=-3x^2-1<0$ から常に減少
(4) $y'=-3x^2+12x-12=-3(x-2)^2\leqq 0$ から常に減少　←$x=2$ のときは $y'<0$ ではないが，その前後では $y'<0$ なので常に減少とみなす。

164 (1) 極大値　10 $(x=-1)$,
極小値　-22 $(x=3)$
(2) 極大値　20 $(x=20)$, 極小値　-7 $(x=-1)$

解き方　(1) $f'(x)=3x^2-6x-9=3(x+1)(x-3)$
増減は下の表の通り。

x	$\cdots$	-1	$\cdots$	3	$\cdots$
$f'(x)$	$+$	0	$-$	0	$+$
$f(x)$	↗	極大 10	↘	極小 -22	↗

└$f(-1)$　└$f(3)$

(2) $f'(x)=-6x^2+6x+12=-6(x+1)(x-2)$
増減は下の表の通り。

x	$\cdots$	-1	$\cdots$	2	$\cdots$
$f'(x)$	$-$	0	$+$	0	$-$
$f(x)$	↘	極小 -7	↗	極大 20	↘

└$f(-1)$　└$f(2)$

165 次の図

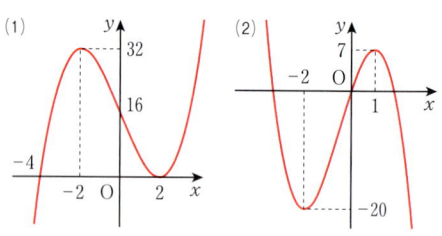

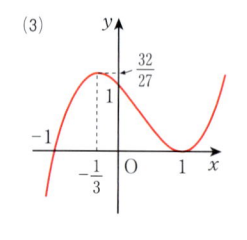

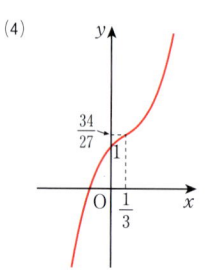

(1) グラフ：頂点$(-2, 32)$, $(2, 0)$, 切片16, x軸交点-4

(2) グラフ：$(-2, 0)$, $(1, 7)$, y切片付近, 最小値 -20

(3) グラフ：$\left(-\dfrac{1}{3}, 1\right)$ で値 $\dfrac{32}{27}$, $(1, 0)$, -1

(4) グラフ：$\left(\dfrac{1}{3}, \dfrac{34}{27}\right)$ 付近を通る

(5)

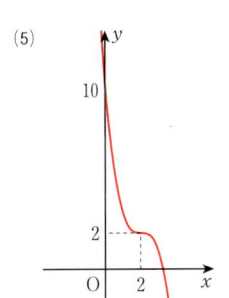

(グラフ: y軸方向に10, 2を通り、x=2付近で接するような曲線)

解き方 (1) $y=x^3-12x+16$
$y'=3x^2-12=3(x+2)(x-2)$

x	$\cdots$	-2	$\cdots$	2	$\cdots$
y'	$+$	0	$-$	0	$+$
y	↗	極大 32	↘	極小 0	↗

(2) $y'=-6x^2-6x+12=-6(x-1)(x+2)$

x	$\cdots$	-2	$\cdots$	1	$\cdots$
y'	$-$	0	$+$	0	$-$
y	↘	極小 -20	↗	極大 7	↘

(3) $y'=3x^2-2x-1=(x-1)(3x+1)$

x	$\cdots$	$-\dfrac{1}{3}$	$\cdots$	1	$\cdots$
y'	$+$	0	$-$	0	$+$
y	↗	極大 $\dfrac{32}{27}$	↘	極小 0	↗

(4) $y'=3x^2-2x+1=3\left(x-\dfrac{1}{3}\right)^2+\dfrac{2}{3}>0$

よって，常に増加する。

y軸との交点の座標は $(0, 1)$

$x=\dfrac{1}{3}$ のとき接線の傾きは最も小さい。

(5) $y'=-3x^2+12x-12=-3(x-2)^2\leqq 0$
よって，常に減少する。
y軸との交点の座標は $(0, 10)$

$x=2$ のとき接線の傾きは 0（x軸に平行）になる。

166 $k=-\dfrac{5}{27}$

解き方 $y'=3x^2-2x-1=(x-1)(3x+1)$

x	$\cdots$	$-\dfrac{1}{3}$	$\cdots$	1	$\cdots$
y'	$+$	0	$-$	0	$+$
y	↗	極大	↘	極小	↗

よって，極大値は $x=-\dfrac{1}{3}$ のとき。

極大値は 0 だから $-\dfrac{1}{27}-\dfrac{1}{9}+\dfrac{1}{3}+k=0$

よって $k=-\dfrac{5}{27}$

167 $a=-3$, $b=-24$, $c=48$,
極大値 76 （$x=-2$）

解き方 $f'(x)=3x^2+2ax+b$
$f'(4)=f'(-2)=0$ から
$48+8a+b=0$, $12-4a+b=0$
これを解いて $a=-3$, $b=-24$

x	$\cdots$	-2	$\cdots$	4	$\cdots$
$f'(x)$	$+$	0	$-$	0	$+$
$f(x)$	↗	極大	↘	極小	↗

$f(4)=-32$ から $c=48$
よって $f(x)=x^3-3x^2-24x+48$
極大値 $f(-2)=-8-12+48+48=76$

168 $a\leqq -1$

解き方 $f'(x)=3ax^2+6x+3a=3(ax^2+2x+a)\leqq 0$
が常に成り立てばよい。

$a=0$ のとき 題意に反する。
$a\neq 0$ のとき $a<0$ …① かつ
（$y=ax^2+2x+a$ のグラフは上に凸）

$D\leqq 0$ …② （D は $ax^2+2x+a=0$ の判別式）
（x軸に接するか，交点をもたない。）

であればよい。
$D\leqq 0$ より $1-a^2\leqq 0$ $a^2-1\geqq 0$
$(a+1)(a-1)\geqq 0$ より $a\leqq -1$, $a\geqq 1$ …③
①，③より $a\leqq -1$

169 最大値 4 $(x=1, 4)$
最小値 -16 $(x=-1)$

解き方 $f'(x)=3x^2-12x+9=3(x-1)(x-3)$

x	-1	$\cdots$	1	$\cdots$	3	$\cdots$	4
$f'(x)$		$+$	0	$-$	0	$+$	
$f(x)$	-16	↗	極大 4	↘	極小 0	↗	4

170 最大値 8 $(x=0, y=2)$
最小値 $\dfrac{8}{9}$ $\left(x=y=\dfrac{2}{3}\right)$

解き方 $y=2-2x=2(1-x)$
$2-2x \geqq 0$ より $x \leqq 1$
よって $0 \leqq x \leqq 1$ …①
$2x^3+y^3=2x^3+8(1-x)^3=-6x^3+24x^2-24x+8$
$f(x)=-6x^3+24x^2-24x+8$ とおくと
$f'(x)=-18x^2+48x-24=-6(x-2)(3x-2)$

x	0	$\cdots$	$\dfrac{2}{3}$	$\cdots$	1
$f'(x)$		$-$	0	$+$	
$f(x)$	8	↘	極小 $\dfrac{8}{9}$	↗	2

171 $a=1, b=2$

解き方 $f'(x)=3a(x+1)(x-1)$
$a>0$ より，増減表は次のようになる。

x	-3	$\cdots$	-1	$\cdots$	1	$\cdots$	2
$f'(x)$		$+$	0	$-$	0	$+$	
$f(x)$	$f(-3)$	↗	極大	↘	極小	↗	$f(2)$

$f(1)=b-2a$ ←極小値 ←最小値の候補
$f(-3)=b-18a$ ←端点での値
$f(-1)=b+2a$ ←極大値 ←最大値の候補
$f(2)=b+2a$ ←端点での値

最大値は $b+2a=4$
$a>0$ より，最小値は $b-18a=-16$
よって $a=1, b=2$

172 容積の最大値 $\dfrac{16}{27}a^3\,\mathrm{cm}^3$，1辺の長さ $\dfrac{a}{3}\,\mathrm{cm}$

解き方 切り取る正方形の1辺の
長さを $x\,\mathrm{cm}$ とすると
$0<x<a$ 容積 V は
$V=(2a-2x)^2 x$
$\quad =4x(x-a)^2$
$\quad =4x^3-8ax^2+4a^2 x\,(\mathrm{cm}^3)$
V を x で微分すると
$V'=12x^2-16ax+4a^2=4(x-a)(3x-a)$

x	0	$\cdots$	$\dfrac{a}{3}$	$\cdots$	a
V'		$+$	0	$-$	
V		↗	極大	↘	

$x=\dfrac{a}{3}$ のとき V は最大で，そのとき
$V=\dfrac{16}{27}a^3\,(\mathrm{cm}^3)$

173 3個

解き方 $f(x)=x^3-6x^2+9x-1$ とおくと
$f'(x)=3x^2-12x+9=3(x-1)(x-3)$

x	$\cdots$	1	$\cdots$	3	$\cdots$
$f'(x)$	$+$	0	$-$	0	$+$
$f(x)$	↗	極大 3	↘	極小 -1	↗

極大値 $3>0$，極小値 $-1<0$ より，3個。

174 $a>3$

解き方 $f(x)=2x^3-3ax^2+27$ とおくと
$f'(x)=6x^2-6ax=6x(x-a)$
$a>0$ より，増減表は次のようになる。

x	$\cdots$	0	$\cdots$	a	$\cdots$
$f'(x)$	$+$	0	$-$	0	$+$
$f(x)$	↗	極大	↘	極小	↗

極大値 $f(0)=27>0$
極小値 $f(a)=2a^3-3a^3+27=-a^3+27$
異なる3つの実数解をもつには $-a^3+27<0$
$(a-3)(a^2+3a+9)>0$
$a^2+3a+9=\left(a+\dfrac{3}{2}\right)^2+\dfrac{27}{4}>0$ より $a>3$

175 (1) $a=-15$　　(2) $a>12$

解き方　応用例題 175 と同様．
$y=2x^3-3x^2-12x+5$ のグラフと直線 $y=a$ の共有点について考える。
(1) グラフより
　$a=-15$
(2) グラフより
　$a>12$

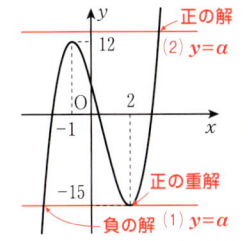

176 $-7<k<20$

解き方　$2x^3+x^2-12x=4x^2-k$ が異なる 3 つの実数解をもてばよい。
つまり，
$k=-2x^3+3x^2+12x$ とし
$\begin{cases} y=-2x^3+3x^2+12x \\ y=k \end{cases}$
の 2 つのグラフが異なる 3 つの共有点をもつような k のとり得る値の範囲を求める。
$y=-2x^3+3x^2+12x$ のグラフをかく。
$y'=-6x^2+6x+12$
　　$=-6(x^2-x-2)=-6(x-2)(x+1)$

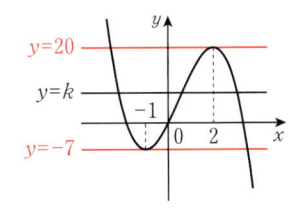

x	$\cdots$	-1	$\cdots$	2	$\cdots$
y'	$-$	0	$+$	0	$-$
y	↘	極小 -7	↗	極大 20	↘

グラフより　$-7<k<20$

177 (1) $f(x)=x^3-2x^2-4x+9$ とおくと
　$f'(x)=3x^2-4x-4=(x-2)(3x+2)$

x	-1	$\cdots$	$-\dfrac{2}{3}$	$\cdots$	2	$\cdots$
$f'(x)$		$+$	0	$-$	0	$+$
$f(x)$	10	↗	極大	↘	極小 1	↗

$x>-1$ における最小値は $f(2)=1>0$ だから
　$f(x)>0$
したがって，$x>-1$ のとき
　$x^3+9>2x^2+4x$

(2) $f(x)=2x^3-3x^2+1$ とおくと
　$f'(x)=6x^2-6x=6x(x-1)$
$x \geqq 1$ より　$f'(x) \geqq 0$
よって，$f(x)$ は $x \geqq 1$ で常に増加。

x	1	$\cdots$
$f'(x)$	0	$+$
$f(x)$	0	↗

また $f(1)=0$
よって，$x \geqq 1$ で $f(x) \geqq 0$ がいえる。
したがって，$x \geqq 1$ で　$2x^3 \geqq 3x^2-1$
　　　　　等号成立は $x=1$ のとき

178 (1) $k>25$　　(2) $-1<k<1$

解き方　(1) 左辺 $=f(x)$ とおくと
　$f'(x)=3x^2-18x+15=3(x-1)(x-5)$

x	0	$\cdots$	1	$\cdots$	5	$\cdots$
$f'(x)$		$+$	0	$-$	0	$+$
$f(x)$	k	↗	極大	↘	極小 $k-25$	↗

$k>k-25$ だから，
$x>0$ における最小値は　$f(5)=k-25$
よって　$k-25>0$　　$k>25$

(2) 左辺 $=f(x)$ とおくと
　$f'(x)=3x^2+6kx-9k^2=3(x-k)(x+3k)$
(i) $k=0$ のとき　$x^3+16>0$ より題意を満たす。
(ii) $k>0$ のとき
$x>0$ における最小値 $f(k)$
$=16-16k^3>0$
よって
$0<k<1$

x	0	$\cdots$	k	$\cdots$
$f'(x)$		$-$	0	$+$
$f(x)$		↘	極小 $16-16k^3$	↗

(iii) $k<0$ のとき
$x>0$ における
最小値 $f(-3k)$
$=16k^3+16>0$
よって
$-1<k<0$

x	0	$\cdots$	$-3k$	$\cdots$
$f'(x)$		$-$	0	$+$
$f(x)$		$\searrow$	極小 $16k^3+16$	$\nearrow$

(i), (ii), (iii)より $-1<k<1$

179 (1) $\dfrac{1}{3}x^3-\dfrac{3}{2}x^2+2x+C$

(2) $2x^3+\dfrac{1}{2}x^2-x+C$

(3) $\dfrac{1}{3}x^3+3x^2+9x+C$

(4) $\dfrac{16}{3}x^3-4x^2+x+C$

解き方 (1) 与式$=2\int dx-3\int x\,dx+\int x^2\,dx$
$=2x-3\cdot\dfrac{1}{2}x^2+\dfrac{1}{3}x^3+C$
$=\dfrac{1}{3}x^3-\dfrac{3}{2}x^2+2x+C$

(2) $(2x+1)(3x-1)=6x^2+x-1$ より
与式$=6\int x^2\,dx+\int x\,dx-\int dx$
$=6\cdot\dfrac{1}{3}x^3+\dfrac{1}{2}x^2-x+C$
$=2x^3+\dfrac{1}{2}x^2-x+C$

(3) $(x+3)^2=x^2+6x+9$ より
与式$=\int x^2\,dx+6\int x\,dx+9\int dx$
$=\dfrac{1}{3}x^3+6\cdot\dfrac{1}{2}x^2+9x+C$
$=\dfrac{1}{3}x^3+3x^2+9x+C$

(4) $(1-4x)^2=1-8x+16x^2$ より
与式$=\int dx-8\int x\,dx+16\int x^2\,dx$
$=x-8\cdot\dfrac{1}{2}x^2+16\cdot\dfrac{1}{3}x^3+C$
$=\dfrac{16}{3}x^3-4x^2+x+C$

180 (1) $f(x)=-2x^3+5x+6$

(2) $f(x)=\dfrac{1}{3}x^3-x^2+2$

解き方 (1) $f(x)=\int(5-6x^2)dx=5x-2x^3+C$
$f(2)=10-16+C=0$ より $C=6$
よって $f(x)=-2x^3+5x+6$

(2) $f'(x)=x^2-2x$ だから
$f(x)=\int(x^2-2x)dx=\dfrac{1}{3}x^3-x^2+C$
$f(3)=2$ より $9-9+C=2$ ゆえに $C=2$
よって $f(x)=\dfrac{1}{3}x^3-x^2+2$

181 (1) 3 (2) $-\dfrac{39}{4}$ (3) $\dfrac{1}{3}$

解き方 (1) $\int_{-2}^{1}x^2\,dx=\left[\dfrac{x^3}{3}\right]_{-2}^{1}=\dfrac{1-(-2)^3}{3}=3$

(2) 与式$=\left[\dfrac{t^4}{4}+\dfrac{3}{2}t^2-6t\right]_{-1}^{2}$
$=(4+6-12)-\left(\dfrac{1}{4}+\dfrac{3}{2}+6\right)=-\dfrac{39}{4}$

(3) 与式$=\int_{0}^{1}(1-4t+4t^2)dt$
$=\left[t-2t^2+\dfrac{4}{3}t^3\right]_{0}^{1}=1-2+\dfrac{4}{3}=\dfrac{1}{3}$

182 0

解き方 与式$\int_{-2}^{2}\{(3x+2)^2-(3x-2)^2\}dx$
$=\int_{-2}^{2}24x\,dx=\left[12x^2\right]_{-2}^{2}=48-48=0$

183 $a=\dfrac{15}{2}$, $b=1$

解き方 $\int_{-1}^{1}f(x)dx=\int_{-1}^{1}(3x^2+ax+b)dx$
$=\left[x^3+\dfrac{a}{2}x^2+bx\right]_{-1}^{1}=2+2b$
$\int_{-1}^{1}xf(x)dx=\int_{-1}^{1}(3x^3+ax^2+bx)dx$
$=\left[\dfrac{3}{4}x^4+\dfrac{a}{3}x^3+\dfrac{b}{2}x^2\right]_{-1}^{1}=\dfrac{2}{3}a$

$2+2b=4$, $\dfrac{2}{3}a=5$ より $a=\dfrac{15}{2}$, $b=1$

184 0

解き方 与式
$$= \int_0^2 (4x^3-2x)\,dx + \int_{-2}^0 (4x^3-2x)\,dx$$
$$= \int_{-2}^2 (4x^3-2x)\,dx = 0$$

$\int_{-a}^{a}(奇関数)\,dx=0$

185 (1) -44 (2) $\dfrac{20}{3}$

解き方 (1) 与式 $= 2\int_0^2(-6x^2-3)\,dx$
$$= 2\Bigl[-2x^3-3x\Bigr]_0^2 = 2(-16-6) = -44$$

(2) 与式 $= 2\int_0^1(t^2+3)\,dt$
$$= 2\Bigl[\dfrac{t^3}{3}+3t\Bigr]_0^1 = \dfrac{20}{3}$$

186 (1) $-\dfrac{125}{24}$ (2) $-\dfrac{8\sqrt{2}}{3}$

解き方 (1) 与式 $= \int_{-2}^{\frac{1}{2}}(2x^2+3x-2)\,dx$
$$= \Bigl[\dfrac{2}{3}x^3+\dfrac{3}{2}x^2-2x\Bigr]_{-2}^{\frac{1}{2}}$$
$$= \Bigl(\dfrac{1}{12}+\dfrac{3}{8}-1\Bigr) - \Bigl(-\dfrac{16}{3}+6+4\Bigr) = -\dfrac{125}{24}$$

(別解) $\int_\alpha^\beta (x-\alpha)(x-\beta)\,dx = -\dfrac{(\beta-\alpha)^3}{6}$ を利用する。

与式 $= 2\int_{-2}^{\frac{1}{2}}(x+2)\Bigl(x-\dfrac{1}{2}\Bigr)dx$
$$= 2\Bigl\{-\dfrac{1}{6}\Bigl(\dfrac{1}{2}+2\Bigr)^3\Bigr\} = -\dfrac{125}{24}$$

(2) $\alpha=1-\sqrt{2}$, $\beta=1+\sqrt{2}$ とおくと

与式 $= \int_\alpha^\beta (x-\alpha)(x-\beta)\,dx = -\dfrac{(\beta-\alpha)^3}{6}$
$$= -\dfrac{1}{6}\times(2\sqrt{2})^3 = -\dfrac{8\sqrt{2}}{3}$$

187 (1) $\dfrac{5}{2}$ (2) $\dfrac{7}{2}$

解き方 (1) 与式
$$= \int_0^{\frac{1}{2}}(-2x+1)\,dx$$
$$+ \int_{\frac{1}{2}}^2 (2x-1)\,dx$$
$$= \Bigl[-x^2+x\Bigr]_0^{\frac{1}{2}} + \Bigl[x^2-x\Bigr]_{\frac{1}{2}}^2$$
$$= \dfrac{5}{2}$$

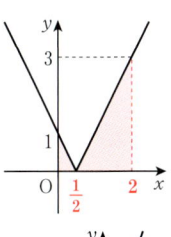

(2) 与式 $= \int_{-2}^{-1}(-x-2)\,dx$
$$+ \int_{-1}^1 (3x+2)\,dx$$
$$= \Bigl[-\dfrac{x^2}{2}-2x\Bigr]_{-2}^{-1} + 2\Bigl[2x\Bigr]_{-1}^1$$
$$= \dfrac{7}{2}$$

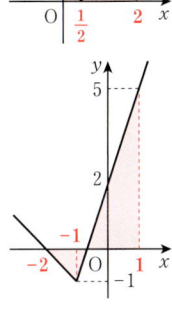

188 (1) $\dfrac{23}{3}$ (2) $-\dfrac{5}{3}$

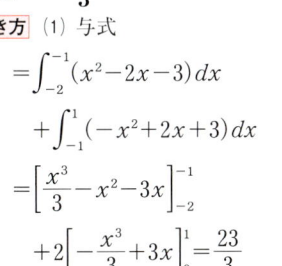

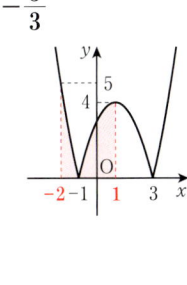

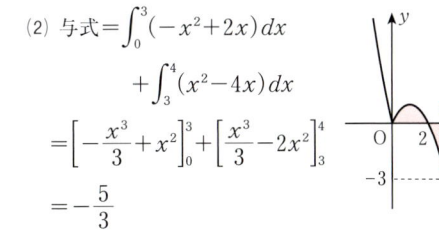

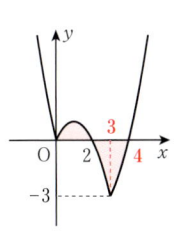

解き方 (1) 与式
$$= \int_{-2}^{-1}(x^2-2x-3)\,dx$$
$$+ \int_{-1}^1(-x^2+2x+3)\,dx$$
$$= \Bigl[\dfrac{x^3}{3}-x^2-3x\Bigr]_{-2}^{-1}$$
$$+ 2\Bigl[-\dfrac{x^3}{3}+3x\Bigr]_0^1 = \dfrac{23}{3}$$

(2) 与式 $= \int_0^3 (-x^2+2x)\,dx$
$$+ \int_3^4 (x^2-4x)\,dx$$
$$= \Bigl[-\dfrac{x^3}{3}+x^2\Bigr]_0^3 + \Bigl[\dfrac{x^3}{3}-2x^2\Bigr]_3^4$$
$$= -\dfrac{5}{3}$$

189 (1) 極大値 $0\ (x=0)$, 極小値 $-\dfrac{1}{6}\ (x=1)$

(2) 極大値 $0\ (x=-1)$, 極小値 $-32\ (x=3)$

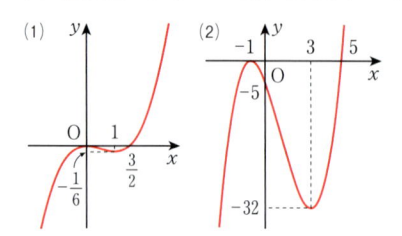

解き方 (1) $f'(x)=x(x-1)$
$$f(x)=\int_0^x(t^2-t)\,dt=\left[\dfrac{t^3}{3}-\dfrac{t^2}{2}\right]_0^x=\dfrac{x^3}{3}-\dfrac{x^2}{2}$$
よって $f(0)=0,\ f(1)=-\dfrac{1}{6}$

(2) $f'(x)=3x^2-6x-9=3(x-3)(x+1)$
$$f(x)=\left[t^3-3t^2-9t\right]_{-1}^x=x^3-3x^2-9x-5$$
よって $f(3)=-32,\ f(-1)=0$

190 (1) $f(x)=\dfrac{x^2}{2}+\dfrac{x}{3}$

(2) $f(x)=-4x^3-64x$

解き方 (1) $f(x)=\left[\dfrac{x^2t^2}{2}+\dfrac{xt^3}{3}\right]_0^1=\dfrac{x^2}{2}+\dfrac{x}{3}$

(2) $(2t-x)^3=8t^3-12xt^2+6x^2t-x^3$ だから
$$f(x)=2\int_0^2(-12xt^2-x^3)\,dt=2\left[-4xt^3-x^3t\right]_0^2$$
$$=2(-32x-2x^3)=-4x^3-64x$$

191 (1) $a=1,\ 1\pm\sqrt{2},\ f(x)=3x^2-6x+1$

(2) $a=-8,\ f(x)=3x^2+16$

解き方 (1) $x=a$ とおくと $0=a^3-3a^2+a+1$
$(a-1)(a^2-2a-1)=0$ よって $a=1,\ 1\pm\sqrt{2}$
また，与えられた等式の両辺を x で微分して
$f(x)=3x^2-6x+1$

(2) $x=2$ とおくと $0=8-4a+5a$ $a=-8$
与えられた等式の両辺を x で微分して
$f(x)=3x^2-2a=3x^2+16$

192 (1) $\dfrac{1}{6}$ (2) $\dfrac{16}{3}$

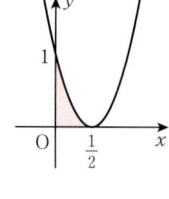

解き方 (1) $S=\int_0^{\frac{1}{2}}(2x-1)^2\,dx$
$$=\int_0^{\frac{1}{2}}(4x^2-4x+1)\,dx$$
$$=\left[\dfrac{4}{3}x^3-2x^2+x\right]_0^{\frac{1}{2}}=\dfrac{1}{6}$$

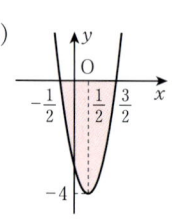

(2) $4x^2-4x-3=(2x+1)(2x-3)$
$$S=-\int_{-\frac{1}{2}}^{\frac{3}{2}}(4x^2-4x-3)\,dx$$
$$=-\left[\dfrac{4}{3}x^3-2x^2-3x\right]_{-\frac{1}{2}}^{\frac{3}{2}}$$
$$=\dfrac{16}{3}$$

194 (1) $\dfrac{32}{3}$ (2) $\dfrac{125}{6}$

解き方 (1) $x^2+3x=x+3$
より $x=-3,\ 1$ 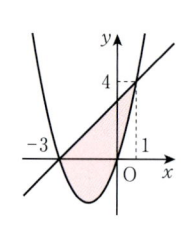
$$S=\int_{-3}^1\{x+3-(x^2+3x)\}\,dx$$
$$=\int_{-3}^1(-x^2-2x+3)\,dx$$
$$=\left[-\dfrac{x^3}{3}-x^2+3x\right]_{-3}^1=\dfrac{32}{3}$$

(2) $4-x^2=3x$ より
$x=-4,\ 1$ 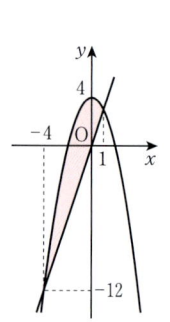
$$S=\int_{-4}^1\{(4-x^2)-3x\}\,dx$$
$$=\int_{-4}^1(-x^2-3x+4)\,dx$$
$$=\left[-\dfrac{x^3}{3}-\dfrac{3}{2}x^2+4x\right]_{-4}^1$$
$$=\dfrac{125}{6}$$

195 (1) $\dfrac{8}{3}$ (2) $\dfrac{64}{3}$

解き方 (1) 求める部分は右の図の色の部分だから
$$S=\int_0^2\{-(x-1)^2+2-(x-1)^2\}dx$$
$$=\int_0^2(-2x^2+4x)dx$$
$$=\left[-\dfrac{2}{3}x^3+2x^2\right]_0^2=\dfrac{8}{3}$$

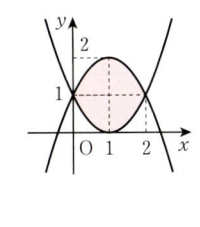

(2) 求める部分は右の図の色の部分だから
$$S=\int_{-3}^1\{10-x^2-(x+2)^2\}dx$$
$$=\int_{-3}^1(-2x^2-4x+6)dx$$
$$=\left[-\dfrac{2}{3}x^3-2x^2+6x\right]_{-3}^1$$
$$=\dfrac{64}{3}$$

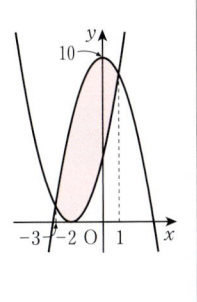

196 $y=(2-\sqrt[3]{4})x$

解き方 求める直線の方程式を $y=ax$ $(a>0)$ …① とする。$2x-x^2=ax$ より
$x=0,\ 2-a$

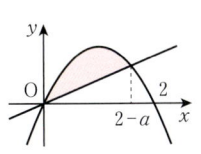

①と放物線で囲まれた部分の面積 S は
$$S=\int_0^{2-a}(2x-x^2-ax)dx$$
$$=-\int_0^{2-a}x\{x-(2-a)\}dx$$
$$=-\left\{-\dfrac{1}{6}(2-a-0)^3\right\}$$
$$=\dfrac{(2-a)^3}{6}\ \cdots②$$

x 軸と放物線で囲まれた部分の面積 T は,
② で $a=0$ とおいて $T=\dfrac{8}{6}$

$2S=T$ だから
$$\dfrac{2(2-a)^3}{6}=\dfrac{8}{6} \quad (2-a)^3=4$$
よって $a=2-\sqrt[3]{4}$

定期テスト予想問題 の解答 — 本冊→p. 221〜222

❶ $a=1,\ b=-2$

解き方 $x\to 2$ のとき，分子 $\to 0$ より $4-2a+b=0$
$b=2a-4$ を分子に代入すると
分子 $=x^2-ax+2a-4=(x-2)(x-a+2)$
与式 $=\displaystyle\lim_{x\to 2}\dfrac{(x-2)(x-a+2)}{x-2}=\lim_{x\to 2}(x-a+2)$
$=-a+4$
$-a+4=3$ より $a=1$
よって $b=-2$
この値に対して条件式は成立。

❷ (1) $a+b+p$

(2) $c=\dfrac{a+b}{2}$, 2点 $A(a,\ f(a))$, $B(b,\ f(b))$ を通る直線と平行な接線の接点の x 座標は，線分 AB の中点の x 座標となっている。

解き方 (1) $f(b)-f(a)=(b^2-a^2)+p(b-a)$
よって $\dfrac{f(b)-f(a)}{b-a}=(b+a)+p$

(2) $f'(x)=2x+p$ より $2c+p=(b+a)+p$
よって $c=\dfrac{a+b}{2}$

❸ (1) 2次式   (2) $f(x)=\dfrac{1}{4}x^2\pm 2x+4$

解き方 (1) $f(x)$ を x の n 次式（$n\geqq 1$ の自然数）とすると $f'(x)$ は $(n-1)$ 次式
よって $n=2(n-1)$ $n=2$

(2) $f(0)=4$ だから，$f(x)=ax^2+bx+4$ $(a\neq 0)$ とおくと
$f'(x)=2ax+b$
よって $ax^2+bx+4=(2ax+b)^2$
$ax^2+bx+4=4a^2x^2+4abx+b^2$
係数を比較して $a=4a^2$, $b=4ab$, $4=b^2$
$a\neq 0$ より $a=\dfrac{1}{4}$, $b=\pm 2$

❹ $a=2$, $b=-9$, $c=10$

解き方 $f(x)=ax^3+bx^2+cx$ とおくと
$f'(x)=3ax^2+2bx+c$
$y=f(x)$ のグラフが 2 点 $(1, 3)$, $(2, 0)$ を通るから
$a+b+c=3$ $8a+4b+2c=0$
$f'(1)=f'(2)$ より $3a+2b+c=12a+4b+c$
以上より $a=2$, $b=-9$, $c=10$

❺ $a=\pm 2$

解き方 $f'(x)=3(x^2-a^2)=3(x+a)(x-a)$
(i) $a>0$ のとき 極大値 $f(-a)=2a^3$
　　　　　　　　極小値 $f(a)=-2a^3$
　　よって $4a^3=32$ $a=2$
(ii) $a<0$ のとき 極大値 $f(a)=-2a^3$
　　　　　　　　 極小値 $f(-a)=2a^3$
　　よって $-4a^3=32$ $a=-2$

❻ $0\leqq k\leqq 9$

解き方 $f'(x)=3x^2+2kx+3k$
$f'(x)=0$ の判別式 $D\leqq 0$ より
$k(k-9)\leqq 0$ よって $0\leqq k\leqq 9$

❼ (1) $-1\leqq t\leqq \sqrt{2}$ (2) $y=2t^3-3t^2+3$

(3) $x=\dfrac{3}{4}\pi$ のとき 最大値 3,
$x=\pi$ のとき 最小値 -2

解き方 (1) $t=\sqrt{2}\sin\left(x+\dfrac{\pi}{4}\right)$
$0\leqq x\leqq \pi$ より $-1\leqq t\leqq \sqrt{2}$

(2) $t^2=1+2\sin x\cos x$ より $\sin x\cos x=\dfrac{t^2-1}{2}$
$y=2(\sin x+\cos x)(\sin^2 x-\sin x\cos x+\cos^2 x)$
　　$+6\sin x\cos x(\sin x+\cos x-1)$
$=2t\left(1-\dfrac{t^2-1}{2}\right)+3(t^2-1)(t-1)$
$=2t^3-3t^2+3$

(3) $y'=6t^2-6t=6t(t-1)$ $y=f(t)$ とすると
$f(0)=3$, $f(1)=2$,
$f(-1)=-2$, $f(\sqrt{2})=4\sqrt{2}-3$
よって，最大値 $f(0)=3$, 最小値 $f(-1)=-2$
$0=\sqrt{2}\sin\left(x+\dfrac{\pi}{4}\right)$ より $x=\dfrac{3}{4}\pi$
$-1=\sqrt{2}\sin\left(x+\dfrac{\pi}{4}\right)$ より $x=\pi$

❽ $0<a<1$ のとき $x=a$ で，最小値 0
$1\leqq a$ のとき $x=1$ で，
　　　　　　　　　　最小値 $1-3a^2+2a^3$

解き方 $f(x)=x^3-3a^2x+2a^3$ $(0\leqq x\leqq 1)$
$f'(x)=3x^2-3a^2$
　　　$=3(x+a)(x-a)$
$0<a<1$ のとき

x	0	$\cdots$	a	$\cdots$	1
$f'(x)$		$-$	0	$+$	
$f(x)$	$2a^3$	↘	0	↗	$1-3a^2+2a^3$

$x=a$ のとき，最小値 $f(a)=0$
$1\leqq a$ のとき

x	0	$\cdots$	1
$f'(x)$		$-$	
$f(x)$	$2a^3$	↘	$1-3a^2+2a^3$

$x=1$ のとき，最小値 $f(1)=1-3a^2+2a^3$

❾ (1) 右の図
(2) $-81<a<0$

解き方 (1) $f'(x)$
$=6(x-3)(x+2)$
$f(3)=-81$ （極小値）
$f(-2)=44$ （極大値）
(2) 図の色の範囲に
直線 $y=a$ があるとき。

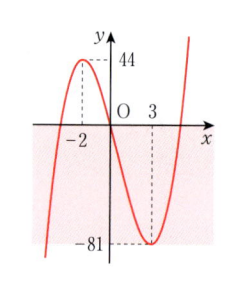

❿ $f(x)=6x^2+5x-7$

解き方 $f(x)=ax^2+bx+c$ $(a\neq 0)$ とすると
$f(1)=a+b+c=4$ …①
$f(-1)=a-b+c=-6$ …②
①-② より $2b=10$ よって $b=5$
これを①に代入して $a+c=-1$ …③
また $\displaystyle\int_{-1}^{1}f(x)dx=2\int_{0}^{1}(ax^2+c)dx=\dfrac{2}{3}a+2c$
これが -10 に等しいので $a+3c=-15$ …④
③, ④より，$a=6$, $c=-7$

⑪ $x=\dfrac{1}{2}$ のとき，最小値 $-\dfrac{11}{6}$

解き方 $f(x)=\left[\dfrac{t^3}{3}+\dfrac{t^2}{2}-t\right]_{x-2}^{x}$

$=2x^2-2x-\dfrac{4}{3}=2\left(x-\dfrac{1}{2}\right)^2-\dfrac{11}{6}$

⑫ $x=-3$ のとき，極大値 27

$x=1$ のとき，極小値 -5

解き方 $f'(x)=3(x-1)(x+3)$

$f'(x)=0$ より $x=-3,\ 1$

$f(x)=\displaystyle\int_0^x (3t^2+6t-9)\,dt$

$=\left[t^3+3t^2-9t\right]_0^x$

$=x^3+3x^2-9x$

x	$\cdots$	-3	$\cdots$	1	$\cdots$
$f'(x)$	$+$	0	$-$	0	$+$
$f(x)$	↗	極大 27	↘	極小 -5	↗

⑬ $f(x)=3x^2-4x$, $a=0,\ 1$

解き方 両辺を x で微分して

$f(x)=3x^2-4x$

また，両辺に $x=a$ を代入すると

$0=a^3-2a^2+a$

$a(a-1)^2=0$ より $a=0,\ 1$

⑭ (1) $\dfrac{4}{3}$　　(2) $\dfrac{13}{3}$

解き方 (1) 交点の x 座標は

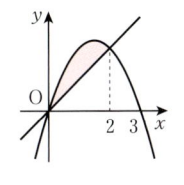

$-x^2+3x=x$ より

$x(x-2)=0$ $\quad x=0,\ 2$

$S=\displaystyle\int_0^2\{(-x^2+3x)-x\}\,dx$

$=-\displaystyle\int_0^2 x(x-2)\,dx$

$=\dfrac{1}{6}(2-0)^3=\dfrac{4}{3}$

(2) 下の図の色の部分だから

$S=\displaystyle\int_{-1}^{1}\{-x^2+x+2-(x+1)\}\,dx$

$+\displaystyle\int_1^2\{x+1-(-x^2+x+2)\}\,dx$

$+\displaystyle\int_2^3\{x+1-(x^2-x-2)\}\,dx$

$=2\displaystyle\int_0^1(-x^2+1)\,dx$

$+\displaystyle\int_1^2(x^2-1)\,dx$

$+\displaystyle\int_2^3(-x^2+2x+3)\,dx$

$=\dfrac{4}{3}+\dfrac{4}{3}+\dfrac{5}{3}=\dfrac{13}{3}$

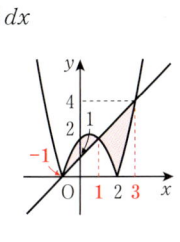

⑮ $a=\dfrac{3}{2}$，面積は $\dfrac{4}{3}$

解き方 放物線と x 軸の交点の x 座標は

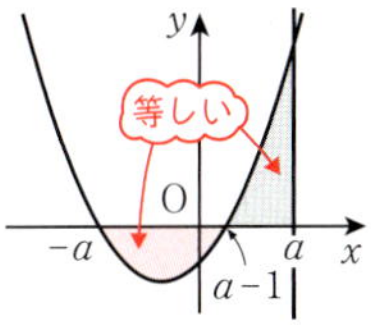

$x^2+x-a^2+a=0$ より

$x^2+x-a(a-1)=0$

$(x+a)(x-a+1)=0$

$x=-a,\ a-1$

$a>1$ より $-a<a-1$

$-\displaystyle\int_{-a}^{a-1} y\,dx = \displaystyle\int_{a-1}^{a} y\,dx$ より

$\displaystyle\int_{-a}^{a-1} y\,dx + \displaystyle\int_{a-1}^{a} y\,dx = 0 \quad \displaystyle\int_{-a}^{a} y\,dx = 0$

$\displaystyle\int_{-a}^{a}(x^2+x-a^2+a)\,dx=0$

$2\displaystyle\int_0^a(x^2-a^2+a)\,dx=0$

$\left[\dfrac{1}{3}x^3-(a^2-a)x\right]_0^a=0$

$\dfrac{1}{3}a^3-(a^2-a)a=0 \quad a^2(2a-3)=0$

$a>1$ より $a=\dfrac{3}{2}$

一方，面積は

$-\displaystyle\int_{-a}^{a-1}(x^2+x-a^2+a)\,dx$

$=-\displaystyle\int_{-a}^{a-1}\{x-(-a)\}\{x-(a-1)\}\,dx$

$=\dfrac{\{a-1-(-a)\}^3}{6}$

$=\dfrac{(2a-1)^3}{6}=\dfrac{2^3}{6}=\dfrac{4}{3}$

16 (1) $S_1 = \dfrac{2}{3}$　　(2) $S_1 : S_2 = 1 : 2$

解き方 (1) 接点の座標を $(t,\ t^2-t)$ とおくと，接線の方程式は
$$y-(t^2-t)=(2t-1)(x-t)$$
これが点 $(1,\ -1)$ を通るから
$$-1-(t^2-t)=(2t-1)(1-t)$$
$$-1-t^2+t=2t-2t^2-1+t$$
$$t^2-2t=0 \quad t(t-2)=0$$
よって $t=0,\ 2$

接点 A$(0,\ 0)$　　接線 $y=-x$
接点 B$(2,\ 2)$　　接線 $y=3x-4$

$$S_1=\int_0^1\{(x^2-x)-(-x)\}dx$$
$$+\int_1^2\{(x^2-x)-(3x-4)\}dx$$
$$=\int_0^1 x^2\,dx+\int_1^2(x^2-4x+4)\,dx$$
$$=\left[\dfrac{x^3}{3}\right]_0^1+\left[\dfrac{x^3}{3}-2x^2+4x\right]_1^2=\dfrac{2}{3}$$

(2) 直線 AB の方程式は $y=x$
$$S_2=\int_0^2\{x-(x^2-x)\}dx=-\int_0^2 x(x-2)\,dx$$
$$=\dfrac{(2-0)^3}{6}=\dfrac{4}{3}$$
よって $S_1:S_2=\dfrac{2}{3}:\dfrac{4}{3}=1:2$

B